全国建筑业企业项目经理培训教材

施工项目技术知识

全国建筑业企业项目经理培训教材编写委员会

中国建筑工业出版社

图书在版编目(CIP)数据

施工项目技术知识/《全国建筑业企业项目经理培训
教材》编写委员会编. —北京：中国建筑工业出版社，
1997（2005 重印）

全国建筑业企业项目经理培训教材

ISBN 978-7-112-02671-5

Ⅰ.施...　　Ⅱ.全...　　Ⅲ.建筑工程-工程施工-技
术培训-教材　　Ⅳ.TU74

中国版本图书馆 CIP 数据核字（2005）第 044685 号

本书包括地基与基础，砖石结构，混凝土，钢筋混凝土结构，预应力
混凝土结构，钢结构，空间结构，防水工程，装饰施工，地面工程等十章
内容。

本书是全国建筑业企业项目经理培训教材，也可供施工技术人员及有
关专业师生学习、参考。

全国建筑业企业项目经理培训教材

施工项目技术知识

全国建筑业企业项目经理培训教材编写委员会

*

中国建筑工业出版社出版、发行（北京西郊百万庄）

各地新华书店、建筑书店经销

北京云浩印刷有限责任公司印刷

*

开本：787×1092 毫米　1/16　印张：22　字数：532 千字
1997 年 9 月第一版　　2012 年 6 月第二十五次印刷

定价：**30.00** 元

ISBN 978-7-112-02671-5
（14802）

本社网址：http://www.cabp.com.cn

网上书店：http://www.china-building.com.cn

全国建筑业企业项目经理培训教材
修订版编写委员会成员名单

顾　问：
　　金德钧　　建设部总工程师、建筑管理司司长
主任委员：
　　田世宇　　中国建筑业协会常务副会长
副主任委员：
　　张鲁风　　建设部建筑管理司巡视员兼副司长
　　李竹成　　建设部人事教育司副司长
　　吴之乃　　中国建筑业协会副秘书长
委员（按姓氏笔画排序）：
　　王瑞芝　　北方交通大学教授
　　毛鹤琴　　重庆大学教授
　　丛培经　　北京建筑工程学院教授
　　孙建平　　上海市建委经济合作处处长
　　朱　嬿　　清华大学教授
　　李竹成　　建设部人事教育司副司长
　　吴　涛　　中国建筑业协会工程项目管理委员会秘书长
　　吴之乃　　中国建筑业协会副秘书长
　　何伯洲　　东北财经大学教授
　　何伯森　　天津大学教授
　　张鲁风　　建设部建筑管理司巡视员兼副司长
　　张兴野　　建设部人事教育司专业人才与培训处调研员
　　张守健　　哈尔滨工业大学教授
　　姚建平　　上海建工（集团）总公司副总经理
　　范运林　　天津大学教授
　　郁志桐　　北京市城建集团总公司总经理
　　耿品惠　　中国建设教育协会副秘书长
　　燕　平　　建设部建筑管理司建设监理处处长
办公室主任：
　　吴　涛（兼）
办公室副主任：
　　王秀娟　　建设部建筑管理司建设监理处助理调研员

全国建筑施工企业项目经理培训教材
第一版编写委员会成员名单

主任委员：

姚　兵　　建设部总工程师、建筑业司司长

副主任委员：

秦兰仪　　建设部人事教育劳动司巡视员

吴之乃　　建设部建筑业司副司长

委员（按姓氏笔画排序）：

王瑞芝　　北方交通大学工业与建筑管理工程系教授

毛鹤琴　　重庆建筑大学管理工程学院院长、教授

田金信　　哈尔滨建筑大学管理工程系主任、教授

丛培经　　北京建筑工程学院管理工程系教授

朱　嫄　　清华大学土木工程系教授

杜　训　　东南大学土木工程系教授

吴　涛　　中国建筑业协会工程项目管理专业委员会会长

吴之乃　　建设部建筑业司副司长

何伯洲　　哈尔滨建筑大学管理工程系教授、高级律师

何伯森　　天津大学管理工程系教授

张　毅　　建设部建筑业司工程建设处处长

张远林　　重庆建筑大学副校长、副教授

范运林　　天津大学管理工程系教授

郁志桐　　北京市城建集团总公司总经理

郎荣燊　　中国人民大学投资经济系主任、教授

姚　兵　　建设部总工程师、建筑业司司长

姚建平　　上海建工（集团）总公司副总经理

秦兰仪　　建设部人事教育劳动司巡视员

耿品惠　　建设部人事教育劳动司培训处处长

办公室主任：

吴　涛（兼）

办公室副主任：

李燕鹏　　建设部建筑业司工程建设处副处长

张卫星　　中国建筑业协会工程项目管理专业委员会秘书长

修 订 版 序 言

随着我国建筑业和建设管理体制改革的不断深化，建筑业企业的生产方式和组织结构也发生了深刻的变化，以施工项目管理为核心的企业生产经营管理体制已基本形成，建筑业企业普遍实行了项目经理责任制和项目成本核算制。特别是面对中国加入 WTO 和经济全球化的挑战，施工项目管理作为一门管理学科，其理论研究和实践应用也愈来愈加得到了各方面的重视，并在实践中不断创新和发展。

施工项目是建筑业企业面向建筑市场的窗口，施工项目管理是企业管理的基础和重要方法。作为对施工项目施工过程全面负责的项目经理素质的高低，直接反映了企业的形象和信誉，决定着企业经营效果的好坏。为了培养和建立一支懂法律、善管理、会经营、敢负责、具有一定专业知识的建筑业企业项目经理队伍，高质量、高水平、高效益地搞好工程建设，建设部自 1992 年就决定对全国建筑业企业项目经理实行资质管理和持证上岗，并于 1995 年 1 月以建建〔1995〕1 号文件修订颁发了《建筑施工企业项目经理资质管理办法》。在 2001 年 4 月建设部新颁发的企业资质管理文件中又对项目经理的素质提出了更高的要求，这无疑对进一步确立项目经理的社会地位，加快项目经理职业化建设起到了非常重要的作用。

在总结前一阶段培训工作的基础上，本着项目经理培训的重点放在工程项目管理理论学习和实践应用的原则，按照注重理论联系实际，加强操作性、通用性、实用性，做到学以致用的指导思想，经建设部建筑市场管理司和人事教育司同意，编委会决定对 1995 年版《全国建筑施工企业项目经理培训教材》进行全面修订。考虑到原编委工作变动和其他原因，对原全国建筑施工企业项目经理培训教材编委会成员进行了调整，产生了全国建筑业企业项目经理培训教材（修订版）编委会，自 1999 年开始组织对《施工项目管理概论》、《工程招投标与合同管理》、《施工组织设计与进度管理》、《施工项目质量与安全管理》、《施工项目成本管理》、《计算机辅助施工项目管理》等六册全国建筑施工企业项目经理培训教材及《全国建筑施工企业项目经理培训考试大纲》进行了修订。

新修订的全国建筑业企业项目经理培训教材，根据建筑业企业项目经理实际工作的需要，高度概括总结了 15 年来广大建筑业企业推行施工项目管理的实践经验，全面系统地论述了施工项目管理的基本内涵和知识，并对传统的项目管理理论有所创新；增加了案例教学的内容，吸收借鉴了国际上通行的工程项目管理做法和现代化的管理方法，通俗实用，操作性、针对性强；适应社会主义市场经济和现代化大生产的要求，体现了改革和创新精神。

我们真诚地希望广大项目经理通过这套培训教材的学习，不断提高自己的理论创新水平，增强综合管理能力。我们也希望已经按原培训教材参加过培训的项目经理，通过自学修订版的培训教材，补充新的知识，进一步提高自身素质。同时，在这里我们对原全国建筑施工企业项目经理培训教材编委会委员以及为这套教材做出杰出贡献的所有专家、学者和企业界同仁表示衷心的感谢。

全套教材由北京建筑工程学院丛培经教授统稿。

由于时间较紧，本套教材的修订中仍然难免存在不足之处，请广大项目经理和读者批评指正。

全国建筑业企业项目经理培训教材编写委员会

2001 年 10 月

前　言

为落实邓小平同志关于科学技术是第一生产力的思想，使建筑业企业项目经理真正达到"懂技术、善经营、会管理"的要求，在"全国建筑施工企业项目经理培训教材编写委员会"的统一组织下，由中国工程院黄熙龄、吴中伟院士等十位专家、学者，编写了本册教材。

本册教材根据当前建筑业企业项目经理的技术素质状况，针对项目经理在施工项目管理中需要掌握的技术知识，注重理论联系实际，融科学性、实用性于一体，侧重应用技术，深入浅出，比较全面地阐述了建筑施工技术的基本理论和工艺原理；介绍了当今世界先进的建筑施工技术方法及其发展趋势；通过案例分析，指出了工程项目施工中应注意的关键技术和处理方法。对于广大项目经理，特别是具有施工生产经验、但缺乏系统的技术理论知识的项目经理，增强对设计意图，以及标准、规范的理解能力和处理工程技术难题的应变能力，提高技术素质和管理水平是十分必要的。对于经过专业技术学历教育的项目经理，适应形势的发展，补充和更新技术知识，也是很有意义的。

本册教材共分十章，依次分别由黄熙龄院士、万墨林教授级高级工程师、吴中伟院士和韩素芳教授级高级工程师、夏靖华教授级高级工程师、杜拱辰研究员、陈云波教授级高级工程师、蓝天研究员、李承刚教授级高级工程师、毛鹤琴教授和艾永祥高级工程师编写。全书由何健安、萧绍统教授级高级工程师主审。

建设部科技委顾问、原国家建工总局副总局长张哲民同志对本册教材的编写工作给予了热情的支持和指导，在此表示感谢。

目　录

第一章　地　基　与　基　础

第一节　地基土的物理性质及分类

土的物理性质及分类是地基设计与施工的基础,是勘察工作及勘察报告的重要内容。作为建筑物的地基,对土的性质及分类方法不同于农业土壤、工业用土,它以反映地基的承载力、变形、水的渗透性及其对建筑物的影响为标准。例如土的化学成分对农业土壤分类很重要,但对地基土分类意义很小。

一、土的组成及特征指标

土的成因非常复杂,类别很多。但总的说来它是由矿物颗粒、水和空气组成的物体。在颗粒之间存在较多的孔隙,当孔隙为水所充满时称为饱和土;孔隙中部分为水,另一部分为空气或其他气体时称为非饱和土。地下水位以下的土为饱和土,地下水位以上一般为非饱和土。

土粒按其直径与矿物成分可粗分为两大类。粒径大于 0.074mm 者为砂、砾类,它们是长石、石英长期风化的碎屑,质地坚硬,性质稳定,颗粒间呈点状接触,其强度决定于颗粒级配,粒径愈均匀者级配愈差,其密实度及强度亦愈低。粒径小于 0.005mm 者为粘粒类,其中小于 0.002mm 者称为胶粒。这类物质的矿物成分为高岭石、伊利石和蒙脱石,属次生矿物,颗粒为扁片状,多呈层状排列,有吸附作用,遇水膨胀,失水收缩。土体中粘粒含量愈多,其性质愈复杂,结构性强,透水性差。土体强度与地基承载力受含水量影响,含水量低的粘性土强度高,含水量高的其强度低。

在评价土的物理性质及分类时,需考虑土中颗粒的体积及重量、土中含水量。它反映土的组成比例。对粘性土还要考虑土的塑性特征。现就常用的指标及其意义分别叙述如下。

1. 基本指标

土的密度 ρ　单位土体积的重量(g/cm³)。可直接用环刀切土或现场挖标准坑取土求其重量。为了保证质量,应测体积并及时称重,以防止水分蒸发。

含水量 w　孔隙中水的重量与土骨架重量之比,以百分数表示。试验前称好土重,在烘箱常温 105℃ 时烘 12 小时后再称土重,即得水的重量。在现场可直接用酒精烧土,取得试后干土的重量。

土粒相对密度（比重）d_s　一般可不做,取 2.65～2.70。

2. 反映土的密实状态的指标

干密度（干容重）ρ_d　单位容积内土粒的重量。一般用来控制填土的质量。该值可按式 (1-1) 求出。

$$\rho_d = \frac{\rho_w d_s}{1 + 0.01 w d_s} \tag{1-1}$$

ρ_w——水的密度，取 1kg/cm^3

良好的级配砂石，填土的干密度可超过 2.1g/cm^3，粉质粘土、粘质粉土与石屑作为混合填料时，其干密度可超过 1.8g/cm^3，纯粘土只能达到 1.55g/cm^3。故粘土不宜作为填土材料。

孔隙比 e　土体中孔隙与土粒体积之比。

$$e = \frac{\rho_w d_s (1 + 0.01w)}{\rho} - 1 \tag{1-2}$$

孔隙比是一个极为重要的指标，它用以确定土的压缩性、相对密度、固结度等计算指标；还是评价粉土的承载力的主要指标。

不均匀系数 K_u　评价砂土级配及均匀性的指数，根据小于颗粒直径的土粒在土体总重中的百分数的试验曲线确定。图1-1 纵坐标为小于某粒径的土粒总重所占的百分数，横坐标为粒径。d_{60} 为小于该直径的土粒总重占 60%，d_{10} 为小于该直径的土粒总重占 10%。

$$K_u = \frac{d_{60}}{d_{10}} \tag{1-3}$$

当 $K_u > 15$，为级配良好的砂；

　$5 < K_u \leqslant 15$，为中等级配的砂；

　$K_u \leqslant 5$，为砂粒均匀，级配不良的砂。

级配不良的砂，密实度很差，松散不易压实，易于液化，承载力低，不能作为地基处理的材料。

从唐山地震震害调查中发现平均粒径 d_{50} 为 $0.07 \sim 0.09\text{mm}$ 之间的砂最易液化。

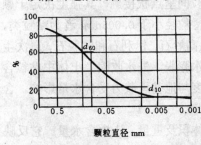

图1-1　颗粒级配曲线

3. 反映土的塑性的指标

粘性土含水量的变化引起粘性土体从固态到塑性体及流体状态的变化。作为状态变化的界限含水量指标为塑限 w_p 和液限 w_L。

塑限　土体从固态转变到塑性状态的界限含水量，它相当于在手中搓出条至 3mm 时出现断裂的含水量。

液限　土体从塑性状态转变到流动状态时的界限含水量，可用落锥法测定。

塑限及液限主要用于粘性土力学性质的评价，对粉土效果较差。粘性土的塑限可用来确定填土的最佳含水量、冻胀分类，与膨胀土天然含水量的最小值也有密切关系。液限反映土的变形性质接近流变体。建筑物后期沉降可能延长数十年而不稳定就是含水量达到液限后的实例。在基坑开挖过程中，含水量在塑限附近的土质边坡比较稳定，只有干裂崩塌的可能性。但对含水量等于液限的淤泥，其边坡极易滑动，事故较多。故塑限、液限指标具有实用价值。

用来描述粘性土状态的指标为液性指数 I_L。

$$I_L = \frac{w - w_p}{w_L - w_p} \tag{1-4}$$

当　$0 < I_L \leqslant 0.25$，硬塑状态；

$0.25 < I_L \leqslant 0.75$，可塑状态；

$0.75 < I_L \leqslant 1$，软塑状态；

$I_L > 1$，流塑状态；

$I_L < 0$，坚硬状态。

从式（2-4）中看出，天然含水量 w 大于塑限后，$I_L > 0$，土进入塑性状态；当 $w = w_L$ 时，$I_L = 1$，土进入流动状态。在地基土的承载力评价时，I_L 是极重要的指标。

塑性指数 I_p 是粘性土分类的指标，它与土中粘粒含量有密切关系。

$$I_p = w_L - w_p \tag{1-5}$$

据统计，粘粒含量在 30% 左右时，I_p 约为 17。该值用来划分粘土与粉质粘土。

二、岩土分类

岩土的分类方法很多，作为建筑物地基一般可分为岩石、碎石土、砂、粉土、粘性土等五类：

1. 岩石类

凡饱和单轴抗压强度大于或等于 30MPa 以上者为硬质岩石；小于 30MPa 的岩石称为软质岩石。

岩质新鲜的称微风化。岩石被节理、裂隙分割成块状（20～50cm），裂隙中填有少量风化物称为中等风化。节理裂隙发育，岩石分割成 2～20cm 的碎块，用手可折断时称为强风化。风化程度应由有经验的地质工程师鉴别。

岩石是良好的地基，但是不均匀性较大，且岩石起伏往往不易查清。在作为桩尖持力层时，应特别注意。

2. 碎石类土

按粒组含量及颗粒形状分为漂石和块石、卵石和碎石、圆砾和角砾。

漂石和块石：粒径大于 200mm 的颗粒超过全重 60%；

卵石和碎石：粒径大于 20mm 的颗粒超过全重 50%；

圆砾和角砾：粒径大于 2mm 的颗粒占全重 50%。

碎石土在其骨架颗粒空隙中全部为砂所充填时称为砂卵石，其承载力由密实度决定。如果空隙中为粘土所充填时，要根据土的状态、骨架的密实情况确定其工程性质。对漂石或块石类土因其直径过大，往往造成钻探及钻孔灌注桩施工的困难，有时还有误将大块孤石判为大块碎石土的可能。

3. 砂类土

砂土根据其颗粒直径大小及所占的重量的比例，按颗分法定名。

砾砂：粒径大于 2mm 的颗粒占全重 25%～50%；

粗砂：粒径大于 0.5mm 的颗粒占全重 50%；

中砂：粒径大于 0.25mm 的颗粒占全重 50%；

细砂：粒径大于 0.075mm 的颗粒占全重 85%；

粉砂：粒径大于 0.075mm 的颗粒占全重 50%。

上述分类可通过标准筛用筛分法确定。

级配良好的砂是较好的地基，透水性强，加荷后稳定快。但同样有它的问题，例如难以取原状土，必需通过标准贯入试验间接确定其密实度；水下砂往往在抽水过程中形成管涌、流砂；干砂又不易夯实，需用掺水夯实法；粉细砂在地震时易于液化等。

关于砂的密实度一般用标准贯入击数 N 判定：

密实：$N>30$；

中密：$15<N\leqslant30$；

稍密：$10<N\leqslant15$；

松散：$N<10$。

稍密和松散的砂应通过振动夯实法振密后，才可作为地基。

4. 粉土

指粒径 $0.075\sim0.005$mm 的颗粒占全重 50％以上、粘粒含量小于 17％、砂粒含量小于 50％的土。如果用塑性指数划分，其 $I_p\leqslant10$。粉土由粉粒、砂粒、粘粒三种物质组成，根据含量又可细分为：

砂质粉土：砂的含量 40％～50％；

粉　　土：粉粒含量 60％～70％；

粘质粉土：粘粒含量为 10％～17％。

砂质粉土接近砂的性质，是可能液化的土。粘质粉土接近粘性土性质，它不会液化。用颗分法划分粉土比塑性指数法要准确而适用些。

5. 粘性土

按塑性指数分类：

粉质粘土：$10<I_p\leqslant17$；

粘　　土：$I_p>17$。

粉质粘土属于粘性土类，它具有粘结力及摩阻力，渗透性次于砂土，可用手搓成 $0.5\sim2$mm 的土条，在自重下可断裂。当其含水量在塑限左右捣碎后，用手捏紧，松手下落成散粒状时，最易夯实。在工程中常用作填土材料。

粘土性质极为复杂，其矿物成份含量对工程性质有显著的影响。粘土渗透性很差，摩擦力很低。吸水后成流塑状，强度很低，易于滑坡。干燥后又可开裂，引起基坑崩坍。当粘土的含水量在塑限左右时，具有很高的强度，不易捣碎，也难于夯实，所以对粘土性质的评估极为重要。

三、特殊土类

我国地质条件很复杂，常见的特殊土有湿陷性黄土、淤泥、膨胀土、季节性冻土、多年冻土、盐渍土等。

湿陷性黄土分布在甘肃、陕西、河南及山西和青海部分地区。有可见的大孔，含水量低，多分布在气候干燥地区。该土粉质含量多，孔隙比大于 1，遇水则沉陷，故称湿陷性土。在工程中除干燥车间外，通常要进行处理，消除湿陷性后才可作为天然地基。

淤泥及淤泥质土分布于沿海、沿湖地区，灰黑色，含有机质，孔隙比 $1\sim2.7$ 不等，抗剪强度变化幅度较大，地基承载力 $30\sim100$kPa，房屋沉降以数十厘米计，属高压缩性低强度的饱和软粘土。深基坑支护稳定性问题极为重要。

泥炭及泥炭化土为含腐化植物量极高的不均匀性高压缩性土，含水量 100％～300％，密度很小，固体物质较少，几乎没有承载力，透水性尚好，排水较易，我国云贵山区有少量分布。

膨胀土分布于我国云南、广西、湖北、河南、安徽等十余省市区。在膨胀土出露于地表的地方房屋损坏率大，尤以坡地房屋的损坏为最。

膨胀土有膨胀收缩性质，其主要因素是土中含有蒙脱石矿物，然而在无水补给或者没有水份转移的条件，它的性质不会发挥，即使有所发挥，也不会对建筑物造成危害。这些外部条件，如施工供水、破坏植被、挖填方、气候干湿交替等都足以破坏土中水原有的平衡状态，使水份蒸发、转移，造成房屋上升、下降、水平移动等现象，由此引起房屋的损坏。治理原则在于控制影响内因的外部条件，例如增加基础埋置深度，及时封闭裸露边坡，集中排水都是有效的措施。

多年冻土及季节性冻土主要位于寒冷地区。冻深以上土层因土温低于摄氏零度，土中水结冰，冰的膨胀使土产生膨胀。待春天来临，土温上升，土中冰融，又造成土的融沉。常见的春天翻浆就是冰融现象造成的。除砂土的冻胀较小外，由于粘性土内粘粒矿物的吸附能力，具有转移水份的作用，凡地下水位离冻深线 2m 以内的土层都可能因水不断向低温转移而得到补给，产生强弱不等的冻胀现象。所以冻土并非土的本身具有的性质，而是气温变化在土中引起的水的物理变化造成的现象。防治措施最好的方法只有两条：一是将基础埋在冻深线以下；二是采用架空层或其它措施隔断一切热源、冷源对土的现状的影响。后者是在冻结深度较大或多年冻土区很有效的办法。

同理，在设计施工中由于对土的冻胀现象未加注意也可能造成人为冻害。如冷藏库未设架空层造成库内低温传给地基，引起冻害；冬季施工基坑开挖后未及时保温，造成基土冻胀等。

盐渍土：土中易溶盐超过 0.5％时即属盐渍土。常见的盐类为氯盐、碳酸盐和硫酸盐等，它对混凝土有侵蚀性。为防止腐蚀常在基础四周加涂沥青层。

可溶盐浸水后可溶解，硫酸盐吸水还有膨胀性。青海格尔木地区采用岩盐铺路，是在压实情况下进行的。

总之，土的分类可帮助我们根据其属性及时采取相应的措施。但是，土的成因复杂、地区性很强，分类可解决大部分设计施工问题，也制定了相应的规范。应当注意还存在许多特殊问题，这就需要经过试验研究。例如，软土的性质有共性，但各地很不相同，不能照搬照抄。最好的方法是吸收当地成功的经验和失败的教训，根据工程要求加以深化。遇到疑难问题应由专门从事岩土工程的技术专家解决。

第二节　土的压缩性与地基沉降

一、土的压缩性

土是可压缩体。在静压力下土的孔隙比将从原有的状态减少到新的孔隙比。孔隙比的减少说明土体的固体颗粒密实度的增加。压力愈大，孔隙比减少愈多，土体愈密实。这种物理现象称为压缩。

在自然沉积过程中，除了残积土以外都有一个长期的压缩过程。例如在江河入海处的三角洲，随着上游携带的泥砂逐渐堆积成陆地，上覆土的重量使深层的土粒逐渐压缩成较密实的土层。沉积岩如泥岩、页岩、石灰岩都是在亿万年堆积过程中形成的。

由于土的压缩，建在土上的建筑物将产生沉降。沉降的大小及均匀性危及建筑物的安全和正常使用。所以，地基的压缩性是地基设计中非常重要的指标。

土的压缩性确定方法仍然沿用有侧限压缩条件下的压缩系数。

如图1-2，将土样放入金属环内，在土上施加均匀压力。由于土被限制在环内，只能在垂直方向压缩变形，故称为有侧限压缩。压缩曲线见图1-3。图中纵坐标为孔隙比 e，横坐标为压力 p。取曲线中 ab 段，该段的斜率 a 称为压缩系数。

$$a = \frac{e_1 - e_2}{p_2 - p_1} \qquad (1-6)$$

在勘察报告中，计算压缩系数 a 时，取 $p_2 = 200\text{kPa}$，$p_1 = 100\text{kPa}$。e_1 为 p_1 所对应的孔隙比，e_2 为 p_2 所对应的孔隙比。

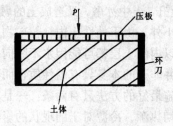

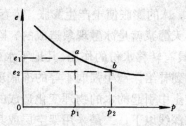

图1-2　压缩模型示意　　　　　　　　　图1-3　压缩试验 $e-p$ 曲线

当　$a_{1-2} < 0.1\text{MPa}^{-1}$，称为低压缩性土；

　　$a_{1-2} \geqslant 0.5\text{MPa}^{-1}$，称为高压缩性土；

　　a_{1-2} 在两者之间时，称为中压缩性土。

在计算沉降时，常习用压缩模量 E_s（kPa）。

$$E_s = \frac{1 + e_0}{a} \qquad (1-7)$$

外国勘察报告中压缩曲线用 $e-\log p$ 曲线表示，C_c 称土的压缩指数。

$$C_c = \frac{\Delta e}{\Delta \log p} \qquad (1-8)$$

有时，也用体积压缩系数 m_v 表示。

$$m_v = \frac{a}{1 + e_0} = \frac{1}{E_s} \qquad (1-9)$$

低压缩土是良好的地基，除了高层建筑及地质不均匀时需要考虑地基的沉降问题外，多层建筑及一般工业建筑均不必考虑。

中压缩性土上的多层建筑并不总是满足沉降要求的；至于高压缩土地基情况较为复杂，工程事故较多，设计施工的出发点首先是地基的变形问题，即使是承载力也是按变形取值的。

二、沉降特征

建筑物的沉降特征决定于上部结构与地基的相互作用。例如：结构刚度较大的烟囱，其结果只可能是竖向下沉或倾斜。地基均匀时沉降将是均匀的，地基不均匀则会倾斜。又如高层与低层相连，低层部分可能因高层下沉多而开裂。如果两个高层并排，距离过近，就可能出现相对倾斜。因此，根据地质条件、建筑结构及体型，它的沉降都具有一定的规律，并表现出某些特征。沉降计算的目的在于预测建筑物的沉降属于那类特征，是否会超过结构的承受能力，影响建筑物的正常使用，并在设计时予以考虑。

建筑物沉降的特征可分为：沉降、相对弯曲、局部倾斜、倾斜、沉降差等。

1. 沉降

沉降指建筑物某点的下沉值。刚性建筑，如水塔、烟囱、体型简单的高层建筑等，当土层均匀时实测沉降一般比较均匀，计算沉降宜用多点计算值取其平均数。面积较小的独立基础，则用基础中点计算沉降值。

2. 相对弯曲

相对弯曲指弯曲部分矢高 f 与弦长 L 之比（图1-4）。砖砌体相对弯曲的允许值：砂类土及硬塑粘性土为 0.0007，软塑至流塑状粘性土为 0.001；当配有圈梁及钢筋砖圈梁时，分别为 0.001 及 0.0013。如果房屋呈反向挠曲，允许值为 0.0005。

上述相对弯曲值可用来预测房屋的损坏可能性，只要从施工期间开始沉降观测到沉降稳定为止，实测相对弯曲不超过容许值时，墙体不致开裂。

从计算值预测相对弯曲是很难准确的。原因在于计算时未考虑上部结构刚度对地基变形的调整作用，故计算值偏大。因此，在我国规范未规定计算相对弯曲值。

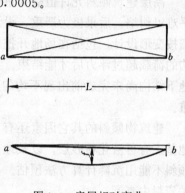

图1-4　房屋相对弯曲

3. 局部倾斜

由于房屋体型复杂、刚度变化、荷载差异以及地质不均等因素，均可能在拐角部位、纵墙转折处、高低层连接处、地质突变处出现沉降差异称为局部倾斜，如图1-5 A、B 部位。局部倾斜计算长度一般 6～10m，按隔墙距离考虑。沉降差与计算距离的比值即为局部倾斜值。对中、低压缩性土上的砌体结构该值不得超过 0.002，对高压缩性土不得超过 0.003。

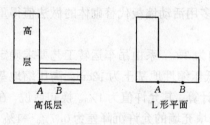

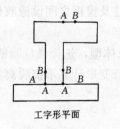

图1-5　局部倾斜出现部位

在工程中，凡局部倾斜不满足的部位多数用沉降缝处理，也可用复合地基、桩基、箱基处理。

特殊土地基上的房屋事故较多的原因除了上述因素造成局部倾斜过大以外，冻胀、融沉、膨胀、湿陷、热源引起收缩和热溶洞均可造成局部损坏，采取一般处理方法很难有效。

由于施工或使用中大量抽水也可造成局部倾斜、房屋开裂。深井抽水影响面积更大，可造成百余米范围内不均匀下沉。所以在分析问题时要周密考虑，以便采取相应的预防措施。

4. 倾斜

指单独基础或刚度较好的高耸结构物整体基础在倾斜方向上两端点的沉降差与距离的比值。

引起倾斜的因素为：

（1）土层不均；

（2）偏心荷载较大；

（3）两高耸结构物距离较近；

（4）结构物一侧有大面积地面负荷。

上述四种因素在高压缩土地区房屋设计时应密切注意。施工期间也需将料场设置在离建筑物 12m 以外的地方。在中、低压缩性土层上的高层建筑，由于埋深较大，到目前为止尚未出现严重的倾斜和相对倾斜的事例。

高层建筑允许倾斜值：100m 高度以上的建筑为 0.0015，100m 以下的为 0.002。它是由建筑使用功能及居住者的心理适应能力决定的。

高耸结构允许倾斜值：高度超过 200m 时为 0.002；150～200m 之间时为 0.003，100～150m 之间时为 0.004。但是，对反应塔、高炉等的允许倾斜值还应根据工艺要求确定。

高层建筑倾斜允许值极为重要，它不仅涉及使用要求能否满足，一旦超过允许值，几乎难以纠编，后果极为严重。设计上要求选择良好的场地，杜绝不均匀沉降的可能性，必需按变形设计，包括在场地开挖后地下水的浮力可能造成的不均匀浮起。降水应进行到结构的荷载超过浮力后才能结束。某工程基坑开挖后未考虑暴雨造成的地下水上升问题，在地下结构尚未完成前出现不均匀上浮达 20cm 多，抽水后亦未能恢复原位，造成了处理困难。

建筑物倾斜的其它因素还有：临坡建筑基础埋深不够，边坡排水不良，坡脚被水冲刷，地基土有可液化粉砂层，以及地下采空区塌陷等。以上因素属于稳定问题，对这类地基的倾斜不能用沉降计算方法预估。具体的做法是治山、治水、治液化，这类治理措施可从有关资料中查阅。

5. 排架结构相邻柱基的沉降差

排架结构具有较大的适应不均匀变形能力。存在的问题是吊车的滑轨及填充墙的开裂。在高压缩性土地区还有因地面堆料引起柱基础偏转下沉，造成柱的受弯破坏。从目前日益发展的商品房质量标准看，围护墙体开裂可能被认为是不合法的，要求赔偿呼声很高。如果地基设计要保证围护墙不开裂，困难较大。国际上多用活动墙板代替砌体的做法值得重视。

规范规定柱间差异沉降允许值，纵向为 4‰，横向为 3‰，系由吊车运转工艺要求确定的。对无吊车的排架结构只规定了最大沉降量：中、低压缩性地基土为 12cm，高压缩地基土为 20cm。如果考虑墙体开裂，则按墙体相对弯曲值计算，其允许值为 1‰。换句话说，在 12m 范围内，柱间差 1.2cm 就将造成墙体的开裂。柱间填充墙的允许沉降差为 0.7‰～1‰，如果填充物为大块玻璃，其允许值更小。解决的最佳方法是在柱及窗框之间设橡胶垫带，避免柱的下沉引起窗框的变形。

上述五类沉降特征可指导设计师怎样根据不同结构和建筑体型，选择最危险的部位去进行地基变形计算，及在可能破坏的部位采取措施。盲目的进行变形计算不仅脱离实际，而且可能因错误的估计造成事故及财力浪费。

三、沉降计算

建筑物基础任一点沉降可按简化公式计算。

基础底面以下土中各水平截面上的压力分布如图 1-6。p 为均布压力，只考虑静载和折减后的活载。仓库荷载应全部考虑。由于基础埋深 d 处的原有土重 γd 已全部挖出，故计算沉降时亦应全部减去，减去后的压力称为附加压力，用 p_0 表示。

$$p_0 = p - \gamma d \tag{1-10}$$

式中 γ 为土的重度（原称容重），在地下水位以下的土体应减去水的浮力。如果地下室属于整体结构，式中作用荷载 p 亦需考虑浮力作用。

地基中压力分布分为两类：（1）在天然土体自重作用下的压力，它随深度而增加，用 $\gamma(d+z)$ 表示（图1-6）。该压力下土的压缩变形早已完成，在基坑挖土卸荷期有少量的回弹变形。（2）由基础传给地基的压力系按弹性理论导出的，它有两个特性：当基础面积相等时，传到土中的压力随深度扩散，逐渐减少。当压力不变时，基础面积愈大，压力扩散愈深，其值也愈大（图1-7）。该特性说明基础的沉降与基础面积大小有关。基底压力相同时，大基础沉降比小基础沉降大若干倍。这就是为什么要计算沉降的原因。

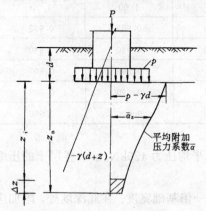

图1-6 附加应力分布图

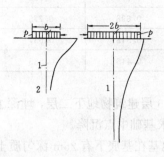

图1-7 基础面积对应力扩散的影响

矩形荷载分布下中点沉降，当地基均匀时按式2-11计算：

$$s = \psi_s \frac{p_0}{E_s} z_n \bar{\alpha} \tag{1-11}$$

式中 s——地基中点下沉量；

p_0——附加压力；

E_s——土的压缩模量；

ψ_s——沉降经验修正系数，见表2-1；

z_n——沉降计算深度；

$\bar{\alpha}$——平均附加压力系数，按表2-2采用。

沉降计算深度按下式计算

$$\Delta s'_n \leqslant 0.025 \sum_{i=1}^{n} \Delta s'_i \tag{1-12}$$

式中 $\Delta s'_i$——在计算深度范围内，第 i 层土不乘修正系数的沉降计算值；

$\Delta s'_n$——由计算深度 z_n 向上取 Δz 厚度计算沉降值，Δz 取 $0.4 \ln b$。

平面复杂的基础也可化成等面积的矩形基础计算，可使沉降计算简化，但可提高快速估算沉降的能力，有助于总体设计方案的选择。

	E_s	2.5	4.0	7.0	15.0	20.0
p_0						
$p_0 \geq f_k$		1.4	1.3	1.0	0.4	0.2
$p_0 \leq 0.75 f_k$		1.1	1.0	0.7	0.4	0.2

系 数 ψ_s 值　　　　　表 1-1

矩形面积均布荷载下中点竖线平均附加压力系数 $\bar{\alpha}$　　　　　表 1-2

	l/b	1.0	1.8	3.2	5.0	≥ 10
z/b						
0		1.00	1.00	1.00	1.00	1.00
0.2		0.987	0.992	0.993	0.993	0.993
0.5		0.900	0.933	0.939	0.940	0.940
1.0		0.698	0.775	0.801	0.806	0.807
1.5		0.548	0.637	0.678	0.690	0.693
2.0		0.446	0.583	0.584	0.600	0.606

【例】　某 25 层建筑物地下二层,埋深 10m,基底平均压力 420kN/m²,各层土的压缩模量如图 1-8,求基础中点沉降。

【解】　该地基在基底下有 25m 深匀质土,相当于一倍基础宽度。在此深度处,附加应力降低到 0.34,而压缩模量增到 2 倍,达 30000kN/m²,故计算深度可取 25m 而无大误差,按公式 1-11:

$$s_0 = \psi_s \frac{p_0}{E} z \bar{\alpha}$$

式中　$z = 25m$;$E = 15000kN/m^2$;$\psi_s = 0.4$;$p_0 = 420 - 1.8 \times 10 = 240kN/m^2$;$\bar{\alpha}$ 值:查表 2-2,

当 $\dfrac{z}{b} = 1$, $\dfrac{l}{b} = 1$, $\bar{\alpha} = 0.698$。

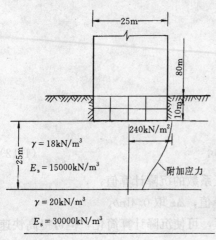

图 1-8　中点沉降计算图例

则 $s_0 = 0.4 \times \dfrac{240}{15000} \times 25 \times 0.698 = 0.11m = 11cm$。

该建筑为方形,刚度很好,其平均沉降值约等于 0.79 中点沉降,计 8.7cm。

上述计算大体上反映北京地区某些地质条件相同的高层建筑的沉降观测情况。

四、沉降稳定所需时间

建筑物的沉降起始于基础施工。在开始时,荷载很小,只有少量下沉。随着施工荷载的增加,沉降增加也是比较缓慢的,施工荷载全部完成时,沉降速率有突然增加现象。大约半年以后,沉降速率逐渐趋于平缓,最后达到稳定。

砂类土、卵石类土渗透性好,施工完成后,沉降可完成 50%～80%。基础面积很大时，由于压缩层厚度大，需时较多。一般多层建筑及扩大基础，施工期可基本完成沉降的 80%。

粘性土沉降稳定时间较长，孔隙比高的淤泥质土，附加压力接近允许承载力时，施工期完成可在 20%～50%，视荷载面积大小而定。附加压力超过容许承载力时，将出现侧向挤出现象。沉降可能延续几十年。

低压缩粘性土的沉降稳定时间也同样决定于附加压力及土层厚度。一般多层建筑沉降均为 1～2cm，施工期完成可在 80% 以上。但高层建筑情况较复杂，附加压力变化幅度较大。从已有沉降观测资料看，北京地区高层建筑沉降一般在 5～10cm，施工期可完成 50%，施工后大约需 5～10 年才能稳定。由于沉降量均小于 12cm，倾斜或局部倾斜值均未超过容许值，也未出现结构开裂问题。

房屋沉降观测非常重要，特别对高层建筑意义更大。沉降观测可说明房屋的质量、安全性及可靠性；也可鉴定地质勘察是否正确、地基处理效果与质量；可以及时发现问题、从早解决。

第三节 地基承载力

地基承载力指地基所能承受的安全荷载。坡体稳定指边坡在自重或其它荷载作用下不产生滑坡、滑动、崩塌等条件下土体抗滑能力与滑动力之比值。这两个问题是地基设计施工中最基本的问题，它关系着建筑物的安全是否可靠。

决定承载力及稳定性的力学指标为土的抗剪强度。为此，有必要先说明土的抗剪强度试验常用方法及基本性质。

一、土的抗剪强度与库伦定律

土的抗剪强度指某一剪切面上抵抗剪切破坏的能力。土的种类不同，其抗剪性质有根本差别。

1. 砂类土的抗剪性质

砂粒之间无粘着力，属于散粒体。因此，在堆砂过程中可看到随着高度的增加，砂堆出现坡度稳定角。继续堆高，砂粒顺坡下滑，该坡度稳定角称为自然休止角。可见该角所代表的坡面为滑动面。如果在容器内装入砂，其剪切面固定如 aa'（图 1-9），在砂样上施以竖向压力 σ，沿剪切面加水平力 T，抗剪强度为 τ，可得到下式：

$$\tau = \sigma \tan\varphi \tag{1-13}$$

式中　φ——砂的内摩擦角。

式（2-13）称为库伦定律。

将该定律用于坡面 oa 上（图 1-9），可发现抗滑力 F 等于 $N\tan\varphi$，滑动力 T 等于 $N\tan\theta$。当坡面角 θ 小于砂的内摩擦角，坡体是稳定的，θ 等于砂的内摩擦角时，坡体处于极限平衡状态。所以可以通过砂的最大休止角 θ_{max} 来确定其内摩擦角。

粗砂的内摩擦角与其密实度有关，一般在 35°～40° 之间。中砂稍小。粉细砂的内摩擦角不仅与密实度有关，还与砂的形状及成分有关。圆粒砂比扁平状砂强度高，海滨由生物壳风化的砂，质轻且易被捏碎，抗剪强度较低，故粉细砂的抗剪强度变化幅度在 25°～32° 之间。

由于砂的抗剪强度与砂粒间的接触压力有关。在振动时，砂粒间出现相对运动，摩擦

图 1-9 剪切示意图

力随之减少，如同拥挤的车厢中的人群在开车后感到松动一样。饱和粉细砂在高烈度地震作用下受较高的孔隙水压的影响，其抗剪能力降低。如果粉细砂呈松散状态就出现液化，失去了承载能力，导致房屋大幅度下沉或倾倒。

2. 粘性土的抗剪强度

由于粘粒具有胶结作用，在受到剪力作用时，必需先使其剪断，然后才能出现剪切变形。因此其抗剪强度由粘聚力 c 和内摩擦角 φ 两部分组成图（1-10）。其表达式如下：

$$\tau = c + \sigma\tan\varphi \tag{1-14}$$

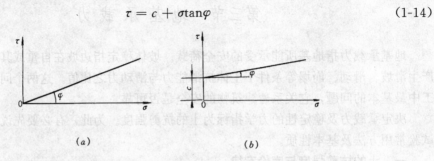

图 1-10 抗剪强度试验 σ-τ 曲线

(a) 砂类土；(b) 粘性土

由于粘性土具有粘聚力，故开挖基坑时，它有一定的直立高度。但是粘性土的内摩擦角 φ 值因粘粒含量增多而减少。例如淤泥，手触之有滑腻感，其内摩擦角接近于零；加之其孔隙比高于1，含水量接近液限，很易产生滑动，成为沿海沿江软粘土地层开挖基坑时经常出现滑坡、土涌的基本原因。

粘性土的抗剪性质很复杂，其中浸水后抗剪强度降低是最重要的属性。例如原有土质边坡本是稳定的，但是雨季时经常失去稳定，发生大面积滑坡。其原因在于排水不良，雨水浸入坡体，抗剪强度降低所致。所以在山区平整场地时，要同时考虑排水，修筑排水沟，种植草皮树木，尽量减少地面水浸湿基土。

在确定地基承载力及计算边坡稳定、挡土墙土压力时，剪切试验方法很重要。在诸多试验方法中，首先要考虑的问题是土的天然结构、含水量及孔隙比在剪切过程中有无改变。因此，当确定地基承载力及抗滑力时，应首先考虑采用三向应力条件下的不排水剪切试验，简称不排水剪。只有采用预压方法加固软土时，才采用相同固结条件下的不排水剪，简称固结不排水剪。

二、载荷试验与容许承载力

载荷试验是缩小比例的基础模型试验，是国际通用的检测地基承载力的标准，试验方法见第七节。

确定地基承载力的方法还有公式计算、标准贯入试验、静力触探、旁压试验等间接方法。

载荷试验所得的荷载——沉降曲线，通常如图 2-11 所示。每级荷载下沉降与时间的关系称为 $s-t$ 曲线。$p-s$ 曲线反映荷载与沉降之间的关系，可说明地基在荷载作用下的工作性状。$s-t$ 曲线表明沉降的性质。例如沉降稳定很快可认为地基处于压密的安全状态；沉降不能稳定可认为地基已处于破坏状态。根据 $p-s$ 曲线及 $s-t$ 曲线可将地基粗分为三种状态：

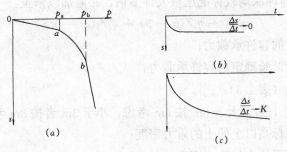

图 1-11　载荷试验 p-s 曲线

(a) p-s 曲线；(b) oa 段 s-t 曲线；(c) ab 段 s-t 曲线

（1）压缩状态：p-s 曲线近似直线，沉降随时间而渐趋稳定，沉降速率 $\frac{\Delta s}{\Delta t}$ 渐趋于零。这些现象说明地基在逐渐压缩过程。它的极限值 p_a 称为比例界限（图 1-11a）。

（2）塑形变形逐渐发展段：当压力超过比例界限值后，$p-s$ 曲线具有明显的非线性性质（图 1-11b）。它有三个特点：①沉降增量逐级加大；②沉降速率逐级增长，软土可达 0.3mm/h 以上。③出现等速沉降，它说明基底土出现塑性区，先从角端下的地基开始（图 1-12b），然后向深处扩大，直至连接成封闭状（图 1-12c）。整个基础处于塑性土包围之中，随时可以倾斜，是为危险应力状态。世界上有名的比萨斜塔 800 年来下沉平均为 2.4m，倾斜达 50cm，还在继续发展就是最典型实例。这个阶段的界限值为 p_b。

（3）滑动破坏段：压力超过 p_b 后，随着塑性区向外扩展，形成滑面（图 1-12d）。浅埋基础地表有隆起，深基础可观察到侧向变形。沉降急剧增加，或不能达到稳定标准，达到破坏阶段，地基稳定性丧失。然而，在竖向荷载作用下，理论上的滑面极少出现，极限荷载也很难用同一标准取值，其根本原因是理论假定土是不可压缩的，由此导出的极限荷载公式也不能成立。虽然从载荷试验曲线上可以确定相对破坏标准及极限承载力，但它与比例界限之间无任何规律性的数值关系。这就是所有国家都采用直接取比例界限值作为地基容许承载力的原因。

有些土的载荷试验曲线没有明显的比例界限值，判别的标准应为 $\frac{\Delta s}{\Delta t} \to 0$，在满足该标准前提下，取 $\frac{s}{b} = 0.02$ 的对应荷载为容许承载力。

三、深宽修正后的容许承载力

载荷试验所得到的容许承载力为压板宽度 70.7cm 或 50cm、埋深为零条件下的标准

13

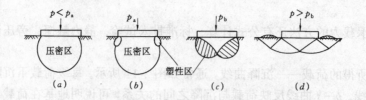

图 1-12　地基工作状态示意

(*a*) 局部塑性区；(*b*) 危险应力；(*c*) 破坏

值。实际上基础宽度与埋深均较标准压板大许多倍，必需加以修正：

$$f = f_k + \eta_b \gamma (b - 3) + \eta_d \gamma_0 (d - 0.5) \tag{1-15}$$

式中　f——经过修正的容许承载力；

　　　f_k——标准载荷试验确定的容许承载力；

　　η_d、η_b——修正系数（表 1-3）；

　　　b——基础宽度（m），大于 6m 按 6m 考虑，小于 3m 者按 3m 考虑；

　　　γ_0——基础底面标高以上的土的重力密度；

　　　γ——基础底面下的土的重力密度。

　　基础埋置深度指整体基础而言，箱基、筏基均视为整体基础。地下室的基础之间如为分离的均自室内地面标高算起。挖填方整平区均自整平标高算起。但填方必需在基础完成后立即填实。

　　载荷试验取三台的平均值；但是三台试验值的最大差数不得超过平均值的 30%。超过时应做第四台，并分析地基是否均匀或存在局部软土。

　　如果载荷试验压板与试坑面积相同，形成与基础实际相同的埋深条件，不能当成模拟状态，也就不应该再进行深度修正了。此时 $\eta_d = 0$。

修　正　系　数　η_d、η_b　　　　　表 1-3

土 的 类 别		η_b	η_d
淤泥及淤泥质土		0	1.0
人工填土 e 及 I_L 大于 0.85 的粘性土 稍密或粘粒含量>10% 的粉土		0	1.0
红粘土	含水比 $w/w_L \geqslant 0.8$	0	1.2
	含水比 <0.8	0.15	1.4
e 及 I_L 均小于 0.85 的粘性土		0.30	1.6
中密或密实的粉土		0.50	1.5~2.2
粉砂、细砂（不包括很湿、饱和的稍密状态）		2.0	3.0
中砂、粗砂、砾砂及碎石土		3.0	4.4

　　试验证明，粘性土的宽度在 3m 以内时，其容许承载力没有增加的迹象。砂类土的宽度修正系数是按 3m 宽给出的。考虑到低压缩性土的沉降较小，放宽了宽度的上限值到 6m。

　　【例】　在某工程场地上进行了三台载荷试验，得到容许承载力分别为 180kPa、200kPa、

14

185kPa，基础埋深5m，基础为箱基，宽度10m，求地基的容许承载力。

【解】 考虑到三台载荷试验的平均值为188.3kPa，最大与最小之差值为20kPa，相当于平均值的10%，故采用188kPa为标准载荷试验确定的地基的容许承载力 f_k。

由于该基础埋深为5m，宽度为10m，可以进行修正，按式2-15：

$$f = f_k + \eta_b \gamma(b - 3) + \eta_d \gamma_0(d - 0.5)$$

该场地为粘性土，孔隙比 $e = 0.7$，液性指数 $I_L = 0.5$，γ、γ_0 均为18kN/m³，$\eta_b = 0.3$，$\eta_d = 1.6$。代入得：

$$f = 188 + 0.3 \times 18(6 - 3) + 1.6 \times 18(5 - 0.5)$$
$$= 333.8 \text{kPa}$$

应当注意，深宽修正后的承载力提高近1.8倍，可满足20层住宅的需要。但承载力的满足不等于沉降能同时满足，这也是目前高层建筑中因高低层相差较大提出的问题，现用后浇带解决。

四、容许承载力公式计算法

用抗剪强度 c、φ 值可按下式计算求容许承载力：

$$f = M_c c_k + M_b \gamma_b + M_d \gamma_0 d \tag{1-16}$$

M_c、M_b、M_d 如表2-4。

M_b、M_d、M_c 值

表 1-4

φ	M_b	M_d	M_c	φ	M_b	M_d	M_c
0	0	1.0	3.14	20	0.51	3.06	5.06
2	0.03	1.12	3.32	22	0.61	3.44	6.04
4	0.06	1.25	3.51	24	0.80	3.87	6.45
6	0.10	1.39	3.71	26	1.10	4.37	6.90
8	0.14	1.55	3.93	28	1.40	4.93	7.40
10	0.18	1.73	4.17	30	1.90	5.59	7.95
12	0.23	1.94	4.42	32	2.60	6.35	8.55
14	0.29	2.17	4.69	34	3.40	7.21	9.22
16	0.36	2.43	5.00	36	4.20	8.25	9.97
18	0.43	2.72	5.31	38	5.00	9.44	10.80

注：1. 公式及表中的 c、φ 值均按三轴不固结不排水抗剪试验方法求出。

　　2. 公式所得结果符合图2-12（b）状态。已考虑了基础深度与宽度影响，故不再修正，也不再取安全度。

　　3. 基础宽度大于6m时按6m考虑。

第四节　地下水工程特性及降水措施

水在国民生计中是最重要的物质。从基础工程角度看，水又是工程师在施工中最感棘手的问题。地基中的重大事故莫不与水有关。水可分为地面水与地下水。海水、河流和湖泊的水都属地面水。地面水在施工准备阶段都用疏导的方法予以排除（水利工程除外）。地下水由大气降水渗入地下，经过亿万年的地质运动，埋藏在不同深度的土层和岩层中，具有复杂的运动规律。对于建筑工程而言，涉及到的地下水实际上多属于浅层地下水。尽管如此，它已给基础工程的施工增加了很大难度。由于许多工程的基础位于地下水水位以上，常给人们只重视土的力学性质，而忽略水的存在及其在基础工程中的影响，从而延误工程，或造成事故。

水是土的组成之一，它直接关系到土的强度和变形。孔隙中的水在重力作用下能流动的那一部分水称为自由水。自由水是地下水形成及运动的物质基础。在这一节中研究的对象主要针对开挖基坑后地下水的运动对施工的影响，严格说来，它属于局部地质条件下地下水的运动问题。

一、地下水分类及特征

按地下水埋藏条件及含水层性质可将地下水分为上层滞水、潜水及承压水。

上层滞水是无压的受季节性影响的暂时性水，水量小，无固定的水位或流向，明挖排水即可解决施工问题。

潜水指地表下第一个隔水层上具有自由水面的重力水（图1-13）。气候、水文、地形均可影响潜水动态。例如地形为坡地，给水条件为分水岭以下的降雨，潜水面坡度随地形坡度向谷地变缓；在平缓地形的平原，潜水坡度比较平缓。潜水水位的升降决定于地表水的渗入和地下水的蒸发，一般为无压水，但潜水层厚度可能很大，与河水或海水相连的砂层，水量较大，施工可能遇到困难。

承压水是充满在两个隔水层之间的重力水。承压水的形成取决于地质构造（图1-14）。基础施工常遇的承压水系淤泥层下的砂层中的水，它的底板可能较为平缓，但顶板可能是凹形或是不规则的斜面。顶板标高较高处与外界相通，或有补给来源，才能构成顶板较低处的水压。与江河相通的承压水水量较大，供水充足。目前开挖基坑至地表下不过十余米，水压较大者可冲破不透水层，造成基坑不能继续开挖的局面。

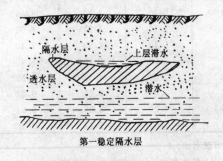

图1-13　上层滞水和潜水示意图　　　　图1-14　承压水地质示意

因此，在深基坑施工前，必须对工地的水文地质有所了解。勘察报告中应包括：

（1）含水层及透水层的埋藏条件、层次。

（2）潜水位标高、补给来源、流速与河流及古河道间的联系。

（3）承压水的承压力、补给量、流速与流量；承压水顶板土层的密实度、厚度。

（4）各土层的渗透系数。

（5）有无粉细砂透镜体，出现流砂的可能性。

（6）水的化学成分及腐蚀可能性。

根据事先掌握的水文资料，可决定基坑排水方案及实施细则，做到心中有数，有备无患。

二、水力参数与测定

水下基坑施工必须对含水层土的渗透系数、流量、降深及影响范围有可靠的数据，其中渗透系数 K 是一项重要的水力参数。

渗透系数与土的组成物质及其孔隙比有关，它是水力坡降等于 1 时的流速，用 cm/s，或 m/d 表示，它反映土的透水量的大小。在单位时间内通过单位截面积的水量用流速 v 表示，可以得到流量 Q 与流速或渗透系数、水力坡度之间的关系式：

$$Q = K \cdot \frac{\Delta H}{L} \cdot A = vA \tag{1-17}$$

ΔH 为距离为 L 时两点的水头差（图 1-15）。当地下水位为静水位时，开挖基坑后，坑内外出现水头差 ΔH。由于该水头差，使水从高水位流向坑底低水位，造成水流。水流经过土的孔隙时带走细小物质的粉粒、粉砂形成流砂或管涌。如果不抽水，水流到坑内水位与静止水位相等为止。如果抽水，就需知道流量及流速。流量与坑的面积有关，流速与渗透系数和坑的深度有关。所以基坑愈深，面积愈大，土中水量有补给来源时，降水就愈困难。

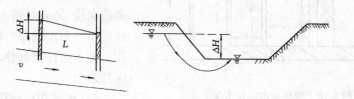

图 1-15 水力坡度示意

对于基坑较浅、面积较小的情况，可以通过室内试验求出渗透系数，采用一般降水措施就可满足施工要求。如果当地有积累的渗透系数资料，也可利用。

对于面积较大的深基坑，情况比较复杂，由勘察报告提供的各种参数应当通过抽水试验确定。

表 1-5 提供一般土的渗透系数，仅供参考。在各地施工时，最好参考当地已有的渗透系数数据。

渗 透 系 数 值　　　　　表 1-5

土　类	渗 透 系 数　（m/d）
卵石、砾石	50～1000
粗砂、中砂	5～50
细　砂	1～5
粉　砂	0.5～1.0
粉　土	0.1～0.5
粉质粘土	0.005～0.1
粘　土	<0.005

注：1. 卵石中充填砂时按砂考虑，充填土时按土考虑。

2. 土中塑性指数高者用低值。

3. 砂土孔隙比高者用高值。

从表 2-5 可以看出，卵石、砾石为强透水层，砂类土为中等透水层，粘土基本为弱透水层或不透水层，至于粉土的透水性介乎砂土与粘土之间，含砂量大者接近中等透水层，在

17

河流下流的冲积扇地区，这类土较多。

现场抽水试验：

由于场地含水层土质的复杂性，抽水试验要通过给出的稳定降深、实测的流量及降水漏斗，可以解决含水层的综合渗透系数，确定降水有效范围、影响半径、涌水量及下降水位的关系以及各含水层之间的联系，它真实可靠，并可直接投入现场使用。但是，现场试验也有它的限制条件。在场地较狭窄、附近建筑物密集的情况下，难以采用。这时，应当考虑将在类似场地上施工经验作为参考。

抽水试验包括抽水孔及观察孔的水位观测以及流量的记录，其具体要求如下。

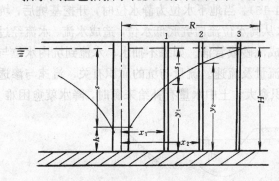

图1-16　现场抽水试验示意

1、2、3为观察孔，中央为抽水井

（1）抽水井孔1～2个，按基坑宽度确定。孔的布置如图1-16。其深度除考虑基坑埋深外，还要根据含水层的位置选定。井孔可利用钻孔、现有水井、探井。孔内放入钻管，其尖部有许多透水孔，外包丝网。在钻管与井孔之间充填砂石反滤层，防止泥土堵塞管孔。抽水机按降深要求选择离心泵或深井泵。

（2）观察孔只测孔中水深，以三个为宜。离抽水孔位置分别为5、15、40m，以便测定降水过程中水位。如果观测承压水头，则将钻管直接插入透水砂层中。

（3）水位降至需要的深度后，量测水位稳定期的流量，即所需的设计流量，测定各观察井水位，得到各孔之间的水力坡度及影响距离。

根据所测到的 $x_1 y_1$、$x_2 y_2$ 及量得的流量可求出符合实际的渗透系数值：

$$K = \frac{Q(\ln x_2 - \ln x_1)}{\pi(y_2^2 - y_1^2)} \qquad (1-18)$$

三、流砂和管涌

流砂和管涌都是土中水渗流造成的一种破坏现象。前面已叙述了开挖基坑后，由于水位差形成渗透压力，在该压力作用下，水向低压处流动，并推动土粒移动。如果在挖至一定深度处，遇薄层粉砂或粉土，当动水压力大于砂的密度（浮容重）时，砂浆被水带走，出现流砂。如果坑底为薄层淤泥，它可沿着板桩与土之间的裂隙，冲刷土体，将土带出形成泉涌，俗称管涌。在坑内抽水发现浑水时就是一部分土或砂被水带出的流砂现象，说明渗流压力超过了极限，其结果亦使坑外土体淘空、地面下沉。上述现象虽然表现的形式不同，但原因都是渗流造成的。

例如，在某地砂层上开挖基坑时，基坑挖深至50cm，出现流砂。该地砂系一种贝壳砂，质轻且脆，稍有水头压力即行流动。后将基坑深度改为50cm，砂涌处用小木桩夯入，将独立基础改为弹性交叉梁基础，方告成功。

又如，在某工地，基坑挖至离坑底标高不远处，出现泉涌。这个现象是由于坑底有承压水，上覆弱透水层因挖深而减薄，其浮容重在砂顶面的压力小于承压水的上托力 p（图1-17）。这时，如果不降低承压水的水头，就将引起土体隆起。所以，在本例中，虽然打下较深的挡土桩及水泥土帷幕，但承压水同样可以造成管涌或隆起现象。

上述两例可以概括两种不同地质水文条件及施工方法产生液化或管涌等因渗流产生的破坏原因。其实，地震引起砂土液化也是一种渗流破坏现象。当地震加速度引起的超孔隙水压力使砂粒悬浮于水中，形如流体如果能冲破上覆土的抗渗透能力就形成了喷砂现象。

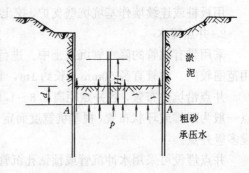

图 1-17　承压水引起的管涌 $d \leqslant \dfrac{H}{2}$

防止流砂和管涌的方法如下：

（1）降水：降水的目的在于减少坑底水头压力，如图 1-18，降低后的水位均底于坑底标高 50cm，断绝了渗流可能性，也就不出现渗流破坏。

（2）板桩隔断：当地下水为潜水时，可将板桩打到隔水层，或者至相当深度，使其渗流水力梯度小于临界值，即

$$I < \frac{d_s - 1}{1 + e} \tag{1-19}$$

式中　I——渗流水力梯度（或水力坡度）；

　　　d_s——土粒相对密度（比重）。

如图 1-19 所示，板桩愈深，渗流路径愈长，渗流梯度也就随之逐渐降低。渗流速度降低后，土粒也不会被水带出。

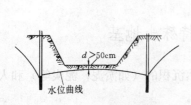

图 1-18　井点降水时水位曲线

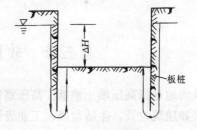

图 1-19　渗流路径示意

此处所谓板桩隔断，也包括用连续墙、冻结土或水泥土帷幕等隔断方法。

（3）基坑坑内降水遇到流砂时，要根据出现流砂的原因采取措施。如果砂层是局部的或水量较少，可采取临时支挡的措施。先进的方法是压浆固砂。一个有水平的施工单位，必需要掌握压浆技术，才能承担基坑开挖作业。因为地质条件的复杂性往往难以预料，严格说来，基础工程的难点是地下水的处理，而压浆技术是对付地下水的有效措施之一。

四、降水方法

目前采用的降水方法可分为明排和土中深部降水，包括井点降水和深井降水。

1. 明沟排水

在浅基坑开挖过程中，随着挖深进程，分阶段设集水坑、集水沟。由集水沟排入集水坑，然后由泵排至坑外。坑深约1m，下为碎石，上铺粗砂10cm，坑周砌砖或打小木桩，防止集水坑坑壁坍塌。明沟排水适用于密实的粗中砂、粘性土、岩石等，但开挖的坡面必需

考虑地面水的冲刷。只有在坡体稳定且有条件放坡的场地才可采用明沟排水。

用板桩或连续墙作基坑坑壁支护，挖土时采用明沟排水，这个方法在城市中普遍采用。

2. 井点降水

采用带有滤管的降水管沉入土中。进行抽水的工法，称为井点降水。它设备简单，应用范围较广。滤管直径50mm，长约1m，管壁有小孔，外包铜网，有效降水深度4.5m。

井点沿坑边布置，各井点距离0.8～1.6m，最大不超过3m。井点之间有总管连接。井点一般为双排或环状布置，视基坑宽度而定。井点距坑边约0.5～1.0m。如降深超过4.5m，设多级井点。

井点埋设可采用水冲沉管或预钻孔沉管。管与孔壁之间填以粗砂作为过滤层。

基坑一般宽度较大，需沿坑边布置井点。降水要求至坑底下0.5m，以保证不出现涌水、流砂，实现干作业。

砂类土、粉土、砂质粉土、砂质粘土中均可采用井点降水，影响半径为25～100m。

目前，已将轻型井点用于板桩或连续墙支护的基坑内部，以减少渗水量及上浮力。但是，降深较大时，常采用喷射井点或深井点以代替轻型井点。

3. 深井点

适用于水量大的承压水砂层。这种情况多出现在江河沿岸的冲积层，承压水的补给量较大，但尚未与河水沟通时，在深井内用深井泵抽水是有效的。深井点的设计与抽水试验井相同。

深井降水可至25m，问题在于其影响半径过大，可能使在影响范围内的建筑物产生不均匀下沉，道路和地下管道破裂，故在城市中不宜用于上覆土层为孔隙较大、压缩性高的地层。

第五节　软弱地基与特殊土地基

软弱地基指高压缩土地基。高压缩性土分为自然沉积的（如淤泥，泥炭等）和人工堆积的（如建筑垃圾、生活垃圾、工业废料、炉渣等）。

当人们用软弱地基概括高压缩性土的特性时，却忽略了它们本身的质的差别，往往用相同的方法去处理，造成了许多新的人为事故。例如，在10年前有人将强夯法用于夯击淤泥类土，变成了橡皮土，越夯越坏。还有用碎石桩去改良淤泥质土，造成六层房屋下沉超过1m，并且歪斜。这些教训是值得警惕的。

在本节中，将分别研究饱和软粘土与人工堆积的松散填土的特性及处理方法。在软粘土中重点在量大面广的淤泥类土。

一、饱和淤泥类土的工程特性

淤泥是在水流极缓条件下，细粒物质逐渐沉积，伴有生物作用的有机质粘土。它的力学特征是天然含水量等于或大于液限，孔隙比大于1，有结构性，属于欠压密土。在沿海、湖滨广泛分布。所不同者，孔隙比变化幅度大，为1.0～2.7。在三角洲地带，常见薄粉砂层。在湖塘沟谷中沉积的淤泥完全呈流动状，几乎无结构性。总的说来，淤泥属于低强度高压缩性的有机土，是事故频繁、不易处理的软弱地基。

1. 压缩性高、沉降大

各地淤泥类土的压缩性及土层厚度不同、沉降幅度亦有差别。据砖石承重结构的沉降统计，3层民用房屋沉降幅度为15～30cm，4层25～50cm，5层以上多超过60cm。以福州、中山、宁波、新港、温州等地沉降最大。这些地区淤泥压缩系数可超过2MPa^{-1}，4层房屋下沉超过50cm，有的高达60cm以上。沉降大的原因有二：一是孔隙比大、压缩性高；二是淤泥土层厚。因此淤泥土地区，上部结构高差一层、平面复杂的房屋，因沉降差异造成房屋开裂的甚多。

2. 粘粒含量很高，渗透性低

渗透系数一般为$1×10^{-7}$cm/s。房屋沉降稳定历时达数年至数十年。在正常施工速度情况下，超过三层的房屋，施工期沉降约占总沉降20%～30%，其余的沉降可延长20年以上。

在新开发区修筑道路可发现道路填土过多造成路基不均匀下沉的现象。由于不均匀下沉造成人行道路面脱空开裂，经过修复仍然破坏。其原因在于填土引起的沉降需要较长的时间才能稳定。

3. 快速加荷可引起大量下沉、倾斜及倾倒

饱和淤泥类土的承载力与加荷排水条件关系甚大。加荷速率过快，土中水不能排除将引起土中孔隙水压增高，当外荷超过容许承载力50%时，地基中出现塑性变形，大量土处于塑流状态，向外挤出，引起基础下沉，严重者地基失稳。

加拿大特朗斯康谷仓交付使用后不久倾倒，下沉880cm就是其中著名的例子。图1-20为我国某筒仓在使用初期连续加荷2150t，5天内下沉速率高达4.53cm/d，沉降1.4m，倾斜25%，都属于快荷加速引起地基失稳的事例。

唐山大地震期间，新港、汉沽等高烈度地区出现了大量建筑物震沉现象。3层住宅平均下沉18cm，4层25.1cm，均伴有倾斜，图1-21为地震前后实测的沉降曲线。地震作用属瞬间周期性水平荷载，它直接增加了地基中的剪应力。在瞬间加荷情况下，土中水立即出现高孔隙水压，随即产生土的塑性挤出。其地基工作状态与快速增加垂直静载完全相同。

这些性质可直接用于地基处理原则。凡是能使土中水排出的处理方法，如静压法，都是有效的。排水愈快，例如打砂井排水，效果愈好。凡是不能使水排出的动力法，包括强

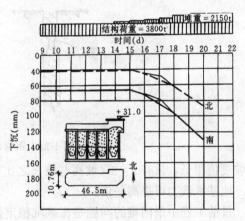

图1-20　配煤房沉降与时间关系曲线

夯法、振动碾压法都是无效的。沉管灌注桩打桩过程中经常发生的断桩、缩颈（图1-22）等事故也正是动力快速打桩造成软土流动形成的。所以在大面积沉管灌注桩的施工方法中普遍实行跳打是减少断桩的措施之一。桩间距不能小于4倍桩径也很重要，目的都在减少打桩过程中土的塑性流动。

4. 土的抗剪强度很低，易于滑坡。

饱和扰动的淤泥的强度接近于零。饱和结构性的淤泥土的强度决定于粘聚力值，大约在10～20kPa。所以地基的容许承载力最高为100kPa，低者约30～40kPa。软土边坡的稳

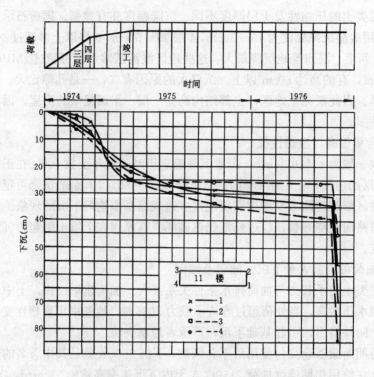

图 1-21　11 号楼下沉及倾斜与时间的关系

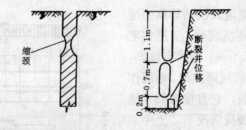

图 1-22　沉管灌注桩断裂示意

定坡度值很低，只有 1:5（坡高与坡长之比），地震时为 1:10，降水后有所提高，但预压后，地基承载力可提高一倍。

目前工程中最困难的问题是深基坑稳定性。其原因有二：第一，我国各地在 −6～−15m 都存在最差的淤泥层；第二，淤泥抗滑能力很差，既不能保证支挡结构（如板桩、连续墙）在坑底的嵌固条件，又不能平衡主动土压力。所以往往在挖土到 −9m 处出现深层滑动。图 1-23 即滑坡事例之一。

除了淤泥外，还有淤泥质粘性土，土中夹有薄层粉砂。这类软土的水平向排水较好，抗剪强度也相对较高，但仍属于高压缩性土。

二、软粘土地基的利用

1. 地质条件

引起软土地区房屋损坏的因素主要是变形不均匀，其中地质不均匀是主要原因之一，因此，首要的问题应查明地基类型。

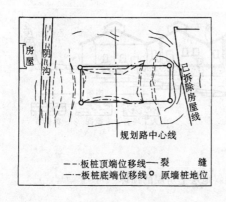
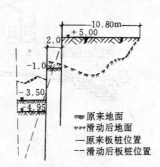

图1-23 软土滑坡事例

从目前所掌握的地基类型可分为下列三种：

(1) 平原地区：土质比较均匀，表层有硬壳层、厚1～3m，以下各层依次为淤泥质土、淤泥、粘土、砂。各土层坡度不大于5%，基础下5m范围内比较均匀，地质条件简单，可利用为中小建筑物的地基。但要有建筑措施、结构措施才可免除不均匀沉降造成的危害。

(2) 山缘地区：靠山一带的地形，上覆土层为淤泥，下为起伏的岩面。按起伏的程度，在建筑物范围内常遇以下类型：

1) 渐斜地层：岩层坡度平缓，其上有较好的残积土，淤泥层由薄变厚。在厚度变化过大的部位，沉降变化亦相对增大，过长的房屋很易开裂（如图1-24）。

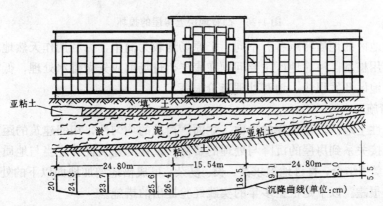

图1-24 渐斜地层上房屋沉降及裂缝情况

2) 陡斜地层：基岩坡度突然变陡，岩面标高变化有的达数十米，软土厚度亦随其变化（如图1-25）。房屋的变形由垂直及水平两个方向组成，一般处理无效，临江陡斜地层还有滑坡可能。

3) 凸背地层：基岩隆起呈凸背状，背顶处淤泥层很薄，其它处厚薄不等，位于其上的房屋出现反向挠曲而断裂（如图1-26）。

(3) 海涂地区：淤泥沉积年代较短，或为海水淹没地带，含盐量较高，地表有小沟、盐田、蟹洞，淤泥土含水量很高，结构性差。轻型房屋都易出现不均匀沉降。该地区3～5m以内的土层应作重点勘察。由于土在自重下仍在下沉，所有桩尖应落在同一土层上，否则可能造成负摩擦力不相等而出现建筑物开裂。

23

图 1-25　陡斜地层上房屋的损坏

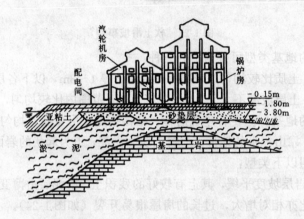

图 1-26　凸背地层上房屋的损坏

以上三类地区的地质特点各有不同。平原场地较为简单，可利用作天然地基，荷重较大的房屋可采用桩基。海涂地区主要问题在表层，进场前应先做排水处理，低洼处应先填土，目前这类地区开发很快，地基处理造价很高。

2. 建筑措施

在高压缩性土地区，建筑物的平面、立面，荷载的均匀性，相邻建筑的距离，地面标高的设定都直接关系到房屋的沉降与处理的费用。最佳的建筑设计应当与地质条件、经济性、施工等因素相结合，盲目地追求高、长、复杂，可成倍地增加地面以下的处理费用，拖延工期，效益很差。以下是根据多年的实践经验提出的措施。

经验证明：具有复杂的平面和立面的建筑，即使承载力完全相同，也将引起严重的破坏。图 2-31 即为复杂体型房屋损坏的实例。实测沉降等值线证明这栋建筑发生了扭转及差异下沉，凡是高低层连接处，平面的转折部位几乎全都出现墙体开裂。因此，建筑物的平面应力求简单。凡是能独立形成的单元都用沉降缝隔开。沉降缝的宽度：5 层以上不小于 12cm，3 层以上不小于 8cm。当高度相差超过两层时，还需拉开不小于 3m 的距离，需要连接时可采用简支结构和悬挑结构。

房屋不宜偏心，以免引起倾斜。目前在住宅平面布置上将厨房、厕所、设备均集中一侧，横隔墙较多，容易产生偏心。新港 30 余栋倾斜的房屋均由此引起，倾斜最大者达 14‰。

在建筑群体布置时，要考虑相邻影响。根据调查统计，两建筑距离在 6m 以上时，相互影响就不显著了。对于水塔、烟囱、高耸构筑物相距至少为 12m，以免产生倾斜。

对于沉降较大的油罐，必须采用柔性接头，以免沉降过大引起管道开裂漏油。其他房屋也应根据沉降量预留室内地面标高，以免下沉后，底层房屋地面过低，雨水倒流。所有室内外管道出入纵横墙处均需留有调节余地。

3. 结构措施

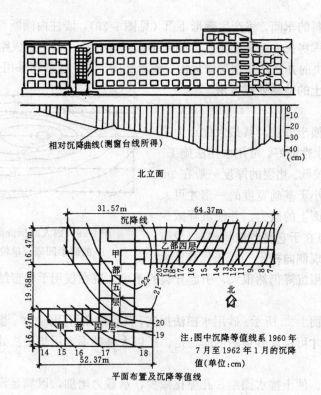

图 1-27　复杂体型房屋的相对沉降及开裂

当房屋最大沉降量不大于 12cm 时，采用封密圈梁，加强基础配筋均有作用。当沉降大于 12cm 后，沉降愈大，相对弯曲也随之增大，习惯上采用的措施不能有效的解决过长房屋的开裂。图 2-32 为两栋 6 层房屋实测沉降与相对弯曲的发展情况。可以看出：两者沉降均超过 45cm，均未有任何裂缝。但长高比低者相对弯曲不超过 0.0002；长高比为 2.34 时，相对弯曲为 0.0006。经过全国范围内调查统计，凡是长高比在 2.5 以内，房屋的沉降将不引起墙体的开裂。换句话说，房屋的整体刚度具有足够的调整不均匀沉降的作用。从此修正了过去增加圈梁可以使沉降均匀的不正确见解。

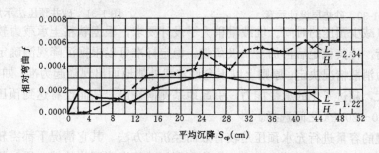

图 1-28　两幢不同长高比房屋的相对弯曲与平均沉降关系图

此外，对自动化要求较高的设备基础，如隧道窑等宜采取减少附加压力的措施，这种措施最有效的是采用筏基和箱基。目前在上海地区采用箱基已在软土上建成12层房屋，其沉降仅20余厘米。

对于大面积堆料的车间，将产生碟形下沉（见图1-29），墙柱内倾断裂。地面下沉可带来粮仓地面破坏，库房失去防潮能力。广州至中山新修公路，填土造成路面下沉，修复后继续下沉。目前解决的办法是采用架空地面，或者加固土层。柱基则采用长桩，效果良好。

三、饱和软粘土的地基处理方法

1. 砂垫层

它是最简单的换土方法，其最大优点为不扰动软土结构，排水性能好，可用水撼法施工。施工较简便，费用较低。垫层的厚度一般在3m以内，宽度至少不小于基础宽度的一倍才可大量减少传到软土顶面上的压力，并使沉降减少到允许程度。其缺点在于它是散粒状材料，没有足够的宽度就会出现侧向挤出。60年代曾经大

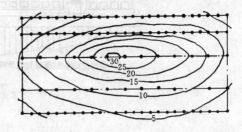

图1-29 因大面积负荷造成地面的碟形凹陷（单位：cm）

量采用砂垫层，房屋沉降仍然很大，引起开裂的很多。现在仅用于轻型结构、体型简单的房屋。

砂垫层设计如图1-30所示。砂用水撼法振实，其扩散角可用到30°。垫层顶面宽度大约为3倍基础宽度，才可保证砂垫的侧向稳定。所以大基础不宜用垫层法处理。

2. 预压法

利用预先加荷，使土排水固结，孔隙比减少，承载力增加，以满足设计要求。适用于大面积堆场、码头、围海造田、油罐地基等。图1-31为预压法示意图。砂井或透水塑料板

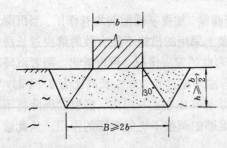

图1-30 砂垫层设计示意

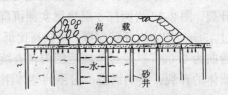

图1-31 砂井预压法示意

用来排水，以减少预压的时间。堆载量稍大于设计要求，根据软粘土承载力较低的特性应采取分级加荷，待其稳定后再加下一级荷载。稳定标准可以根据沉降观测确定，也可按土中孔隙水压力消散情况决定。原则上以不允许堆载外侧地面出现隆起为准。如果出现隆起，说明荷载过大，超过了土的承受能力，引起地基侧向挤出，从而没有达到预压的效果。分级荷载可在10~20kPa之间选择。

利用油罐的容量进行充水预压是较有效而经济的方法。其它情况下都需较长的时间。预压可以提高承载力，减少沉降，但使用期间建筑沉降还将持续一段时间才能稳定。

3. 水泥搅拌法

利用机械将土与水泥、石灰、粉煤灰等就地搅拌成桩，深度可超过 25m。图 1-32 为搅拌法的全过程。经过搅拌后的水泥土强度可超过 500kPa。如果连成排桩，可用作防渗墙，增加土的抗剪、抗滑能力，在基坑施工中很有用处。在国外主要用于防水帷幕、路基和边坡的支护等，用于建筑物地基处理较少。在我国曾用于 6 层房屋，但沉降较大而不均匀，原因在于成桩质量不好。

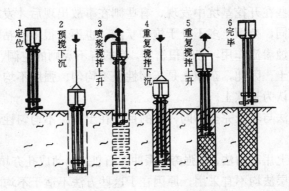

图 1-32　水泥深层搅拌法施工工艺

4. 复合地基

利用各种有一定强度的桩与天然土组合而成，其目的在于利用天然地基的承载力，不足的部分由桩体承担。图 1-33 为其基本模式。垫层用石屑或粗砂，目的在于调节桩土的荷载，使桩土相对沉降平衡。桩的分担荷载由桩长调节。桩长则分担荷载多，土的分担荷载少。但过长则近于桩，土的承载力不能充分发挥。

如图 1-33 所示，整个地基的沉降分为两部分。经过处理的部分沉降将大量减少，下卧层部分沉降由传至该部分的附加应力决定。由此可以看到：复合地基的设计决定于附加应力传布情况，并与上部结构荷载分布情况有关。上部荷载集中、荷载较大的部位，桩长要适当加长。

桩身材料由荷载分担情况决定。设计时，桩间距应控制在 3.0～4.0 倍桩径范围内。中小建筑物的荷载较轻，桩所受荷载较少，可用石灰、粉煤灰拌合后的双灰桩、水泥土桩；桩荷较大，桩长较大时可用水泥、粉煤灰、石屑桩，也可用低强度等级素混凝土桩。这样比较经济合理。

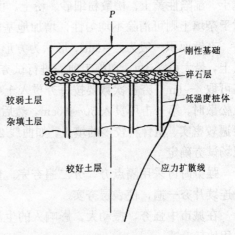

图 1-33　复合地基示意图

5. 桩

上述地基处理方法可满足大部分软粘土地基中房屋设计要求，但并不能满足高层建筑、大面积堆料仓库的柱基、复杂地质条件下复杂建筑等设计要求。桩基承载力目前可达到千余吨，桩长可超过 60 余米，任何情况下均能符合高重结构的荷载与沉降需要。

四、杂填土地基评价及处理

杂填土系由堆积物组成。在不同的条件下，堆积物可能是建筑垃圾、炉渣、生活垃圾、弃土等，其特点是未经人工处理，粗骨料多，空洞多，不均匀性较大。城市过去的垃圾区可能是洼地，堆积物可能是砖、瓦、石渣、炉渣、弃土、木块以及蔬菜瓜果的腐殖物。它们的堆积地点是不规则的，未经处理的，其中还可能与塘泥混杂。最困难的在于有些可在勘察阶段中发现，有些在开挖基坑中发现，有些则在事故出现后才发现。

与饱和软粘土不同，杂填土多不处于饱和状态，也不含很多的粘粒，粗骨料较多，经过多年堆积及雨的淋蚀渗流作用，有的很密实，有的含不规则的空洞，渗透系数一般较大，动力夯击不出现橡皮土。因此，杂填土是压缩性极不均匀、强度不均匀、部分为高压缩性的软弱地基，但不能认为是软土。

处理杂填土的方法与软土完全不同，它的目的在于解决不均匀性，不经处理不能作为地基。

处理的方法原则上用动力法，如强夯、振冲碎石桩、振动成孔夯填法、复合地基等。至于静力预压法、砂垫层法均不宜采用，原因在于这些方法不适于不均匀地基，也不能有效的提高杂填土的承载力。

（1）当勘察发现有杂填土时，应进一步用动力触探或钎探找出杂填土的分布范围、填料种类、深度变化。施工验槽可用轻便触探，有效深度为 4m。静力触探用于杂填土效果甚差。

（2）浅层杂填土、局部杂填土可用挖除换填法。它直观、快速、经济，唯一的问题是清除深度常被忽视，与老土的界限划不清。为此应用轻便触探或钎探进行检查。挖至老土后，用石屑铺垫 10cm，夯实后再分层回填夯实。如果条基下有多条小河故道通过，通过挖填处理后，尚需在基础下普遍铺砂垫层，以减少新老土间的差异沉降。

（3）强夯法即动力夯击法，将 10t 以上的锤吊高后，自由落下，依靠冲击能量，将土夯实。该方法处理深度可达 5～6m。过去用重锤夯实影响深度不超过 3m。强夯法处理大面积填土、湿陷性黄土、松散粉细砂、粉土，可减少土的孔隙比，消除湿陷，具有振密的效应。对于杂填土则可消除不均匀性，增加地基的承载力。

夯锤面积一般为 4～6m²，形状为方形、圆形或橄榄头形，根据具体情况确定。锤重 10t 以上，最大可达 40t。在施工前需进行试夯，以确定夯点距离及夯击遍数。对杂填土夯点距离可取 4～6m，夯击次数要按每夯贯入土中深度确定，但至少 4 次，如图 1-34 所示。当填土松散时，第一击可贯入 50～60cm，然后逐击减少，如曲线 1，可采用 4～6 击即可。也可能遇较密实、粗骨料较多的填土，如曲线 2，则可采用 3 击。这些要求均在正式施工前经过现场试夯确定。

强夯时可采用隔点夯，分二遍夯完。但是，夯完后，表层较松散，必需用重锤低夯方法连续片夯一遍，使表层夯实。

在城市中强夯，振动大，影响人的生活，在农村也有可能使土房振裂，故在新开发区采用比较合适。

（4）碎石桩：在松散粉砂、粉土或冲填土中，用振动法成孔，在孔中填实碎石，通称碎石桩。直径大者为 1.2m，最小 0.4m，它属于深处理方法，处理深度可到 20m。

碎石桩最早用于解决饱和粉细砂的液化问题，成效显著。它利用砂土振密效应，采用

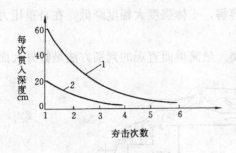

图 1-34 夯击次数及贯入深度的关系
1—松散土；2—密实土

类似混凝土振捣棒的振冲器，边振边用500kPa压力射水成孔，然后填以碎石，边拔边填边振密。经反复振密碎石后，构成碎石桩。图1-35为振冲设备示意图，自重2～5t，长2～5m。用电流量控制施工质量。处理范围：对可液化地基应超过基础外缘2m。

除了振冲法外，还可用干振法、振动沉管方法。干振法采用干振器，适用于孔隙比大于0.75以上的土。振深约7m，成孔后可填碎石，也可填碎砖及杂土，然后振实成桩。干振法在地下水位以上的土层才能使用，范围较窄，但它的填料不受限制，就地取用碎砖及土拌合夯实，有一定的强度，比振冲法要便宜。

振动沉管系灌注桩的成孔方法之一，直径可做到600mm，它属于挤密成孔性质，对松散粉细砂、粉土效果较好，但石料要求严格，也可填砂料。

碎石桩效果决定于能否将桩周土振密，如果不能振密，就等于换土。所以碎石桩消除杂填土的松散空洞部分，使地基土达到中密状态，地基容许承载力达到150～200kPa是完全可行的，但不能用于处理饱和软土，其原因有二：第一，不具有振密软粘土的可能；第二，碎石桩的置换率过高，很不经济。按一般置换率，碎石将压入软土，沉降很大。如果杂填土中有一部分饱和软土，必须慎重对待。

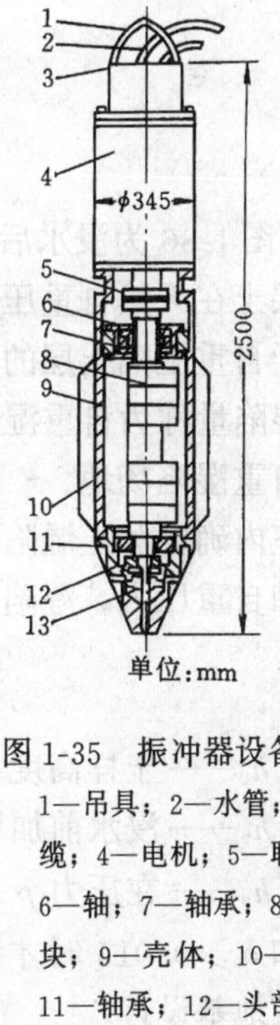

（5）水泥土桩：杂填土的厚度不大于5m时，采用水泥土桩可能最好。如果厚度不均匀，要根据杂填土分布情况决定。在城区改造过程中，施工范围狭窄，机械设备不便采用情况下，水泥土桩处理建筑垃圾、素填土、生活垃圾均很方便。设计的重要原则是桩尖要伸入老土层1m，保持下卧层受力均匀。被处理的那一部分，可由桩土共同分担。松散的部分，桩数增多，密实部分按正常方法布桩均可满足要求，且成本低，工期快，已建成许多6层房屋，效果都很好。

五、湿陷性黄土

世界上黄土分布主要在中纬度干旱和半干旱地区，如法国的中部和北部、罗马尼亚、保加利亚、乌克兰及中亚一些国家，美国密西西比河上流也有分布。我国黄土主要分布于甘肃、陕西秦岭以北、青海、河南、山西等省的部分地区。

浸水产生湿陷的黄土称之为湿陷性黄土，由于雨水、管道渗漏、水库蓄水等因素，使地基出现大面积或局部下沉，造成房屋损坏。湿陷性黄土地区地基基础设计、施工、使用都需采取特殊措施。

黄土湿陷原因有三。（1）孔隙比大，存在着大空隙；（2）含水量低于塑限，有的只有9％；（3）粉粒含60％以上，粘粒较少，粒间充有可溶碳酸钙盐类。当水浸入天然较干的土

φ345

2500

单位：mm

图 1-35 振冲器设备示意
1—吊具；2—水管；3—电缆；4—电机；5—联轴器；6—轴；7—轴承；8—偏心块；9—壳体；10—翅片；11—轴承；12—头部；13—水管

体时，它渗透很快，随着具有胶结作用的盐类溶解，土体强度大幅度降低，在自重压力或附加压力作用下，产生压密下沉，称为湿陷。

黄土的湿陷分为自重湿陷及非自重湿陷两类。最简单而直观的判别方法是野外大面积

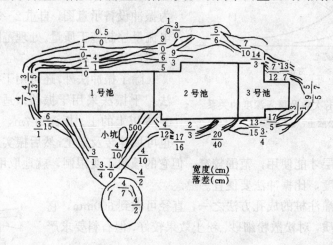

图 1-36　浸水后地面下沉及裂缝

浸水。图 1-36 为浸水后地面出现下沉凹陷的情况。下陷最大达 135cm，影响范围达 70m。说明各层土在天然自重压力下产生了湿陷。标准试验方法要求：开挖方形平底试验坑，边长不小于自重湿陷土层的厚度或 10m，深度 50cm，保持坑内水位 20~30cm。待沉降稳定后，量测湿陷量称为自重湿陷量。该值大于 7cm 时，即为自重湿陷场地；小于或等于 7cm 时，称为非自重湿陷场地。

室内确定黄土湿陷性要在固结仪上进行浸水试验。浸水压力取 200kPa，基底 10m 以下取饱和自重压力。湿陷系数 δ_s（图 1-37）为：

$$\delta_s = \frac{h_p - h'_p}{h_0} \tag{1-20}$$

式中　h_0——土样高度；

　　　h_p——浸水前加压力 p 后的土样高度；

　　　h'_p——在压力 p 下土样浸水后的高度。

如 $\delta_s \geqslant 0.015$ 时才判为湿陷性土，小于该值的黄土按一般地基设计。

1. 引起湿陷的外部因素

（1）建筑物附近地面积水：地表排水系统不畅，场地不平整，形成雨后积水。地表水浸湿深度，一般不超过 3m。因水量补给有限，危害较小。

（2）给水及暖气管道漏水：给水及暖气管道均属压力管道，由于管道锈蚀，接头渗漏，常在短期内排出大量的水，造成局部湿陷。主干管道离建筑物 5m 以外时，对房屋影响甚小。

（3）排水管道漏水：排水管道多为混凝土管、陶土管，有的为砖砌排水沟。在检查井

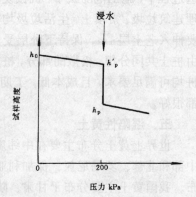

图 1-37　湿陷系数试验曲线

及管口处易于渗漏，不易为人察觉，引起的事故多于给水管道。

（4）地下水上升：西安地区在 1955～1964 年间地下水上升 5～8m，在蓄水库附近地下水上升最突出。地下水上升的范围较大，引起的沉陷比较均匀，沉降稳定很快，对体型复杂、荷载较大的建筑极为不利。

（5）临时用水设施漏水：临时用水设施主要来自施工单位，在施工期管道漏水较为普遍，竣工后又未及时拆除，工地管道埋深较浅，常被压断，因此引起湿陷。

上述因素不论来自使用、管理、施工或水库等哪种情况，都有一个共同点，即渗水问题。既有长期的、浅层的；也有短期的、深层的。引起房屋的损坏多数为局部性的大量下沉（图1-38）。此外，水渠渗水造成的破坏更为严重。水渠边坡塌方，附近大面积地面下沉，成为黄土地区修建渠道的一大难题。

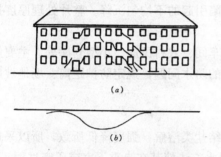

图1-38　某宿舍楼墙身裂缝及沉陷图
（a）墙身裂缝；（b）基础相对沉陷

2. 湿陷等级

湿陷等级的划分是按基底下土层累计的总湿陷量对房屋可能损坏的程度，用来确定地基处理的原则和措施。它是控制指标，其计算方法如下：

$$\Delta_s = \sum_{i=1}^{n} \beta \delta_{si} h_i \qquad (1\text{-}21)$$

Δ_s——总湿陷量（cm）；

δ_{si}——第 i 层土的湿陷系数；

β——修正系数，基底下 5m 以内取 1.5，超过 5m 按地区经验取值；

h_i——第 i 层土的厚度，非自重湿陷性黄土累计至基底下 5m，自重湿陷性黄土不小于 10m，陇西、陇东及陕北地区不小于 15m，重要性建筑取至非湿陷性土层。

式 1-21 本身带有不确定因素，分级时没有必要过细，现规范以 30、60cm 为划分标准。

湿　陷　等　级　划　分　　　　　　　　　　表 1-6

总湿陷量 Δ_s（cm）	非自重湿陷性场地	自重湿陷场地
≤30	Ⅰ（轻微）	Ⅱ
30～60	Ⅱ（中等）	Ⅱ～Ⅲ（严重）
＞60		Ⅲ～Ⅳ（很严重）

注：自重湿陷场地试坑浸水湿陷量大于 30cm 者取较高级。

3. 设计处理原则

黄土的湿陷来自降雨因素并不严重。降雨量较多的地区，土中含水量也相对较高，湿陷系数较低。陇西、陇东及延安地区降水较少，土中含水量较低，降水影响深度不超过 2m。此外，河流两岸低阶地的含水量比高阶地高，湿陷量低。长期环境影响因素对土的性质已趋于某种稳定状态。

水的渗漏与生产活动的发展有密切的关系，例如管道的渗漏、排水不当、库渠修建等。这些因素有的可以通过管理及加强防水设施来缓解或延缓问题的发生，但有的非人们预料中的，例如地下水位升高、城市环境变化、人口密集、排水量增加等都可能使土中含水量增加，引起地基承载力降低及沉降增加，导致建筑物的损坏。这在设计中亦应予以重视。

基于上述论点，应当根据建筑物的重要性、湿陷的后果及对使用功能的影响综合考虑处理方法，一般可分为三类：

（1）对沉降有严格要求的工业和民用建筑，应当首先选择消除全部土层湿陷可能性的处理方案，包括改变土的性质，使其成为非湿陷性土；或者采用桩基，将荷重传至不湿陷土层。例如易燃易爆的化工厂、用水量大的漂染车间、不允许出现局部下沉的自动化生产车间及某些重要建筑物等。

（2）对沉降要求限于不产生主体承重结构开裂或不超过允许倾斜值。对这类建筑应当根据实际情况消除主要持力层的湿陷性及制定严格的便于检修的防水处理措施。对于高层建筑要考虑它的地下结构埋深及持力层的强度。任何情况下，不宜保留自重湿陷的土层，以防止承载力不足或倾斜的发生。对于一般多层房屋及公共建筑在Ⅱ级、Ⅲ级、Ⅳ级湿陷性土地区需进行整片处理及防水措施，以解决局部湿陷引起的不均匀沉降。整片处理厚度按具体情况考虑，一般不小于2m。

（3）以防水为主的处理措施，多用于干燥无水车间、农村民居、小型仓库等。主要解决屋面排水、路面或场地积水及附近地下排水管沟的防水问题，规定防护距离、场地坡度等。

4. 常用的地基处理措施

黄土湿陷的原因是孔隙比过大及遇水后粒间胶结盐类溶解、强度降低所致，所以采用夯击、挤压等动力方法，使孔隙比减少，或者用预浸水方法使其在自重下完成压密过程，是目前黄土湿陷处理的出发点。具体方法有表面重锤夯实、强夯、挤密土桩或灰土桩、挤密混凝土桩、预浸水后强夯等。

（1）重锤夯：锤重2～3t，落距4～6m，锤底直径1.2～1.4m，平均压力为20kPa。地基土含水量低于塑限约2%时，可采用片夯及点夯，在同一夯位最后2击的平均夯沉量宜为1～2cm。重锤夯法适用于浅层处理，有效处理厚度1～2m。

（2）强夯法：与处理杂填土方法相同，但目的在于处理黄土的湿陷性，锤重可达到20t，落距20m，有效厚度达6m。常采用整片夯实，分三次进行。第一次夯点用连续夯击，最后两击夯沉平均值约为5cm。夯距取直径的1.5～2.2倍。第二遍采用连夯，第三遍为了处理表层疏松土，采用低吊连夯。

强夯质量与土的天然含水量有关。施工前应在现场试夯，不能满足要求时，需调整锤重、落距及夯点距离。施工完毕后必须按规定分层复查土的干密度、湿陷系数等指标。

（3）挤密法：利用振动沉管法、爆扩法打孔，将土挤入周围上层，以消除桩间土的湿陷性，是谓挤密法。再将孔内填以素土或灰土，经夯实，形成土桩或灰土桩。

挤密法施工中遇到的最大困难还是挤密效果及桩身质量。如果土中含水量低于14%，土的强度很高，难以达到挤密的目的，这时必须先用洛阳铲打小孔，进行浸水。如果含水量过高，又将遇到拔管中的缩颈问题。所有这些问题必须与场地土质情况结合起来，依靠丰富的实践经验才能妥善解决。至于有关规定多是控制质量标准，具体措施则难以统一。

挤密桩的间距决定于桩间土挤密后的干容重（即干密度），该值不得小于$1.5g/cm^3$。一般取间距2～3d（d为桩径），通过现场试验确定。

整片挤密地基施工时，施工顺序由外向里，分批跳打。施工完毕后应将顶部松土夯实，并做2∶8灰土垫层，厚度50cm，以保证整体扩散作用及减少水的渗透，同时也有利于地坪的质量。

挤密桩属于深层处理，比强夯及重锤夯实法优越。如兰州东站机床配件厂金工车间位于Ⅲ级自重湿陷性黄土上，采用挤密桩，桩径40cm，处理深度8m，效果良好。近年来，为承受较大荷载，一方面保留挤密土消除湿陷的效应，一方面采用石灰、粉煤灰、素土等作填料以增加桩身强度，如水泥土桩，水泥、粉煤灰、石屑拌合桩，不仅解决了抗水性、早强性问题，还可增加整个地基承载能力。

（4）桩基础：为了彻底解决湿陷问题，并满足荷载很大的建筑工程的需要，大直径灌注桩已日渐用于湿陷性黄土的地基处理。设计的原则是穿透湿陷性土层，桩尖落在稳定的具有高承载力的第三纪土或基岩上。对此，必须做好下卧层土或基岩的勘察工作，要确保全部荷载由桩端土（岩）所承担。同时，也应适当做好防水设施，一方面减少湿陷的突然性和由之而引起的负摩擦力的不均匀性；另一方面，避免出现桩承台下土体脱空现象。因为桩承台脱空时不能承受地震期的巨大水平荷载。在唐山地震期间，高桩承台都出现了不同程度的断桩问题。我国西北黄土高原曾经出现过大地震，应引起注意。所以，在使用桩基的同时，防水措施也不宜放松，因为桩只能解决承重结构的湿陷问题，不能解决地面及设备基础的湿陷问题。

上述四种处理方法都是目前使用最多并具有成效的方法。各地区黄土湿陷性大小不同、性质不同以及厚度有较大差别，所以处理方法应因地制宜。此外，在场地空旷的情况下也曾采用预浸水方法，待浸水沉降完成后，离地面6m左右以下土层已在上覆土重压力下完成湿陷，但6m以内的土层还需进行夯实处理。

黄土浸水后的土质与软土的性质有许多相似之处，但黄土渗透性大于软土，其完成沉降所需时间亦较短，处理也较容易。由于全部湿陷土层处理费用过大，部分处理仍然存在着下沉不均的可能，为解决这个问题需要采取与软土相同的结构措施。房屋不宜过长，体型不要复杂，利用上部刚度调整不均匀沉降等。

5. 防水措施

防水措施分为两方面：一方面在总体布置上拉开建筑物与地下管道、排水沟、雨水明沟和水池之间的距离，避免渗水对地基土的含水量产生影响。另一方面放大排水坡度，使生活用水及雨水及时排放，设置检漏管沟，发现问题，及时修理。

根据西安非自重湿陷性黄土地区对管道普查发现，给水管道情况良好，排水管道漏水较为普遍，浸湿范围小于5m。但在Ⅲ级自重湿陷性黄土地区，给水管断裂可影响到11～15m，排水管一般为5～8m。

实践表明，管材及接口质量极为重要，埋地铸铁管和钢管应做防腐蚀处理，室内地下管道附件如存水弯、地漏等应选用铸铁制品。室内竖管与通往室外水平管连接处容易损坏，应待建筑主体工程结束时安装，最好留有伸缩余地。

明排雨水沟或路面排水，其纵向坡度不小于0.005。建筑物的周围散水宜采用现浇混凝土，其垫层应设置15cm厚的灰土，垫层外缘应超出散水和外墙基础外缘50cm。

施工用水多为临时设施，防水工作应有专门人员管理。水池、淋灰池最好放在建筑物以外12～20m，或者按防水要求以解决水池等的渗漏问题，施工一旦结束，管道必须清理，不留后患。

六、膨胀土

我国黄河以南地区分布有区域性的膨胀土，它强度高，变形小，但吸水膨胀，失水收缩。随气候变化，土的胀缩使房屋或上升或下降。在循环升降过程中房屋易于损坏，图1-39为房屋实测变形情况。

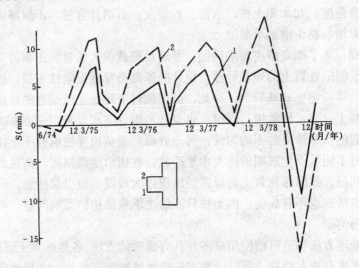

图1-39　合肥某平房变形观测曲线

1. 综合特征及膨胀土的判别

(1) 膨胀土在天然状态下呈坚硬或硬塑状态、裂隙发育，多充填有灰绿、灰白色粘土，裂面有蜡样光泽，可观察到土体相对移动的擦痕，自然坡坡度平缓，浅层滑坡发育。基坑坑壁在旱季易出现干裂，遇雨则崩塌。

(2) 土质极不均匀，常夹有非膨胀土。主要粘粒矿物为具有很强吸附能力的蒙脱石。由于蒙脱石含量的差别，它吸水膨胀的能力有较大差别。同时，膨胀土具有结构性、不透水性，在长期浸泡下，表层20余厘米浸水软化，形成不透水层。沿着裂隙流动的水，常滞留在基岩岩面形成软弱层面；当岩面倾斜时，土体顺岩面滑动，造成罕见的平坦地形上土体水平位移的现象。

(3) 低层房屋常成群开裂，随着层数增加，开裂现象减少，四层以上基本完好。裂缝以倒八字为主，交叉裂缝、水平裂缝次之。南墙多下沉南倾，内墙斜裂缝比较普遍，随着季节性循环，裂缝加宽加多，直至破坏（见图1-40）。

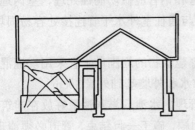

图1-40　膨胀土上房屋交叉裂缝

(4) 地坪鼓裂脱空，散水滑移比较普遍，有热源处地面下沉，未经处理的道路路面常出现纵向裂缝。

具有上述特征的地区可初步判别存在着膨胀土，但膨胀土与非膨胀土往往同时并存。例如，表土往往是一般粘性土，或者地基中的一部分属于膨胀土。因此，需要进行试验才能最后确定。

最简单的判别方法是自由膨胀率。将风干土搅碎磨细后通过0.5mm筛，量其浸水前后的体积。浸水后体积增加量与浸水前体积的比称自由膨胀率。它是破坏了土的天然结构后在无荷重作用下测定的，只能反映土的矿物吸水能力。各类矿物吸水能力不同，并与吸水矿物蒙脱石含量有相互关系。经过大量对比统计，确定自由膨胀率大于40％时可初判为膨胀土。此时，土内蒙脱石含量为7％。

2. 土的胀缩性能及分级变形量

(1) 在不同压力下的膨胀率 (δ_{epi})：土的膨胀要有水的供给，在不同压力下，它反映不同的膨胀。当压力等于天然土固有的膨胀力时，即使有水的供给，它也不出现膨胀。如果压力大于膨胀力时，土体将出现压缩。我国膨胀土的孔隙比在0.6～1.0之间，孔隙比在0.85以上时，膨胀力较小，在较大的荷重下可出现压缩变形。

膨胀率为浸水后膨胀增量与原体积之比，用 δ_{ep} 表示。图1-41为不同压力下的膨胀率，在图中 MN 段为膨胀，N 点处膨胀率为零，其相对压力即土的膨胀力，NQ 段为压缩段。从曲线上看出，压力为零时，其膨胀率最大，它通常用来计算室内地坪的膨胀。一层砖砌房屋的压力约在50kPa，故取压力为50kPa时的膨胀率来计算一层房屋的膨胀。我国《膨胀土地区建筑技术规范》GBJ112-87还采用该值来计算分级膨胀量。在膨胀土地基设计中常常利用加大基底压力，使其处于压缩状态，从而减少其膨胀量，取得了较好的效果。在进行载荷试验时，应先加荷至设计压力，然后浸水，再压到破坏（图1-42），才能符合实际。如果

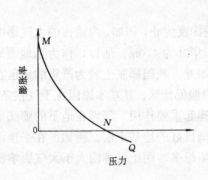

图1-41　膨胀率—压力曲线示意

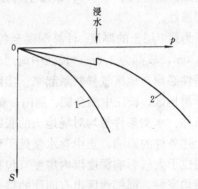

图1-42　膨胀土载荷试验
1—先浸水后加压；2—先加压至设计
荷载后浸水

先浸水后加压，就得到过低的相当于压力为零时土膨胀后的承载力，并留下房屋建成后，地基土含水量不断增加，膨胀变形随之增长的隐患，所以膨胀土地基承载力要用足，不要用小，要用压力去抑制膨胀。

(2) 收缩系数 (C_{sh})：土的收缩是含水量减少后体积减少的现象，所有粘性土均有收缩。天然含水量愈高，孔隙比愈大，收缩也愈大。干燥季节，土中水分蒸发，引起收缩。如果地表有温度较高的热源，包括农村取暖的土坑、工业中的热窑都可导致土体收缩，引起地面下沉或开裂。

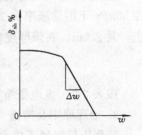

图1-43　收缩曲线

图1-43为收缩曲线，横坐标为含水量 w，纵坐标为竖向线缩率 δ_{sh}，即体积的竖向收缩与原体积的比值。根据曲线中的直线段 ab，可求得土中含水量减少1％时的竖向线缩率，称

为收缩系数 C_{sh}。

收缩系数用作计算收缩引起的下沉，它与初始含水量关系密切，试验应采用天然土体。

（3）分级变形量（S_c）：分级变形量以胀缩总量表示，用来表示地基胀缩变形总量对建筑物的破坏程度。根据全国六省市120余栋一层砖石结构变形观测与结构裂缝开展程度，将膨胀土分为三级：

膨胀土分级标准 表 1-7

级别	变形量 S_c（mm）	破坏程度	一层砖石砌体裂缝（cm）
Ⅲ	≥70	严重	>50
Ⅱ	$35 < S_c < 7.0$	中等	15～50
Ⅰ	$15 \leqslant S_c \leqslant 35$	轻微	<15

勘察时，应对分级变形量进行计算，计算式如下：

$$S_c = 0.7 \sum_{i=1}^{n} [\delta_{ep_{50}} + C_{sh_i} \Delta w_i] h_i \tag{1-21}$$

公式的第一项为在压力50kPa下的膨胀率，第二项为土层 i 含水量减少值为 Δw_i 时的线缩率，两者的总和为第 i 层土的膨胀收缩总率。它反映出单位厚度内土在垂直方向的变形。例如，该值大于 4% 时，该层土为强膨胀性；低于 2% 则为弱膨胀性；2%～4% 之间为中等膨胀性。

h_i 为第 i 层土的厚度。计算深度至各地大气影响深度为止，例如，内蒙古的大气影响深度为5.0m，成都为3.0m，长江中流地带为3.5m，华北为4.0m。所以，作为场地或地基的胀缩性必须与地区气候联系起来。实际情况也是如此。我国膨胀土较为严重的地区在云南亚干旱地区，长江中流合肥、荆门、襄阳等地乃中偏低地区。其基本原因在于气候条件、覆盖条件、水文条件等均对场地土的胀缩潜能的发挥起重要作用。深埋在地下的膨胀土因不受上述条件的影响，土中含水量处于稳定状态，是良好的地基土层。例如：在平顶山膨胀土层位于大气影响深度以内房屋（包括三层）损坏很多，而土层埋深大于大气影响深度时房屋均完好。邯郸地区也有同样的例子。

Δw 为取土时天然含水量与可能出现的最小含水量之差，可通过实测值计算，也可按规范方法确定。

例如，某地大气影响深度为3.5m，在地面下1m处 Δw 值为3.2%，收缩系数 C_{sh} 为0.3，在50kPa下的膨胀率为2%，按照规范的规定，计算变形的厚度自地面下1m起算至3.5m止，共2.5m，在该厚度内土中含水量变化如图1-44所示，分级变形量 S_c 为

$$S_c = 0.7 \left(0.02 + \frac{0.032}{2} \times 0.3 \right) \times 250 = 4.34 \text{cm}$$

按表2-7，该地胀缩等级为 Ⅱ 级。

3. 治理原则及措施

膨胀土属坚硬不透水的裂隙土，但它吸附能力强。膨胀土含水量的增加依靠水分子的转移和毛细管作用；含水量的减少依靠蒸发。房屋的不均匀变形既有土质本身不均匀的因素，更重要的是水分转移及蒸发的不均匀性。因此设计治理的原则不是依靠改良土质，而是最大限度的抑制产生含水量变化的各种外来因素。

（1）治坡：膨胀土多出露在二级或二级以上阶地、山前和盆地边缘丘陵地带，地形坡

度多大于 5°，小于 14°。在这个范围内的房屋损坏较严重。郧县城区搬迁到坡上后，70％均产生滑动及破坏，因此，建房之先，以治坡为主。

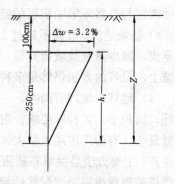

图 1-44　含水量随深度变化计算图

1）避开地裂、冲沟发育，已有或可能发生浅层滑坡，场地坡度大于 14°的地段和地下溶沟、溶槽发育、地下水变化剧烈的地段。这些地段多属不稳定的地层。

2）选择坡度小于 14°，地貌比较简单，易于进行排水及采用分级低挡土墙治理的地段。重要的建筑宜避开Ⅲ级膨胀土区。分级支挡易于解决膨胀土坡地浅层滑坡及减少挖填土带来的地基不均匀胀缩变形。

3）在平整场地前先做好排洪沟、截水沟和雨水明沟。沟底应采取防水措施，以防渗漏；沟边设毛石支挡，防止坍滑。

4）原有植被，尽量保护好，避免土中水分蒸发过多，出现新的地裂。

5）避免大挖大填，挖填方后立即修建挡墙，使蒸发条件与平坦地面相近，可减少坡体水平位移。

6）需要做自然坡面时，坡度宜小于 1：3，并立即进行种植草皮，以保证坡面不因蒸发而开裂。

上述各项完成后才能进行基坑开挖。有些工程忽视治坡，造成场地新的滑坡以及房屋建好后的严重开裂；有些工程不按上述程序办理，盲目采用桩基，同样出现桩基滑动。这些教训是很深刻的。

（2）选择合理基础埋深，减少大气影响：大气影响深度以内土的含水量长期随季节性而变化，它使上部结构处于周期性受力状态，以致不能保证结构承载能力的耐久性。在地表下 1m 以内土中含水量变化急剧，故基础埋深至少为 1m。对Ⅱ、Ⅲ级膨胀土地基，基础埋深至少为 $0.45d_a$。d_a 为当地大气影响深度。这样可控制基础的上升或下降幅度在 1～1.5cm 范围内。基础埋深的增加引起条形基础造价相应增加，为此，宜多采用独立基础。此时，应使基础梁下留 10cm 空隙，以避免因土的膨胀造成梁上墙体开裂。

（3）土中水分保持的措施：减少房屋周围土体的蒸发，又不造成土中含水量的大量增加，使整个场地处于相对稳定状态是充分利用膨胀土的高强度、低压缩性，减少膨胀土吸水膨胀、失水收缩的危害，使建筑功能完好而耐久的最重要的措施。除了做好排水以外，还应按具体情况采取下列措施：

1）加宽房屋散水，做好绿化：散水设计与一般土不同，它需要防止雨水渗漏，又要防止散水曝晒，导致散水下土体的干缩。因此在面层与垫层之间要增设石灰焦渣层，厚度 100～200mm，其作用为隔热和保湿。在散水外空地满铺草皮或种植蒸发量较小的草皮、果树、针叶树等都具有保湿防旱的效果。

应当说明，宽散水从理论上讲，具有很好的保持土中水分不变的效果，但是耐久性差，其原因在于混凝土面层受温度影响容易开裂，采取伸缩缝后稍好一些，如果使用期间不注意维护保养，也难持久。在调查中发现农村房屋周围种植蔬菜、树木、杂草，屋檐外挑较大，屋面铺茅草的土墙木柱结构，既经济适用，又适应胀缩变形的要求。原因在于使用中能经常维护。但是公房，学校等都难以做到这一点。在村镇建设中，如果不采取多年以来劳动者在与自然斗争中积累的经验,盲目地搬用所谓的标准农舍建筑将要付出痛苦的代价。

2)临坡建筑,坡高不超过 2m 时,基础外缘至坡肩距离不宜小于 5m,还要在坡顶面种植草皮,减少蒸发及坡面开裂,才有可能保持坡体的稳定。房屋不要求长,也不宜建在多面坡上,最好的方法仍然是多种树,同时坡比不宜大于 1:3。

(4)地坪:地坪有两类,一类是厂房地坪,空间大,生产要求高;另一类是民用建筑地坪,面积小,无特殊要求。对于厂房地坪存在的主要问题是隆起,中间隆起最大,靠外墙处最小,有的厂房用水量大,有的设备不允许倾斜和下沉。因此,设计的原则是保证正常生产,主要方法是换填非膨胀土。对强膨胀土,换土达 1m;对弱膨胀土也至少 0.3m。要求严格的地坪尚需采取配筋地面。

至于剧院、会议厅等公共建筑,一般用架空地面。宿舍、办公室地坪用石灰与膨胀土回填夯实,可消除填土的膨胀或收缩。地面用混凝土面砖,也可不回填土,做架空地板。

以上四点治理原则可根据具体情况组合。此外,如钢筋混凝土排架结构,以其埋深和重量均较大,已满足治理原则,不需采取其它措施。但是这类建筑中的山墙及横隔墙常常开裂,解决的办法是采用墩基以取代条基。

高温结构物如窑体、炉及烟道等,炉内温度常到 120℃,解决的方法是在基础下设架空层,杜绝热源传入土中。有一烧瓷窑因未考虑这个问题,使用不久就开裂报废,改建后使用情况良好。

七、砂土液化

饱和松散细粉砂在地震水平力周期作用下,砂粒处于悬浮状态,失去了散粒间的摩擦力,其性质与液体相似,并在较高液压作用下,冲出地表,俗称为喷水冒砂,这种现象称之为液化。

液化的结果是地基承载力失效,房屋倾倒、倾斜,整体下沉或局部下沉,下沉幅度可达数十厘米。液化可引起浅层滑坡。在唐山大地震中上述震害是普遍的,也是较严重的。

从唐山地震砂土液化现场分析得出的结论与国际上所发表的资料基本相同。当粉细砂的密实度为松散,平均粒径在 0.07~0.1mm 范围内时,在 7 度地震下即易液化。中密和密实的粉细砂,相对密度在 70% 以上一般不液化。

地下水位以下的松散粉细砂层埋藏深度较浅、厚度较大时,震害较严重。上覆有厚层粘土时,液化可能性随粘土厚度增加而减小。例如,唐山地震期间,柏各庄地区地面下 1m 即为松散粉砂,震后合成车间下沉约 60cm,合成塔倾斜 5%。这类地基承载力因液化而失效。同样的情况还出现在天津大港及市区毛涤厂。粉砂液化所带来的危害决定于是否可能出现喷水冒砂。如果发生,则将出现局部震陷,使冒砂附近的墙体严重开裂;如果不出现冒砂,房屋情况将是良好的。

按照唐山地震调查结果,认为埋藏在离地面 15m 以下的砂层可不考虑液化的影响;但是,这个规律不适用于桩基。例如,桩尖位于可液化砂层上时,将发生震陷。唐山一仓库有许多桩打在粉砂层上,在地震中出现了下沉,造成承台倾斜、断桩及承台扭转事故,所以桩尖一定要落到非液化土层或砂层上。

砂土液化的处理方法已有较为成熟的经验。处理目的在于使松砂振密,及用碎石桩消散地震期间产生的高孔隙水压力。具体方法一般均采用振冲器成孔,在成孔的同时将孔周边土挤密,使松散状态改善为中密状态。在孔中填粒径 5~40mm 的细后。振动力大的振冲器，有效振密范围约 1.0m，深度超过 20m，适用于需要大面积处理的地基。对于重要工业与民用建筑仍需采用桩基。对一般中小型民用建筑可用强夯作表层振夯就可解决液化问题，不过处理面积应从基础外缘线起增加 2m 计算。

第六节 基坑开挖与支护

基坑开挖分两大类：一般民用与工业建筑多为浅基坑，工程规模小，易于实施，问题较少。另一类，高层建筑地下部分深度多在 5～15m 之间，宽度在 20m 以上，工程规模较大，施工期较长，常遇地下水及软土，问题较多，造价较高，这类基坑称为大面积深基坑。至于水工结构基坑开挖，性质不同，采用技术亦有差别，不包括在本节范围内。

一、浅基坑开挖

浅基坑开挖有条基开挖及柱基开挖两种情况，条基埋深一般仅 1～3m，通常采用直立坑壁，人工开挖。柱基基础面积虽大，埋深可达 7m，但容易支护。多数柱基埋深 2～3m，高大厂房柱基宽不过 3～4m，长不过 5～6m，皆属空间问题，深度大时，采用放坡法。土质边坡的坡比一般为 1：0.75，含水量接近塑限的土，其坡比约在 1：0.5。放坡可采用阶梯放坡或斜坡。

设备基础情况较复杂，有的面积大，埋深可达 10m；有的与柱基相近，其中较困难的问题在于室内施工。当设备基础与柱基距离很近时，必须考虑柱基的安全及下沉，拉开距离不小于 $2\Delta H$，ΔH 为两基础埋深的高差（图 1-45）。同时坡顶离原有基础外缘距离不小于 1～2m，按深度大小确定，也不得将弃土压在原有基础上。由于厂房用地紧张，放坡条件难以保证，就必须采用板桩支护，或连续墙及柱列桩。地基土较好时，采用在原基础外做搅拌桩，可缩短两者间拉开距离；新老基础下的桩按竖向荷载设计，不具有抗滑能力，边坡一旦失稳，桩群将同时滑动折断，上海、广东、天津新港等软粘土地区均出现类似事故（如图 1-46）。

基坑开挖不仅要考虑边坡的稳定，还要确保槽底土层不被扰动。浮土必须清除，验槽必不可少，验槽的目的在于补充勘测的不足。当发现异常情况，例如填土、洞穴或土的性状不符合勘测提供的情况等必须在解决后才能进行基础施工。

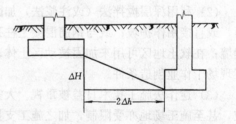

图 1-45 两基础距离示意

影响基坑施工因素很多。对浅基础来说，重要的问题是防止基坑曝晒或泡水。春季施工时，土融化后的强度衰减会导致坑壁滑坍。雨季施工坑内外都要及时排水，泡水的软泥要清除彻底。基础出地面后立即回填夯实，以保证基础在水平方向的稳定性。

二、大面积深基坑支护

高层建筑基础比较复杂，按其功能要求分为箱基、筏基两大类。箱基主要解决承载力不足问题。住宅建筑多采用箱基，埋深约 5m。商业建筑地下部分因供停车或营业需要，一般采用框架-柱-厚筏结构。地下两层，埋深 10m 左右。由于用地紧张，常常用足规划用地将各栋建筑的地下部分连成一片，形成大底盘，出现了大面积深基坑支护技术问题，其特

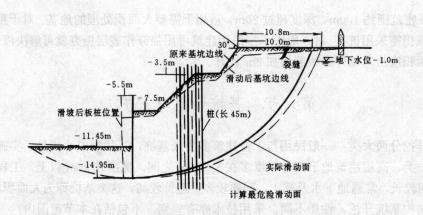

图 1-46　滑坡造成桩的位移

点如下：

（1）由于场地狭窄，放坡法使用条件受到限制，目前主要的支护方法为钢板桩、柱列式钢筋混凝土桩、连续墙等。对方形或圆形基坑采用拱圈。为提高支护能力，增设单层和多层土层锚杆，或设水平支撑（图 1-47）。基坑开挖要实行位移监测，确保场外道路及管道设施的安全。

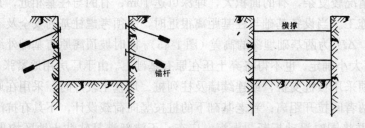

图 1-47　深基坑支撑示意

（2）利用深层搅拌法（或注浆法）加固基坑四周土体，使其成为具有低强度的防水帷幕，或直接用作护坡；或与钢筋混凝土柱列桩连用，组成防水支挡结构代替造价较高的连续墙；在软土地区可用来加固被动区土体，增加支护结构的稳定性，杜绝流砂管涌，为施工现场干作业创造条件。

（3）逆作法施工技术日益被重视。大家知道，市内施工，场地狭窄，不仅没有可能放坡，甚至施工场地亦受限制，加之施工支挡可用地下室永久结构代替，各层楼板可作施工之用，并可缩短工期、节约造价。由于这些优点，自 70 年代已开始实行逆作法施工。逆作法的施工与正常基坑施工相反，先施工上层地下室，再施工下层地下室，最后浇筑底板。原有连续墙或柱列式钢筋混凝桩可作为地下室的临时外墙。施工时按柱网排列，先做钢骨临时支柱（图 1-48），在地面上做最上层楼面结构。浇筑过程中预留车道、出土口，便于挖出第一层楼面下的土方。挖完土方后，继续做第二层楼面，并浇注钢筋混凝土柱。原有钢骨（型钢或钢管）留在柱内，便于柱、梁、板的连接。按此顺序施工，至浇完底板为止。关于梁与连续墙的连结，可在连续墙的钢筋网上的相应位置预埋构件以便焊接（图 1-49）。

由于逆作法具有施工稳定、节省材料与工期，并解决了施工场地不足的问题，在城市中不仅用于高层建筑地下室，还用作地下车站施工，效果很好。唯一的要求在于提高施工

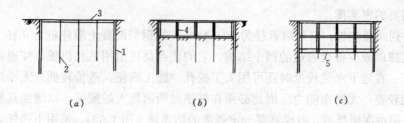

图 1-48

(a) 先做第一层楼面，并开始挖下层土；(b) 做好柱及第二层楼面，开始挖下层土；

(c) 完成第二层柱及浇筑底板

1—连续墙；2—钢构柱或钢筋混凝土柱；3—楼面板；4—钢筋混凝土柱；5—底板

技术，组织各工种统一步调，密切协作，才能保证质量。

下面简要的介绍地下连续墙、柱列式灌注桩、锚杆等先进技术施工要点。

(1) 地下连续墙（简称连续墙）：直接在地下利用大型机械挖槽，然后浇灌成钢筋混凝土墙体。壁厚 40～120cm，挖掘深度一般为 30～40m，最多者达 120m。开始用于防渗，逐渐发展到地下室挡土，目前已将挡土与地下室墙合一。其优点是结构整体性好、刚度大，壁厚超过 60cm 即可防渗，可在狭窄地区不用放坡完成各种形状的地下挡土墙。可做成直线的，也可做成加肋的，或做成墙柱合一的形式。施工无噪声。挖深愈大，其优越性愈显著。缺点是需用专用机械、成本较高。

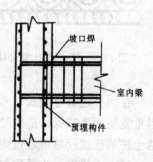

图 1-49　连接墙与梁板连接示意

施工机械主要有旋转切削多头钻、导板抓斗、冲击钻等。对土质较软、深度在 15m 左右时可用普通导板抓斗。对密实的砂层或含砾石土可选用多头钻或加重型液压导板抓斗。冲压钻主要用于卵石层或岩层。在挖槽过程中为保证槽壁不塌，需采取两条措施：第一，泥浆护壁。泥浆由膨润土和水而成，比重控制在 1.1～1.2。

图 1-50　连续墙施工顺序

利用泥浆比重防止地下水的流入槽内及平衡槽壁压力，还兼有使土渣悬浮易于排出的作用。第二，槽长不能过长，过长可能发生槽壁坍塌。每次施工槽长一般控制在 5～8m，采用分段挖槽、分段浇灌、逐段连续施工工序。如图 2-54，先完成 1、2、3 段连续墙，再施工 4、5 段。接头施工要求较严，要保证不漏水，并满足钢筋搭接长度，否则连续墙的整体作用就不能实现。各施工单位皆有其处理方法。图 1-51 为其中之一。

钢筋片绑扎后，根据其重量采取成片下入槽内或分段下落至某一高度连接后陆续下入槽内。混凝土灌注采用套管法，先下套管，管端部有球塞，在管内放入坍落度为 15～20cm 的混凝土，徐徐拔管，混凝土在自重下排出球塞，沉入槽底，排开泥浆，不需振捣，

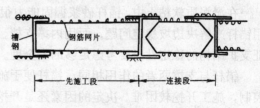

图 1-51　连续段钢筋网片搭接示意

即可达到需要的密实度。

（2）柱列式灌注桩：它是以直径为80～120cm的钢筋混凝土灌注桩为立柱，配合土锚杆或横向支撑以减少桩身弯矩的挡土结构。它的优点是可借用钻孔机械，按通常灌注桩施工方法施工。在地下水位较低时还可用人工挖孔，施工简便，造价较低，无噪声；其缺点是整体性能较差，无防水能力。因此必须在桩顶做断面较大的圈梁，以增强其整体性。采用降水，或用水泥搅拌桩，组成具有一定强度的防渗墙（图1-52）。采用土锚杆或横向支撑时还需加纵向环梁，一般用工字钢，其尺寸需通过计算确定。待地下室施工完成后可以拆除。

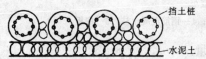

图1-52　桩-水泥土复合体示意

灌注桩的净距一般为20～50cm，根据土的抗剪强度及开挖深度确定。

目前采用柱列式灌注桩作为地下基坑支护的施工方法较为普遍。一者因其施工简便易行，二者它适合两三层地下室施工要求，从综合指标分析，可能是最佳方案。

在国外还有柱列式H型钢桩挡土结构。在型钢之间插入木挡板作为挡土，完工后拔出，但重复使用率较低，造价较高。H型钢桩最大的优点是便于逆作法施工，室内梁板钢筋与挡土桩的连接问题可通过焊接解决。

（3）土锚杆：为了均匀分配传到连续墙或柱列式灌注桩上的土压力，减少墙、桩的水平位移和配筋，一端采用锚杆与墙、柱连接，另一端锚固在土层中，用以维持坑壁的稳定。图1-53为锚杆示意图，它由三部分组成：头部连接、拉杆、锚固体。

施工机械有：冲击式钻机、旋转式钻机及旋转式冲击钻机等。冲击式钻机适用于砂石层地层；旋转式钻机可用于各种地层，它靠钻具旋转切削钻进成孔，也可加套管成孔。

锚杆承受拉力，一般采用螺纹钢、钢绞线等强度高、延伸率大、疲劳强度高的材料。永久性锚杆尚需进行防腐处理。

图1-53　土层锚杆示意图

1—锚头；2—锚头垫座；3—支护；4—钻孔；5—拉杆；6—锚固体；l_0—锚固段长度；l_{fA}—非锚固段长度；l_A—锚杆长度

施工过程中，首先要掌握打孔质量，包括位置、斜度及深度。当锚杆达到预定位置后，开始加压灌浆。通常采用水泥浆和水泥砂浆，水泥砂浆比为1：1～1：0.5。基坑锚杆压浆只在锚固段进行。利用止浆塞封住段口，并在压力下使锚固段锚杆与土之间砂浆凝固，养护7天后即可进行张拉试验，确认达到设计压力后才最后固定。

在淤泥质软粘土中，锚杆砂浆握固能力很差，一般不采用锚杆来解决边坡稳定问题，而用内撑支挡。支挡结构种类很多，最重要的设计原则是保证支护结构的稳定性。要考虑足够的安全度。

锚杆与支撑两者的作用相同。锚杆便于施工开挖，但造价较高；支撑便于监测，易于控制，施工开挖较困难。决定的因素还是开挖深度、土质强弱、周围有无建筑或管道等。

三、基坑开挖应注意的一些问题

（1）对基坑周围情况的调查应当认真进行，如果有不允许任何沉降及水平位移的要求时，例如地铁车站大厅，或者古建筑及重要设备设施等，必须按不允许侧向位移控制设计，这时横向支撑或锚杆的安装质量要严格把关。对锚杆的张拉不能太紧，抽检数量不能太少。在某工地抽检锚杆时就曾发现局部地段锚杆支承能力不到设计要求的一半，及时增加锚杆后才未出现重大事故。横向支撑必须装设检测设备，逐日记录，发现问题及时补救。

（2）进行邻近房屋沉降观测及水平位移观测，目的在于及早发现异常情况，分析原因，及时采取措施。

（3）大面积深基坑开挖需时较长，在此期间引起边坡失稳的因素很多，其中土的流变性质是不能忽略的。许多边坡在经过相当长的时间后突然滑动，与土的抗剪强度随时间逐渐衰减的特性有关，加上场地临时用水的不断渗漏，场区排水不良，都对边坡稳定不利。此外，基坑边缘堆料及弃土未及时清理，均曾造成基坑失稳事故。

（4）基坑面积过大时，对底板的浇筑应考虑分段开挖，随即浇筑底板。它不仅避免了基坑暴露期过长、基土易被浸湿或曝晒等质量问题，还解决了厚层大体积混凝土浇灌技术上的困难，对稳定基坑作用更大，它等于增加了一道横撑，消除了土的隆起的可能性。大家知道，挖土接近坑底标高时，失稳的可能性最大，所以当挖至底板顶标高后分段施工大约可减少土压力30％，增加稳定安全度1倍以上。

（5）在基坑施工过程中以及基础出地面前，降水工作不能停止。这不仅为了施工，还预防夏季暴雨基础外围集水及地下水突然升高后使基础浮起。某工程1994年夏季，地下室部分结构基本完成，突遇大雨，整个地下室不均匀上浮，最多达20余厘米，雨后未恢复原位，造成处理上的极大困难。

（6）随时观察基坑周围路面及地表有无平行于基坑的地裂，观察挖土与地裂之间的关系。当发现挖土不净或挖后隆起现象，必须停止挖土。如果出现地裂，可以判定坡的稳定已达到极限平衡状态，这时应当检查降水是否达到预定位置，有无地下承压水及管涌，支护桩是否倾斜，支撑是否有弯曲等问题。如果属于深层滑动，多属坑底下淤泥被动土压力不足，可用深层搅拌或旋喷法加固基坑下土层。如果属于支撑挠曲，有压屈的可能，则应及时加固支撑，或增加墙后拉锚措施。如果发现低承压水，则可实行深层降水，但应考虑对周围建筑和公共设施的影响，否则宜采用早强水泥砂浆封底方法。作为施工部门，上述方法所需设备材料应做到备而不用。当来不及供应处理时，最简单而有效的方法是立即回填反压，未处理完毕，任何情况下，不允许继续挖土。

第七节 常用地基检验技术

一、基槽检验技术——轻便触探法

基坑开挖后，基底土的情况是否符合设计要求需要检验。目前施工部门常用钎探法。但是，这种方法有两个缺点：一是得不到质的概念；二是人为因素太大，探深只有2.5m。在某工地由于对2.5m以下没有钎探，处理深度不够，6层宿舍完成后不久就发生墙体开裂。在目前新区大面积开发情况下，局部填土较深、情况不明时，基槽检验带有检查地基承载力性质，因此，应采用轻便触探试验。

轻便触探试备很简单，由探头、触探杆、穿心锤三部分组成（图1-54）。触探杆长1.0～1.5m，用接头器连接后可探深至4m。穿心锤重10kg，自由落距为50cm，每打入土层30cm

的锤击数为 N_{10} 全部操作由人工完成。如发现击数变化过大，可取下探头，换以轻便钻头，并取样。根据击数可作出深度与击数的关系曲线，用以划分土层。击数与承载力之间的关系见表1-8和表1-9。

粘性土承载力标准值　　　　表1-8

N_{10}	15	20	25	30
f_k (kPa)	105	145	190	230

素填土承载力标准值　　　　表1-9

N_{10}	10	20	30	40
f_k (kPa)	85	115	135	160

注：素填土指由粉土或粘性土组成的填土。

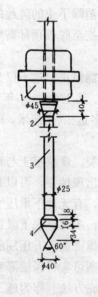

图1-54　轻便触探试验设备
（单位：mm）
1—穿心锤；2—锤垫；
3—触探杆；4—探头

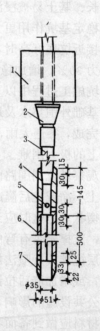

图1-55　标准贯入试验设备（单位：mm）
1—穿心锤；2—锤垫；3—触探杆；
4—贯入器头；5—出水孔；6—由两半圆形管
合成之贯入器身；7—贯入器靴

二、标准贯入试验法

它由标准贯入器（或圆锥探头）、触探杆和穿心锤组成（图1-55），用来配合勘察钻孔取土试验，进一步确定钻孔间土层的分布变化情况，适用于砂、粉土、粘性土及颗粒直径较小的碎石土。设备简单，易于操作，探深可达50余米，在划分土层方面它比较准确。通过贯入击数的大小，与取样结合对比可得到可靠而详尽的地质剖面。在确定土的承载力及砂的孔隙比、液化等方面属于间接测定，需要与当地土的载荷试验及其它试验结果经过统计，得出相关的经验系数，才能使用。

穿心锤重63.5kg，落距高度76cm，贯入30cm的击数为标准击数 N。目前与钻机连用，

44

不需取土时，可改用锥形探头，连续贯入。

施工采用标准贯入试验的目的在于判别地层，经常用来判定预制桩桩尖持力层。在桩施工过程中，设计与施工的争议多因打入深度而引起。由于钻孔取样试验很少，所绘地质剖面是宏观剖面，实际的地质情况远比地质剖面图复杂。采用柴油锤锤击打桩，桩的入土深度可用最后 10 击或 3 击的贯入度控制，但由于地层的变化，桩尖标高相差可能较大，设计人员往往坚持桩尖落在同一标高上。采用振动锤打桩时，往往是桩尖标高控制或所谓电流控制。事实证明这种控制很不可靠。在某工地桩的检测中发现承载力相差很大，实际上该场地有古河道，有些桩尖正好落在河道的淤积层上。所以利用标贯快速检验手段，确定等击数值标高线，控制桩的入土深度，受到各方的采纳。在这种情况下，利用锥形探头连续贯入法，每 30cm 击数作为实测锤击数 N'。

钻杆直径为 42mm，愈长能量消耗较大，需将击数 N 值进行钻杆长度校正。

$$N = aN'$$

式中　N——标准贯入试验锤击数；

$\quad\quad a$——触探杆长度校正系数，见表 1-10。

杆长修正系数 a 　　　　　　　　　　　表 1-10

杆长（m）	≤3	6	9	12	15	18	21
a	1.00	0.92	0.86	0.81	0.77	0.73	0.70

三、载荷试验

对于一级建筑物，对基坑下的土必须进行载荷试验，确认地基的承载力。

载荷试验采用 50cm×50cm 和 70.7cm×70.7cm 的标准压板，在压板上加载，根据每级荷载下压板的沉降作出 p-s 曲线，借以判定土的承载力。

最大加载量按土的情况决定，但不小于设计荷载的两倍。加载分 8～10 级进行，待每级沉降稳定后，才继续加下一级荷载。稳定的标准为每小时的沉降量小于 0.1mm。当沉降速率不符合稳定要求时，应继续观测；如 24h 内达不到稳定标准或沉降急剧增大时即可停止试验。

第三节图 1-11 为 p-s 曲线，该曲线一般由直线段、曲线段组成。取直线的最大值即比例界限值为地基承载力。如果直线段的比例界限值不明确，可取 $\frac{s}{b} = 0.01$～0.015 所对应的荷载值为地基承载力，b 为压板宽度。

除天然地基承载力外，复合地基的承载力也可用载荷试验法确定。但压板宽度要适当加大，采用 $\frac{s}{b} = 0.01$ 对应的荷载为复合地基的承载力。

在国内的大中城市，载荷试验可由专门单位进行，但是有些情况或者在国外施工时则需由施工单位进行。这时，压板可用钢筋混凝土现浇板，加载直接在板上进行，荷载可用标准铁件，包括角钢、型钢、钢筋等。用油压千斤顶加荷。

桩基试验方法基本相同，但取值上有差别。对摩擦为主的桩，取沉降为 40mm 对应的荷载为极限承载力，除以安全度 2 后作为容许承载力。

四、沉降观测

沉降观测是检查建筑物地基及基础施工质量的一个重要手段。由于基础工程的隐蔽性，地基土质的不均匀性，以及上部结构荷载不均匀等因素，有可能造成沉降差异过大、房屋开裂或倾斜。在高层建筑逐渐增多的情况下，已经发生过数次因人们视觉偏差引起的倾斜议论，由于有系统的沉降观测资料，这些议论才平息下来。有的建筑物在施工中出现开裂，在分析开裂原因时，常常将责任推在地质勘探与基础施工方面，引起法律诉讼达数年之久。由于这些原因，《建筑地基基础设计规范》（GBJ7-89）第2.0.4条规定："对一级建筑物应在施工期间及使用期间进行沉降观测，并应以实测资料作为建筑物地基及基础工程质量检查的依据之一"。

1. 水准基点的设置

基点设置以保证其稳定可靠为原则，基岩上、深桩、深井以及沉降已经稳定的老建筑物均可利用作为基点。对新建筑群宜设置专用基点，其构造如图（1-56a）。设置基点的位置必须在建筑物所产生的应力影响范围以外。在一个观测区内，水准基点不应少于3个，深度应根据土质情况决定，以不受气候、车辆振动、水位变化等影响为原则。

2. 观测点的布置

观测点应设置在房屋的转角处、内外墙连接处、高低层相交处及其附近。数量不少于六个点，并按体型复杂程度、荷载差异情况酌予增加。观测点设在地面以上50～80cm处，用角钢斜埋入墙内。角钢的角点朝上，作为固定的测点（图1-56b）。

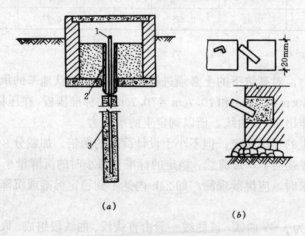

（a）　　　　　　　　（b）

图1-56　沉降观测水准基点及测点装置示意
（a）水准基点；（b）观测点装置
1—水准标芯；2—套管；3—混凝土

3. 测量要求

测量精度按Ⅱ级水准测量规定，视线长度一般在30m以内，视线高度不低于0.30m，采用闭合法。

测量次数根据建筑物层数确定，但施工期内每年不少于4次，主体结构完成后6个月内每月不少于一次，以后逐渐减少观测次数，至沉降稳定为止。每测量一次应立即计算累计沉降量，并绘制沉降与时间曲线。

第八节 桩基制作与施工

一、预制桩的制作与施工要点

预制桩有三种形式：实心钢筋混凝土桩，预应力钢筋混凝土管桩和钢管桩。预应力钢筋混凝土管桩在工厂采用离心法制作。钢管桩价格高昂，还要考虑腐蚀问题，一般不采用。使用最多的为实心钢筋混凝土方桩，可以在预制厂制作，在有场地的情况下也可在现场制作。

由于预制桩施工要用锤击，无论是柴油锤和振动锤均因噪音超过标准，国外有些城市已严格限制使用。

以下主要介绍预制钢筋混凝土方桩的现场制作要求。桩的施工要求大体相同，只将其主要问题作简要说明。

1. 制作

预制桩的优点是事先将桩身按钢筋混凝土施工规范要求做好，质量可以在地面上鉴定。其问题在于增加了水平运输、吊装、锤击三个程序，所以桩身长度受运输条件控制，一般不超过 13.5m，然后拚接成整桩。在吊装过程中，在桩身自重作用下受弯；在锤击过程中受到冲击荷载，桩身不仅受压，还要受拉；在贯入过程中，桩尖将遇到各种阻力。因此桩的主筋按吊装要求配置，箍筋要满足钢筋笼的整体性及防止桩头冲击破坏，桩尖做成圆锥形，将主筋合拢焊在芯棒上，以增加桩尖的强度。除主筋通过计算确定外，其它均为构造措施。

桩的截面边长一般超过 30cm，最大为 55cm，常用者为 30cm 至 45cm，它与地质条件，荷载大小有关，但桩身重量增大后，桩锤能量也必需增加，才有可能打到预定地层。所以截面边长超过 55cm 后，采用预应力钢筋混凝土管桩较为合适。国外预应力钢筋混凝土管桩直径可达 100cm，混凝土抗压强度达 80~100MPa。

桩身混凝土强度等级一般为 C30；配筋率 0.8%~4%，一般约 1%。

主筋计算按吊装点位置可分为双支点、单支点。当吊点处的负弯矩与跨间正弯矩相等时配筋较合适（见图 1-57）。实际上，应根据运输、起吊及吊立等情况，按最不利情况配筋。主筋直径不小于 14mm，按 4 根或 8 根通长配筋。

箍筋一般为 $\phi 6 \sim \phi 8$mm。除桩顶及桩尖附近 1.5m 范围以外，箍筋间距 20~30cm，每隔 2m 增设加强筋 $\phi 12 \sim \phi 18$mm。在桩顶附近箍筋加密，间距为 5~10cm，并设三道钢丝网片，使桩头受锤冲击时不易击碎。桩尖附近箍筋与桩顶附近相同（图 1-58）。保护层厚度为 3.5cm。

桩的制作应符合《钢筋混凝土工程施工及验收规范》的有关规定。在现场制作时应对地基进行平整夯实处理，选用水泥地坪，作好桩与地模间的隔离层，做到一次浇灌。现场必需设有质量检测设备，砂、石、水泥均事先做好配比试验，在混凝土强度达到标准强度后方可搬运。

在现场采用重叠法制作预制桩时应注意上层桩的浇注必须在下层桩的混凝土达到设计强度的 30% 以后方可进行，并在下层桩的顶部做好隔离层，重叠层数不宜超过 4 层。

桩的表面应平实，无任何裂隙；制作偏差按规范规定，见表 1-11。

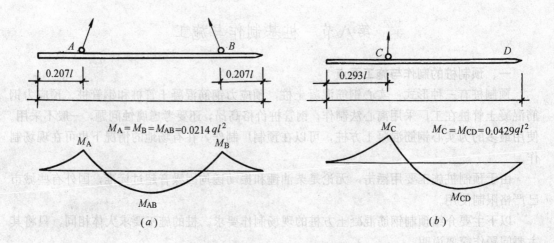

图 1-57 预制桩起吊弯矩计算示意

(a) 水平起吊；(b) 桩吊立时

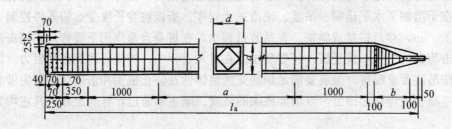

图 1-58 预制桩箍筋配置

钢筋混凝土预制桩制作允许偏差（mm） 表 1-11

项　　目	允许偏差
①横截面边长	±5
②桩顶对角线之差	10
③保护层厚度	±5
④桩身弯曲矢高	大于1‰桩长，且不大于20mm
⑤桩尖中心线	10
⑥桩顶平面对桩中心线的倾斜	<3
⑦桩顶钢筋网片位置	±10
⑧多节桩预埋铁件位置	±10

2. 施工要点

预制桩施工最重要的问题是保持桩身垂直，保证桩尖打入预定深度及桩身不出现断裂。

(1) 打桩准备工作要点。场地平整、排水畅通、桩架导柱竖直、对位准确，不得使用简易的不合规定的龙门架。锤、桩帽、送桩均应和桩身在同一中心线上。桩插入预设孔的垂直度偏差不大于0.5%。这些要求是很容易办到的，但施工管理不善时，可造成桩身偏斜，桩位偏移等问题。

当桩锤下落、击打桩顶时，将发生很大的瞬间加速度和冲击力，常常将桩头混凝土击碎。因此，必须在锤与桩帽、桩帽与桩之间设弹性衬垫（图1-59）。过去常用硬木，现有用纤维夹层橡胶板，国外亦有用液压垫的。桩帽尺寸略大于桩，顶面与底面均应平整。

上述要求主要为安装要求，为锤击沉桩的准备工作，一般都可按操作要求进行。

（2）试订桩。桩基现场正式施工前应进行试打。目的有二：第一，检验施工能力是否符合要求；第二，确定停止打桩的最后贯入度。

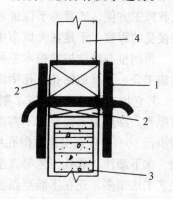

图 1-59　桩帽、垫层位置示意
1—桩帽；2—弹性垫层；
3—桩；4—锤

在打桩过程中，每阵锤击贯入度随锤击阵数的增加而逐渐减少（图 1-60），桩的承载能力则逐渐增加，这是打桩过程的一般规律。为便于记录，通常采用每 10 击的贯入量，又称每阵贯入度。最后贯入度指停止打桩前三阵的贯入度平均值。例如，规定最后贯入度为 3～5cm/10 击时，如未达到此数，打桩应继续进行。所以最后贯入度应在正式施工前，在有钻孔资料或标贯资料的地点进行试打，由设计单位与施工单位根据实际情况制定。

设计图上的桩长是预估的，为了求得合适的桩长也需要通过试打确定。例如，地层中含有很厚的细粉砂层，打

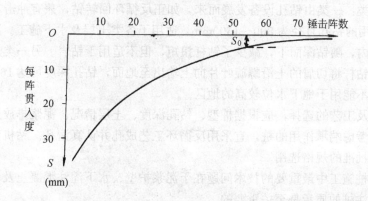

图 1-60　每阵贯入度与锤击阵数的关系 ζ_0—最后贯入度

桩时愈打愈实，很难通过，就应进行静力试桩，根据试桩结果重新改变设计，或者改变桩型。

（3）打桩顺序。在一般中压缩性土中打桩，打桩顺序可按施工运行方便与否来安排。但在饱和高压缩性土中打桩，必需按照桩数多少与可能引起的问题来安排顺序。一般情况下，柱下桩数小于 6 根时，可依次打桩，大于 6 根时应从内向外依次打桩。大面积打桩桩距一般为 3.5～4.0 倍桩径，否则会使桩间土中水排不出来，造成土的塑流。塑流的方向向上发展即会造成隆起，使桩身承受不均匀拉力，导致桩接头处拉开。在这种情况下打桩顺序则应由内侧向外打桩。或者，先钻直径小于桩边长的孔，然后在孔内送桩，以减少排土量。此外，还可采取打砂井，以便减小打桩过程中产生的孔隙水压力，有减少土的流动的功能。

在打桩过程中应有施工记录，包括桩位、桩架垂直度、锤重、落距、每米进尺锤击数、最后一米锤击数、最后三阵每阵贯入度等。

二、灌注桩类型及施工要点

桩在古时就已出现，一直延伸了千年以上。桩的材料取自木材。天安门就砌筑在木桩

上，几百年来无腐烂迹象。在森林较多的国家，至今仍用木桩作为基础。由于木桩承载力有限，19 世纪末，大的建筑物的基础逐渐普遍采用预制钢筋混凝土桩。预制钢筋混凝土桩以其施工方便，质量易于保证。但是它的造价较高，桩径受到限制，且噪音超过了人们所能接受的程度，于是在大城市中就逐渐被灌注桩所代替。

预制桩与灌注桩的根本差别只有一点：预制桩的制作与施工完全脱开。灌注桩的制作与施工合一，就地钻孔，孔中浇灌混凝土，依靠土中水份养护。除了钢筋笼在现场绑扎以外，其它均在孔内进行，省了制作程序，省了两次搬运，两次管理费用；配筋大量减少，没有噪音，深度根据需要，不需接桩；可充分利用地质条件，单桩承载力可达数千吨，造价至少低 50%，优点突出。但孔中制桩，因地质条件复杂，问题很多。如桩身质量、桩端沉渣、水下灌注、成孔工艺等直至今日仍是设计施工争论不休的问题。正因为如此，灌注桩工艺工法很多，还在不断更新发展。由于成孔工艺与灌注方法有着密切的联系，因而可将灌注桩施工方法分为三类：即钻孔灌注桩、沉管灌注桩及人工挖孔灌注桩。各类施工要点简述如下：

1. 钻孔灌注桩

利用钻机成孔、泥浆护壁、清碴、水下灌注混凝土等工艺完成桩身制作。钻机种类很多，主要有两类：一类由钻孔设备发展而来，如正反循环回转钻，兼有冲击功能，泥浆护壁功能，最常用的钻孔直径为 800~1500mm，适用于各类土层及水下施工。潜水钻系将动力部分放入孔内，随钻深而下，减少了钻杆扭矩，但不适用于钻岩。另一类是螺旋钻，其特点是用螺旋钻杆将切屑的土沿螺旋叶片向上输出至地面，钻孔深度可达 16m。此类钻机只能干作业，不能用于地下水位较高的地区。

钻孔机具及工艺的选择，应根据桩型、钻孔深度、土层情况、泥浆排放及处理条件综合确定。设计考虑端承作用的桩，宜采用反循环工艺成孔并认真清孔。钻机型号已定点生产，可按国家批准的规格选用。

钻孔灌注桩施工中最重要的技术问题在于泥浆护壁、水下灌注混凝土及清孔排渣。这三项技术对灌注桩的质量是至关重要的。

(1) 泥浆护壁。土体在未钻孔时，它是稳定的，钻孔以后，孔壁四周将受径向压力。孔径愈大，径向压力愈大；钻孔愈深，压力也愈大，由于砂土是散体，开孔后，它向钻孔方向流动，直至新的平衡。粘性土有的抗压强度高，有的很低。饱和的淤泥犹如塑性体，随钻随坍，几乎不能成孔。坚硬的粘土虽能成孔，但在地下水位以下的钻孔，孔内水位与地下水位持平，孔壁土在水的浸泡下也有塌孔的可能。总的规律是：砂层厚的地层、地下水位以下的土层，以及直径大于 600mm 的钻孔易于塌孔、挤钻；在施工准备时应当考虑护壁的措施。

直径较小的钻孔，曾采用金属套管护壁。但套管难以拔出、造价很高。在国内基本不用套管护壁施工方法，而以泥浆保护方法代替。

泥浆系由高塑性粘土或膨润土与水拌合而成，比重控制在 1.1~1.15，胶体率大于 95%，粘度控制在 10~25s，用漏斗粘度计测定（即用容量为 700mL 的漏斗，漏管直径为 5mm、泥浆容量达 500mL 所需的时间）。比重为泥浆的控制指标，粘度涉及泥浆的稳定性、流动性及携带泥砂的能力。泥浆粘度较小且无沉淀时方可使用。

在成孔过程中，泥浆液面高出地下水位 1~1.5m，以阻止地下水流入钻孔，并使泥浆渗入松散的土中，在孔壁上形成粘土薄膜，防止坍孔。当遇到渗漏性强的土层时，可在泥浆中加少量的重晶石粉及短纤维素以确保壁面的稳定性。

泥浆除作为护壁外，还有携带泥沙作用。由钻头切削出的泥沙混入泥浆内，通过泥砂泵输至孔外沉淀池中，然后通过机械筛及旋流器将泥砂从泥浆中分离出来，再适当加入膨润土或水将使用过的泥浆净化，以便重复使用（图1-5）。

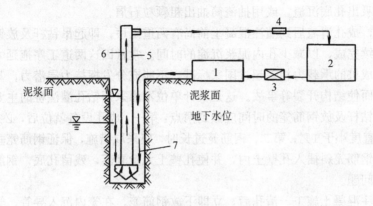

图1-61　反循环排渣示意

1—净化泥浆；2—沉淀池；3—净化处理；4—泥浆泵；

5—钻管；6—含砂泥浆流向；7—净化泥浆流向

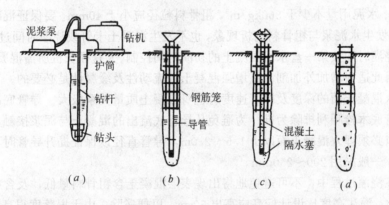

图1-62　钻孔桩水下灌注示意

(a) 钻孔并清渣；(b) 下放套管及钢筋笼；(c) 套管内放混凝土；(d) 连续拔管灌注

（2）排渣及清孔。排渣有两种方法：抽渣筒法及循环泥浆排渣法。

当钻孔中遇大孤石、漂石、风化岩等地层，需采用冲击或预爆方法将其击碎，然后用抽渣筒排渣。所有排渣工作必需在确保孔壁不坍孔的条件下进行。在多数情况，泥浆护壁是不可缺少的。

循环泥浆排渣有正循环与反循环两种。实践证明反循环效果明显。所谓反循环泥浆排渣如图1-61所示。净化泥浆在钻杆外补入，携带泥沙渣土的泥浆从钻管内用真空泵或泥浆吸力泵吸出，经净化后再流入钻孔内。它的优点在于孔内泥浆始终保持设定净化要求，从管内排除的渣土泥浆速度快。成孔后，残渣较少，清孔较易。

清孔的质量直接影响桩端阻力的发挥。钻孔达到设计深度，清孔立即开始。清孔应采用反循环法，用吸泥泵继续抽吸钻管内岩屑或土渣，直至吸出的泥浆不含砂或团粒，不出现沉淀物或絮状体；同时要继续在钻管外补充冲洗液，其粘度小于28s，但以保持孔壁的稳定为前提。

在灌注混凝土前，孔底沉渣厚度必需量测。规范要求，对于端承桩，沉渣厚度小于50mm；对于摩擦端承桩小于100mm。对于纯摩擦桩小于300mm。如果达不到上述标准，还要采用吸力泵法吸出孔底沉渣，或用抽渣筒抽出粗颗粒石屑。

必需注意到，成孔清渣后到灌注混凝土前尚有两道工序，即起吊钻杆及放钢筋笼。这两道工序必需连续完成，以减少孔内泥浆沉淀的时间。常常因这两道工序拖延太长、使沉渣厚度过大，造成桩的承载力相差超过国家标准，不能充分发挥持力层潜力，甚至补桩或桩的沉降差过大而使结构开裂等事故。这是设计单位不愿采用钻孔灌注桩的主要原因。

为缩短吊出钻杆及放钢筋笼的时间应做到两点：第一，成孔设备就位后，必须平正、稳固，确保钻孔垂直度小于1%；第二，钢筋笼过长时，应采取措施，保证钢筋笼垂直沉入钻孔，否则会发生钢筋笼斜插入孔壁土内，并使孔壁土大量剥落，残留孔底，钢筋的保护层厚度不足等质量问题。

(3) 水下灌注混凝土施工。清孔后，立即下放钢筋笼，在笼内沉入导管，管端塞有木栓，管内装混凝土，提管时，依靠混凝土自重，压出木栓，混凝土随即下落至孔底，排除孔内积水。如此连续提管、连续浇灌，直至设计标高以上50cm处为止（图1-62）。

整个施工工艺在于控制混凝土的坍落度，及每小时浇注混凝土量（m³）。坍落度一般为180～220mm；水泥用量不少于360kg/m³，粗骨料粒径应小于40mm。要保证混凝土有良好的和易性，不发生水泥浆与粗骨料离析现象，也不发生混凝土卡管或浇灌时间过长现象。整桩的混凝土浇灌时间按第一盘水下混凝土的初凝时间控制。大直径长桩所需混凝土量较大，需时较长。因此适当增加外加剂，以增强混凝土的流动性及缓凝性是必要的。

导管埋入混凝土面的深度及提管速度对桩身混凝土质量关系极大。导管底部至孔底的距离，以使管底木栓顺利排除为准。为避免从导管底流出的混凝土与泥浆接触，在拔管期间，导管下口必须埋入混凝土面以下1.5～2.0m，导管直径以保证提升导管时不与钢筋笼相撞为原则，一般采用200～250mm。

混凝土在浇灌过程中，不可避免地将出现表层混凝土含粗骨料量低，及含有少量泥浆的问题。为此，灌注高度比设计标高应高出50cm，以便凿除。由于坍落度很高，不可再加振捣，必要时可用插筋方法稍加振动。

实践经验表明，水下灌注混凝土质量与混凝土配制、搅拌时间、运送过程、拔管速度等因素密切相关。在现场监理时，经常发现搅拌不匀，经过小车运送后的混凝土有严重的离杆现象。个别工程还出现大孔洞现象。这些问题与施工队伍的素质及现场管理不善有关。

2. 人工挖孔灌注桩

人工挖孔后进行灌注混凝土的成桩方法起源很早。如传统人工挖井中边挖边砌即属于这种方法。

挖孔桩的直径一般在1m以上，以便于人在井中作业。所用的工具有铲、镐、电钻，出土采用简易的吊笼，三人一组，轮流挖土和负责起吊工作，挖孔深度一般不大于30m，如超过这个深度就需设通风设备。

实施挖孔桩的地层最好地下水、基岩较浅，或有砂卵石的持力层。其最大优点是可以人工扩孔，桩底扩孔直径一般在 2m 以上。每根桩的承载力高者达数千吨，最少也在 500 吨以上，可以确保孔底干净，混凝土质量可在灌注中检查，孔底可做成弧面，必要时可在孔底进行压载试验，施工速度快、造价低。

护壁采用混凝土材料，每挖深 0.8～1m 后支活动模板，壁厚 150mm，灌注 C20 混凝土，

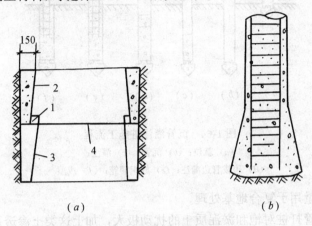

（a）   （b）

图 1-63　人工挖孔桩施工
（a）活动模板支护及灌注　　（b）扩大孔放坡示意
1—混凝土灌注入口；2—混凝土壁；
3—弧形活动模板；4—模板支架示意

待 24h 后折模，然后再继续挖土。如此自上而下进行。成孔后清底，灌注 10cm 垫层，然后吊放钢筋笼、浇注桩身混凝土。

当孔底直径需要放大时要考虑两个问题：第一，挂模要稳；第二，扩大部分有足够高度，以满足抗冲切要求。最佳放坡坡比为 1：0.25～1：0.5。桩底压力超过 300kPa 时用 1：0.25。如果扩大部分为坚硬粘土，可考虑用 1：0.5。在砂层中扩孔时，要考虑流砂和坍孔的可能性，一般宜用 1：0.25（图 1-63）。

人工挖孔桩施工中最重要的问题是保证人身安全如防毒、防触电。为此在挖孔过程中应对通风、电路、孔口保护及含水层坍孔等有周密而严格的保安措施。以往曾经发生过多次中毒、漏电及孔口掉入异物等伤人事故。此外还要防止雨季地面水流入孔内。所以孔口周围宜清理干净，护壁宜高出孔口 20～30cm。

3. 沉管灌注桩

将厚壁钢管套在预制钢筋混凝土桩尖顶部（图 1-64），用柴油锤或振动锤锤击钢管，待桩尖进入设计标高后，在管内灌注混凝土，边拔管边灌，直至成桩。它的特点在利用钢管代替护壁，在无水情况下灌注混凝土。施工设备要求简单，利用振动锤拔管效率很高。这类施工方法称为沉管灌注桩法。

沉管灌注桩桩径一般为 400mm，桩长 20m 以内较为合适。桩径小于 300mm 时，混凝土在管内有出现卡管的可能。为此混凝土坍落度一般为 80mm。拔管时控制拔管速度为 1m/min，每次拔管 1m 后，反插 0.5m，及时补充混凝土，保持管内混凝土面高于地下水位面。这个方法又称反插法，它能有效地将孔内空间挤实，又有振捣作用，并防止出现缩颈现象。

沉管灌注桩施工方法属于动力挤土成孔方法，故用于中压缩土效果最好。由于中压缩性土被挤密后，承载力将有所提高，桩土之间的摩阻力增加，桩的承载力也相应增加。目

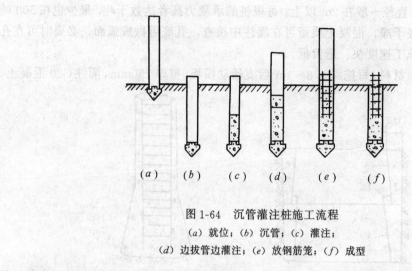

图 1-64　沉管灌注桩施工流程

(a) 就位；(b) 沉管；(c) 灌注；

(d) 边拔管边灌注；(e) 放钢筋笼；(f) 成型

前，这种方法已大量用于复合地基处理。

但是，振动沉管打桩对饱和淤泥质土的扰动极大，加上这类土渗透系数很小，在打桩过程中，流动状态的土中水不可能很快排出，反而助长土向四周和地面挤出。遇到尚未初凝或强度不足的混凝土桩，就将其挤断、挤扁和水平移动。如果在同一场地上桩数很多，对桩的破坏性愈大。据不完全统计，大约有 30% 的沉管灌注桩在 5m 以内发生断裂现象。解决的办法只有在桩位密集处打砂井，使孔隙水压很快消散，实行跳打和从里向外顺序打桩都有一定效果。为了稳妥起见，所有桩打完后，利用桩架和配重，对每根桩静压一次是最好的检测方法。

属于挤土成孔性质的夯扩桩也有同样的问题。夯扩桩在成孔过程中同样会发生土被挤出而产生的问题，所不同的只有扩底部分。目前夯扩桩的事故已经出现，应当引起注意。

更通俗的名词"橡皮土"就是在饱和软粘土中用锤打、振动，或压路机辗压等方法施工中土的动态反应。这种反应的结果就是塑流。在任何情况下出现塑流而不设法制止，后果是破坏性的或者是无效劳动，在桩基施工或基坑处理中应注意。

三、桩的承载力与桩体完整性检测

桩是深基础的一种，用来解决浅层地基承载力不足或沉降过大的问题。桩的承载力是通过桩与土的相互作用产生的。它由桩侧摩阻力与桩端阻力组成。设计桩基础时必须同时满足两个条件，即桩身强度与单桩承载力。这两者也是施工过程中桩的质量检测的重点。预制桩桩体在地上施工，桩体质量按一般结构检测即可满足要求，其承载力也可通过打桩过程测定，质量事故较少。灌注桩桩体在钻孔内完成，质量检测必须在施工中进行才可保证桩身质量。由于施工中缺乏严格管理，质量事故较多。所以桩的检测重点在灌注桩。国外对大直径灌注桩的检测极为严格，要求在施工各阶段均有检测记录。例如桩底沉渣逐桩均需鉴定后才能浇注混凝土。施工完成后再进行抽检。我国铁路交通桥墩下大直径桩也实行逐桩检测方法，基本上不存在质量问题。

1. 单桩承载力检测

最常用的方法是单桩竖向静载试验，以确定单桩容许承载力，或按照变形控制要求确定设计荷载。其目的是检验预定单桩承载力是否与在具体地质条件试验的结果相符合。这是国际上公认的并在规范中明确规定的桩的检测方法。在我国规范中规定列入一级的建筑物都应在正式施工前提供静载试验报告。

试验装置如图1-65，反力可由锚桩提供，也可借用工地建筑材料。为了保证灌注桩桩头的强度符合压载要求，通常应在桩顶预设2～3层钢筋网，用高强度砂浆抹平，然后铺设厚钢板，使桩顶在加荷过程中受力均匀，不致压碎。

加荷分为十级，每级稳定标准为0.1mm/h。当荷载-沉降曲线上出现陡降段，沉降超过40mm时，或者不出现陡降段，但沉降已超过40mm以上时，试验即可终止。如用工程桩作试验，最小荷载满足设计荷载2部的要求时亦可停止试验。

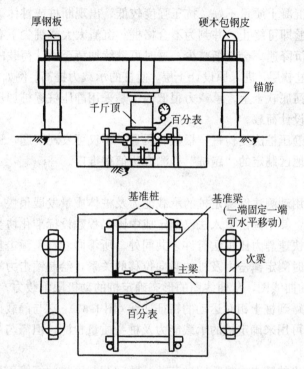

图1-65　静压桩装置

根据试桩曲线可判定桩的性质及极限承载能力。如图1-66曲线1。在直线段后，很快出现陡降段，这类桩属于摩擦桩；或者桩底沉渣太厚，桩端承载力不能发挥；或者出现断桩。图1-66曲线2为摩阻—端承桩，是较为理想的桩型，可供设计选择合理的参数。图1-66中曲线3为端承桩，具有很高的承载力和潜力。嵌岩桩多属此类。

硬质岩石的强度大于30MPa，大直径桩静载试验花费太大，可改用直径300mm的

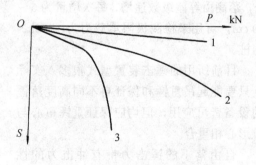

图1-66　静压桩荷载—沉降曲线

小直径桩代替，求出单位面积的压强，然后按面积换算大直径桩的容许承载力。但在试验方法上应采取措施以消除桩身与土之间的摩擦力。

一般来讲，停止加载的条件可作为选取桩的极限承载力的条件。但不应认为桩的容许承载力是荷载曲线上的拐点。一般条件下，拐点荷载是桩的设计容许承载力的上限值。设计者应根据群桩的变形允许值在线性段中选择合适的设计值。

2. 快速静力压桩法（跑桩法）

当桩的设计荷载小于 1000kN 时，可以利用静力压桩机或以打桩机为反力，依次快速压桩。压桩荷载为设计荷载的 1.5 倍。加荷方法可一次加荷至设计荷载的 50%，维持 5min，视桩的沉降情况分两级加至设计荷载。如果桩的质量很好，土层没有特殊变化，在设计荷载以内桩的沉降应很快稳定。如果有断桩、沉渣太大或桩尖土层异常时，桩的沉降可能不稳定。例如，桩身混凝土质量不好，抗压强度较低，出现断桩或桩体破坏时，沉降速率会急剧增加，这时试验即可终止，并判为不合格桩。沉渣太大或桩尖下有软弱土层，桩的沉降虽不易稳定，但沉降速率会逐渐减少，这时可继续加荷至设计荷载的 1.5 倍，迫使沉渣挤出，或使桩尖穿过软层，进入原设计土层，使桩的承载力提高。例如，某工程检测时，发现少数桩尖位于古河底软土上，承载力很低，于是采用静压桩逐桩加压，直至老土层，承载力均超过 1.5 倍设计荷载。

所以，用快速静压桩法复检每一根桩的质量，不仅可发现问题，还可使一些不合格桩成为合格桩。宁波地区制定的"跑桩"检测方法值得推广。

3. 锤击贯入法

近十年来我国用动测法以确定桩的承载能力及桩体质量发展很快，包括锤击贯入法，高应变法、低应变法，其中锤击贯入法已制定成中国工程建设标准化协会标准。

锤击贯入法与快速静力压桩法有许多共同处，所不同者在于锤击贯入系用重锤自不同落高击打桩顶，同时测定锤击力及桩的竖向位移的关系，绘制锤击力峰值与桩的竖向位移（或称总贯入度）的曲线图，从曲线图的形态确定桩的动极限承载力。

锤击贯入法可得到桩土相对运动的特征曲线（图1-67）。它与静载试验曲线的特性没有质的区别，因此它可用来确定桩的承载能力及桩身质量检测，但需与静载试验对比求得对比系数。

由于锤击法测出的锤击力是瞬间动荷载，瞬间荷载下桩的沉降不能代表在建筑物静载作用下的下沉，所以锤击法所得到的变形参数不能用来计算桩的沉降。此外，锤重多为 1～2t，落高由等差级数递增，每次增量为 5～10cm，可用来检测极限承载力为 1500kN 的桩。

目前所用的锤击装置型式很多。实际上只要能起吊重锤和保证自不同高度落锤的设备皆可应用，但均应保证重锤重心与桩形心相重合。

自由落下的锤击力带有冲击力的性质。现在采用的峰值与锤垫的柔性有关。我国锤垫材料由厚 2～6cm 的纤维夹层橡胶板组成，国外有液压锤垫，它所得到的锤击力波在 Δt 时间内是平稳的方波（图1-68）。锤垫规格选定后，不要随意更换，因为规格和

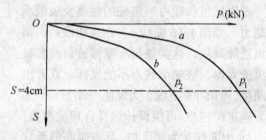

图 1-67　动、静压桩试验曲线对比

(a) 锤压力——总贯入度曲线；

(b) 静荷载——沉降曲线

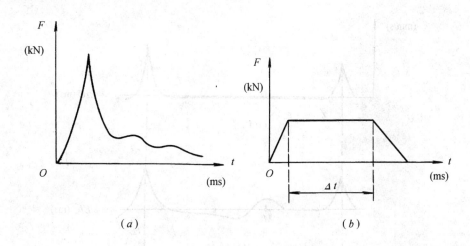

(a)　　　　　　　　　　　　(b)

图 1-68　锤垫对锤击力波的影响

材料性能不同的锤垫，动静比值是有差别的。

凡是经过动静对比的地区，取得了适合当地土质的动静对比值后，就可用来确定桩的承载力。

4. 高应变法

利用重达 8～10t 的锤，落距 1～2m，锤击桩顶，使桩身应力水平与设计要求相当，桩与土之间产生相对位移，利用在距桩顶 1.5～2.0 倍桩径处安装加速度计及应变式力传感器，量测桩身受力和加速度随时间的信号。然后将实测值输入计算机进行迭代运算，并纳入土层有关参数，最后确定桩的极限承载力。

高应变法考虑了桩与土的相对位移。通常按贯入度大于 2mm 作为判别桩的承载力是否处于极限状态的标志。由于计算中许多假定与实际不完全符合，在拟合过程中也参与了人为经验因素。一般认为其所得结果与静载试验相比，误差为 20%。

高应变法适用于预制桩及大直径灌注桩的质量及承载力检测。但不能用于嵌岩桩或扩底桩，其原因在于锤击能量不足以使桩的贯入度达到 2mm 的控制标准。即使达到这个标准也难于判定桩处于极限状态。大家知道，岩石具有很高的抗压强度，但同样有很发育的裂隙。嵌岩桩及扩底桩不能按一维弹性杆波动理论计算。

凡是重锤打不动的桩，用高应变法所得的结果与实际相差甚远，不能采用。

5. 低应变法

低应变法用来检测桩身缺限及其位置，较为直观的判断方法是应力波反射法。低应变法工具较为简单。它采用轻锤击打桩顶，在桩与周边土无相对位移情况下，测出波的信号，经过分析并将其与标准桩相对比，找出桩的缺限，从而达到桩的完整性检测的目的。

图 1-69a 为完整自由桩。这类桩表示无桩侧土阻力、桩尖土阻力、桩侧土阻尼、桩尖土阻尼及桩身无缺限时，出现桩顶激励峰和桩底反射峰外，曲线与基线完全重合。b 图表示桩身有缩颈时出现的反射信号，c 图则表示有桩侧土阻力，无缺损，桩底扩大时的信号。有了一系列标准信号，就可通过对比及对土性质的理解，对波形信号分析确定桩的缺限。当然，低应变法人为因素较多，有些情况影响判断。例如，缩颈、局部疏松和断裂不易区分；缺限部位有所偏差、桩土刚度比较小时，桩底质量很难判断，失误时有发生。例如，某工程

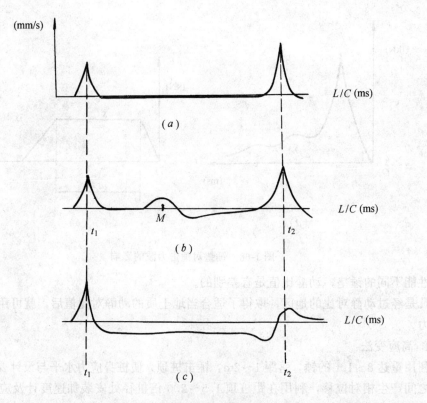

图 1-69　桩身不同时反射波示意

（a）自由完整桩；（b）桩身 M 处缩颈；（c）扩大底桩。

L—桩长；C—应力波波速

桩尖落在卵石层表面，判断时定为进入卵石层，并且给予了承载力，实际上桩尖进入卵石层深度对承载力影响极大。由于这部分桩沉降过大而使框架梁开裂，事故终于发生。

除了上述检测方法外，对混凝土质量检验有钻孔取蕊方法，超声波检测法，振动探头测定仪等。

重要的问题在于做好施工前期的准备工作及施工期间每道工序完成后的监测验收。它是最有效而经济的。遗憾的是许多工程不按此进行，事后补救极其困难。有些工程被迫大量补桩，有些工程降低使用功能，有些工程被迫拆除。这些不该发生的问题造成的损失是巨大的，应引以为戒。

第二章　砖　石　结　构

第一节　砖石结构特征

一、砖石结构特征

用砖、石块、砌块及土坯等各种块体，以灰浆（砂浆、粘土浆等）砌筑而成的一种组合体称之谓砌体，由砌体所构成的各种结构称谓砌体结构，或称砖石结构。

砖石结构是一种古老的传统结构，从古自今，一直被广泛应用，如埃及的金字塔、罗马的斗兽场，我国的万里长城、河北赵县的安济桥、西安的大小雁塔、南京的无梁殿等。

砖石结构具有就地取材，造价低，耐火性、耐久性好以及施工简便易于普及等优点，但砌体强度较低，特别是抗拉、抗剪强度很低，抗震能力较差，砌筑劳动强度较大，不利于工业化施工等缺点，此外，粘土砖还存在与农业争地等问题。因此从节能节地考虑，应限制粘土砖的使用。

砖石砌体在房屋建筑中主要用作墙体、柱子、基础、拱壳等受压结构，在烟囱、水池、挡土墙、桥涵等构筑物也常有采用。配置一定受拉钢筋的砌体称谓配筋砌体，配筋砌体可用作受弯和大偏心受压结构。以砌体作为承压构件，钢筋混凝土作为受弯构件，二者组合使用的房屋结构称谓砖混结构。砖混结构在我国应用最为普遍，尤其是民用住宅建筑，约占 85% 左右。

采用高强轻质砖（包括空心砖、空心砌块等）、高强（特别是高粘结强度）砂浆及配筋砌体，是当前砌体结构的发展趋向，国外已采用强度达 70MPa 的砖建造了以砖墙承重的 16 层公寓，用砖或混凝土砌块中间浇筑钢筋混凝土增强层办法建造了 18～21 层高的旅馆等。

二、砖石结构构造要点

（一）墙、柱的允许高厚比

砖石砌体墙、柱的强度，可通过承载力计算得以基本保证。但砌体结构的受力是复杂的，理想化的简化计算，有时并不能完全确保结构使用安全，墙、柱在施工、使用及偶然事故作用下还可能失稳。砌体结构高厚比限值的规定，就是基于稳定性考虑的重要构造措施。

墙、柱高厚比，又称细长比，即构件高度 H_0 与截面厚度 h 之比 β，根据《砌体结构设计规范》GBJ3—88，它必须满足下式规定：

$$\beta = H_0/h \leqslant \mu_1\mu_2[\beta]$$

式中 $[\beta]$ 为墙、柱的允许高厚比，按表 2-1 采用，系半理论半经验的控制指标；$[\beta]$ 主要取决于砌体的变形性能，而砌体变形性能又主要依赖于砂浆强度等级。H_0 为墙、柱计算高度，应根据房屋类别及构件支承条件按表 2-2 采用。当墙高 H 大于或等于相邻横墙或壁柱间的距离 S 时，取计算高度 $H_0=0.6S$。

对于仅承受自重的非承重墙，高厚比限值 $[\beta]$ 可适当放宽，可乘以提高系数 $\mu_1 = 1.2 \sim 1.5$。相反，对于开有门窗洞口的墙体，$[\beta]$ 值应乘以降低系数 $\mu_2 = 1 - 0.4 b_s/S$，b_s 为洞口宽度，S 为所计算墙段的长度。

对于带壁柱的墙，应按 T 形截面取折算厚度 $h_T = 3.5 \sqrt{I/A}$ 计算 β，I，A 分别为 T 形截面惯性矩及面积。

墙、柱的允许高厚比 $[\beta]$ 值　　　　　表 2-1

砂浆强度等级	墙	柱
M0.4	16	12
M1	20	14
M2.5	22	15
M5	24	16
≥M7.5	26	17

注：1. 下列材料砌筑的墙、柱允许高厚比应按表中数值分别予以降低：空斗墙和中型砌块墙、柱降低 10%；毛石墙、柱降低 20%；

2. 组合砖砌体构件的允许高厚比，可按表中数值提高 20%，但不得大于 28；

3. 验算施工阶段砂浆尚未硬化的新砌砌体高厚比时，允许高厚比可按表中 M0.4 项降低 10%。

受压构件的计算高度 H_0　　　　　表 2-2

房屋类别			柱		带壁柱墙或周边拉结的墙		
			排架方向	垂直排架方向	$s>2H$	$2H \geqslant s>H$	$s \leqslant H$
有吊车的单层房屋	变截面柱上段	弹性方案	$2.5H_u$	$1.25H_u$	$2.5H_u$		
		刚性、刚弹性方案	$2.0H_u$	$1.25H_u$	$2.0H_u$		
	变截面柱下段		$1.0H_1$	$0.8H_1$	$1.0H$		
无吊车的单层和多层房屋	单跨	弹性方案	$1.5H$	$1.0H$	$1.5H$		
		刚弹性方案	$1.2H$	$1.0H$	$1.2H$		
	两跨或多跨	弹性方案	$1.25H$	$1.0H$	$1.25H$		
		刚弹性方案	$1.10H$	$1.0H$	$1.1H$		
	刚性方案		$1.0H$	$1.0H$	$1.0H$	$0.4s+0.2H$	$0.6s$

注：1. 表中 H_u 为变截面柱的上段高度；H_1 为变截面柱的下段高度；

2. 对于上端为自由端的构件，$H_0 = 2H$；

3. 独立砖柱，当无柱间支撑时，柱在垂直排架方向的 H_0 应按表中数值乘以 1.25 后采用。

（二）一般构造要求

1. 材料最低强度等级

从长期耐久性考虑，对于 ≥6 层房屋的外墙、潮湿房间的墙，以及受振动或层高大于 6m 的墙、柱，所用材料的最低强度等级，应符合表 2-3 要求。

材料最低强度等级　　　　　表 2-3

材料种类	砖	砌块	石材	砂浆
强度等级	MU10	MU5	MU20	M2.5

为防止水分对墙体的侵蚀，在室内地面以下，室外散水坡顶面以上的砌体内，应铺设防潮层。防潮层材料一般采用防水水泥砂浆或混凝土圈梁。勒脚部位应采用水泥砂浆粉刷。

地面以下或防潮层以下的砌体，会受到土壤中水分的侵蚀，一般应采用吸水性较小、耐久性较好的材料，此种砌体所用材料的最低强度等级，应符合表 2-4 要求。

地面以下或防潮层以下的砌体所用材料的最低强度等级   表 2-4

基土的潮湿程度	粘 土 砖		混凝土砌块	石 材	混合砂浆	水泥砂浆
	严寒地区	一般地区				
稍潮湿的	MU10	MU10	MU5	MU20	M5	M5
很潮湿的	MU15	MU10	MU7.5	MU20	—	M5
含水饱和的	MU20	MU15	MU7.5	MU30	—	M7.5

注：1. 石材的重力密度，不应低于 18kN/m³；

    2. 地面以下或防潮层以下的砌体，不宜采用空心砖。当采用混凝土中、小型空心砌块砌体时，其孔洞应采用强度等级不低于 C15 的混凝土灌实；

    3. 各种硅酸盐材料及其他材料制作的块体，应根据相应材料标准的规定选择采用。

2. 墙、柱最小截面尺寸

构件截面过小，意外损伤对截面承载力降低相对较大。对于承重的独立砖柱，截面尺寸不应小于 240mm×370mm；对于毛石墙厚度，不宜小于 350mm，毛料石柱截面的较小边长，不宜小于 400mm。当有振动荷载时，墙、柱不宜采用毛石砌体。

3. 墙、柱的拉结

墙、柱与楼板、梁、屋架以及钢筋混凝土骨架柱等，必须有可靠的拉结，以承受各种荷载和可能有的振动。支承在墙、柱上的大梁（$L \geq 7.2 \sim 9m$）、吊车梁及屋架，其端部应采用锚固件与设置在墙、柱上的垫板锚固。墙与钢筋混凝土骨架柱的拉结，一般是在柱中预埋拉结筋，砌砖时将拉结筋嵌砌入砌体水平缝内。

山墙壁柱宜与山墙等高。风压较大的地区，檩条应与山墙锚固，屋盖不宜挑出山墙。

（三）防止砌体结构开裂的主要措施

砌体结构比较容易开裂。按其性质分，主要有三种，受力裂缝，不均匀沉降裂缝及温度收缩裂缝。砌体结构因受力过大，超过了砌体抗裂强度所产生的裂缝，称为受力裂缝，如大梁支承处的局压裂缝，砖拱过梁支座处的水平剪切裂缝，以及拱壳角域区的斜向受拉裂缝等。如前所述，砌体主要用来承担压力，设计时只要经过正确的承载力计算，单纯的受压裂缝尚不多见；但是，砌体抗拉强度很低，且不可靠，抗剪强度也不高，因此，凡是出现拉力的部位，均应配置相应的钢筋承担。

不均匀沉降裂缝是砌体结构比较常见的裂缝。结构不均匀沉降分三种情况，一是地基土质不均匀，如坑、塘、沟、渠，二是上部荷载不均匀，如房屋层数相差过大，三是高压缩性土，如软土、湿陷性黄土等。避免砌体结构不均匀沉降裂缝的主要措施是，减小结构和地基各部位的变形差或应力差，增大结构的整体刚度，如设置地梁、圈梁等，或是在结构或地基变形突变的部位设置沉降缝，使各部位结构能自由的变形。

温度收缩裂缝是砌体结构最常见的裂缝，主要有顶层墙体八字缝、门窗洞口斜向缝及纵墙中部竖向缝等种形式。温度收缩裂缝主要是外界温度变化、湿度变化、砌体收缩（包括干缩）等，引起砌体内部、墙体与墙体之间、墙体与它种结构之间、墙体与基础之间的变形不协调所致。房屋顶部受温度影响最大，夏天，黑体油毡屋面太阳辐射温度可达60～80℃，而冬天则很低。由于钢筋混凝土的线膨胀系数比砖砌体大一倍左右，钢筋混凝土屋盖与邻接的墙体存在较大的温度变形差，而这种变形差的分布是中部小两端大，因此，房屋顶层端部纵横墙体容易出现八字形斜向裂缝及屋盖与墙体交接部位的水平裂缝。这种裂缝一般以现浇屋盖刚性防水无保温隔热情况最为普遍和严重，尤其是硅酸盐砖和砌块房屋；对于设搁楼层的有檩体系瓦屋面房屋，很少发现此种裂缝。故此，对于房屋顶层端部墙体八字缝及水平缝的预防措施是：屋盖上宜设置保温层或隔热层；尽可能采用装配式有檩体系钢筋混凝土屋盖和瓦屋盖；对于非烧结硅酸盐砖和砌块房屋，应严格控制块体出厂到砌筑的时间，并应避免现场堆放时块体遭受雨淋；在钢筋混凝土屋面板与墙体结合面间设置滑动层。

温度收缩的影响，上部结构比地基基础大得多，因此，地基基础对上部墙体起了强力的约束作用。当房屋过长，约束应力超过砌体抗拉强度时，容易在纵墙中部沿墙高度方向产生上下贯通的竖向裂缝。为防止这种裂缝，应在墙体相应部位设置伸缩缝。伸缩缝应设在因温度和收缩变形引起应力集中和墙体裂缝可能性最大的部位（一般在房屋长度方向纵墙的中部），可通过计算分析确定。其最大间距不得超过表2-5规定。

砌体房屋温度伸缩缝的最大间距（m）　　　　　　　表2-5

砌 体 类 别	屋 盖 或 楼 盖 类 别		间距
各种砌体	整体式或装配整体式钢筋混凝土结构	有保温层或隔热层的屋盖、楼盖	50
		无保温层或隔热层的屋盖	40
	装配式无檩体系钢筋混凝土结构	有保温层或隔热层的屋盖、楼盖	60
		无保温层或隔热层的屋盖	50
	装配式有檩体系钢筋混凝土结构	有保温层或隔热层的屋盖	75
		无保温层或隔热层的屋盖	60
粘土砖、空心砖砌体	粘土瓦或石棉水泥瓦屋盖		100
石砌体	木屋盖或楼盖		80
硅酸盐块体和混凝土砌块砌体	砖石屋盖或楼盖		75

三、砖石结构的抗震增强措施

砖石砌体本身呈现脆性，抗拉、抗剪强度很低，且变异性大，在地震力反复作用下强度退化严重；砌体结构自重大，因而地震作用也大；砌体结构刚度大，导致在短周期地震波作用下较大的反应。所以，砖石砌体结构的抗震能力较差，在历次大地震中的破坏都很严重。因此，增强砖石砌体结构的抗震能力，应从以下诸方面采取综合措施。

（一）结构布置

调查和分析表明，砖石结构建筑的平、立面宜规则对称，建筑的质量分布和刚度变化宜均匀，平面不宜过大的凹进突出，上层部分不宜有过大的缩进。多层房屋的总高和层数不应超过表2-6规定，房屋总高度与总宽度之比不应超过表2-7规定。

震害表明，横墙承重房屋破坏率最低，破坏程度最轻，纵横墙承重情况居中，纵墙承重方案最重。因此，砌体结构设计时，应优先采用横墙承重或纵横墙共同承重的结构体系。据此，（GBJ11—89）规范规定了抗震横墙最大间距（表2-8）。

砌体房屋总高度（m）和层数限值　　　　　　　　　　　表2-6

砌体类别	最小墙厚（m）	烈　　　　　度							
		6		7		8		9	
		高度	层数	高度	层数	高度	层数	高度	层数
粘土砖	0.24	24	八	21	七	18	六	12	四
混凝土小砌块	0.19	21	七	18	六	15	五	不宜采用	
混凝土中砌块	0.20	18	六	15	五	9	三		
粉煤灰中砌块	0.24	18	六	15	五	9	三		

注：房屋的总高度指室外地面到檐口的高度，半地下室可从地下室室内地面算起，全地下室可从室外地面算起。

房屋最大高宽比　　　　　　　　　　　表2-7

烈　　　度	6	7	8	9
最大高宽比	2.5	2.5	2.0	1.5

抗震横墙最大间距（m）　　　　　　　　　　　表2-8

楼、屋盖类别	粘土砖房屋				中砌块房屋			小砌块房屋		
	6度	7度	8度	9度	6度	7度	8度	6度	7度	8度
现浇和装配整体式钢筋混凝土	18	18	15	11	13	13	10	15	15	11
装配式钢筋混凝土	15	15	11	7	10	10	7	11	11	7
木	11	11	7	4	不　宜　采　用					

当房屋高度相差较大（＞6m），或房屋有错层，且楼板高差较大，或各部分结构刚度、质量截然不同时，为避免或减少地震作用下房屋相邻各部分因振动不协调而引起破坏，对于8度和9度区的砖石房屋，应设置50～100mm宽的防震缝。

（二）构造要求

砖石砌体房屋，除满足抗震计算要求外，还必须针对砌体结构的弱点，从提高结构的整体稳定性、延性和砌体的抗拉、抗剪强度，采取如下的抗震增强措施。

1. 构造柱

试验证明，砖石结构设构造柱，能大幅度提高结构极限变形能力，使原比较脆性的墙体，具有相当大的延性，从而可提高结构抵抗水平地震作用的能力。此外，构造柱与各层水平钢筋混凝土圈梁相交连接起来，形成对砖墙的约束边框，可阻止地震下裂缝开展，限制开裂后块体的错位，使墙体竖向承载力不致大幅度下降，从而防止墙体坍塌或失稳倒塌。

构造柱一般设置在内外墙交接处和门厅、楼梯间墙的端部，其数量与房屋层数和地震烈度有关，详见表2-9。砖墙构造柱最小截面为240mm×180mm，纵向钢筋为4φ12～4φ14，箍筋间距为200～250mm。构造柱必须与砖墙有良好的连接，应先砌墙后浇柱，结合面应砌成大马牙槎，沿墙高每500mm设2φ6拉结筋，拉结筋每边伸入墙内不小于1m。构造柱混凝土强度等级不宜低于C15。

2. 圈梁

圈梁的作用主要在于提高结构的整体性。由于圈梁的约束，预制板散开以及砖墙出平面倒塌的危险性大大减小了，使纵、横墙能够保持一个整体的箱形结构，增强了房屋的整体性，充分发挥各片墙的平面内抗剪抗震能力。圈梁作为楼盖的边缘构件，提高了楼盖的水平刚度，使局部地震作用能够传给较多的墙体共同分担，从而减轻了大房间纵横墙平面外破坏的危险性。圈梁限制墙体斜裂缝的开展和延伸，使裂缝仅在两道圈梁之间的墙体内发生，减轻了墙体坍塌的可能性。圈梁减轻地震时地基不均匀沉陷对房屋的不利影响；圈梁防止或减轻地震时地表开裂将房屋撕裂。圈梁的设置要求应视楼盖、屋盖种类及结构布置方案而定。装配式钢筋混凝土楼、屋盖或木楼、屋盖的砖房，横墙承重时应按表2-10的要求设置圈梁，纵墙承重时应每层设置圈梁。现浇或装配整体式钢筋混凝土楼、屋盖可不另设圈梁。

砖房构造柱设置要求   表 2-9

房 屋 层 数				各种层数和烈度均设置的部位	随层数或烈度变化而增设的部位
6 度	7 度	8 度	9 度		
四、五	三、四	二、三		外墙四角，错层部位横墙与外纵墙交接处，较大洞口两侧，大房间内外墙交接处	7～9度时，楼、电梯间的横墙与外墙交接处
六～八	五、六	四	二		隔开间横墙（轴线）与外墙交接处，山墙与内纵墙交接处，7～9度时，楼、电梯间横墙与外墙交接处
	七	五、六	三、四		内墙（轴线）与外墙交接处，内墙局部较小墙垛处，7～9度时，楼、电梯间横墙与外墙交接处，9度时内纵墙与横墙交接处

砖房现浇钢筋混凝土圈梁设置要求   表 2-10

墙 类	烈 度		
	6、7	8	9
外墙及内纵墙	屋盖处及隔层楼盖处	屋盖处及每层楼盖处	屋盖处及每层楼盖处
内横墙	同上；屋盖处间距不应大于7m；楼盖处间距不应大于15m；构造柱对应部位	同上；屋盖处沿所有横墙，且间距不应大于7m；楼盖处间距不应大于7m；构造柱对应部位	同上；各层所有横墙

3. 楼、屋盖

楼盖、屋盖是墙、柱的水平支承，起作协调各墙受力和有效地传递水平地震作用。现浇楼盖，宜连续配筋整体浇筑。预制楼板，应由板端伸出钢筋，在接头处相互搭接，所有接缝作成现浇接头，并与圈梁结为一体。楼板与墙、柱应相互拉结。

4. 砌块房屋

砌块房屋构造柱、圈梁及其它构造措施的设置与砖房相似，但比砖房严。空心砌块构造柱是设在砌块孔洞中，即在孔洞中配置竖向插筋，再用C15以上的混凝土灌实，故称芯柱。芯柱与墙连接，采用φ6点焊钢筋网片砌于水平灰缝。网片间距，中型砌块隔皮设置，8度时每皮设置，小型砌块间距600mm。

第二节　砖石结构的材料

一、砖

砖是各种烧结粘土砖及工业废料砖的统称。粘土砖是我国应用较早使用量最大的墙体材料，目前年产量约 6000 亿块，居世界第一。粘土砖有实心砖和空心砖之分。实心粘土砖亦称普通粘土砖，有两种规格，一种尺寸为 240mm×115mm×53mm，为国定标准砖，简称普通砖，重约 2.6kg/块；另一种为 216mm×105mm×43mm，系南方省市，尤其是江浙一带并行应用的一种小砖，因其长度为 8.5 英寸，故又称为八五砖，重约 1.75kg/块。空心粘土砖亦称多孔砖，其孔洞率在 15% 以上，优点是自重轻，节约原料和能源，热工性能较好。空心砖按其性能分为承重粘土空心砖和大孔空心砖。承重空心砖有三种类型，主要规格为 190mm×190mm×90mm（KM1）、240mm×115mm×90mm（KP1）及 240mm×180mm×115mm（KP2），相应重量为 4.5kg/块、3.3～3.7kg/块及 6.5～7.8kg/块。大孔空心砖亦称隔墙空心砖，孔洞率在 40%～60% 左右，有三洞和六洞两种，主要规格为 300mm×240mm×150mm。我国工业废料砖因其主要活性胶结材料为硅酸盐，故又称为硅酸盐砖，主要包括灰砂砖、煤渣（炉渣）砖、矿渣砖及粉煤灰砖等；目前年产量约 50 亿块，计划在 2000 年达 500 亿块；规格尺寸与标准粘土砖同，为 240mm×115mm×53mm。

承重结构用砖，其强度等级不宜低于 MU7.5。受流水冲刷、长期处于高温（≥200℃）及骤冷骤热环境或受酸性介质侵蚀部位，一般不宜采用或不得采用灰砂砖和粉煤灰砖；受冻融和干湿交替部位，不得使用 MU10 以下的煤渣砖。粘土空心砖不宜用于地面以下或防潮层以下的砌体。

砖的外观尺寸应准确，没有或很少有缺棱掉角，表面平整，无裂纹，色泽均匀。

实心粘土砖具有烧制容易、价格便宜、砌筑灵活等优点，但存在毁农田、耗能问题，从长远来看应限制发展。作为过渡，应研制高强度粘土砖，发展承重空心砖。从净化环境考虑，应因地制宜、积极稳妥使用工业废料砖，研究解决其强度不稳定、收缩性大和抗冻融性差等问题，研究提高灰砂砖与砂浆的粘结能力。

我国各种砖的主要规格、性能及适用范围见表 2-11。

各种砖的主要规格、性能和适用范围　　　　　　表 2-11

品　种	规格尺寸 （mm）	重量/块 （kg）	强度等级	导热系数 [W/（m·K）]	适　用　范　围
普通 粘土砖	240×115×53 216×105×43	2.6 1.75	MU20（200） MU15（150） MU10（100） MU7.5（75）	0.8	MU10～MU15 及其以上等级，可砌筑 6 层及 6 层以上民用建筑和重要工业建筑墙体，以及地面以下砌体
蒸压 灰砂砖	240×115×53	3	MU25	1.1	MU10～MU15 及其以上等级，可砌筑 6 层及 6 层以上民用建筑。MU15 以上等级可砌筑基础。流水冲刷、长期处于 200℃ 高温处不宜用；受骤冷骤热或有酸性介质侵蚀处应避免使用

品　种	规格尺寸 (mm)	重量/块 (kg)	强度等级	导热系数 [W/ (m·K)]	适　用　范　围
蒸养 煤渣砖	240×115×53 216×105×43	2.4～2.6 1.7	MU7.5	0.81	MU10～MU15 及其以上等级,可用于 6 层以上民用建筑和一般工业建筑。MU15 以上可用于建筑物基础。受冻融和干湿交替部位应使用 MU10 以上优等砖,并用水泥砂浆抹面。
蒸压粉 煤灰砖	240×115×53	2.2～2.5	MU20	0.87	除遵照上述蒸养煤渣砖的适用范围外,还应注意:1) 用粉煤灰砖砌筑的建筑物应增加圈梁及伸缩缝,以避免或减少裂缝产生;2) 长期受 200℃以上高温影响及骤冷骤热交替作用部位或受酸性介质侵蚀部位不得使用
承重粘土 空心砖	190×190×90 240×115×90 240×180×115	4.5 3.3～3.7 6.5～7.8	MU20 (200) MU15 (150) MU10 (100) MU7.5 (7.5)	0.58	承重粘土空心砖可用于 6 层以下建筑物,但不宜用于地面或防潮层下的砌体

注:强度等级括号内数字为相应的过去采用的砖标号。

二、石

石材是世界上最古老的一直使用至今的传统天然建筑材料。我国有着丰富的石材资源,主要分布于山区及沿海地区。建筑结构所用石材,要求质地坚实,无风化剥落和裂纹。用于清水墙、柱表面的石材,尚应色泽均匀。

石材按其形体规格不同,分为料石和毛石。料石又称条石、块石及方整石,是经过加工形体规矩的棱柱体,宽度、厚度均不宜小于 200mm,一般在 200～350mm 之间,长度为厚度的 2～4 倍,主体规格长度一般在 800～1200mm 左右。料石按其加工面的平整程度分为细料石、半细料石、粗料石和毛料石。如表 2-12 所示,细料石加工较为精细,毛料石加工较为粗糙,半细料石和粗料石介于其间。与料石相反,毛石是未经加工无固定形状的块体,只是从受力上考虑,要求块体中部厚度不宜小于 150mm。毛石又分为乱毛石和平毛石。乱毛石系指形状不规则的石块;平毛石系指形状不规则,但有两个大致平行平面的石块。

料石各面加工精度及尺寸允许偏差（mm）　　　　　　　　　表 2-12

料石种类	表面凹入深度		允　许　偏　差	
	外露面及相接周边	迭砌面和接砌面	宽度、厚度	长度
细料石	≤2	≤10	±3	±5
半细料石	≤10	≤15	±3	±5
粗料石	≤20	≤20	±5	±7
毛料石	稍加修整	≤25	±10	±15

注:相接周边系指外露面与迭砌面或接砌面相接处 20～30mm 宽度范围。

三、砌块

与砖相比,砌块是指外形尺寸及重量均较大的块体,宽度一般与墙厚相等,重量达数十甚至上百千克。砌块按其尺寸大小分为小型砌块、中型砌块和大型砌块。一般将块体高度小于 350mm 的谓之小型砌体，360～940mm 的谓之中型砌块，大于 950mm 的谓之大型砌块。小型砌块规格型号繁多，使用较灵活，重量较轻，一般采用手工砌筑，劳动强度较大。中型、大型砌块型号较少，对房屋尺寸，尤其是层高制约性较强，块体重量较大，需机械吊装。砌块按制作材料的不同有混凝土及轻混凝土空心砌块、粉煤灰硅酸盐密实砌块以及加气混凝土砌块之分。

混凝土空心砌块是近年来发展较快的一种墙体材料，国内外均有较多的应用实践，技术上比较可靠，是一种很有发展前途的品种。混凝土空心砌块有 MU3.5、MU5.0、MU7.5、MU10.0、MU15.0 等强度等级，孔洞率在 35～60％左右，一般作成小型砌块，主规格为 390mm×190mm×190mm、290mm×190mm×190mm 和 190mm×190mm×190mm。每块重量 10～20kg，可建造 6～8 层房屋。砌块的孔洞一般竖向设置，多为单排孔，也有双排孔和三排孔。孔洞有全贯通的，用在地震区便于设构造柱（芯柱）在孔洞中配置钢筋；多数孔洞为半封顶和全封顶的，便于砌筑时铺设砂浆，但这种砌块若要在孔洞中配置竖向钢筋，砌筑时尚需将该孔洞封顶薄板凿去。我国东北、华北等地区利用丰富的地方资源如浮石、火山渣、煤矸石及陶粒等为集料，生产轻混凝土空心砌块，具有重量轻、保温性能好等优点，特别适宜在北方寒冷地区应用。

粉煤灰硅酸盐密实砌块，简称粉煤灰砌块，是以粉煤灰为主要原料，配以石灰、石膏作胶凝剂，以煤渣为集料，经搅拌、成型、蒸气养护而成的一种密实性中型砌块。强度等级为 MU10.0 和 MU15.0，可建造 5～6 层房屋。粉煤灰砌块在我国上海、福建、江苏、山东、四川等地都有生产和应用。粉煤灰砌块单块重量较大，为 42～102kg，规格又不宜太多，加之收缩性大，与砂浆粘结性差，易裂，抗震性差，给设计和施工带来一定困难。

加气混凝土砌块因其组织内部含有大量互不连通的密闭气孔而得名。按原材料不同有水泥-矿渣-砂、水泥-石灰-砂和水泥-石灰-粉煤灰三个品种。加气混凝土砌块的强度和导热系数与其密度紧密相关，当干密度为 500kg/m³ 时，其强度等级为 MU1.0 和 MU2.5，当干密度为 700kg/m³，为 MU3.5、MU5.0 和 MU7.5。加气混凝土砌块重量轻，保温隔热性能好，特别适用于北方寒冷地区，可用作 5～6 层房屋的外墙及高层建筑的填充墙。加气混凝土砌块目前在我国不少省市都有生产和应用，应该继续发展。

我国当前各种常用砌块的规格、性能及适用范围见表 2-13。

我国常用砌块的主要规格、性能和适用范围　　　　　　　　　　表 2-13

砌块品种	规格尺寸（mm）	重量/块（kg）	强度等级	导热系数[W/（m·K）]	适用范围
粉煤灰硅酸盐混凝土砌块	长：880，580，430，280 高：380 厚：180，190，200，240	42～102	10 15	0.47～0.58	适用于 6 层以下住宅建筑和 3～4 层医院、学校、办公楼等民用建筑的承重墙体和基础。设计地震烈度为 7～8 度的建筑物，应采取相应抗震构造措施，这时 240 墙的建筑物高度不宜超过 10m（烈度 8 度）和 16m（烈度 7 度）。 不宜用于酸性介质侵蚀的建筑物、密封性较高的建筑物、经常处于骤冷、骤热状态的建筑物和经常处于潮湿的承重墙

砌块品种	规格尺寸 (mm)	重量/块 (kg)	强度等级	导热系数 [W/ (m·K)]	适 用 范 围
普通混凝土空心小砌块	长：390,290, 190 高：190 厚：190	7～18	3.5 5.0 7.5 10.0 15.0		适用于6～8层民用建筑和一般工业建筑的墙体和基础。设计地震烈度为7度的砌块建筑，宜采取增设钢筋混凝土芯柱，每层设置现浇钢筋混凝土圈梁等措施；其住宅建筑总高度不应超过19m（6层），学校、医院等民用建筑总高度不应超过14m（4层），不宜用于密封要求较高及振动较大的建筑物
轻集料混凝土空心小砌块	长：490,340, 290,240, 140 高：190 厚：300, 240,190	5～17	1.5 2.5 3.5 5.0 10.0	0.26～0.37	浮石、火山渣和自然煤矸石混凝土空心小型砌块，适用于严寒地区单层和多层住宅建筑及学校、办公楼等民用建筑 煤渣混凝土空心小型砌块目前多用于多层、高层框架建筑的填充墙，工业建筑的围护结构
蒸压加气混凝土砌块	长：600 高：300, 250,200 厚：250,200, 150,100	6～17	1.0 2.5 3.5 5.0 7.5	0.19 （500级） 0.22（700级）	适用于低层和多层建筑的承重墙，多层和高层建筑的隔墙，框架的填充墙，以及一般工业建筑的围护结构 通常密度为500级砌块用于3层建筑，总高度≤10m；密度为600级砌块用于4层建筑，总高度≤13m；密度为700级砌块用于5层建筑，总高度≤16m 不能用于建筑物基础及有侵蚀性介质环境，处于侵水或经常潮湿的环境和墙体表面温度高于80℃的结构

四、水泥与砂

水泥种类繁多，我国目前有70多个品种。砖石结构所用水泥，一般采用硅酸盐类水泥，现场使用时应按水泥品种、标号、出厂日期分别堆放，并保持干燥。若遇标号不明、或出厂日期超过3个月等情况，应经试验鉴定，方可使用。为防止瞬凝、胀裂及低强等不良现象，不同品种水泥，不得混合使用。

砌体结构用砂宜采用中砂，不得或不宜采用海砂。砂子应过筛，不得含有垃圾、草根等杂质。砂中的含泥量不能过高，当配制强度等级≥M5的砂浆时，应≤5%；当配制强度等级＜M5的砂浆时，应≤10%。

五、砌筑砂浆

砌筑砂浆是将砖石块体通过砌筑粘结为一个整体—砌体的胶结材料。砂浆的性能和强度直接影响和决定着砌体的质量和强度，尤其是砌体通缝抗剪和抗拉强度。为获得较好的砌筑质量，砂浆应具有良好的和易性。砂浆和易性包括流动性和保水性两个方面。砂浆流动性又称可塑性，是衡量砂浆摊铺难易的指标，以稠度表示。砂浆稠度视砌体种类而定，通常控制在5～10cm范围内。一般墙、柱砌体要求较大的稠度，拱壳及空心砖砌体则要求较小的稠度。雨天施工时，砂浆稠度应适当减小。砂浆保水性是指砂浆在运输和砌筑时保持水分的能力，以分层度表示。砂浆分层度应≤2cm。

砌筑砂浆有水泥砂浆、水泥混合砂浆及石灰砂浆之分，分别适用于不同的环境和对象。水泥砂浆一般用作砌筑基础、地下室、多层建筑的下层等潮湿环境中的砌体，以及水塔、烟囱、拱壳、钢筋砖过梁等要求高强度、低变形的砌体。水泥砂浆的保水性较差，砌筑时会因水分损失而影响与砖石块体的粘结能力，因此《砌体结构设计规范》规定，用纯水泥砂浆砌筑的砌体，砌体抗压强度要降低15％，而抗拉、抗剪强度，一般砌体要降低25％，粉煤灰砌块砌体要降低50％。

水泥混合砂浆简称混合砂浆，通常由水泥、石灰膏、砂加水拌制而成。混合砂浆具有较好的和易性，尤其是保水性，常用作砌筑地面以上的砖石砌体。混合砂浆中的石灰膏主要是起塑化作用，其代用品很多，有电石膏、粉煤灰、粘土及微沫剂（皂化松香）等。微沫剂掺量通常为水泥用量的0.5～1/10000。当微沫剂代替石灰膏的分量超过50％时，应考虑砌体强度的降低。磨细生石灰粉亦可代替石灰膏拌制混合砂浆，且有升高砂浆使用温度、提高砂浆强度作用，适用于冬季施工。

石灰砂浆又称白灰砂浆，系由石灰膏、砂加水拌制而成的气硬性胶结料。石灰砂浆由于强度低，使用上受到一定限制。

砂浆原材料质量和性能，各地存在一定差异，因此，砌筑砂浆的配比一般应经现场试配确定，其参考配比及适用范围，参见表2-14。砌体中砂浆的实际强度应以同砌筑条件养护28d的砂浆试块抗压试验结果为准。

砂浆应随拌随用。通常情况，水泥砂浆（含微沫砂浆）和混合砂浆须分别在拌制后3h和4h内用完，如气温高于30℃时，还应缩短1h。

砌筑砂浆的参考配合比和适用范围　　　　　　表2-14

砂浆品种	配　合　比			砂浆强度等级	适　用　范　围
	425号水泥	325号水泥	275号水泥		
水泥砂浆	1：5.5 1：6.7 1：8.6 1：13.6	1：4.8 1：5.7 1：7.1 1：11.5	— 1：5.2 1：6.8 1：10.5	M10 M7.5 M5 M2.5	地面以下砌体，基础及构筑物用M5，很潮湿时用M7.5；承重墙梁计算高度范围内砌体，砖砌筒拱拱脚上下5～6皮砖砌体，网状配筋砖砌体，组合砖砌体等应不小于M5 M10用于烟囱、水塔等砌体
混合砂浆　水泥石灰砂浆	1：0.3：5.5 1：0.6：6.7 1：1.8：6 1：2.2：13.6	1：0.1：4.8 1：0.3：5.7 1：0.7：7.1 1：1.7：11.5	— 1：0.2：5.2 1：0.6：6.8 1：1.5：10.5	M10 M7.5 M5 M2.5	砌筑地面以上承重和非承重砌体，M5可用于湿度不大的地面下砌体，一般不宜砌筑潮湿的地面以下砌体、基础和其它构筑物
混合砂浆　水泥粉煤灰砂浆	1：0.8：5.62 1：1.1：7.29 1：1.5：10.02	1：0.8：4.63 1：1.1：5.96 1：1.5：8.34	— — —	M10 M7.5 M5	
石灰砂浆	石灰膏：砂=1：4 （体积比）			M0.4	适用于强度要求不高的地面以上平房和临时性建筑墙体

注：表中配合比除石灰砂浆以外，均为重量比。

第三节　砖石结构的砌筑方法

一、砖的砌筑

砖砌体是由砖和砂浆砌筑而成的组合体，砖和砂浆的质量标准及强度等级必须符合设计要求。为了保证砖砌体的受力性能和整体性，砌筑时砖应上下错缝，内外搭接。不错缝砌筑的砌体或错缝不正确存在较多通缝的砌体，承载力是比较低的，整体性也比较差。在我国，砖砌体的砌筑，大多采用一顺一丁，梅花丁和三顺一丁砌法。

为保证砂浆与砖具有较好的粘结力，砌筑前，砖应浇水湿润。砌体灰缝砂浆应饱满，水平缝砂浆饱满度不得低于80%。灰缝厚度应控制在8～12mm之内。

砖房中的纵横墙是作为一个整体承受外力的，尤其是受承地震作用；互不相连的独立墙，承载力是很低的。因此，砖墙转角处和纵横墙交接处应同时砌筑。对不能同时砌筑而又必须留置的临时间断处，应砌成斜槎。如留斜槎确有困难时，除转角处外，也可以留直槎，但必须做成阳槎，并加设拉结筋。抗震设防地区建筑物的临时间断处，不得留直槎。

砌筑空心砖砌体时，砖的孔洞应垂直于受压面。砌筑前应试摆，应用整砖，不得砍砖；在不够整砖处，如无辅助规格，可用模数相符的普通砖补砌。

我国南方一些省市，习惯于采用空斗墙承重。空斗墙是用砂浆将部分砖或全部砖立砌，并留有空斗（洞）的砌体。空斗墙有无眠空斗、一眠一斗、一眠二斗和一眠三斗等砌筑形式。空斗墙由于壁薄，应用整砖，砌前应试摆，不够整砖处，可加砌丁砖。

二、石块的砌筑

石砌体应采用座浆法砌筑。石材吸水率较小，砂浆稠度宜为3～5cm，夏天取上限，冬天、雨天取下限。石砌体的转角处和交接处应同时砌筑。对不能同时砌筑而又必须留置的临时间断处，应砌成斜槎。

毛石砌体宜分皮卧砌，并应上下错缝，内外搭砌。毛石砌体的灰缝厚度宜为20～30mm，砂浆应饱满，石块间较大的空隙应先填塞砂浆，后用碎石块嵌实。毛石基础的第一皮石块应座浆，并将大面向下。毛石基础的扩大部分，如做成阶梯形，上级阶梯的石块应至少压砌下级阶梯的石块1/2，相邻阶梯的毛石应相互错缝搭砌。毛石砌体的第一皮及转角处、交接处和洞口处，应选用较大的平毛石砌筑。毛石砌体必须设置拉结石。拉结石应均匀分布，相互错开，每0.7m² 墙面至少设一块，且同皮内的中距不应大于2m。拉结石的长度，如墙厚≤400mm，应等于墙厚；如>400mm，可用两块拉结石内外搭接，搭接长度不小于150mm。毛石砌体每日砌筑高度，不应超过1.2m。

料石砌体的灰缝厚度应根据料石的种类确定，细料石不宜大于5mm，半细料石不宜大于10mm，粗料石和毛料石不宜大于20mm。料石砌体应上下错缝搭砌。当砌体厚度大于等于两块料石宽度时，应采用两顺一丁或同层内丁顺交错组砌。料石基础砌体的第一皮应用丁砌层座浆砌筑。阶梯形料石基础，上级阶梯的料石应至少压砌下级阶梯的1/3。

三、砌块的砌筑

砌块运到现场后，应按不同规格分别堆放。砌筑前，须根据结构尺寸、砌块规格及灰缝厚度计算皮数、排数和组砌方法，尽量采用主规格砌块。混凝土砌块一般不宜浇水，仅在气候特别干热时，稍加喷水湿润；但粉煤灰硅酸盐砌块由于吸水率大，应较长时间充分浇水湿润。砌筑时，应清除砌块表面污物及芯柱砌块孔洞底部毛边。砌块砌体砌筑，一般从转角或定位处开始，内外墙应同时砌筑，纵横墙交错搭接。空心砌块应对孔错缝搭砌，底面朝上反砌。中型砌块上下皮砌块搭接长度不得小于块高的 1/3，且不小于 150mm。当搭接长度不足时，应在水平灰缝内设置钢筋网片拉结。墙体的临时间断处应砌成斜槎，如留斜槎确有困难时，除转角处外，也可砌成直槎，但必须在水平灰缝中设置拉结钢筋网片。承重墙不得采用砌块与砖混合砌筑。

砌块砌体灰缝应横平竖直，水平灰缝保满度不得低于 90％，竖缝不低于 60％。砌块砌体水平灰缝厚度及竖缝宽度，小型砌块应控制在 8～12mm，中型砌块为 15～20mm。

砌块墙的设计洞口、管道、沟槽和预埋件等，应在砌筑时预留或预埋，不得在砌好的墙上打凿。墙体内应尽量不设脚手眼，如必须设置时，可用辅助小规格砌块侧砌，利用其孔洞作为脚手眼，砌完后以 C15 混凝土填实。雨天施工应有防雨措施，不得使用湿砌块，并随时校正墙体垂直度。

四、冬季施工要点

当预计连续 10 天内的平均气温低于 5℃，砖石工程施工应按冬季施工考虑。冬季施工所用砖、石、砌块，砌筑前应清除冰霜；砂浆宜采用普通硅酸盐水泥拌制，不得使用不含水泥的砂浆；所用砂，不得含有冰块和直径＞10mm 的冻结块；水及砂可适当加温，但水温≯80℃，砂温≯40℃。粘土砖在正温条件下砌筑时，应适当浇水湿润；负温时，因防结冰不能浇水时，应适当增大砂浆稠度。冬季施工时及回填土前，应防止地基受冻。

砖石砌体冬季施工有掺盐砂浆法和冻结法等方法。对于一般工程，应以掺盐砂浆法为主；对保温、绝缘、装饰等方面有特殊要求的工程，可采用冻结法或其它施工方法。掺盐砂浆法是砖石砌体工程冬季施工的主要方法，掺盐的作用在于降低砂浆的冻结温度，所掺盐类以氯化钠为主。气温过低时，可再增掺氯化钙，简称掺双盐。掺盐砂浆的掺盐量应符合表 2-15 规定。砌筑时砂浆本身的温度不应低于 5℃。当日最低气温≤－15℃时，掺盐砂浆强度等级应按设计要求提高 1 级。由于砂浆掺盐，砌体中的钢筋应作防腐处理。冬季施工中，每日砌筑后应在砌体表面覆盖保温材料。

掺盐砂浆的掺盐量（占用水量的％）　　　　　　　表 2-15

项次	项目			≥－10℃	－11℃～－15℃	－16℃～－20℃	＜－20℃
1	单盐	氯化钠	砌砖	3	5	7	—
			砌石	4	7	10	—
2	双盐	氯化钠	砌砖	—	—	5	7
		氯化钙		—	—	2	8

冻结法，顾名思义是让施工好的砌体自然冻结，冻结后砌体强度停止增长或增长极其缓慢。待来年气温回升解冻，解冻时砌体强度很低，但后又继续恢复正常增长。为避免解冻时因砂浆强度低及砌体沉降大而发生结构失稳破坏，施工前应会同设计单位，制订在施工过程中和解冻期内必要的防范和加固措施。砌筑时砂浆本身的温度不应低于 10℃。当日

最低气温≥－25℃时，砂浆强度等级应按设计要求提高1级；当<－25℃时，应提高2级。为保证砌体在解冻时的正常沉降，每日砌筑高度≯1.2m；$L>0.7m$的过梁，应采用预制构件；门窗框上部应留3～5mm空隙；留置在砌体中的洞口及沟槽等，宜在解冻前填砌完毕；解冻前，应清除房屋中剩余的建筑材料等临时荷载。在解冻期间，应经常对砌体进行观测和检查，如发现裂缝、不均匀下沉等情况，应分析原因并立即采取加固措施。空斗墙、毛石墙、承受侧压力的砌体、经受振动或动力作用的砌体、以及不允许发生沉降的砌体（如筒拱支座），不得采用冻结法施工。砌块砌体不宜采用冻结法施工。

第四节　砖石砌体质量通病的防治

一、砖砌体质量通病的防治

（一）砂浆强度偏低、不稳定

砂浆强度偏低有两种情况，一是砂浆标养试块强度偏低，二是试块强度不低，甚至较高，但砌体中砂浆实际强度偏低。标养试块强度偏低的主要原因是计量不准，或不按配比计量，水泥过期或砂及塑化剂质量低劣等。由于计量不准，砂浆强度离散性必然偏大。主要预防措施是，加强现场管理，加强计量控制。砂浆实际强度偏低比较普遍，也比较复杂，其原因有二，一是现场客观条件与标养条件差异较大，砌筑时未能根据实际条件对砂浆配比作相应的调整；二是人为的弄虚作假，为了省钱，故意少用水泥，但为应付验收，送样试块另行配制。主要预防措施是，加强法制观念，严格现场检验制度。

（二）砂浆和易性差，沉底结硬

砂浆和易性差主要表现在砂浆稠度和保水性不合规定，容易产生沉淀和泌水现象，铺摊和挤浆较为困难，影响砌筑质量，降低砂浆与砖的粘结力。主要原因是水泥标号高而用量太少，塑化材料（石灰膏等）质量差，砂子过细，以及拌制砂浆无计划，存放时间过长等。预防措施是，低强度水泥砂浆尽量不用高强水泥配制，不用细砂，严格控制塑化材料质量和掺量，加强砂浆拌制计划性，随拌随用，灰槽中的砂浆经常翻拌、清底。

（三）砌体组砌方法错误

砖墙面出现数皮砖同缝（通缝、直缝）、里外两张皮，砖柱采用包心法砌筑，影响砌体强度，降低结构整体性。预防措施是，加强工人技术培训，严格按规范方法组砌，缺损砖应分散使用，少用半砖，禁用碎砖。

（四）灰缝砂浆不饱满

砌体灰缝饱满度很低，水平缝低于80％，竖缝脱空、透亮、"瞎眼缝"（无砂浆），直接影响砌体强度，是外墙渗漏的一大隐患，清水墙采用大缩口铺灰，减小了砌体承压面积。预防措施是，改善砂浆和易性，砖应隔夜浇透水，严禁干砖砌筑，铺灰长度不得超过500mm，宜采用一块砖、一铲灰、一揉挤的"三一砌砖法"。

（五）清水墙面灰缝不平直，游丁走缝，墙面凹凸不平

水平灰缝弯曲不平直，灰缝厚度不一致，出现"罗丝"墙，垂直灰缝歪斜，灰缝宽窄不匀，丁不压中（丁砖未压在顺砖中部），墙面凹凸不平。预防措施是，砌前应摆底，并根据砖的实际尺寸对灰缝进行调整；采用皮数杆拉线砌筑，以砖的小面跟线，拉线长度超长（15～20m）时，应加腰线；竖缝，每隔一定距离应弹墨线找齐，墨线用线锤引测，每砌一

步架用立线向上引伸，立线、水平线与线锤应"三线归一"。

（六）清水墙面勾缝污染

清水墙面勾缝深浅不一致，竖缝不实，十字缝搭接不平，缝内残浆未扫净，墙面被砂浆污染；脚手眼睹塞不严、不平，堵孔砖与原墙砖色泽不一致；勾缝砂浆开裂，脱落。预防措施是，勾缝前应开缝，并用水冲刷墙面浮浆；砌墙时，保留一部分堵脚手眼砖；采用专用勾缝镏子，以1∶1.5水泥细砂砂浆勾缝；勾缝后应进行清扫，干燥天气应喷水养护。

（七）墙体留槎错误

砌墙时随意留直槎，甚至阴槎，构造柱马牙槎不标准，槎口以砖渣填砌，接槎砂浆填塞不严，影响接槎部位砌体强度，降低结构整体性。预防措施是，施工组织设计时应对留槎作统一考虑，严格按规范要求留槎，采用18层退槎砌法；马牙槎高度，标准砖留五皮，多孔砖留三皮；对于施工洞所留槎，应加以保护和遮盖，防止运料车碰撞槎子。

（八）拉结钢筋被遗漏

构造柱及接槎的水平拉结钢筋常被遗漏，或未按规定放置；配筋砖缝砂浆不饱满，露筋年久易锈。预防措施是，拉筋应作为隐检项目对待，尽量采用点焊钢筋网片，适当增加灰缝厚度。

（九）烟道堵塞、串烟

住宅居室和厨房附墙烟道被堵塞，或各楼层间烟道相互串烟，影响使用和人身安全。原因是碎砖、砂浆、混凝土、垃圾等杂物掉入烟道内造成堵塞，以及内衬瓦管接口砂浆填塞不严或接口错位。预防措施是，各楼层烟道采取定人定位责任制施工，瓦管接口应对齐塞严，应先放管后砌墙，采用桶式提芯法砌烟道。

（十）基础轴线移位

内墙条形基础与上部墙体，常易发生轴线错位。若在±0.00处硬行调正，会使上层墙体和基础产生偏心，影响受力；若不调正，与设计不符。预防措施是，建筑物定位放线时，外墙角处应设龙门板，并妥加保护；横墙轴线不宜采用基槽内排尺方法控制，应设置中心桩；基础大方脚收分砌完后，应拉通线重新核对调正，然后砌筑基础直墙部分。

（十一）基础标高偏差

基础砌至±0.00处，往往标高不在同一水平面，影响地坪标高及上部墙体高度控制。原因是基层标高控制不准，大方脚宽度大而皮数杆无法贴近，以及铺灰面积太大，砌筑速度跟不上，致使砂浆水分被吸干，无法挤压至规定灰缝厚度。

（十二）基础防潮层失效

基础防潮层大多采用2cm厚防水砂浆或6cm厚混凝土圈梁，该防潮层容易开裂，或因振捣抹压不实，不能有效地阻止地下水分通过防潮层向上渗透，致使墙体长期处在潮湿状态，造成室内墙面粉刷层脱落，室外墙面经盐碱及冻融反复作用，表层逐渐酥松剥落，影响居住环境卫生和结构承载力。预防措施是，防潮层应作为独立的隐检项目，精细施工；防潮层施工应在基础完工并回填土后进行，尽量不留或少留施工缝；防潮层下面三皮砖应满铺满挤灰浆，横竖灰缝砂浆饱满度均应大于80%。

二、石砌体质量通病的防治

（一）基根不实

地基土松软不实，表层有杂物，底皮石局部嵌入土中，墙基下沉。原因是基坑开挖后未认真验槽，未进行清底、找平和夯实；底皮石块过小，未座浆就直接干摆浮砌，石块小面朝下，使个别尖棱压入土中；基础砌完后未及时回填土，基土受雨水浸泡，造成墙基下沉。预防措施是，认真验槽和夯实整平，采用座浆砌筑，石块大面朝下，及时进行回填。

（二）大方脚上下皮未压接

毛石基础大方脚收台处，上皮石未压搭在下皮石块上或压搭过少，致使下皮石灰缝外露，影响基础受力。原因是毛石规格不合要求，尺寸偏小，砌筑时未严格挑选，未大小搭配使用。

（三）墙体竖向通缝

乱毛石、卵石墙，上下各皮石块未按规范搭砌，尤其是墙角处及纵横墙交接处，形成上下通缝、里外两层皮。原因是乱毛石、卵石形体不规则，难于同时照顾到上下、左右、前后的咬接搭砌，未设拉结石，施工间歇处未按规定留踏步形斜槎，图方便留马牙直槎。预防措施是，认真挑选石块的大小和形状，应搭配使用；每隔一定距离（1～1.5m）丁砌一块拉结石，拉结石与墙等厚，上下错开；立缝要小，要用小石块堵塞空隙，禁止立面、剖面上出现通缝，禁止平面上形成十字缝（四碰头）；转角处尽量采用尺寸较大形体较为规整的石块砌筑。

（四）砂浆不饱满，石块粘结不牢

毛石砌体水平缝砂浆不饱满，石块与石块之间竖缝无砂浆，用力推石块会松动，敲击时有空洞声，掀开后砂浆与石块完全分离。原因是毛石砌体采用铺石灌浆法砌筑，造成砂浆灌填不满、不实；砌缝过大，砂浆收缩大，高温干燥季节石块未洒水湿润，造成砂浆与石块粘结力降低。预防措施是，采用座浆法砌筑，根据砌体种类控制灰缝大小和砂浆稠度，石块适当洒水湿润。

（五）墙面凹凸不平

墙体表面里出外进、或外出里进，立面凹凸不平。预防措施是，应拉线砌筑，挑选平整大面作为正面挂线；浇灌混凝土组合柱及混凝土圈梁时必须加好支撑，坚持分层浇灌制度，插振不得过度。

（六）勾缝砂浆脱落

勾缝砂浆与砌体粘结不牢，甚至开裂脱落，严重时造成渗水漏水。预防措施是，选择合适的砂浆配比及原材料，砂浆稠度控制在4～5cm；勾缝前应开缝，刮缝深度宜大于2cm，清缝后洒水湿润；凸缝应分两次勾成，注意勾缝后的早期养护。

三、砌块砌体质量通病的防治

（一）砌体强度偏低，不稳定

墙垛、柱子及窗间墙等砌体强度比设计规定的偏低，且随时间不断降低，甚至出现压碎和开裂现象。原因是砌块本身强度偏低，且硅酸盐砌块碳化对强度的降低影响较大，加上砌体砌筑质量难于保证等。预防措施是，使用前必须对砌块、水泥、石灰膏、砂子等原材料质量进行认真检验，特别是砌块碳化强度稳定性检验，不合格者坚决不用；根据砌块类别确定浇水湿润程度，一般，粉煤灰硅酸盐砌块浇水应充分，混凝土砌块不宜过多浇水；严格按预先排定的砌块组砌图砌筑，上下皮应错缝搭砌，混凝土空心砌块应孔对孔、肋对肋错缝搭砌，尽量采用主规格砌块；铺灰长度不宜过长，注意灰缝砂浆饱满密实。

（二）墙体裂缝

砌块墙体易产生沿楼板的水平裂缝、底层窗台中部竖向裂缝、顶层尽端角部阶梯形裂缝以及砌块周边裂缝等。外因是温度、收缩及地基不均匀下沉；内因是砌块与砂浆粘结强度较低，砌块砌体通缝抗剪强度仅为砖砌体的40%～50%和25%～30%。预防措施是，为减少收缩，砌块出池后应有足够的静停时间（30～50d）；清除砌块表面脱模剂及粉尘等；采用粘结力强、和易性较好的砂浆砌筑，控制铺灰长度和灰缝厚度；设置芯柱、圈梁、伸缩缝，在温度、收缩比较敏感的部位局部配置水平钢筋。

（三）墙面渗水

砌块墙面及门窗框四周常出现渗水、漏水现象。主要原因是砌块密实度差，灰缝砂浆不饱满，特别是竖缝；墙体存在贯通性裂缝；以及门窗框固定不牢，嵌缝不严等。预防措施是，认真检验砌块质量，特别是抗渗性能；加强灰缝砂浆饱满度控制；杜绝墙体裂缝；门窗框周边嵌缝应在墙面抹灰前进行。

第五节　砖石砌体的质量检测

一、砖石砌体力学性能现场检测技术

（一）概况

近20年来，国际上对砖石砌体力学性能现场检测技术较为重视。意大利针对古建筑砌体工作应力、砌体抗压强度和弹性模量测定，创造了"扁顶法"，至1996年为止，该法已在百余栋古建筑检测中得以应用。其后，法国、英国、美国等国家也都在研究这一技术。仿效混凝土取芯测强技术，比利时、法国、意大利、德国等国，采用取芯法测定砌体强度。对于砌体内部缺陷探测，法、意、德、英等国开展了芯孔摄像观测研究。我国，早在50年代，针对砌体工程事故分析鉴定，中国建筑科学研究院等单位，曾采用直接从墙体上切锯砌体试件办法确定砌体抗压强度；60年代后期，针对京津地区旧房普查，北京市建筑科学研究所与天津建筑仪器厂合作，研制了第一代砌体砂浆强度回弹仪；稍后，辽宁省建筑科学研究所研制了砌体砂浆粘结强度测定仪，用以测定砌体通缝抗剪强度和抗拉强度。近年来，随着住宅建设规模的扩大及房屋抗震加固工作的深入与全面开展，我国砌体力学性能现场检测技术有了量的飞跃和质的突破。如扁顶法、砌体通缝抗剪强度原位剪切法及点荷法、回弹法、冲击法、筒压法、顶推法、取芯法、射钉法、剪切法及超声法等。随着切割技术的发展，中国建筑科学研究院针对砌体抗压、抗剪强度，改进了切割法，北京波达公司推出了应力波法，中科院工力所及中国建筑科学研究院研究提出了动测综合法等。这些方法在颇大程度上解决和满足了我国砌体工程质量检测鉴定的需要，推动了我国砌体力学性能现场检测技术的发展和提高。但是，根据不完全的比对试验可知，由于条件所限、测试原理及研究工作深入程度的不同，这些方法的可靠性、适用范围、使用条件及测试精度，尚需要进行周密统一的再现性检验，客观公证的评估和认证。

（二）砌体强度检测

砌体强度，包括砌体抗压强度和砌体抗剪强度等，是综合反映结构性能并直接为设计所用的力学指标。由于影响因素较多，检测难度较大，方法较为复杂。

1. 切割法

切割法是我国现场检验砌体强度的传统方法，它是直接从墙体上切割出标准砌体抗压、抗剪试件,再运至试验室进行荷载试验,然后按现行国家标准《砌体结构设计规范》(GBJ3—88)和《砌体基本力学性能试验标准》(GBJ129—90)计算评定出砌体抗压强度 f_m、f_k、f 和抗剪强度 $f_{v,m}$、$f_{v,k}$、f_v。从理论上讲,这种方法最为直观,它与我国标准试验方法一致,结果准确可靠,可作为其它方法的校准。切割法在国外应用较为普遍,美国材料试验学会(ASTM)已将其作为现场检验砌体强度的主要方法。但是,切割法早期在我国应用是不成功的,原因是我国当时切割技术较为落后,主要采用手锯切割,加之缺乏配套的搬运方法,对砌体试件扰动较大,尤其是砂浆强度等级较低(<M1.0)的砌体,因此,试验结果离散性较大。近年来,由于有了较为先进的切割机具,切割法已成为国家鉴定处理重大砌体工程质量事故的重要方法。必须强调的是,切割法从墙体上切出的标准砌体试件,其规格原则上宜与(GBJ3—88)规范和(GBJ129—90)标准方法一致,即标准粘土砖砌体抗压试件为 240mm×370mm×720mm,抗剪试件为 179mm×240mm×370mm,但进刀应以砌体灰缝为准,如图 2-1 所示。

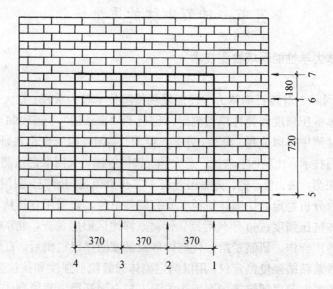

图 2-1　切割法进刀取样示意

2. 原位剪切法

原位剪切法全称原位砌体通缝单剪法,如图 2-2～3 所示,是直接在墙体上测试砌体通缝抗剪强度 $f_{v,m}$,并按《砌体结构设计规范》(GBJ3—88)附录二推算砂浆抗压强度 f_2。该法测试原理与《砌体基本力学性能试验方法标准》(GBJ129—90)中的标准方法相同,且由于人为因素影响最小,无需搬运,扰动很小,因此,结果较为准确可靠,可作为其它方法的校准,曾是国家建筑工程质量监督检验中心鉴定处理重大砌体工程质量事故的协定方法。原位剪切法测试部位一般选在窗洞口或其它洞口下 2～3 皮砖范围内,剪切面长度为 370mm～490mm,切口应与竖缝对齐。

3. 扁顶法

扁顶法是用特制的超薄型(厚度仅 5mm)液压千斤顶,按图 2-4 安放在墙体水平灰缝槽口内,对墙体施压,根据开槽时应力释放、加压时应力恢复的变形协调条件,可直接测得墙体受压工作应力 σ_0,并通过开两条槽放两部顶测定槽口间砌体压缩变形 $(\sigma-\varepsilon)$ 和破坏

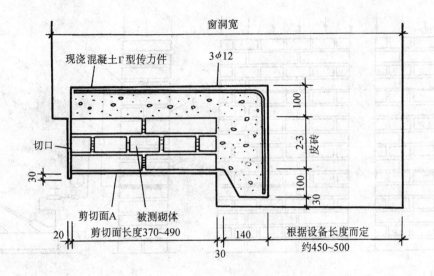

图 2-2 原位剪切法试件大样

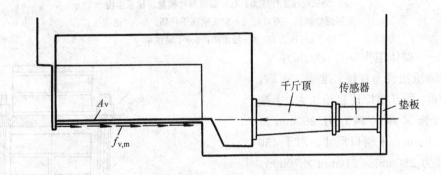

图 2-3 原位剪切法测试装置

强度 σ_u，可求得砌体弹性模量 E，并按下式推算出标准砌体抗压强度 f_m：

$$f_m = \sigma_u / [1.18 + 4\sigma_o/\sigma_u - 4.18(\sigma_o/\sigma_u)^2]$$

扁顶法直观可靠，可同时测定 σ_o、E 及 f_m 三项指标，但 f_m 系经验公式推定值，边界约束条件影响较大，设备较为复杂，且压力和行程较小，对强度较高和变形较大的墙体，难于得出真正的破坏荷载和 σ_u 值。目前，我国扁顶有 250mm×250mm×5mm 和 250mm×380mm×5mm 两种规格，采用 1Cr18N$_i$9T$_i$ 优质合金钢薄板制成。

4. 原位轴压法

原位轴压法是对扁顶法的改进，施压扁顶改变成一部自平衡式小型压力机，施压时无需附加平衡装置，扁顶厚度加大为 62~90mm，额定压力及最大行程均大幅度提高；目前有两种型号，450 型及 600 型，极限压力分别为 450kN 和 600kN。原位轴压法主要测定砌体轴心抗压强度 f_m，测试原理与扁顶法相似，是在墙体中部沿高度方向开两条水平槽口，上下槽口相隔 7 皮砖，上槽口放置反力板，下槽口放置扁顶，如图 2-5 所示。对槽间砌体施压，测定槽间砌体极限抗压强度 σ_u，再按下式推算标准砌体抗压强度 f_m：

$$f_m = \sigma_u / (1.36 + 0.54\sigma_o)$$

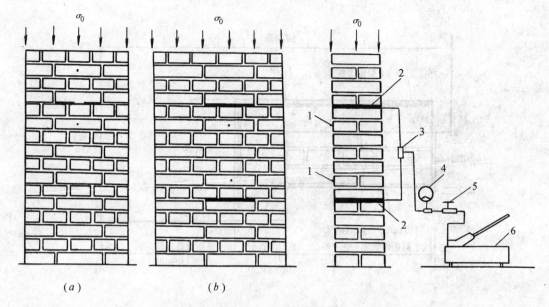

图 2-4　扁顶法测试装置与变形测点布置

(a) 测试受压工作应力；(b) 测试弹性模量、抗压强度

1—变形测量脚标（两对）；2—扁式液压千斤顶；3—三通接头；

4—压力表；5—溢流阀；6—手动油泵

式中　σ_0——砌体工作应力（MPa）。

原位轴压法较为直观、准确、可靠，但设备较重。所开槽口比扁顶法大，上槽口尺寸（长×厚×高）为 250mm×240mm×70mm；下槽口尺寸，对于 450 型压力机为 250mm×240mm×70mm，对于 600 型压力机为 250mm×240mm×140mm。

5. 取芯法

取芯法又称钻芯法，是北京市房地产科研所开发研究出的砌体通缝抗剪强度及砌体抗压强度取样测试方法。该法是以 24 墙为对象，钻取直径为 150mm、高为 240mm 的芯样，如图 2-6 所示，抗剪试件以丁砖为圆心钻取，抗压试件以顺砖竖缝为中心钻取。芯样晾干后，按图 2-7 方法进行抗剪试验，按图 2-8 方法进行抗压试验。

根据芯样破坏剪力 $V(N)$，按下式计算砌体通缝抗剪强度 $f_{v,m}$（MPa）：

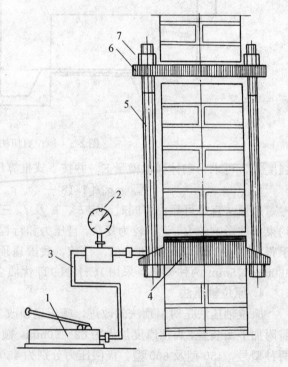

图 2-5　原位压力机测试工作状况

1—手泵；2—压力表；3—高压油管；4—扁式千斤顶；

5—拉杆；6—反力板；7—螺母

$$f_{v,m} = 0.03 + 0.6V/2A_v$$

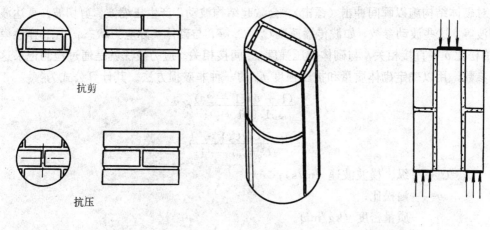

抗剪

抗压

图 2-6　取芯法芯样形式　　　　　　　图 2-7　抗剪试验示意

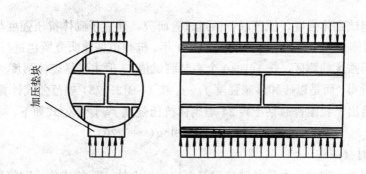

加压垫块

图 2-8　抗压试验示意

式中　A_v——芯样一个受剪面面积（mm²）。

根据芯样破坏压力 N（N），按下式计算砌体抗压强度 f_m（MPa）：

$$f_m = 2.4 + 0.44N/A$$

式中　A——加压板面积，为 100mm×240mm。

6. 动测综合法

动测综合法是以脉动法或锤击法测量出砌体结构的基本频率和振型等振动参数，然后根据这些物理参数，计算出结构的层间刚度 K，再利用结构刚度 K 与砌体强度 f_m 之间的固有关系 $f(K, f_m) = 0$，可反算砌体的抗压强度 f_m。对于普通粘土砖砌体结构，$f(K, f_m) = 0$ 为：

$$K = 370 f_m^{1.5} t / [(H/B)^3 + 3.45(H/B)]$$

式中　t——墙体厚度；

　　　H——墙体高度；

　　　B——墙体宽度。

在实际工程中，动测综合法测得的是整幢房子的振动参数，并非单片墙体的动力特性，因此，其结果只能综合反映某层墙体的总体质量状况。由于对比试验不多，而影响因素又较多，动测综合法的精度和可靠性尚有待研究提高。

7. 应力波法

对砌体结构施以瞬间冲击（锤击），会激起结构波动，产生压缩波、剪切波、直达波和瑞利波等。这些波动参数，如波传播速度 C_p、C_s 等，与砌体实际应力状态 σ/f_m、弹性模量 E、泊松比 υ 等直接相关，与砌体抗压强度 f_m 间接相关。应力波法就是通过检测记录这些波动参数，用以确定砌体质量和抗压强度 f_m 的一种非破损方法。其计算公式为：

$$f_m = \frac{(1+\upsilon)(1-2\upsilon)}{351.9(1-\upsilon)}\rho C_p^2$$

$$\upsilon = \frac{0.5(C_p/C_s)^2 - 1}{(C_p/C_s)^2 - 1}$$

式中　C_p、C_s——纵、横波波速（m/s）；

　　　　υ——泊松比；

　　　　ρ——质量密度（kg/m³）。

已有试验表明，应力波法应用在低强和高强砂浆砌体时，其精度尚有待研究提高。

8. 超声法

超声波法测试砌体强度，原苏联曾做过试验研究，建立了砌体抗压强度与声阻的统计公式，绘制了砌体《声时-强度》对照曲线。1989 年，杭州市城建研究所也进行了探索研究，通过 104 个不同强度的测区，获了 1040 个声时测试值 t，但主变量砌体强度 f_m，并非标准砌体直接试压所得，而是以砖和砂浆强度 f_1、f_2 按（GBJ3—73）规范公式计算得出。以此，经回归分析，给出了我国普通粘土砖 24 墙砌体抗压强度 f_m 计算公式如下：

$$f_m = 88.4 - 26.9\log(t+220)$$

式中　t——声时（μs）。

有关研究表明，砌体是由砖和砂浆砌筑而成的组合体，砖的成分、砌筑质量、墙体厚度、测点布置、以及探头振动频率等，均会对测试结果产生直接影响，因此，超声法测试砌体强度的精度和可靠性，尚有待研究、认证和提高。

（三）砌体材料强度检测

砖石砌体所用材料，主要为砖和砂浆。相对而言，砖和砂浆强度的影响因素较少、较为单一，但原位检测或取样检测，与材料标准试块试验，毕竟存在较大差异，因此，尽管目前有关砌体中砖和砂浆强度现场检测方法很多，但实践证明，许多方法的精度和可靠性，尚有待进一步研究提高和认证。

（一）砂浆强度

1. 回弹法

自 60 年代以来，我国已开始应用回弹法测定砌体砂浆强度。最早使用的是 HT-28 型回弹仪，该仪器的冲击动能较大，为 0.275J。该法评定砂浆强度，主要考虑的是回弹值 R 大小和弹坑深度。实践证明，HT-28 型回弹仪稳定性较差，低强砂浆（＜M2.5）测试误差较大。后改进了 HT-28 型，冲击动能减小为 0.196J，弹击杆前端直径为 8mm，弹击锤的工作冲程缩短为 75mm，形成一种新的 HT-20 型回弹仪。该法主要测试的是回弹值 R 及砂浆碳化深度 L（mm），按下列公式计算砂浆强度 f_2：

$$f_2 = \begin{cases} 13.8R^{3.57}/10^5 & (0 \leqslant L \leqslant 1) \\ 4.85R^{3.04}/10^4 & (1 < L < 3) \\ 6.34R^{3.60}/10^5 & (L \geqslant 3) \end{cases}$$

相对而言，HT-20 回弹仪稳定性较好，已于1989 年通过四川省省级技术鉴定，在上百个工程中得以应用，目前已推向全国。回弹法测定砌体砂浆强度具有简便、快速、无损优点，可用于大面积普查。但由于影响因素较多，误差较大，尤其是低强砂浆对于重要工程，需用其它精确方法校准。

2. 冲击法

材料强度愈高，破碎就较难，所消耗能量就较大；反之，强度愈低，所消耗的能量就较少。由物理学定理可知，所消耗的破碎功与材料破碎过程中新生成的表面积成正比。冲击法检验砌体砂浆强度，就是利用粉碎砂浆颗粒所获得的单位功表面积增量 $\Delta S/\Delta W$ 与砂浆抗压强度 f_2 的相关关系来评定砂浆强度的方法。对此，冶金建筑研究总院进行了专题研究，制成了 YJ-1 型冲击试验仪（图 2-9），并通过系统性试验，提出了如下的砂浆强度 f_2 计算公式：

$$f_2 = 394.9/(\Delta S/\Delta W)^{0.78} \qquad (10)$$

式中　$\Delta S/\Delta W$——试样单位功表面积增量（cm^2/J）

冲击法检测砌体砂浆抗压强度的最佳适用范围为 $f_2 = 2 \sim 25\text{MPa}$。相对而言，该法较为准确可靠，冶金部已颁布《冲击法检测硬化砂浆抗压强度技术规程》（YB9248—92）。

3. 筒压法

筒压法原理与冲击法相似，仅将冲击动能改为静压力，是将砂浆颗粒装入特制的承压筒（图 2-10）中，在额定压力下，用砂浆颗粒的压碎程度-筒压值 T 来判定砂浆强度的方法。该法是山西省第四建筑公司等十个单位研究提出的，砂浆强度 f_2 按下列公式计算：

水泥砂浆　$f_2 = 34.58 T^{2.06}$

水泥石灰混合砂浆　$f_2 = 6.1T + 11T^2$

特细砂混合砂浆　$f_2 = 2.24 - 13.1T + 24.3T^2$

粉煤灰砂浆　$f_2 = 2.52 - 9.4T + 32.8T^2$

石粉砂浆　$f_2 = 2.7 - 13.9T + 44.9T^2$

$$T = (T_1 + T_2 + T_3)/3$$

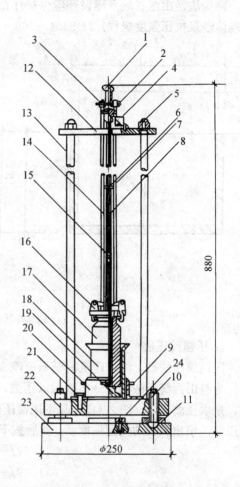

图 2-9　YJ-1 型冲击仪构造

1—把手；2—把手板；3—螺套；4—定位卡；5—螺母；6—紧固螺钉；7—撞针；8—距标孔；9—紧固螺钉；10—调整螺栓；11—压盖；12—上托板；13—撑杆；14—提杆；15—主导杆；16—卡爪；17—重锤；18—料筒；19—冲击垫；20—套筒；21—固定螺栓；22—下托板；23—底板；24—固定螺栓

$$T_i = \frac{t_1 + t_2}{t_1 + t_2 + t_3}$$

式中　t_1，t_2，t_3——分别为孔径 5mm、10mm 筛的分计筛余量和底盘中的剩余量；

　　　$T_{i=1,2,3}$，T——第 i 份砂浆试样的筒压值及筒压平均值。

　　筒压法经山西省城乡建设环境保护厅批准，作为山西省地方标准，定名为《筒压法评定砌体砂浆抗压强度规程》（DBJ04—209—92）。

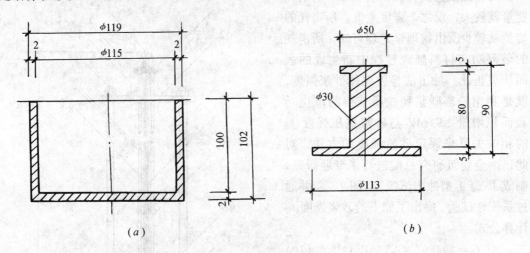

图 2-10　承压筒构造
(a) 承压筒剖面；(b) 承压盖剖面

　　4. 压强筒压法

　　压强筒压法是上海市建筑科学研究院参照轻骨料筒压强度试验方法研制的，原名筒压法，为与山西筒压法相区分，故冠以压强，定名为压强筒压法。该法与山西筒压法不同之处，是承压筒不同（图 2-11），且不用筒压筛分值 T，而是将 5～10mm 的砂浆颗粒装入筒中压坏，求出颗粒的筒压强度 f，然后按下列公式计算砂浆的抗压强度 f_2：

$$f_2 = \begin{cases} 1.57f - 7.26 & \text{混合砂浆} \\ 1.38f - 0.46 & \text{水泥砂浆} \end{cases}$$

　　压强筒压法已在十多个工程中得以应用，1994 年通过鉴定，1995 年定为上海市标准《现场砌筑砂浆筒压强度试验方法》（DBJ08—2122—95）。

　　5. 单砖单剪法

　　单砖单剪法又称顶推法、推出法、推（拉）剪法等等，系辽宁省建设研究院、河南省建筑科学研究院及北京市房地产科学研究所等单位研究提出的，是垂直于墙面顶推或拉拔 24 墙的丁砖（图 2-12），求得砖与砂浆的粘结抗剪力 V 或抗剪强度 $f_{2v} = V/A$，再反推砂浆的抗压强度 f_2。试验方法是，先凿锯开被测丁砖上面及侧面三个面的灰缝，留出下面一个大面灰缝，然后用特制小型千斤顶测试砖与底面灰缝的粘结抗剪力。由于测试方法及考虑问题的角度不完全相同，各家统计公式存在较大差异：

　　河南省建筑科学研究院试验统计公式为：

$$f_2 = 0.298(\eta V / \zeta)^{1.193}$$

$$\zeta = 0.45B^2 + 0.9B$$

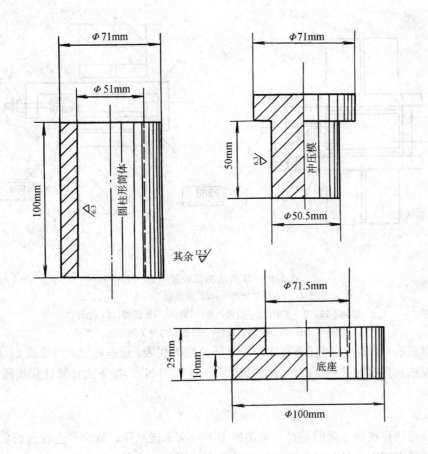

图 2-11 压强承压筒构造图

式中　V——单砖推剪力（kN）；

　　　　B——灰缝砂浆饱满程度，以小数计；

　　　　η——砖品种修正系数，普通粘土砖取 1.00，蒸养灰砂砖取 1.14。

辽宁省建设研究院拉剪试验统计公式为：

$$f_2 = 64f_{2v}^2$$

北京市房地产科学研究所推剪试验统计公式为：

$$f_2 = 64(0.01 + 1.1f_{2v})^2$$

6. 单砖双剪法

单砖双剪法有顺砖双剪和丁砖双剪两种方法。顺砖双剪法以陕西省建筑科学研究院为代表，是将被测顺砖前端面灰缝切凿开，以便施力时能自由切变，将后端面相邻的一块砖陶出，以放置剪切仪（小千斤顶），保留上下两个大面灰缝及侧条面灰缝，用剪切仪对被测砖施以水平剪力（图 2-13），直至破坏 V，然后按下式计算砌体通缝抗剪强度 $f_{v,m}$：

$$f_{v,m} = \frac{0.64V}{2A_v} - 0.7\sigma_0$$

式中　σ_0——墙体受压工作应力；

　　　　A_v——单个受剪面面积。

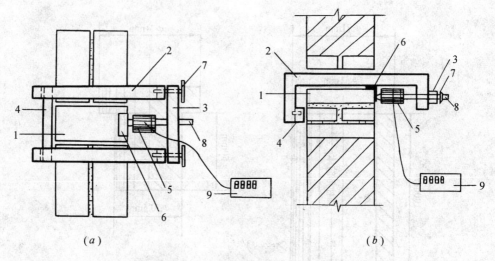

图 2-12　单剪法测试装置示意

(a) 平剖面　(b) 纵剖面

1—被测丁砖；2—支架；3—前梁；4—后梁；5—传感器；6—垫片；

7—调平螺丝；8—传力螺杆；9—推出力峰值测定仪

丁砖双剪法（图 2-14）以江苏省建筑科学研究院为代表，是垂直于墙面拉拔 24 墙丁砖，故又称拉拔法。根据对被测丁砖所施加的破坏剪力 V（kN），按下式计算砂浆抗压强度 f_2（MPa）：

$$f_2 = V^{3.341}/e^{8.60}$$

单砖双剪法存在的主要问题是，被测砖上下约束未能解除，故会产生较强的剪切摩擦作用，而剪切摩擦因素又相当复杂，目前难于直接引入。

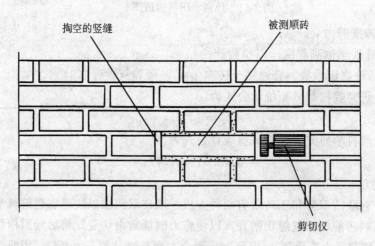

图 2-13　顺砖双剪

7. 射钉法

射钉法又称贯入法、针入法、射针法，是在规定冲击动能下，根据钢钉（针）射入砌体水平灰缝深度 L（mm）确定砂浆强度 f_2（MPa）的方法。射钉器有以火药为动力和以弹簧为动力两种动能源形式,前者系陕西省建筑科学研究院与南山机器厂开发研制,代号为 DDA87S8,英美等国亦有研究;后者系中国建筑科学研究院结构所与天津市建筑仪器厂研制开发,代号为 SJY800。两种方法的砂浆强度统计公式如下:

DDA87S8 型射钉法:

$$f_2 = \begin{cases} 47000/L^{2.52} & \text{(普通粘土砖砌体)} \\ 50000/L^{2.40} & \text{(多孔砖砌体)} \end{cases}$$

SJY800 型贯入法:

$$f_2 = \begin{cases} 135.417/L^{2.1337} & \text{(混合砂浆)} \\ 154.344/L^{2.1105} & \text{(水泥砂浆)} \\ 107.7907/L^{1.9012} & \text{(粉煤灰砂浆)} \\ 140.624/L^{2.1019} & \text{(微沫砂浆)} \end{cases}$$

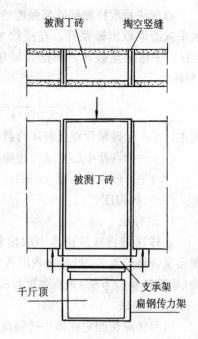

图 2-14 丁砖双剪

8. 剪切法

剪切法又称砂浆片剪切法,是宁夏区建筑工程研究所研究的一种取样测试砂浆抗压强度的方法。该法是从砌体水平灰缝中取出砂浆片,经加工,使用专用的砂浆剪切仪进行砂浆片抗剪试验(图 2-15),根据其破坏剪力 V,按下式计算砂浆抗压强度 f_2(MPa):

$$f_2 = 7.17[1 - 0.01(n - 1)]V/A_v$$

式中 V——砂浆片破坏剪力(N);

A_v——砂浆片破坏断面面积(mm²);

n——一次连续砌筑中,砂浆片所在水平灰缝之上的压砖皮数,当 $n > 19$ 时,取 19。

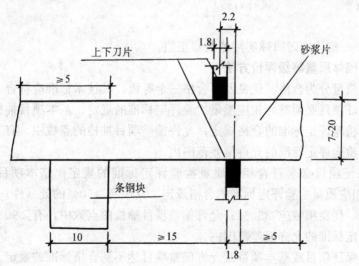

图 2-15 砂浆剪切仪工作原理

9. 点荷法

点荷法是取样测试砂浆强度的方法，由中国建筑科学研究院研究提出。该法是从砌体水平灰缝中取出砂浆片，直径约 30～50mm，大面应平整，然后装入一对锥形压头（图 2-16）中施压至破坏，根据其破坏荷载 N 及作用半径 r，按下式计算砂浆抗压强度 f_2（MPa）：

$$f_2 = \left\{ \frac{33.3N}{(0.05r + 1)[0.03t(0.1t + 1) + 0.4]} - 1.1 \right\}^{1.09}$$

式中　N——砂浆片点压破坏荷载（kN）；

　　　r——点荷中心至试件边缘的最小作用半径（mm）；

　　　t——砂浆片厚度（mm）。

（二）砖强度

1. 取样法

取样法是直接从砌体中取出若干块外观质量合格的整砖，然后按我国现行国家标准《砌墙砖检验方法》进行强度检验与评定。

2. 回弹法

回弹法原位测定砌体中砖强度，是由四川省建筑科学研究院、陕西省建筑科学研究院及天津市建筑仪器厂等单位研究提出的，采用的是 HT75 型回弹仪。根据其回弹值 R，按下列公式计算砖的抗压强度 f_1（MPa）：

$$f_1 = \begin{cases} 1.48e^{(0.0602\overline{R} - 4.86)} & \text{（普通粘土砖）} \\ 1.07e^{(0.0657\overline{R} - 2.97)} & \text{（页岩砖）} \\ 2.12e^{(0.0572\overline{R} - 5.02)} & \text{（煤矸石砖）} \end{cases}$$

$$\overline{R} = R - 2$$

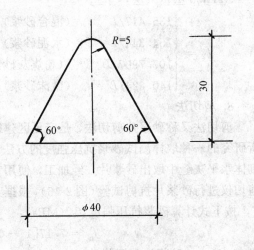

图 2-16　加荷头端部尺寸示意

式中　R、$\overline{R}$——砌体中砖回弹实测值及修正值。

二、砖石砌体质量等级评价方法

砖石砌体质量分为合格、优良及不合格三个等级，其技术标准应符合下列规定：

合格：保证项目必须符合相应质量检验评定标准的规定；基本项目抽检的处（件）应符合相应质量检验评定标准的合格规定；允许偏差项目抽检的点数中，有≥70％的实测值应在相应质量检验评定标准的允许偏差范围内。

优良：保证项目必须符合相应质量检验评定标准的规定；基本项目每项抽检的处（件）应符合相应质量检验评定标准的合格规定，其中有≥50％的处（件）符合优良规定，该项即为优良，优良项应≥50％；允许偏差项目抽检的点数中，有≥90％实测值应在相应质量检验评定标准的允许偏差范围内。

不合格：保证项目或基本项目或允许偏差项目达不到合格标准的规定。

第三章 混 凝 土

第一节 混凝土的基本概念

石材是一种优质建筑材料，以其质坚、耐久、美观为古今人民所喜爱。自从1824年英国阿斯帕丁获得波特兰水泥的专利后水泥混凝土大量用于建筑工程，得到人造石的美名。我国工程界习惯地将混凝土简写作"砼"❶（读"tóng"，也有读作"混凝土"的），该词就是由"人""工""石"三字所组成。

混凝土从其组成的成分来看，原来也是岩石。混凝土中最多的组成材料是来源于天然岩石的粗细集料，约占混凝土体积的70%，而胶结集料产生整体强度的硬化水泥浆（或称水泥石）中包含着呈晶体和胶体形态的水化物，也属于造岩矿物，如氢氧钙石、钙矾石、各种形态的托勃莫来石、水镁石等等；只是在水泥石中含有比优质岩石多一些的孔缝和不同形态的水，以致混凝土的强度、致密度与耐久性低于优质石材。所以经过努力，混凝土在质坚耐久方面完全有可能赶上石材。

混凝土超过石材的性能很多，最重要的是可塑造性与复合其他材料的能力。塑性状态的新拌混凝土也称混凝土拌和物能够充填任何尺度和形状的模型，能够粘结其他材料和部件，制成符合要求的构筑物或构件。在水泥浆、砂浆和混凝土中能够复合进多种材料，得到各种特性，最有用的如钢筋混凝土、纤维增强混凝土、聚合物混凝土、预应力混凝土等等。复合化是材料发展史中最成功的一种动力，使混凝土的功能大大扩展，远远超过了天然石材。此外，天然石材有极大的地区性限制，而混凝土则可就近取得水泥和各种砂、石集料，在材料供应和经济方面远比石材有利。

天然岩石因产地、岩种等不同，材质有很大差别，有强度很高十分密致的，也有疏松易碎的；有耐风化矗立万年的，也有风化易溶、崩解成粉的；有色泽光洁的装饰石材，也有粗糙不堪入目的，人们可以择优选材。作为人造石材的混凝土，其质地优劣，功能大小，寿命长短，全由人来决定，我们的奋斗目标就在于经济地制得符合要求的优质混凝土。

经过近二个世纪的努力，混凝土已成为当代最大宗的人造材料，也是最主要的建筑材料。世界水泥年产量已超过12亿t，我国在数量上占据首位，1994年大小厂生产各种水泥超过4亿t。混凝土年产量虽未见统计资料，但混凝土工程之多，工程费用之大，是人所共知的。因此我们混凝土工作者如果能够在保证和提高混凝土工程的质量，节省材料和能源，加快工程进度，降低工程造价等方面作出贡献，将取得极大的经济效益。

混凝土种类很多，最常用的是普通混凝土，是用波特兰（硅酸盐）水泥、砂石集料和水（也可根据需要掺加适量外加剂）拌制而成的，干密度一般为2000～2800kg/m³、密度低

---

❶ 建筑工程上常将"混凝土"简写为"砼"，正式出版物中一般采用"混凝土"。

于 1900kg/m³ 的叫做轻混凝土，其用量也在逐渐增加。

为了满足不同的需要，各种各样的特种混凝土不断涌现。例如，随工艺不同，有泵送混凝土、碾压混凝土、真空混凝土、喷射混凝土、自流平自密实混凝土等；按功能不同，有耐热混凝土、防水混凝土、补偿收缩混凝土、抗冻混凝土、防辐射混凝土、耐酸混凝土、海工混凝土等；还有由于掺加特种组成材料制得的纤维增强混凝土、聚合物混凝土、彩色混凝土等。

上述各种混凝土都是以水泥作为主要胶凝材料，因此都是水泥混凝土。1980 年后出现了水泥基材料这个新名词，可以用来概括各种混凝土，已被各国采用。它的全名应是水泥基复合材料（Cement-based Composite Materials），这个名词有较好的科学意义和发展意识。因为从材料的发展史来看，复合化是一个重要的发展方向，从新石器时代的草筋泥到三合土到混凝土、钢筋混凝土、预应力混凝土以至各种纤维增强混凝土、聚合物增强混凝土等等。今后还将通过复合化使混凝土性能与用途得到不断发展；当前正受到愈来愈重视的高性能混凝土（High Performance Concrete），就是很好的例子。我们要放开眼界，拓宽思路，在实践和理论的指引下，

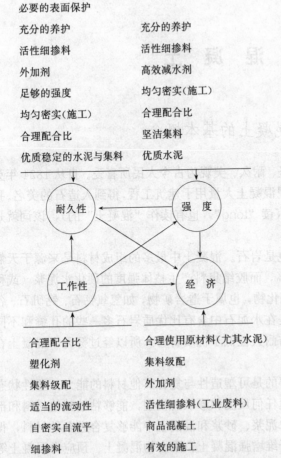

图 3-1　均匀优质混凝土的主要因素

[注]：表中箭头是表示能施加重要影响或作为条件。

不断探索和创新。

在建筑施工部门，混凝土工作者的首要任务是制作和使用优质混凝土。50 多年前美国混凝土权威单位垦务局（USBR）编著的《混凝土手册》中，首次用表解形式剖析优质混凝土应该具有的耐久性、强度、经济三个重要因素（或性能）的条件和相互关系。这个表被各国混凝土工作者广泛引用，作为指针。作者根据近年混凝土科学技术的发展趋势，将该表增列为耐久性、工作性、强度、经济四个主要因素，删节某些次要条件，提出一个"均匀优质混凝土的主要因素表"，见图 3-1。希望读者在熟悉各种因素，相互关系和条件之后，运用实践经验和理论知识，能够根据当地具体情况来解决如何制作均匀优质混凝土的问题。

本章将对原料、配合比、制作工艺以及质量控制等方面，从实际到理论，择要加以阐述，侧重在基础理论方面。读者掌握这些理论知识后，必定能够自觉地贯彻执行有关的标

准和规程，在混凝土的选材、配比、制作浇捣、养护直到全面的质量管理工作，做到尽善尽美。

第二节　混凝土的原材料及其对混凝土性能的影响

一、水泥

我国常用的水泥有硅酸盐水泥（混合材料掺量不超过5%）、普通硅酸盐水泥、矿渣硅酸盐水泥、火山灰质硅酸盐水泥、粉煤灰硅酸盐水泥以及复合硅酸盐水泥，称为六大水泥品种。后四种水泥由于掺入了规定数量的混合材料，显示出某些特性，既能满足工程的不同需要，也节约了熟料，带来一定的经济效益。

水泥对混凝土性能的影响主要在于所含矿物成分（矿物组成）的种类和数量以及水泥的细度。

水泥中主要矿物组成有硅酸三钙（$3CaO \cdot SiO_2$ 简作 C_3S）、硅酸二钙（$2CaO \cdot SiO_2$ 简作 C_2S）、铝酸三钙（$3CaO \cdot Al_2O_3$ 简作 C_3A）和铁铝酸四钙（$4CaO \cdot Al_2O_3 \cdot Fe_2O_3$ 简作 C_4AF），此外还有少量游离石灰（FCaO）。C_3S 是水泥熟料的主要矿物，含量在50%上下，是水泥胶凝性的主要来源。C_3S 与水反应，称为水化，产生水化硅酸钙（CSH），呈凝胶状。

$$3CaO \cdot SiO_2 + H_2O \longrightarrow CSH + Ca(OH)_2$$

CSH 凝胶对混凝土中砂石集料等起胶结作用，并填充其间的孔隙，经过凝结硬化，成为人造石。C_3S 的水化速度快，因此是早期强度的决定因素，但也是水化热的主要来源，不利于混凝土的体积稳定性。同时生成的 $Ca(OH)_2$ 不利于抗拉强度和耐化学腐蚀，并易于溶失，因此对混凝土耐久性不利。

C_2S 在熟料中约占20%，也是水化硅酸钙凝胶的重要来源，但水化速度慢，是混凝土长期强度的主要因素。C_2S 的水化热低，适用于大体积混凝土工程，但有干缩率较大的缺点。

C_3A 是水化反应能力最强的矿物，对水泥的凝结时间有重要影响，必须掺加适量石膏（如5%）来调节其水化速度，得到工程要求的凝结时间。C_3A 产生较多的水化热，又有较大的干缩率，对硫酸盐等耐蚀能力差。因此在某些用途中，常对水泥中 C_3A 的含量加以限制。

C_4AF 在熟料中与 C_3A 含量之和约为20%，过去缺少研究，误认为 C_4AF 对强度影响很小。实际上当有石膏和 $Ca(OH)_2$ 存在时，C_4AF 水化作用快，能够产生较高的强度，并具有较高的耐蚀性和耐磨性。

除了上述4种主要矿物外，水泥熟料中还含有少量的金属氧化物。其中游离氧化钙和氧化镁由于水化作用特别缓慢，如果含量超过一定限度将会引起混凝土后期膨胀，使强度下降以至开裂崩溃。凡是通过安定性试验的水泥，不存在这种危险。还有氧化钠与氧化钾，在潮湿环境中与活性集料中的微晶石英等产生碱-集料反应，对混凝土造成破坏。因此临水建筑物必须重视水泥中 Na_2O 与 K_2O 的含量，当含量超过一定限值时，要慎选集料。碱-集料反应在各大洲均已引起混凝土建筑物的破坏，损失十分惊人！

水泥的细度对于混凝土的性能有着十分重要的影响。细度愈细，水化作用愈快，使早期和中期强度大幅度提高，因此水泥生产者都用提高细度来增加强度（标号），互相竞争。水泥细度高会带来水化热高、需水量大、干缩率大等缺点，使混凝土工作性与耐久性受到较大的损害，成本与能耗也因之加大。水泥细度常用比表面积来表示，即1g水泥的总表面积值（cm²/g）。如水泥细度超过5000cm²/g，强度反而会下降，并带来很多缺点。例如非常容易受潮风化，因此贮存期短；又因水化快，发热早而升温高，塑性收缩率大，早期养护略有不慎，表层容易开裂，耐久性与后期强度受损。有些研究者曾对比30年代前与60年代后的混凝土耐久性，前者水泥细度常低于比面积3000cm²/g，后者多高达4000cm²/g，他们认为60年代以后的混凝土的耐久性不及30年代的一个原因是由于水泥细度太细。

为了保证混凝土的均匀性，在同一工程中应该选用同一家水泥厂生产的水泥。国外大型工程从货源和经济上考虑必须同时采用二家以上工厂的水泥时，必先进行混拌，然后进入混凝土拌和机。不同品种和标号的水泥，不宜同时使用，至于特种水泥绝对不许与普通水泥掺合使用。例如高铝水泥、硫铝酸盐水泥、石膏矿渣水泥等，如与硅酸盐水泥掺合，必定出现瞬凝、胀裂和严重降低强度等问题，必须慎重对待。

至于我国水泥中普遍掺加的混合材料对混凝土性能的影响，将与细掺料一起讨论。

二、集料

又名骨料，在混凝土中约占体积的70%～80%。过去很长一段时期内将集料视作惰性材料，认为在混凝土中只起着构成体积的作用，对混凝土的性能影响不大。我国对于集料一向重视不足，随着集料资源日趋紧张，对于质量要求有放松的趋势。今后高性能混凝土逐渐推广应用，对于集料强度、级配、粒形、吸水率、体积稳定性等都有一定要求。为了制造均匀优质混凝土，必须对砂石集料加强研究。现就下列三个问题作简要说明。

1. 颗粒级配

一般以接近连续级配为佳。缺少中间粒级的间断级配，虽然堆叠空隙率较小，似乎用来填充间隙的水泥浆可以少些，但拌和物的流动性较差，不利于工作性。由于砂子的表面需要更多的水泥浆来包裹，所以砂率不宜过大，细砂也不宜太多，以中砂或中砂偏粗较为经济。

由于集料用量大，选用时除质量、粒级以外，更应对运距、货源、价格等进行考虑。大型工程多自辟料场，按要求进行加工，这对保证工程质量和进度十分重要。至于集料种类，卵石、碎石、碎卵石、河砂、山砂等，一般混凝土工程均可采用。但高性能混凝土和C60以上的高强度混凝土则以坚洁碎石为宜，最大粒径也应不大于2～3cm。

2. 碱-集料反应

如集料成分中含有结晶度差的石英质或某种结构的镁质碳酸钙，将与混凝土中被水泥、外加剂、水和集料带进来的碱反应，逐渐生成膨胀性产物，前者称为碱-硅酸反应，后者称为碱-碳酸盐反应，其反应式分别为：

$$Na_2O + xSiO_2 + yH_2O \longrightarrow Na_2O \cdot xSiO_2 \cdot yH_2O$$

$$CaMg(CO_3)_2 + 2NaOH \longrightarrow Mg(OH)_2 + CaCO_3 + Na_2CO_3$$

碱-硅酸反应已在五大洲不少国家大量出现；造成大坝、桥梁、海港、公路、机场以至房屋等常处于潮湿环境中的建筑物发生严重破坏直至崩坍，造成重大损失。碱-碳酸盐反应迄今只在美国、加拿大等少数地区发现，但其破坏性更大。

我国有些地区的集料具有碱活性，而华北、西北地区的水泥厂由于原料中含较多钾、钠，水泥熟料中的含碱量（$Na_2O + 0.658K_2O$）常在1%上下，超过碱-硅酸盐反应的安全值0.6%。至今已发现多处机场跑道、铁路桥梁、混凝土轨枕、城市立交桥和海港码头出现不同程度的碱-集料反应的破坏。又因某些外加剂中含有钠、钾离子，环境水和拌和水中也可能带进钠盐，都足以引起碱-集料反应的危险。因此，凡在潮湿环境中工作的混凝土建筑物，在选用集料和水泥时必须考虑碱-集料反应的破坏作用。首先检验集料是否属于碱活性集料，如必须采用碱活性集料，则必须限制水泥中碱含量和混凝土中的总碱量，后者一般应低于 3.0kg/m³。也可用掺加足量的活性细掺料，如相当于水泥量 10% 的硅灰，20%～25% 以上的沸石岩粉或优质粉煤灰，或 45% 以上的水淬矿渣来抑制碱-硅酸反应。对于碱-集料反应应以预防为主，一旦发生就很难根治。

3. 集料的表面作用

近年研究证明，在集料和水泥浆的交界面附近，存在一个过渡区，区内水化产物的形性、排列、浓度不同于过渡区外，尤其是孔缝的大量存在，使过渡区成为混凝土中的薄弱环节，是裂缝的多发区，也是水或诸多破坏因素进入混凝土内部的通道。制作均匀优质混凝土，尤其是耐久性要求高的混凝土，不仅要选用坚洁的集料，对于集料的表面结构、吸附性和含水率都应有一定的要求。此外降低水灰比、掺加活性细掺料和采用适当工艺也能改善过渡区结构，使混凝土性能得到明显提高。

适当增加集料用量，不仅可以节约水泥，降低混凝土成本，对混凝土强度、弹性模量也常有利，还可因减少水泥浆而带来减小收缩率、降低水化热、增加耐久性等好处。

此外，用来配制轻混凝土的轻质多孔集料，分天然和人工两类，现在已能配制强度达到 40MPa 的高强轻质钢筋混凝土。

三、水

除水质必须清洁，符合人畜饮用的标准之外，加水量是决定混凝土性能的主要因素。满足水泥水化所需的水量不超过水泥重量的 25%。普通混凝土常用的水灰比为 0.40～0.65，超过水化需要的水主要是为了满足工作性的需要。这么多超量的水，在混凝土内部留下了孔缝，使混凝土强度、密度和各种耐久性都受到不利影响，这也是水灰比与混凝土性能之间存在着紧密关系的原因。此外混凝土拌和时常带进空气，留下了尺度较大的孔。

由于孔的重要性，人们对混凝土中孔结构进行了较多的研究，包括所含孔隙率、孔径尺寸、孔级配以及孔的形状和分布等。首先是孔隙率，早在 1896 年法国 Feret 就提出强度 R 与孔隙率的关系如下式

$$R = k\left(\frac{c}{c+e+a}\right)^2$$

上式可改写为 $R = k\left(1 - \frac{e+a}{c+e+a}\right)^2$，其中 $(e+a)$ 为水和空气的绝对体积，决定着硬化水泥浆体中的孔体积，而 c 代表水泥的绝对体积，因此 $\frac{e+a}{c+e+a}$ 决定着孔隙率大小；k 是常数。后来 1919 年 Abrams 的水灰比定则以及后来改成为灰水比与强度的关系式，都具有相似的涵义。但是水灰比毕竟不是孔隙率，而孔隙率与强度的关系也比较复杂，孔径尺寸大小对强度的影响不亚于孔隙率，所以用各种水灰比公式计算强度，误差可达 30% 左右，前苏联资料认为平均偏差为 27%～40%。

混凝土中的孔是按孔径来分类的。分类的方法有多种，较常用的是分为粗孔与细孔二

大类，粗孔再分为气孔或大孔（直径大于 10^4 Å）[1] 与毛细孔（直径为 $10^3 \sim 10^4$ Å）；细孔再分为过渡孔（直径为 $10^2 \sim 10^3$ Å）与凝胶孔（直径小于 10^2 Å）。根据大量研究提出不同孔径的孔对强度的影响规律如下：

（1）当孔隙率相同时，平均孔径小的强度较高。

（2）某一尺度以下的孔对强度无影响，大于此的孔，孔径愈大，降低强度愈多。

（3）孔径尺寸不同对其他性能也有不同的影响。作者曾按孔径尺寸将孔划分为 4 种：

无害孔　直径＝200 Å

少害孔　直径＝200～500 Å

有害孔　直径＝500～2000 Å

多害孔　直径＞2000 Å

美国 Mehta 教授也提出小于 1320 Å 的孔不会降低混凝土的抗渗性。

减水剂、引气剂，尤其是超塑化剂能够大幅度降低加水量，因此有效地减少孔隙率。活性细掺料能够填充孔隙，将有害的大孔变为少害或无害的小孔。因此均有利于混凝土各种性能的改善。

充分捣实和足够的养护，能够有效地减少孔隙率和减小孔径尺寸，因此都对混凝土性能有利。从孔与性能的关系来认识控制加水量的重要性，就能自觉地执行正确加水，反对任意和超额加水，以及重视潮湿养护等规定。

在滨海缺水地区，可以用海水拌制无筋混凝土。

四、细掺料

在水泥厂中掺加的，习惯称作混合材料。当前用得最多的细掺料有水淬高炉矿渣、粉煤灰、沸石岩粉和硅粉尘（又称硅灰）。它们都有一定的活性，所以可称之为活性细掺料。

当热熔矿渣经过水淬处理生成玻璃态结构，产生潜在活性。在碱性溶液（Ca (OH)$_2$ 等）和硫酸盐溶液（CaSO$_4$ 等）的激发下，能够很快凝结硬化，因此是优良的活性细掺料。

电厂粉煤灰中含有大量球形玻璃体，具有较高的活性，不仅对混凝土强度尤其是后期强度有利，并且能改善工作性，已在泵送混凝土中大量掺用。过去电厂粉煤灰常因含碳量高、粒度粗等对强度、需水量、干缩率等不利，在人们印象中造成对粉煤灰的不良印象，应予纠正。一、二级粉煤灰是均匀优质混凝土的适用的活性细掺料。

沸石粉又名干矿粉，是用天然的斜发沸石岩和丝光沸石岩磨细而得。沸石岩中的沸石含量应不低于 60%，可溶性硅、铝成分应各在 10% 上下。沸石粉具有较高的活性和吸水性，用沸石粉 25% 取代等量水泥，能够提高混凝土强度 10% 以上，对混凝土的工作性和耐久性也有所改善。

硅灰中含硅在 85% 以上，这种非晶态硅具有极高的活性；又因细度极细，平均粒径为 0.1μm 左右，即比水泥细 100 倍以上。掺加硅灰 5%～15%，对混凝土早期和后期强度均有大幅度提高，现在制作很高强度的混凝土（70～100MPa）都掺加硅灰和适量高效减水剂，

---

[1]　1 埃（Å）＝10^{-1} 纳米（nm）

　　1 纳米（nm）＝10^{-3} 微米（μm）

　　1 微米（μm）＝10^{-3} 毫米（mm）

我国硅灰资源不缺，因未充分利用，售价也不合理，妨碍了高性能混凝土在我国的开发应用。

此外，稻壳灰也是一种值得开发的活性细掺料，在国外已用于混凝土工程中。

用两种或两种以上细掺料复合使用，能够取得更好的效果，例如用细度较细的矿渣与粉煤灰，或粉煤灰与硅灰同时取代等量水泥，能够制得高性能混凝土，同时满足对工作性、强度与耐久性的较高的要求。我国新列入国家水泥标准的复合硅酸盐水泥就是掺加两种或两种以上细掺料（混合材料）总掺量在15%～50%的新型水泥。

五、外加剂

除了以上四种主要的原材料外，为了赋予混凝土某些特殊性能，满足工程的某种需要，50多年来发明了品种繁多的外加剂。首先是化学外加剂，所掺的剂量较低，从万分之几到5%。按其功能分为引气剂、减水剂、快硬剂、缓凝剂、防冻剂、防水剂、调凝剂、阻锈剂、耐蚀剂、超塑化剂等。现在用得最多的是减水剂与引气剂，都是表面活化剂。前者是亲水性的，使水泥粒子在水中充分分散，消除了絮凝现象，达到减水的作用。后者是憎水性的，吸附在空气—水的界面上，降低水的表面张力，使气泡变小，稳定地分散在混凝土中。这种均匀分布的小气泡，消纳了冰冻作用在混凝土体内的破坏力，是最有效的抗冻融循环破坏的外加剂。此外还能明显增加流动性，有利于均匀性和工作性。减水剂和引气剂是混凝土最常用的外加剂。现在木质素磺酸钙（简称木钙）已在普通混凝土中用得较多，收到很好效果。高效减水剂也已在泵送混凝土尤其在高性能混凝土中使用。但引气剂的掺加还只限在水工和海工混凝土中，应该在广大北方地区推广，以提高抗冻融破坏的能力，对混凝土建筑物的耐久性十分重要。

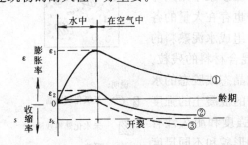

图 3-2　补偿收缩模式图

①为自由膨胀曲线；②为限制膨胀曲线，表示补偿收缩混凝土的变形全过程；③为普通混凝土的变形全过程曲线；ε_1 为自由膨胀率（最大值）；ε_2 为限制膨胀率（最大值）；s_k 为极限延伸率

除化学外加剂外，还有矿物外加剂，掺量较大，可达水泥重量的百分之十几，现在用得最多的是膨胀剂。自从水泥混凝土问世以来，收缩开裂问题一直未能很好地解决。用膨胀剂制作补偿收缩混凝土，就是要利用膨胀来抵消收缩的大部或全部，达到减免开裂的目的。严格地讲，混凝土收缩受到限制时才会开裂，在结构物中的混凝土总是受到配筋、基础、相邻部分等的限制，它们不让混凝土自由收缩，就在混凝土内产生了拉应力。由于混凝土抗拉强度很低，因此容易出现裂缝。失水和降温是引起混凝土体积收缩的最常见的原因，掺加适量的膨胀剂，在混凝土中产生限制条件下的膨胀，在混凝土内建立起足够的自压应力，来抵消部分由干缩和冷缩产生的拉应力，达到减免裂缝的目的。所以科学地讲，补偿收缩混凝土是利用限制膨胀来补偿限制收缩，使混凝土中最终产生的拉应力不超过抗拉强度，或者最终出现的受拉变形小于拉裂时变形的限值（极限延伸率）。用作者提出的补偿收缩模式图来说明（见图3-2）。

从图3-2可知，普通混凝土在水中养护时产生的膨胀率极小，进入空气中后逐渐收缩，

在达到极限延伸率 s_k 时开裂。补偿收缩混凝土经过水中或潮湿养护（一般 7～14 天）得到限制膨胀率 ε_2，进入空气中后与普通混凝土同样收缩，但其收缩率始终低于 s_k 值，因此避免了开裂。我国与日本是生产和使用膨胀剂最多的国家，据最近估算，1994 年我国制作补偿收缩混凝土超过 300 万 m^3，用于防渗防裂工程，效果良好。

从上可知，混凝土是由多种原材料经过复杂的化学、物理和物理化学作用形成了各种性能和特色。在混凝土中存在着固、液、气三相以及各相之间的界面区。各相的多少、大小、形状和性能以及各种界面区的大小和结构对混凝土的性能起着决定性的影响，要制得均匀优质混凝土，必须掌握组成结构与性能之间的相互关系并加以利用。不像有些人错误地认为只要用水泥、砂、石子加水一拌一浇就成了混凝土。半个世纪以来，材料科学已发展成为一门先进的学科，水泥基材料科学作为材料科学的一个分支，也正在日趋完善，它的任务是研究和应用水泥基材料的组成、结构以及它们与性能之间的相互关系，据以设计和制得符合要求性能的材料。

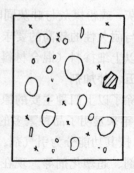

图 3-3　混凝土结构示意图

为了加深读者的理解，现用图解的形式对混凝土的组成与结构作一系列的描述。我们常用图 3-3 来代表混凝土。图中的粗颗粒表示石子，细颗粒表示砂，空白部分就是填充在砂、石子之间起着胶结作用的硬化水泥浆体又名水泥石；在水泥石中留下大小不等的孔缝，用空心的小圆来表示。在砂浆中则只有细颗粒集料，叫做细集料混凝土。在水泥石中也存在大量的各类颗粒，构成水泥石结构的主体，它们是各种组成水泥熟料的矿物经过水化的产物以及还未水化的熟料和混合材料的残粒。这些残粒随着水化程度而减少，他们也将生成晶态或胶态的水化产物，填充到水泥石中的孔缝，使养护良好的混凝土的强度和密实度得到进一步提高，对混凝土中后期强度和耐久性有利。因为水泥石中与在混凝土中同样存在各种形貌和不同尺度的晶体粒子和凝胶状物质，还存在着不同尺度的孔缝（图 3-4），所以水泥石也被称作为微混凝土（Microconcrete）。在电子显微镜的高倍放大下，能够看到各种水化产物的互相填充、穿插和网络化（图 3-5），这就是水泥石硬化和混凝土强度增长的原因。电子显微镜还能显示活性细掺料如粉煤灰的水化和向孔隙部

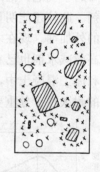

说明：

⬭	氢氧化钙结晶
▨	未水化熟料残渣
x xx	凝胶
ᕯ	凝胶间孔
◯	气孔或毛细孔

图 3-4　水泥石结构示意图

分生长水化物的现象（图 3-6）。在水泥石与集料交界处的过渡区，常常是混凝土的薄弱环节，不仅孔缝较多，还有某些水化物晶体如氢氧化钙板状晶体的择优定向排列，形成弱面（见示意图 3-7）；过渡区对混凝土强度、抗渗性与耐久性是很不利的，在用水量较大，水灰比较高和集料表面性质不好（如含泥污或多水）时，过渡区的不利影响就更突出。因此要制得均匀优质混凝土，必须特别重视。

现在我们可以对混凝土这一重要的人造材料作一较全面的描述。混凝土是一种多孔多相复合材料。它以粗细集料（在增强混凝土中还有钢筋、各种纤维、聚合物等）为主体骨

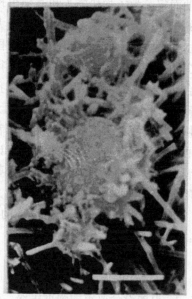

图 3-5　硅酸盐水泥水化产物（放大 5000 倍）

图 3-6　粉煤灰水化物
（放大 2000 倍）

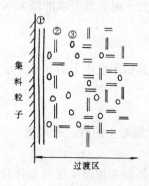

图 3-7　过渡区示意图
①为双层膜；②为氢氧
化钙晶体；③为孔缝

架，被硬化水泥浆体所胶结和填充；在硬化水泥浆中有大量的水化硅酸钙（CSH）凝胶和少量的硅胶铝胶，还有氢氧化钙、水化硫铝酸钙、水化铝酸钙等结晶，以及数量随养护龄期逐渐减少的未水化的熟料与活性细掺料的残渣，还有较多的不同尺度的孔分散其间。所以混凝土是一种组分较多、结构较复杂的复合材料。随着复合化程度的提高，混凝土性能还将进一步得到改善。在此有必要提一下复合材料的超叠加效应（Synergistic effect），用公式表示：

$$1+2\gg3$$

就是说，二种或二种以上组分复合时，最终的材料性能会超过各自组成材料的性能之和，有时还会超过很多。当代高效复合材料如玻璃纤维增强塑料就具有这种超叠加效应，钢管柱混凝土也有此效应，当几种外加剂或活性细掺料复合使用时也出现此种效应。因此混凝土工作者要善于开发这种效应，使水泥基复合材料得到更高的性能，开发出更多的用途。

第三节　混凝土配合比

混凝土同其他工业产品一样，必须讲究原材料的选择和合理的配合。在相当长一段时间内，混凝土采用松散的体积配合比，随工程的重要性增减水泥的掺量。常用的体积比是1∶2∶4，1∶3∶6，1∶4∶8。对于影响性能极大的加水量，往往由施工人员根据浇捣是否方便而定。为了加快施工和避免出现蜂窝狗洞等缺陷，加水量常常过多。而集料尤其是砂子的松体积因含水量多少而产生很大差别，因此体积比不利于混凝土质量均匀，也常常浪费水泥，增加成本。30年代开始，国外纷纷改用重量配合比，提出水灰比的重要性和尽量减少用水量的规则，使混凝土技术得到一次质的跃进。我国解放初期开始推广混凝土重量配合比很快得到工程界的重视，使我国数量庞大的混凝土工程得到很大好处。现已制订了《普通混凝土配合比设计规程》，对于各种特殊要求的混凝土也提出不同的配合比设计方法，可供直接采用。大多数混凝土工作者不仅能熟练掌握混凝土配合比设计方法，有的还经过精心研究提出改进的新方法和便于计算的图表。长期在混凝土工厂和施工现场的混凝土工作者，面对多种原材料和多种工程要求，多变的环境和施工条件，要保证配合比满足均匀优质混凝土的要求，是很不简单的。

本节只对常用的配合比设计的基本步骤和一些有用的配合比调整规律，简单介绍如下：

一、配合比计算

根据设计要求和施工方法选定原材料，计算供试配用的配合比，其步骤如下：

1. 根据设计要求的强度等级，确定配制强度（$f_{cu,0}$）；该值控制过高，设计出来的配合比不经济，过低又影响混凝土强度合格评定的通过率，应按规程要求控制该值对强度标准值（$f_{cu,k}$）的富余量。

2. 根据求出的配制强度，按强度公式计算水灰比，其值不应大于耐久性要求的最大水灰比值；

3. 按标准规定选每立米混凝土的用水量；

4. 根据选定的用水量和水灰比求得单方混凝土的水泥用量，其值不应小于耐久性要求的最小水泥用量；

5. 依据集料质量状况和工作性要求按标准规定选择砂率；

6. 根据确定的砂率，可采用重量法或绝对体积法求出每立米混凝土的砂、石用量。

二、配合比试配与确定

按上述步骤求出的计算配合比，进行试拌，适当调整砂率和外加剂掺量使混凝土拌合物满足混凝土的工作性要求，调整后的配合比称基准配合比，其水灰比用 $(W/C)_0$ 表示。

然后至少用三个水灰比即 $(W/C)_0$ 与 $(W/C)_0 \pm 0.05$（对高强混凝土可用 $\pm 0.02 \sim 0.03$；若使用的强度范围较大时，可用 ± 0.10）进行正式试配，并制作强度试件；待标养28d强度得出后，选择满足配制强度要求的配合比，其每立米混凝土的材料用量应根据实测的混凝土拌合物的表观密度进行修正，即可求得试验室确定的设计配合比（砂、石均为干料）。发给搅拌楼（台）的配合比，应是根据现场砂、石实际含水状况经过必要调正后的施工配合比。

随着混凝土品种与工程要求的增多，各种外加剂和细掺料的掺加甚至复合使用，混凝土配合比设计方法必须作相应的改变，混凝土工作者可根据各种原材料与性能之间的关系，按照普通混凝土配合比设计原理，提出自己的方法，通过试配和调整，得到满足混凝土性能要求的经济的配合比。

三、配合比在使用中的调整

在预拌混凝土工厂和大型混凝土工地，配合比的调整是一项经常进行的工作。掌握一些调整规律，对混凝土质量的保证和工作效率的提高是十分必要的。这些规律来源于科研成果与实践经验，有些已载于有关的规范和手册中。不少混凝土工作者加上自己的体会与经验，有自己习用的调整规律。下面介绍作者在 60 年代总结出来的一些调整规律可供参考，其中有些相互关系是经过简化和来自经验的，应用时，可根据具体条件，通过试验加以更改，提出自己的调整规律。见表 3-1。

普通混凝土配合比调整规律 表 3-1

性 能	变 更 因 素	调 整 幅 度	性 能 改 变 （约值）
1. 强度	水泥标号		按公式或曲线
	水灰比		按公式或曲线
	加水量	$\pm 25\text{kg/m}^3$	$\mp 3.5\sim4.5\text{MPa}$
	水泥量	$\pm 50\text{kg/m}^3$	$\pm 5\sim8\text{MPa}$
	引气剂掺入	含气量+1%	$-4\%\sim6\%$
	石 子	碎石代卵石	+10%
2. 耐久性	引气剂	含气量为 3%～5%	抗冻标号+3～4 倍
	水灰比	-0.1	抗渗标号 4～8
	用于受水压		
	混凝土	水灰比-0.05	保持耐久性不降
	用于受水压		
	混凝土	水泥用量+25kg/m³	保持耐久性不降
	用于冻融循环	水灰比-0.10	保持耐久性不降
	部位	水泥用量+50kg/m³	保持耐久性不降
	受海水作用	水灰比-0.05	保持耐久性不降
3. 工作性	加水量	$\pm 10\sim15\text{L/m}^3$	坍落度±2～3cm
	水灰比	± 0.05	砂率±1%维持同工作性
	石子最大粒径	40→20mm	加水量+10～15L/m³
			维持同工作性
	砂子	中砂→细砂	加水 5～10L/m³ 维持同工作性
	砂细度模数	± 0.1	砂率±0.5%维持同工作性
	含气量	$\pm 1\%$	砂率±0.5%～1%维持同工作性
			加水量∓3%维持同工作性
	石子	碎石代卵石	砂率±2%～3%维持同工作性
			加水量±10kg/m³ 维持同工作性
	气温	>40℃	水泥量+3%维持同工作性
			加水量+3%维持同工作性
	粉煤灰或其他细掺料	绝对体积±10L	砂量按绝对体积±8～10L/m³ 维持同工作性
	砂率	$\pm 1\%$	加水量±1～1.5L/m³ 维持同工作性

由于原材料常常变化，特别是砂与粉煤灰（湿排灰）含水量变化最频繁，必须随时观察，及时测定含水率，相应改变加水量。由于原材料与混凝土性能之间至今还缺少精确的定量关系，含水率等测试方法速度较慢，还存在较大误差，配合比的调整工作有时不易做好，必须对拌合机拌和情况和新拌混凝土的形性等，勤加观察和测试，随时进行再调整。国外已出现混凝土配合比设计的专家系统，在我国大工地和大型商品混凝土厂，也可自己建立专家系统与拌和工作自动控制相结合，以满足不同性能混凝土的高质量要求。

第四节 混凝土制作工艺的几个问题

在选定原材料和配合比后，混凝土进入制作和使用阶段，包括拌和、运输、浇捣和养护四道工序。对于这四道工序，混凝土施工技术规程均有详细规定，为了保证混凝土工程的质量，必须认真执行。本节不重复规程的内容，只就拌和、捣实与养护三个工序中几个重要问题和新的发展加以阐述。

一、拌和问题

由于拌和工具的改进，使混凝土的拌和质量与工作效率得到大幅度的提高，成为近代混凝土工程进步的一个重要因素。在强制式拌和机中，拌和铲的强力搅拌和振动力的作用使各种原材料在混凝土拌合物中分布得十分均匀，并能使水泥和细掺料得到一定程度的活化作用。根据配合比、流动度与拌和机容量的不同，有一个最佳拌和时间，也就是拌合物得到足够均匀性的最短时间。超过最佳拌和时间，均匀度不会有更明显的改进，对性能也无较多的改善，但也不致产生不利后果。当掺加细掺料或用某种外加剂时，应根据规定对拌和时间适当延长。

在拌和过程中发生的音响，尤其是出机混凝土拌合物的外观和坍落度，是对拌和工作是否正常，配合比是否稳定，工作性和均匀性是否能够得到保证等的检验，必须经常留意，及时发现问题，加以调整。当砂石来源更换，砂石含水量发生突变时，拌和工作者应加强观察测定，立即调整加水量以至配合比，以保证混凝土拌合物的质量满足要求。

早在本世纪50年代初，澳大利亚学者提出改变拌和机加料次序可以改进拌和效率和提高混凝土强度，引起各国学者与混凝土工程师的注意，直到1981年日本伊东晴郎等提出裹砂混凝土新工艺，其特点就在于改变向拌和机的加料次序和控制砂的表面含水率。新工艺要点如下：

（1）砂子须先经砂处理机，使表面含水率保持在2%左右。

（2）向拌和机加入砂和石子（石子表面含水率一般变化不大），加入一部分拌和水，称为"调整水"。

（3）加入水泥，开始拌和，在砂石表面裹上一层水泥浆膜，其水灰比在0.15～0.35范围内。

（4）最后加入剩余的拌和水和高效减水剂，达到规定的拌和时间为止。

裹砂新工艺得到的混凝土拌合物具有下列特征：集料表面先被一层低水灰比的水泥浆膜所包裹，被称为"毛细作用水泥浆"由于控制了砂子表面含水率和先加入的水量，这层浆膜中只有毛细孔，而不存在大孔和气泡，如果浆膜的水灰比小于0.15，拌和时易带入气泡。当水灰比为0.20左右时，混凝土性能最好。如果水灰比过大，则混凝土性能下降。减水剂或高效减水剂的掺加有利于浆膜的流动性，使包裹方便。又如第一次（调整水）加水量多了，第二次加水量太少，不利于拌和均匀。减水剂掺量一般应略多于普通拌和工艺。又本工艺只适用于强制式拌和机。

裹砂混凝土比普通混凝土在性能上有明显的优越性：

（1）泌水率减小；

（2）集料离析、沉降现象大大减轻；

（3）拌合物均匀性明显优于一般拌和工艺生产的混凝土，这是十分重要的；

（4）强度明显改善，抗压、抗拉、粘结强度均可提高30%，抗冲击强度也有较大提高。

裹砂混凝土取得优良性能的原因，主要是由于集料界面区或过渡层的组成结构通过拌和工艺得到明显的改善。根据同样道理，1989年清华大学赵若鹏、乐惠平研究的水泥浆裹石新工艺，已成功地在若干工地推广，抗压强度可提高10MPa，并具有很多优越性。

拌和工序对混凝土的均匀性最关重要，未经拌匀的混凝土拌合物，除非到浇筑场所进行二次拌和外，再无其他办法能够得到均匀优质混凝土。而在现场进行二次拌和，由于坍落度损失等原因不易拌和均匀；再次加水将严重损失强度，破坏混凝土的合理结构，是绝对不许可的。

二、捣实问题

捣实是保证混凝土工程质量、减免混凝土常见的质量事故的关键性工序。自从采用振动捣实以来，捣实效率大大提高。各种粒子在振动作用下，粒子间的粘结和摩阻力大大减小，较容易地分散和流动开来，填充到模板角隅和钢筋间隙中，并进一步密实化。如用捣实系数来表示捣实程度：

$$捣实系数 = \frac{实测拌合物密度}{拌合物计算密度}$$

捣实系数=1，表示捣实程度充分；捣实系数不得低于0.98。

开始达到充分捣实的振捣时间称为最佳捣实时间，少于最佳捣实时间得不到密实结构的混凝土，降低硬化后混凝土的性能，尤其是强度与耐久性。但是超过最佳捣实时间又会带来离析、泌水泛浆等弊病，使均匀性遭到破坏，出现很多外观疵点。因此掌握振捣时间甚为重要。由于振幅随振动器距离而减小，振动间距应按规定前进。漏振是造成混凝土内大洞和严重不均匀的主因，对工程留下隐患，更应切实防止。

现在混凝土施工中最常见的质量事故如蜂窝、麻面、孔洞、露筋，埋件和转角处多孔疏松，拆模时脱棱掉角，表面泛浆和多孔，多是因振捣过度或振捣不足以至漏振所致。

近来高效减水剂大量推广，品种与性能也不断改进，在细掺料和配合比等条件配合下，混凝土拌合物的流动度大幅度增加，石子不易离析沉降，出现了自填充和自流平的新功能，对混凝土均匀性与施工效率有显著作用。日本正在研究高性能的免振捣混凝土，不需要任何振捣就能填满钢筋间隙和模板角落，避免因捣实不充分或过度捣实形成的混凝土缺陷，保证了混凝土的均匀性与耐久性。

三、养护问题

在混凝土浇捣抹面之后紧接着必须进行养护工作。在规范中对养护有严格的规定，不得少于7d或14d。对于这个关系到混凝土质量的重要工序却常常得不到切实执行，这可能与不了解养护作用的重要性与机理有关。

在第二节中讲到毛细孔对强度等性能有不利作用，未讲到毛细孔还有有利的一面，即毛细孔中的水是水泥继续水化所必需。新拌混凝土中存在着大量均匀分布的毛细孔，其中充满水，水泥中的矿物如C_3S，C_2S，C_3A，C_4AF等与毛细孔中的水发生水化作用，生成凝胶等水化产物，产生强度并填充了部分毛细孔使大孔变成小孔，增加了水泥石的密实度。因为毛细孔是互相连通的，如果外面环境湿度低，毛细孔水会向外蒸发，减少了供给水化的水量；如果环境湿度大或继续放在水中，则可通过毛细管向内补给水化用水，使水化作用继续进行下去，混凝土性能就能不断提高。在干旱多风天气，毛细孔水迅速蒸发，水泥不仅因缺水而停止了水化作用，还因毛细管引力作用在混凝土中引起收缩。此时混凝土强度还很低，收缩引起的拉应力很快使混凝土开裂，破坏了混凝土结构，造成质量事故。所以养护工作十分重要。特别对于防水混凝土、补偿收缩混凝土以及各种耐久性要求高的混凝土，不仅要及早养护，还要求适当延长养护时间，蓄水养护更优于洒水养护。

养护期间还要注意温度。当温度低于 5℃时，水化作用十分缓慢。一般常温养护的温度范围是 5℃到 35℃，包括环境温度、水泥水化时发热带来的温度。当温度低于 5℃时，要考虑加热保温养护，或延长养护时间。

早在 60 年前，英国学者提出"度-时积（℃×t 小时）"概念，认为混凝土强度与"度-时积"相关。因此可以根据"度-时积"值来估计强度增长。

用饱和蒸汽来养护混凝土，在湿热环境中加速水泥水化来达到加速硬化的目的，叫做蒸汽养护，已在构件厂、水泥制品厂、现场预制和工地广泛采用。蒸汽养护分 4 个阶段进行，即预养期（静停期）、升温期、恒温期与降温期。蒸汽养护必须按正确的制度进行，才能达到预期目的，用很短时间取得要求的强度和其他性能；否则将带来不利后果，在混凝土中产生膨胀开裂等现象，使强度、抗渗性、耐久性等明显降低，并得不到恢复。因为在蒸汽养护过程中，混凝土受到结构形成与结构破坏二种作用，正确的养护制度是增加结构形成的好作用，而将结构破坏的坏作用减到最小程度。

在混凝土拌合物中各种成分的热膨胀系数是不同的。固体粒子如砂、石、水泥等的体胀系数相近，约为 $(3\sim4)\times10^{-5}m^3/m^3\cdot℃$，而水、空气和饱和湿空气的体胀系数要比上述固体粒子大得多，并且随着温度而增加。例如在 70℃左右，水的体胀系数比固体粒子大出约 10 倍，饱和湿空气则大出几百倍之多，在升温过程中由于拌和物中水与湿空气的特大膨胀，引起体积的不均匀变化和在孔隙中产生压力，当时混凝土强度很低，造成结构破坏，留下了残余膨胀。为了防止或抑制结构破坏，在开始升温之前，要设置预养期，使混凝土在常温潮湿环境中静停（静置）一定时间，产生一定的早期结构强度。还必须控制升温速度，使因温度引起的不均匀膨胀的破坏力不超过已产生的结构强度。对于中等强度的混凝土，预养期以 2~4h 为宜，升温速度不超过 20~25℃/h。当升温达到最高限时，保持一定时间称为恒温期。对于普通硅酸盐水泥混凝土，恒温温度最高不宜超过 60~70℃，矿渣硅酸盐水泥混凝土则不宜超过 90~95℃。温度过高不利于水化作用，强度将会降低。恒温时间可参照上述"度-时积"规律或根据试验确定。降温阶段因混凝土已具有较高强度能够承受较大的温度变化。为了避免表面开裂，一般规定脱模时气温与混凝土表面温度相差不得超过 40℃，混凝土降温速度不宜超过 35℃/h。对于尺寸大、外形复杂的构件，升降温速度应酌量减小。

第五节　混凝土的质量控制

为了确保混凝土工程的质量，提高混凝土的生产水平和推动混凝土技术的进步，必须坚持做好混凝土的质量控制工作。现行国家标准《混凝土质量控制标准》（GB 50146—92）规定的质量控制包括初步控制、生产控制与合格控制。初步控制包括组成材料的质量检验与控制和混凝土配合比的确定。生产控制包括组成材料的计量、拌合物的搅拌、运输、浇筑和养护等工序控制。合格控制是指混凝土及其制品的出厂检验、工程验收等。

为控制混凝土质量符合标准要求，应在混凝土生产和施工过程中对质量指标进行检测，计算统计参数，应用各种质量管理图表，掌握动态信息，控制整个生产和施工过程的混凝土质量，并遵循升级循环的方式，制定改进与提高质量的措施，完善混凝土质量控制过程，使其质量稳定提高。

为实施质量控制，必须配备相应的技术人员和必要的检验及试验设备，并建立健全必要的技术管理与质量控制制度，遵守有关规范、标准的规定。

关于初步控制的内容已在本章第一、二节阐述过；生产控制（即工序控制）的内容已在第三节讨论过；这里仅对混凝土的质量要求和混凝土强度的合格评定加以阐述。

一、混凝土的质量要求

对混凝土性能的基本要求是硬化前的混凝土应具有良好的工作性（和易性），使之在工程所具备的条件下，能顺利的运输、浇筑，从而获得密实的匀质的混凝土结构，而硬化后的混凝土应具有必要的强度和耐久性指标以能承担设计所要求的荷载和环境条件对它的侵蚀作用。因此，在混凝土质量控制标准中规定了混凝土的质量要求包括拌合物的稠度、含气量、均匀性、水灰比、水泥含量以及混凝土强度和耐久性等。

（一）混凝土拌合物的稠度

标准规定混凝土拌合物的稠度应以坍落度或维勃稠度表示，坍落度适用于塑性和流动性混凝土，维勃稠度适用于干硬性混凝土。

混凝土拌合物按其坍落度大小分为四个级别，见表 3-2；按其维勃稠度大小分为四个级别，见表 3-3。

混凝土拌合物按坍落度的分级　　　　　表 3-2

名　　　称	级　　别	坍　落　度　（mm）
低塑性混凝土	T1	10～40
塑性混凝土	T2	50～90
流动性混凝土	T3	100～150
大流动性混凝土	T4	≥160

注：坍落度检测结果，在分级评定时，其表达取舍至临近的 10mm。

混凝土拌合物按维勃稠度的分级　　　　　表 3-3

名　　　称	级　　别	维　勃　稠　度　（s）
超干硬性混凝土	V0	≥31
特干硬性混凝土	V1	30～21
干硬性混凝土	V2	20～11
半干硬性混凝土	V3	10～5

坍落度和维勃稠度的测定应按《普通混凝土拌合物性能试验方法》(GBJ80) 的规定进行。当要求的坍落度和维勃稠度为某一定值时，其抽检结果应分别符合表 3-4 和表 3-5 所规定的范围。

坍落度允许偏差	表 3-4
坍落度（mm）	允许偏差（mm）
≤40	±10
50～90	±20
≥100	±30

维勃稠度允许偏差	表 3-5
维勃稠度（s）	允许偏差（s）
≤10	±3
11～20	±4
≥21	±6

（二）混凝土强度

混凝土强度有抗压强度、抗拉强度、抗折强度、抗剪强度及与钢筋的粘结强度等。由于混凝土的抗压强度比其它强度大得多，结构物主要利用其抗压强度承受荷载，且抗压强度与其它强度及变形特性有良好的相关关系，可根据抗压强度推定出其它强度及变形特性值，所以常用抗压强度作为评定混凝土质量的指标，并作为划分混凝土强度等级的依据。

1. 混凝土按抗压强度的分级

（1）正态分布。又称高斯（Gauss）分布，是概率论和数理统计中最重要的一种分布，也是连续型随机变量中最常用的一种分布。实际工作中常常遇到，例如测量误差，工业产品的某些度量如直径、长度、宽度，以及前述的混凝土强度等等，都近似地服从正态分布。

正态分布的形状如图 3-8 所示。曲线有一个最高点，以此点的横坐标为中心，对称地向两边单调下降，在正负一倍标准差处各有一个拐点，然后向左右无限延伸，并以横轴为渐近线。正态分布曲线由正态概率密度函数。

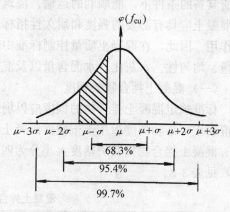

图 3-8　正态分布曲线

$$\varphi\left(f_{\mathrm{cu}}\right)=\frac{1}{\sqrt{2\pi}\sigma}e^{-\frac{(f_{\mathrm{cu}}-\mu)^2}{2\sigma^2}} \tag{3-1}$$

给出。其中 f_{cu} 为从正态分布总体中抽出的随机样本值；e 为自然对数的底，$e=2.7183$；μ 为正态分布的均值；σ 为正态分布的标准差。

当参数 σ 相同时，$\varphi(f_{\mathrm{cu}})$ 的图形的形状相同，但不同的 μ 有不同的位置（图 3-9a）；当参数 μ 相同，而 σ 不同时，则 $\varphi(f_{\mathrm{cu}})$ 的图形有相同的对称轴，但图形的形状不同；σ 大，曲线平缓胖矮；σ 小，曲线陡峭瘦高（图 3-9b）。

可以看出，正态分布取决于 μ 和 σ 两个参数，只要有了 μ 和 σ，就可将正态分布曲线完全描绘出来，所以，通常把参数为 μ 和 σ 的正态分布，记为 $N(\mu,\sigma^2)$。所以在混凝土生产质量水平的确定和强度合格评定的统计法中都采用了平均值和标准差两个参数作为评定指标。

（2）强度等级的定义。根据《混凝土强度检验评定标准》（GBJ 107）的规定，混凝土的强度等级应按立方体抗压强度标准值划分。立方体抗压强度标准值（$f_{\mathrm{cu,k}}$）系指按标准方法制作和养护的边长为 150mm 立方体试件，在 28d 龄期，用标准试验方法测得的抗压强度总体分布中的一个值，强度低于该值的百分率不超过 5%。强度等级采用符号 C 与立方体抗

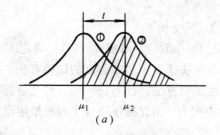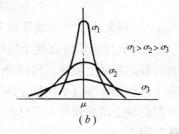

图 3-9　不同 μ，σ 的正态分布曲线

压强度标准值（以 N/mm² 计）表示，共划分为 C7.5、C10、C15、C20、C25、C30、C35、C40、C45、C50、C55 及 C60 共 12 个强度等级。

2. 混凝土生产质量水平及强度的统计平均值

（1）混凝土生产质量水平。在混凝土的生产和施工中，应控制混凝土强度达到合格评定要求外，还应对一个统计期内（1 个月或 1 个季度）的相同等级、相同龄期，以及生产工艺条件和配合比基本相同的混凝土强度进行统计分析，计算强度均值（μ_{fcu}）、标准差（σ）及强度不低于要求强度等级值的百分率（P），按表 3-6 确定本单位的混凝土生产质量水平，据以考核混凝土质量的管理工作，并作为下一个循环阶段混凝土质量管理工作的依据。

混凝土生产质量水平 表 3-6

评 定 指 标	生 产 场 所	优 良		一 般	
		<C20	≥C20	<C20	≥C20
混凝土强度标准差（σ）（N/mm²）	预拌混凝土厂和预制混凝土构件厂	≤3.0	≤3.5	≤4.0	≤5.0
	集中搅拌混凝土的施工现场	≤3.5	≤4.0	≤4.5	≤5.5
强度不低于要求强度等级值的百分率（％）	预拌混凝土厂、预制混凝土构件厂及集中搅拌混凝土的施工现场	≥95		>85	

统计周期内混凝土强度标准差 σ 和不低于要求强度等级值的百分率，可分别按式（3-1）及（3-2）计算：

$$\sigma = \sqrt{\frac{\sum\limits_{i=1}^{N} f_{\text{cu},i}^2 - N\mu_{\text{fcu}}^2}{N-1}} \tag{3-1}$$

$$P = \frac{N_0}{N} \times 100\% \tag{3-2}$$

式中　$f_{\text{cu},i}$——统计周期内第 i 组混凝土试件的立方体抗压强度值（N/mm²）；

　　　　N——统计周期内相同等级的混凝土试件组数，其值不得少于 25 组；

　　　　μ_{fcu}——统计周期内 N 组混凝土试件立方体抗压强度的平均值（N/mm²）；

　　　　N_0——统计周期内试件强度不低于要求强度等级值的组数

（2）强度的统计平均值。按月或季统计计算的强度平均值（μ_{fca}）宜满足式（3-3）的要求（对有早龄期强度和特殊要求的混凝土，其强度平均值可不受该上限的限制），否则应改变要求的配制强度，调整配合比。

$$f_{cu,k}+1.4\sigma\leqslant\mu_{f_{cu}}\leqslant f_{cu,k}+2.5\sigma \tag{3-3}$$

式中　$f_{cu,k}$——混凝土立方体抗压强度标准值（N/mm²）；

σ——统计周期内混凝土强度标准差（N/mm²），可按式（3-1）确定。

为及时控制混凝土质量，国内外研制出多种快速推定 28d 强度的试验方法。在国内现行标准有：建设部标准《早期推定混凝土强度试验方法》（JGJ15—83）和交通部标准《公路工程水泥混凝土试验规程》（JTJ053）附件中列有"用促凝压蒸技术即时推定混凝土强度试验方法"等。

二、混凝土强度的合格评定

（一）强度的抽样检验

对混凝土强度的合格检验，一般采用破损检验方法，不可能对产品进行全数检验，多采用抽样检验的方式。所谓抽样检验，即在进行验收时，从被验收的总体中随机抽取一部分单位产品（称样本）进行检验，这种检验方法称抽样检验，其目的是通过样本的检验结果对整批产品的质量情况做出判断。

1. 抽样检验的基本原则

任何抽样检验的标准都应包括下列内容：

（1）批量的规定；

（2）每批取样的数量（样本容量）；

（3）样本的验收函数；

（4）验收界限；

（5）对不合格批量进一步处置的说明。

2. 抽样检验方案的确定方法

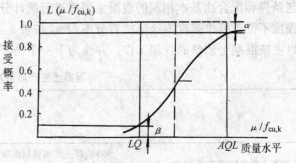

图 3-10　OC 曲线

假定我们规定一个抽样检验方案为 A，当产品的质量水平为（$\mu/f_{cu,k}$）时，用 A 方案检验产品批被接收的概率为 $L(\mu/f_{cu,k})$。$L(\mu/f_{cu,k})$ 叫抽样检验方案的特性函数。图 3-10上的 $L(\mu/f_{cu,k})$ 曲线叫特性曲线，又称 OC 曲线。

在制定抽样检验方案时，首先要明确质量水平，一个称可接受的质量水平，也即合格质量水平，用 AQL 表示；另一个称拒收的质量水平，也即极限质量水平，用 LQ 表示。由于抽样的局限性，任何方案都不可能做到所有达到 AQL 的产品批都判为合格，也不可能让所有低于 LQ 的产品批都判为不合格。因为产品质量的特性值（这里为混凝土强度）具有分散性，在 AQL 中难免有少量的低质产品，一旦抽样时偶而抽到它，则整批产品就可能错判为不合格。这个错判的概率，是生产厂要承担的风险，一般用 α 表示。同理，在 LQ 中也存在少量的高质量产品，一旦抽样偶而遇到它，就会将整批产品误判为合格品，这种错判概率是使用者要承担的风险，通常用 β 表示（见图 3-10）。

任何一种抽样检验方案确定之后，都可在图 3-10 上相应的画出一条反映抽样特性的 OC 曲线。对于不同的抽样检验方案，将使 α 和 β 错误概率发生变化。所以在研究抽样检验方案时，主要是寻找功效高、实施方便，又适合实际生产条件特点的抽样检验方案，作为验收时判断混凝土强度合格与否的实用规则。

（二）混凝土验收批的划分

《混凝土强度检验评定标准》规定混凝土强度应分批进行检验评定。一个验收批的混凝土应由强度等级相同、龄期相同以及生产工艺条件和配合比基本相同的混凝土组成。对施工现场的现浇混凝土，在满足同一验收批的条件下，应按单位工程的分部工程划分；对多层或高层房屋结构的主体分部工程，同类混凝土批量较大时，也可划分为几个验收批，其具体划分方法应按照现行《建筑安装工程质量检验评定标准》解释的规定确定。

生产工艺条件基本相同是指混凝土的搅拌方式，运输条件，浇筑形式大体一致的情况，即对混凝土强度没有系统影响。配合比基本相同，是指施工配制强度相同，并能在原材料有变化时，及时调整配合比使混凝土强度统计平均值的目标值不变。这样，既考虑到我国目前材料供应的实际情况，也考虑到尽量使作为同一批混凝土参差不齐的强度数据能具有较好的规律性。

同批的混凝土的试件组数称样本容量，而它所代表的混凝土的数量，即为被验收混凝土的批量。

（三）混凝土试样的采取

为使抽取的混凝土试样更有代表性，标准规定：混凝土试样应在浇灌地点随机抽取。

其取样按每生产 100 盘，但不超过 100m³ 的同配合比混凝土，取样次数不得少于一次，每工作班生产同配合比混凝土量不足 100 盘时，每工作班取样次数亦不得少于一次。

对预拌混凝土除在厂内按上述规定取样外，混凝土运到施工现场后，尚应按每 100m³ 取样不少于一次；仅当按分部工程连续浇注混凝土量超过 1000m³ 时，可按每 200m³ 相同配合比的混凝土取样不得少于一次。现场的抽检结果作为评价预拌混凝土质量的交货依据。

对现浇混凝土结构，其取样次数尚应符合《混凝土结构工程施工及验收规范》（GB50204）的有关规定。对某些预制构件在特定条件下的取样次数尚应符合《预制混凝土构件质量检验评定标准》（GBJ321—90）的有关规定。

（四）组代表值的确定

混凝土强度检验评定的最小单元是"组"，现行标准规定一组由三个试件（取自一盘混凝土）组成，一组强度代表值按如下规定确定：

（1）一般情况下取三个试件抗压强度的算术平均值作为组的强度代表值；

（2）当一组试件中强度的最大值或最小值与中间值之差超过中间值的15％时，取中间值作为该组的强度代表值；

（3）当一组试件中强度的最大值和最小值与中间值之差均超过中间值的15％时，该组试件的强度不应作为评定的依据。

在正常情况下，第一种情况是最经常遇到的；第二种较少遇到；第三种情况很偶然遇到。因为混凝土强度的盘内误差一般能控制在5％左右。现在同一组三个试件强度相差居然都超过此值三倍，显然很不正常了，说明试验误差过大，试验结果不可信，故不作为评定依据。

取舍精度为1％。15％后边的数值可按"数据修约原则"处理。

（五）强度的合格评定方法

1.标准差已知的统计方法

标准规定：当混凝土的生产条件在较长时间内能保持一致，且同一品种混凝土的强度变异能保持稳定时，应由连续三组试件组成一个验收批，其强度应同时满足下列要求：

$$m_{fcu} \geqslant f_{cu,k} + 0.7\sigma_0 \tag{3-4}$$

$$f_{cu,min} \geqslant f_{cu,k} - 0.7\sigma_0 \tag{3-5}$$

当混凝土强度等级不高于 C20 时，强度的最小值尚应满足下式要求：

$$f_{cu,min} \geqslant 0.85 f_{cu,k} \tag{3-6}$$

当混凝土强度等级高于 C20 时，强度的最小值尚应满足下式要求：

$$f_{cu,min} \geqslant 0.90 f_{cu,k} \tag{3-7}$$

式中 m_{fcu}——同一验收批混凝土立方抗压强度的平均值（N/mm²）；

$f_{cu,k}$——混凝土立方体抗压强度标准值（N/mm²）；

$f_{cu,min}$——同一验收批混凝土立方体抗压强度的最小值（N/mm²）；

σ_0——验收批的混凝土立方体抗压强度的标准差（N/mm²），其值应根据前一个统计期内（时间不得超过三个月）同一品种混凝土试件的强度数据，按下式确定：

$$\sigma_0 = \frac{0.59}{m} \sum_{i=1}^{m} \Delta_{f\,cu} \tag{3-8}$$

式中 $\Delta_{f_{cu}}$——第 i 批试件立方体抗压强度中最大值与最小值之差（极差）（N/mm²）；

m——用以确定验收批混凝土立方体抗压强度标准差的数据总批数，其值不得少于 15。

混凝土的生产条件在较长时间内能保持一致，是指同一品种的混凝土生产，有可能在较长时间内，通过质量管理，维持基本相同的生产条件，即维持原材料、设备、工艺以及人员配备的稳定性，即使有所变化，也能很快地予以调整而恢复正常。

2. 标准差未知的统计方法

标准规定：当混凝土的生产条件在较长时间内不能保持一致，且混凝土强度变异性不能保持稳定时，或在前一个检验期内同一品种混凝土没有足够的数据用以确定验收批混凝土立方体抗压强度的标准差时，应由不少于 10 组的试件组成一个验收批，其强度应同时满足下列公式的要求：

$$m_{fcu} - \lambda_1 S_{fcu} \geqslant 0.9 f_{cu,k} \tag{3-9}$$

$$f_{cu,min} \geqslant \lambda_2 f_{cu,k} \tag{3-10}$$

式中 λ_1、λ_2——合格判定系数，其值按表 3-7 取用；

S_{fcu}——同一验收批混凝土强度标准差，其值根据验收批混凝土的各组试件强度按式（3-11）计算求得（N/mm²）。当 S_{fcu} 计算值小于 $0.06 f_{cu,k}$ 时，应取 $S_{fcu} = 0.06 f_{cu,k}$。

$$S_{fcu} = \sqrt{\frac{\sum_{i=1}^{n} f_{cu,i}^2 - n \cdot m_{fcu}^2}{n-1}} \tag{3-11}$$

式中 $f_{cu,i}$——第 i 组混凝土试件的立方体抗压强度值（N/mm²）；

n——一个验收批混凝土试件的组数。

标准差未知的统计方法与标准差已知的统计方法最大的区别是没有足够的前期混凝土强度统计数据可借鉴，或混凝土的生产难以在较长时间内维持基本相同的生产条件。可根据不少于 10 组的强度数据，求出本验收批的强度标准差，按标准差未知的统计方法评定混凝土强度。

混凝土强度的合格判定系数 表 3-7

试 件 组 数	10～14	15～24	≥25
λ_1	1.70	1.65	1.60
λ_2	0.90	0.85	

当标准差 S_{fcu} 的计算值小于 $0.06f_{cu,k}$ 时，取 $S_{fcu}=0.06f_{cu,k}$，其所以作这样规定，是为了使经检验合格批混凝土的最小批平均强度 $m_{f_{cu}}$ 接近或大于混凝土立方体抗压强度标准值（$f_{cu,k}$）。

3. 非统计方法

标准规定，对零星生产的预制构件的混凝土或现场搅拌批量不大的混凝土，可按标准规定的非统计法评定。由试件组数少于 10 组的同一品种混凝土组成一个验收批，其强度应同时满足下列要求：

$$m_{fcu}\geq 1.15f_{cu,k} \tag{3-12}$$

$$f_{cu,min}\geq 0.95f_{cu,k} \tag{3-13}$$

当一个验收批混凝土只有一组试件时，其强度代表值应不小于强度标准值（$f_{cu,k}$）的 115%，这样才能做到两个条件同时满足。

目前在我国各地还比较普遍地存在着小批量零星生产混凝土的方式，取样数量不多（$n<10$ 组），不具备采用统计方法评定混凝土强度的条件，只可采用非统计方法进行评定。

由于非统计法不考虑被验收批混凝土的实际强度变异，而简单地用一个固定的界限值来衡量，所以对被验收批的混凝土存在着较大的误判的可能性。

与统计法不同的是验收界限与离散程度无关，而为强度标准值（$f_{cu,k}$）与一常数的乘积，验收界限为固定值。

上述三种混凝土强度合格评定方法，是借鉴了国际标准化组织（ISO）有关标准的规定，并结合我国的具体情况提出的，实际应用时，应结合工程特点和混凝土生产（或施工）条件选用其中一种方法，有条件的单位应优先采用统计方法评定混凝土强度。

三、拔出法用作混凝土质量控制

工程验收，构件和制品厂，以至混凝土结构或构件脱模，吊装，预应力筋张拉或放张以及施工期间需短暂负荷时要求测定的混凝土强度，都应以立方体抗压强度为准。当缺少试件或对混凝土试件强度的代表性有怀疑时，可采用从结构或构件中钻取试件的方法或非破损检验方法，按有关标准的规定对结构或构件中混凝土的强度进行推定。由于钻取法耗费时间和物力较大，很难多钻试件以取得较好代表性；而其他非破损检验方法误差常较大，从 70 年代起，欧美推行拔出法，取得的数据，规律性较好。北欧和美国、加拿大等有不少工程在合同中规定用拔出法作为特殊混凝土的强度评定依据，也可用于普通混凝土的验收以及吊装、张拉或放张预应力筋、承荷等的强度依据。

拔出法分预埋法与后装法二种，根据的原理相同，只是设备和操作不同，兹举预埋法为例（图 3-11）。

将直径为 d_2 的锚盘先浇在混凝土中，埋深为 h。承力环内径为 d_1，拔出试验时作为承力座与约束圈，拔出夹角为 2α；通过拉杆施加拔力，抽拔锚盘。当达到极限拉拔时，混凝土将大致沿夹角为 2α 的圆锥面开裂破坏。大量实践证明当 d_1、h 和 α 值选用得当时，混凝土的抗压强度 f 与极限拉拔力 F 之间有良好的线性关系，可用下式表之：

$$f = A_1 + B_1 F$$

式中　A_1，B_1 为常数，由制造厂提供。

相关系数可高达 0.98。

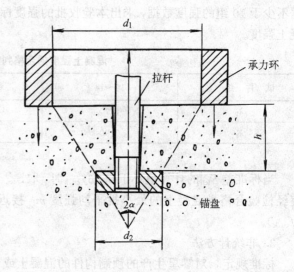

图 3-11　预埋法示意图

后装法是在待测定的混凝土表面上，钻直径为 18mm 的小孔，深约 45mm，在离孔口 25mm 深之处，用切槽机切出一条环向沟槽。装入胀簧式扩拔器，测时将扩拔器插入孔内，用胀杆扩开 4 片簧片，使其头部嵌入沟槽。施力拉拔，以承力环为反力座，直到破坏。极限拉拔力 F 与混凝土抗压强度 f 之间有良好的线性关系，也可用同样的公式表示，只是系数变更。

$$f = A_2 + B_2 F$$

式中　A_2，B_2 为常数，由制造厂提供。

中外学者对拔出试验的破坏性质，进行了理论分析，认为拉拔荷载下的破坏不同于拉力破坏，而是环状地带压应力达到极限所引起；或是由于压应力和剪应力组合所引起，与立方体或圆柱体试件在压力试验时引起破坏相同。

预埋法主要适用于混凝土的施工质量控制和特种混凝土如喷射混凝土等的强度检验，如决定拆模、加载、张拉或放张预应力钢筋、吊运、停止养护等均可用预埋法决定。后装法的适用范围更广些。

两种拔出装置要求制作精度较高，拉杆或锚盘的钢材材质要好，计量设备要求较准，整套装置要求轻便耐用。二种方法已在铁道工程中推广应用，可参阅铁道部颁布的铁道行业标准，国际上，拔出法有 ISO/DIS8046 和 ASTM-900-82 二个标准。

第六节　混凝土技术的发展

我们混凝土工作者既是混凝土的制造者，又是混凝土的使用者；不仅要精心选料配料拌制出符合设计要求的均匀优质混凝土，并且要保证结构物和制品中的混凝土具有足够的强度、均匀性和耐久性。我们不仅要通过不断改进混凝土技术，消除现在工作中的薄弱环节和存在的问题来满足不同用途对混凝土性能的要求，更应当研究开发新的技术，进一步提高混凝土性能以满足今后工程不断提出的新的更高的要求。

为了弄清当前混凝土在不同用途中存在的缺点和薄弱环节，美国于 80 年代曾对很多土建工程单位进行了广泛的调查，就 20 多种工程类别如基础、柱、板、屋面、桥梁、隧洞、公路、海港等，以及修补和砂浆等用途，提出亟待改进和提高的性能。从调查结果可知，在众所关注的抗压强度以外，亟待改进提高的混凝土性能，依次为体积稳定性、抗渗性、流动性、抗折（拉）强度、护筋性、线膨胀系数等，当然还必须降低成本。上述各种性能归纳起来就是强度、工作性和耐久性三大类，这正符合十几年来几个发达国家正在研究开发中的高性能混凝土（HPC）。例如，1988 年日本建设省开始"利用高强度混凝土和增强措施，开发先进混凝土技术"的五年计划，简称新 RC 计划。法国也提出了"混凝土新法"的国家科研项目，并且认为凡有长期耐久性要求的工程，即使结构要求的强度不高，仍必须采用 HPC。1981 年加拿大也设立包括材料、结构设计与施工技术的 HPC 国家项目。美国对 HPC 投入的力量更大，以国家科学基金会（NSF）与战略公路研究计划（SHRP）为主，研究内容从基础理论、材料加工、计算机模拟、质量控制、设计规程到公路寿命检测。近三年来我国在国家自然科学基金会与建设部的支持下，由清华大学牵头，组织科研、设计、施工等单位制订了 HPC 的研究开发计划，已引起国内工程界的重视。

值得注意的是日本对 HPC 的工作性与耐久性特别重视。日本学者将 HPC 分成三个阶段提出要求：

（1）新拌阶段：要求不需振动就能填充模板角隅与钢筋间隙；甚至提出，免振性是 HPC 的一个最重要的特征。这种免振 HPC，即使在不利的工作条件下（包括操作者疏忽或责任心不强）也能够保证结构物的可靠性和耐久性。

（2）早期硬化阶段：要求能避免原始缺陷的产生，例如因散热降温、失水、水化作用等引起的裂缝。

（3）使用阶段：要求有足够的强度和密实性，防止有害因素进入混凝土内部。

HPC 的诞生与发展是近代工程发展的需要。例如高层、大跨度、大荷载、特殊使用条件和严酷的环境（如海上石油钻采平台、海底隧道等）以及对建设速度、经济、节能等有更高要求；同时也由于混凝土技术的提高使 HPC 成为可行。HPC 的先进性使混凝土的应用范围得到扩大，使混凝土的社会经济效益得到不断增长。

HPC 的性能指标根据工程具体要求而定。美国国家标准局研究院（NIST）与美国混凝土学会（ACI）在 1990 年提出 HPC 的性能要求为：

（1）工作性好，以保证质量均匀，提高工作效率和加快进度，也是降低造价所必需。

（2）早期强度高，后期强度不倒缩。

（3）体积稳定性好。

（4）韧性好。

（5）在严酷环境中安全使用期有保证。

简言之，HPC 必须根据具体工程的要求，满足强度、工作性、耐久性三项基本要求，并应根据工程的特殊要求，具有某种特殊性能。有时 HPC 强度指标也可以低于高强度混凝土的低限（50MPa），例如日本新建成的明石海峡大桥（20 世纪最长的悬索桥）用的是 HPC，其 90d 抗压强度为 47MPa（圆柱试件）。而英国北海油田平台的混凝土，28d 抗压强度为 100MPa，耐久性要求 100 年，有很高的抗冻融和抗冲刷要求。

发展 HPC 的主要途径有二：

（1）高性能的原材料以及与之相适应的工艺。

（2）复合化：混凝土本身是水泥基复合材料，已见前述。HPC 必须有活性细掺料和外加剂特别是高效减水剂的加入，常常不仅需要二者同掺，有时还必须同时采用几种外加剂以取得要求的性能，充分发挥复合化的作用，将是 HPC 取得更大效益的努力方向。

在我国当前条件下，HPC 可采用下列原材料：

（1）水泥：以 525 号或 525 号 R 硅酸盐水泥为主，也可选用某些特种水泥如铁铝酸盐水泥、碱—矿渣水泥等，但水泥用量过大或细度过细均不利于耐久性。

（2）集料：必须符合国家标准，要求坚洁，粒径、级配与强度与工作性有关，宜先经过试验。工地必须改变不重视集料的坏习惯。

（3）活性细掺料：不仅为了节省水泥，更重要的是为了满足工作性（如易泵性）与耐久性的需要，因此优质活性细掺料如硅灰或粉煤灰、沸石岩以及矿渣已成为 HPC 的必需组分。二种细掺料复合使用，有时能带来很好效果。

（4）外加剂：首先是高效减水剂，是 HPC 的必需组分。为的是大幅度减水以提高强度与耐久性。也是为了保证工作性与均匀性，使 HPC 有足够的流动度、易泵性和填充性，也使泌水减到最小。掺加活性细掺料时必须掺加足够的高效减水剂或减水剂。为了减少坍落度损失还必须掺加缓凝剂与引气剂。为了早强，可掺加早强剂或采用早强减水剂。有抗冻性要求的更必须掺加引气剂。为了预防早期收缩可掺加适量膨胀剂。所以，外加剂的复合使用对 HPC 满足多种功能要求是十分重要的。

在工艺和设备方面，HPC 要求准确配料和多种原料的充分拌匀，因此要求多种原料的进料、配料与微机控制的强制式拌和系统，以及泵送与播料设备。为了保证质量稳定，集料尤其是砂的含水率快速测定装置十分重要，可据此随时调整加水量。有早强要求的 HPC，可采用热拌和低温蒸养工艺，最高温度以 $45 \sim 55\,^\circ\mathrm{C}$ 为宜，不得超过 $60\,^\circ\mathrm{C}$。对于立即达到高强度和耐腐蚀的制品如高强桩和某些预应力混凝土，也可采用压蒸工艺。

HPC 的复合化途径除已用得很多的活性细掺料与高效减水剂的复合使用外，还有优质粉煤灰与矿渣的复合，硅灰与粉煤灰或稻壳灰的复合，沸石粉与粉煤灰的复合等。加入多种外加剂的复合在国内也愈来愈普遍。例如，1993 年北京东三环立交桥工程要求工期短，又是热天泵送混凝土，耐久性要求也高。经采用冀东水泥厂 525 号 R 硅酸盐水泥 $505\mathrm{kg/m^3}$（内掺 25％ Ⅱ级高井磨细粉煤灰）水灰比为 0.36，配合比为 1：1.2：2.38，掺加 RH7 超塑化剂（内复合有缓凝剂、早强剂、引气剂），出机混凝土坍落度为 20.5cm，90min 坍落度损失 5.5cm，泵送顺利，3d 抗压强度 58.6MPa，7d 强度 62.7MPa，28d 强度 71.3MPa。由于粉煤灰的掺加，也有利于防止碱-集料反应。又如上海市建筑科学研究院结合上海大量高层建筑和大体积混凝土均采用泵送商品混凝土的要求进行了有效的工作。其中有世界跨度最长斜拉桥——杨浦大桥和亚洲最高建筑——东方明珠电视塔等，均成功地使用了 W 高效减水剂为主复合以早强剂、引气剂、缓凝剂、泵送剂等多种外加剂和优质粉煤灰，将 C40、C50、C60 混凝土分别泵至 350m、180m、150m 的高度，保证了工程质量，为世界各国所罕见。

由此可见，我国现在已有条件在不同用途上采用 HPC。只要我们掌握好混凝土的基本原理，运用已有的经验，经过试验，重视质量，我们完全有能力做好和用好不同用途的混凝土，满足各种工程和制品的要求。在此基础上继续改进提高，不断创新，在混凝土技术上，在混凝土数量和质量上，走在世界前列。

此外，美英日等国近十几年还在研究几种特高性能（又叫超高强度）水泥基新材料，其中以 MDF（无宏观缺陷"水泥"）与 DSP（超细粒聚密"水泥"）成果较好，已有极少量应用。其主要力学性能指标，大大超过高强度混凝土，而可与陶瓷、铝、钢等相比拟。例如抗压强度可达 300MPa，抗折强度可达 150MPa，弹性模量可达 50GPa，并具有极高的抗冲、耐磨和耐腐蚀性能，还有某些电、磁特性。被认为是有发展前途的高技术材料，能够在某些高科技领域内代替昂贵金属材料。但是由于现在采用的制作工艺比较复杂，原材料也较贵，还不能大量生产，要在土建工程中应用为时尚早。从这一新的发展，可以说明混凝土性能还有很大潜力，混凝土技术与应用方面还有很大开发的余地，有待我们去努力。

第四章　钢筋混凝土结构

第一节　基本概念与材料

钢筋混凝土是在混凝土中配置钢筋后形成的一种新材料,用这种材料做成的结构称为钢筋混凝土结构。

钢筋混凝土作为结构材料应用是在19世纪后半叶开始的,但很快在房屋建筑和土木工程中广泛应用,而且在材料、设计方法、制作工艺,施工技术等方面有很大发展。

在材料方面.混凝土的组成由水泥、石子、砂和水四种基本材料外,又增加了化学外加剂和矿物外加剂,使混凝土的质量由普通的一般混凝土,发展成能满足工程需要的各种性能,如高强、快硬、缓凝、防水、防冻,耐酸、酸碱、耐油、大流动性等性能。如钢筋由一般的3号光面热轧钢筋,发展增加了中强的变形(螺纹)钢筋、低合金钢筋、冷轧带肋钢筋、冷拔低碳丝等,并且还有用型钢或钢管代替钢筋,形成钢骨混凝土、钢管混凝土。现在又在发展纤维混凝土、树脂混凝土等等。

在结构设计方法方面.由弹性分析为基础的允许应力设计法,发展经过以结构材料破坏性能为基础的破损强度设计法、多系数(荷载系数、材料系数、工作条件系数)半经验、半概率的极限状态设计法,到现在采用的基于概率的极限状态设计法。前三种方法都是定值法设计,后者视各种因素均为随机变量,用失效概率相对应的可靠性指标度量结构可靠性。

在混凝土的拌制、运输、浇注、养护方面。由分散的手工拌和、小车推送、人工捣实、自然养护,发展成集中机械搅拌、汽车运送、泵送入模、机具振捣、加压振动成型、加热养护等。钢筋混凝土的成型工艺,也由一般的单件手工生产,发展成为工业化生产,如机组流水法、长线台座法、迭层生产法、成组立模法等。

在结构施工技术方面。除一般的现浇法外,发展了预制装配、预制现浇整体、滑升模板法、提升模板法、升板法、爬模法等。

目前,钢筋混凝土已成为我国主要的结构材料,所以在施工中,掌握钢筋混凝土的基础知识是十分重要的,是必须具备的。

一、钢筋混凝土基本性能

钢筋混凝土是由钢筋和混凝土两种材料结合成一体的结构材料。为什么要选择这两种材料结合在一起呢?因为混凝土是一种很好的人工石材,它和天然石材一样,具有很高的抗压强度,国外有用到C100的,我国现在已用到C60,但抗拉强度却很低,大约仅有抗压强度的十分之一。混凝土抗拉强度低的缺陷,大大限制了它的使用范围。钢筋是一种强度很高的结构材料,作为抗压使用时,由于受到截面尺寸和形状的影响,会产生压曲效应(一种在受压时,材料未达到破坏强度而发生弯曲,失去稳定,不能承受压力的现象),不能充分发挥其强度作用。为了发挥这两种材料各自的优势,避免其缺点,把这两种材料结合起来使用,即在构件的受压部分用混凝土,在构件的受拉部分用钢筋,这种配有钢筋的混凝土,叫做钢筋混凝土,大大提高了构件的承载能力。见图 4-1。没有配置钢筋的梁,在受力后很快就会折断,而在其下部配了钢筋的梁,则可以承受较大的荷载而不折断。

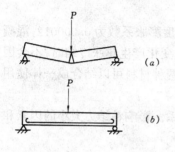

图 4-1　梁受力后情况图
(a)混凝土梁;(b)钢筋混凝土梁

为什么说钢筋混凝土是一种很好的结构材料,除了上面所说的特点外,还有以下一些优点。

(1)钢筋混凝土作为结构材料,它与木材、石材、钢材不一样,它可以根据工程结构的受力情况和施工条件,由设计和施工单位自行设计,自行制造,可以取得较好的工程效果。

(2)钢筋和混凝土两种材料都比较容易得到。用量最多的石子、砂和水到处都有,水泥的产地也比较广,钢筋的产地虽然不是很广,但用量相对来说不是很多,而且体积不大,运输也比较方便。

(3)混凝土是一种较好的耐火材料,它的耐火性比钢材、木材都好。混凝土的热传导性差,钢筋在混凝土包裹保护下,不会因建筑遭受火灾使混凝土中钢筋的温度很快升高而达到危险的程度,所以钢筋混凝土用做结构材料,其耐火性是比较好的。

(4)钢筋混凝土材料可以根据建筑工程的需要,做成任何形状。

(5)钢筋混凝土材料可以根据结构受力情况,合理配置钢筋,合理配置混凝土等级,达到经济的目的。

(6)钢筋混凝土材料抗大气和土壤腐蚀的耐久性比较好,也不会产生生物腐蚀。钢筋包裹在混凝土内,混凝土的弱碱性保护了钢筋不被锈蚀。

(7)混凝土的强度还会随时间的增加而增长。

(8)钢筋混凝土成型后的维修费用少。

(9)现浇钢筋混凝土结构,抗地震能力较好。

(10)钢筋混凝土结构的防射线,防爆炸等防护性能好。

钢筋混凝土也有缺点,主要有以下几点。

(1)钢筋混凝土在施工中要增加一笔附加费用,即模板、脚手架以及养护费用。

(2)混凝土的硬化需要有一个养护期,达到一定强度后才能承受荷载,故工期较长。采用预制构件可以克服这个缺陷,但需加强构件之间的连接。

(3)很难在建成后的建筑物上进行改造。也难于开洞、钉钉子等。

(4)钢筋混凝土的体积较大,比较笨重,耗用劳动力多。

设计与施工人员在认识了它的优缺点后,应充分利用其优点,克服或消除其缺点,使钢筋混凝土结构,在我国社会主义建设事业中发挥更大的作用。

钢筋与混凝土这两种材料为何能组合成一体成为一种新的材料,共同承受外加的荷载呢? 主要是因为钢筋与混凝土之间存在着足够的粘结力。这种粘结力,能保持到结构破坏时仍然不坏。例如在做钢筋与混凝土的粘结试验时,如埋在混凝土中的钢筋有足够的锚固长度,当你拉拔露在混凝土外的钢筋,钢筋被拉断,而埋在混凝土中的钢筋仍然与混凝土粘结良好。混凝土与钢筋之间的粘结力是由以下几方面的因素产生的。

(1)混凝土在硬化过程中产生收缩,体积缩小,混凝土将钢筋压紧,钢筋与混凝土之间产生的摩阻力,阻止钢筋滑动。

(2)混凝土中的水泥浆与钢筋之间存在着胶粘力。

(3)对于变形钢筋(螺纹钢筋),混凝土与钢筋之间还存在着机械咬合力,所以变形钢筋之间的粘结力要比光面钢筋大。

此外,钢筋与混凝土有着相近的温度膨胀系数。钢筋的温度膨胀系数为0.000012,混凝土的温度膨胀系数为0.00001～0.000014。这样,当外界温度变化产生热胀冷缩时,不会因两种材料胀缩不一样而产生温度应力而破坏粘结力。这也是两种材料可以结合成一体使用的基础条件。

钢筋和混凝土之间的粘结力与材料和施工有着密切的关系。影响粘结力大小的因素和增强粘结力的方法分述如下。

(1)相同等级的混凝土,水灰比大,则粘结力减小。

(2)不同等级的混凝土,等级愈高,粘结力愈大。

(3)粘结力随着混凝土龄期的增长而增长,这是由于混凝土强度随着龄期增长而增大,收缩值也随着增大的缘故。

(4)振动成型的混凝土,其粘结力比不振动的要大。但凝固后的混凝土不能再受振动,此时如受振动,将破坏混凝土与钢筋的粘结力。

(5)变形钢筋在混凝土中的抗滑动能力要比光面钢筋大1.5倍以上。

(6)当光面钢筋的表面粗糙时,例如在表面刻痕,粘结力增加。

(7)当钢筋表面有油污或其它附着物时,粘结力将减小,或者失去粘结力。

(8)钢筋在混凝土中的抗滑力与钢筋直径有关。细钢筋的表面积与体积比要比粗钢筋大,故相同体积的钢筋,细钢筋的抗滑力比粗钢筋大。

(9)钢筋混凝土过早受冻时,粘结力将会降低很多。

(10)钢筋的保护层厚度与发挥粘结力有一定影响,保护层过薄,则不能充分发挥出粘结力的作用。

(11)在钢筋混凝土构件内放置箍筋时,可能使受力钢筋的抗滑力增加25%以上。

(12)在钢筋的端部做成弯钩,可增加抗滑能力。

(13)钢筋在混凝土中的抗滑能力与钢筋的受力情况有关。抗压时,要比抗拉时大。因为抗拉时,钢筋断面变小,而且混凝土出现裂缝。

(14)钢筋的抗滑力与混凝土中钢筋锚固的长度有关。一般来说,锚固长度长,抗滑力大,锚固长度不足,钢筋将会从混凝土中拔出。但锚固长度过长,不仅造成浪费,而且增加配置困难,对增加抗滑力的作用也不大,故混凝土结构设计规范中,对不同钢筋、不同受力情况、不同混凝土等级,分别规定了最小锚固长度,施工时必须满足要求。

从以上所说的钢筋混凝土的特点、优缺点和钢筋与混凝土结合成一体共同工作的基本要求来看,可以得到下面两个基本概念:

(1)钢筋混凝土结构材料是由设计和施工人员根据工程需要,在混凝土中配置钢筋,达到充分发挥两种材料各自的受力性能优势的结构材料。即在受压部分用混凝土,在受拉部分用钢筋,使结构构件发挥最大抵抗外荷载的能力。因此,我们在施工中,要了解结构构件的受力状态,千万不要把钢筋的位置放错了,造成工程质量事故。或者降低了混凝土等级,少配了钢筋,造成结构承载能的降低。

（2）由于钢筋与混凝土之间存在着足够的粘结力,可以使钢筋与混凝土共同工作直到结构破坏,所以钢筋与混凝土之间的粘结力是十分重要的,施工时必须采取措施保证这种粘结力。

从以上两个基本概念出发,在结构施工时要特别注意以下几点。

（1）保证混凝土的质量。根据设计对混凝土提出的质量要求,除了配置符合设计要求的混凝土质量外,同时要根据施工条件,在搅拌、运输、入模、振捣、养护等方面采取措施,保证质量,使混凝土的最终质量符合设计要求。

（2）保证钢筋的质量。对钢筋的质量主要是要检验钢筋的物理力学性能,必要时还需要检验化学成分。对经过冷加工的钢筋,要检验冷加工后的性能。同时要检验钢筋的直径、钢筋的外形是否符合设计要求,钢筋表面是否有严重锈蚀,是否有缺陷、裂痕、硬伤,钢筋的表面是否有影响粘结力的污垢等。

（3）混凝土模板必须牢固可靠,有足够的刚度,保证结构构件外形与尺寸的准确,模板的内表面必须平滑光洁,拼缝密实,保证不漏浆。

（4）钢筋的位置、尺寸、规格、数量必须符合设计要求,并有可靠的固定措施,防止在振捣混凝土时,钢筋在混凝土中的位置产生偏移。

（5）采取措施保证钢筋与混凝土的粘结力,例如钢筋在加工时必须除锈,除污垢,成型后的钢筋应及时入模,避免再受污染。振捣混凝土时,避免振动钢筋。

（6）构件的支座与节点处,钢筋比较密,除要保证按施工图配置钢筋外,要注意浇灌混凝土的质量,保证混凝土的密实度。

（7）保证钢筋的锚固长度和弯钩要求,弯起钢筋的弯起点要准确。钢筋在加工过程中,要避免对钢筋造成损伤。

（8）保证预埋件的位置、尺寸的准确和锚固的可靠性。

（9）箍筋的位置、直径、支数和弯钩的要求,必须符合设计图纸的规定,同时应与受力钢筋绑扎牢靠,防止振捣混凝土错位。

（10）保证构件的保护层厚度。

（11）混凝土达到一定强度后方可拆除模板,拆模时要轻敲轻撬,避免损伤混凝土,拆模后要加强养护。

总之,一切要按图施工,按规范要求施工。在按图施工遇到困难或发现问题时,要与设计人员商量,共同解决问题,切不可任意改变设计,不按图施工,或违反操作规程。

二、钢筋

钢筋混凝土结构所用的钢筋,根据我国现行混凝土结构设计规范的规定分为四类,即Ⅰ级钢筋、Ⅱ级钢筋、Ⅲ级钢筋和低碳冷拔钢丝。其中Ⅰ级钢筋与低碳冷拔钢丝属于低碳钢材,外表为光面的。Ⅱ级钢筋与Ⅲ级钢筋属于低合金钢材,外表为变形的,即为月牙形或螺纹形。Ⅰ级钢筋、Ⅱ级钢筋和Ⅲ级钢筋均为热轧钢筋,低碳冷拔钢丝为冷加工(冷拔)后的钢丝。为节省钢材,Ⅰ级钢筋、Ⅱ级钢筋和Ⅲ级钢筋也可以通过冷加工(冷拉)后使用,利用其提高的强度和冷拉后增加的长度,以节约钢材。

钢筋混凝土结构在受拉区的钢筋应力达到 $30\sim40N/mm^2$ 时,混凝土即出现裂缝。混凝土的极限拉应变值为 $0.0001\sim0.00015$。当钢筋应力达到 $120\sim140N/mm^2$ 时,混凝土的裂缝宽度达到混凝土结构设计规范的允许值 $0.2\sim0.3mm$。所以普通混凝土结构中不能用高强度钢材。由于混凝土的极限可压缩应变值为 0.0015～0.002,故配置在受压区的受力钢筋,其设计强度不允许超过 400N/mm²。

为了保证钢筋混凝土结构的耐久性,规范对结构的受拉裂缝宽度有明确的规定,也即对受拉钢筋的设计强度值有一定限制。故冷加工后的钢筋强度值不一定能充分被利用。解决钢筋混凝土结构不能使用高强钢材的问题,我国在 50 年代初就开始研究预应力混凝土结构(详细情况,请查阅本书第五章)。

(一)对钢筋性能的要求

钢筋在混凝土结构中应用的性能要求有:屈服强度、极限强度、弹性模量、冲击韧性、塑性性能、化学成分、焊接性能、疲劳性能以及粘结性能等,其中最主要的是力学性能。

Ⅰ级钢筋、Ⅱ级钢筋和Ⅲ级钢筋都属于软钢,软钢的特性见图 4-2。软钢的特点是具有不太高的屈服强度,而其极限强度(即拉断时的强度)则比屈服强度高得多,可以达到 1.8 倍。从屈服强度到极限强度之间,钢筋有较大的变形能力,这种变形能力统称为塑性性能。

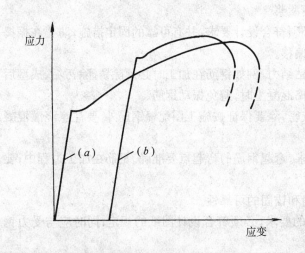

图 4-2　软钢特性图
(a)原钢材;(b)冷拉后钢材

对于钢筋混凝土结构来说,在承受静荷载时,最关心的是钢筋的屈服强度。屈服强度是软钢筋受力后的一种物理现象,是软钢的特征。当做钢筋的受拉(或受压)试验时,在开始时,加在钢筋上的力与钢筋的伸长(或缩短)成正比例,当外力加大到一定程度时,钢筋进入屈服阶段,即出现外力不增加而钢筋仍会伸长的现象,好像钢筋自己会流动一样,出现这种现象时的钢筋应力称为流限,或称屈服强度。超过屈服强度后,钢筋又需要增加外力才能伸长,直到拉断,拉断时的钢筋应力称为强度极限,或称破坏强度。软钢的这些特征,使结构在破坏前具有明显的预兆,钢筋在超过屈服强度后的塑性性能,就有可能使结构在地震作用下具有裂而不倒的可能性。

软钢经冷拉后,其屈服强度将提高,极限强度也有少量的提高,而塑性相应有所降低,但仍未失去软钢的特性。根据抗震要求,钢筋应具有足够的塑性,以防结构发生脆性破坏。经冷拉后的钢筋,其极限强度与屈服强度之比不能低于 1.25。所以,钢筋在进行冷拉利用其提高的屈服强度以节约钢材时,其冷拉应力或冷拉伸长率不应超过规范的规定。

普通钢筋盘条经过冷拔后,钢筋的截面面积缩小,长度增加,强度提高较多,没有明显的屈服点,塑性大大降低,此时的钢筋就变成了硬钢。如塑性降低过多,不符合规范的规定,有可能使结构发生脆性破坏。所以对冷拔后的钢丝要进行伸长率和冷弯试验,试验方法和要求,可见相应的规范规定。

施工规范规定预制构件的吊环,不允许使用冷加工后的钢筋,就是因为经过冷加工后的钢筋,塑性降低,容易发生脆性断裂。

钢筋在低温下的力学性能与在常温下不一样。一般规律是：温度降低，强度提高，塑性或韧性降低，脆性增大。这种现象称为金属的冷脆倾向。影响钢筋低温力学性能的因素除温度以外，还有一些其它因素。

(1)化学成分的影响。含碳量高的，冷脆倾向愈大。含磷量高的，增加钢材的冷脆性。

(2)冷加工的影响。冷加工会增加钢筋的冷脆倾向。

(3)焊接影响。焊接接头及其热影响区，对冷脆倾向比较敏感。

(4)加工影响。钢筋在加工过程中，如表面造成缺陷，损坏力学性能，增加冷脆倾向。

所以在低温下施工时，对钢筋的化学成分和加工工艺要特别注意。

(二)钢筋的加工

(1)除锈。钢筋在加工之前，先要清除铁锈。铁锈是在钢筋表面形成的一层氧化铁层，必须清除干净，否则影响钢筋与混凝土的粘结力，影响受力性能。钢筋的除锈方法较多，一般用人工除锈，如用钢丝刷、砂盘、喷砂等。冷拔钢丝在冷拔前用酸洗除锈，或机械除锈。除锈后的钢丝或钢筋要立即使用。

钢筋除要做好除锈工作外，还应清除附着在钢筋表面的油污、泥土等杂物，以保证钢筋与混凝土之间有良好的粘结力。

(2)调直。钢筋与光圆盘条在使用前均应加以调直。调直方法也有多种，盘条的调直一般采用调直机，也可在进入调直机前加冷拉装置。这样可使冷拉、除锈、调直、切断四道工序联动完成，提高生产效率。对直条钢筋，多采用冷拉调直，可以达到调直、除锈和利用其拉长率以节约钢材的目的。对于 I 级钢筋冷拉率不宜大于 4%，对于 II 级和 III 级钢筋，冷拉率不宜大于 1%。冷拔钢丝调直后的抗拉强度和塑性应符合规范要求。

(3)配料、切断。钢筋在切断前，应先熟悉图纸，按图纸和规范的要求，对钢筋的长短、形状、锚固长度、接头形式、位置等，仔细核对、计算，列出钢筋的数量、规格，然后根据长料长用、短料短用、长短搭配、合理使用、节约材料的原则下料。对于不同的接头形式，其下料后的端头，应符合接头规定的要求。

(4)钢筋的弯钩与弯折。根据使用要求，钢筋在混凝土中需要进行弯钩和弯折加工。为了保证钢筋弯钩与弯折后的性能不变，在规范中对钢筋提出了塑性性能和冷弯性能的要求。钢筋和箍筋弯钩和钢筋的弯折形式与要求见图 4-3。图中的弯曲和弯折直径 D 和平直长度 L 与钢筋的种类、直径(d)和混凝土的强度等级有关，详见混凝土结构设计与施工规范。

(三)钢筋的连接

钢筋的连接是指钢筋由于长度不够，或者由于直径改变，需要在长度方向将两根钢筋接起来的方法。连接接头需能传递钢筋的拉力或压力，或者有时传递拉力，而有时则需传递压力。所以对钢筋的连接要求是很严格的。钢筋的连接方法可分四类：即绑扎连接、焊接连接、机械加工连接、化学材料锚固连接。前两者已列入规范；机械加工连接正在推广应用、编制标准；化学材料锚固连接，我国尚很少采用。

钢筋连接后，其连接部位的性能同原材不完全一样，因此，对连接接头的使用，在规范中有明确的规定。归纳起来有四点：(1)连接接头不宜放在受力最大处；(2)不宜放在钢筋需要弯曲或弯折处；(3)不宜把所有钢筋的接头放在同一截面处；(4)直接承受疲劳荷载的结构，不宜有连接接头。

(1)绑扎连接。采用绑扎连接时，其搭接长度、位置，端部弯钩等要求应符合规范的规定。

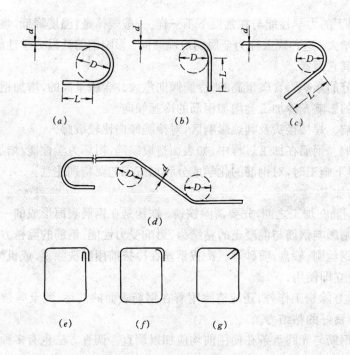

图 4-3　钢筋弯钩与弯折图

(a)180°弯钩;(b)90°弯钩;(c)135°弯钩;(d)弯折加工;

(e)箍筋 90°/180°弯钩;(f)箍筋 90°/90°弯钩;(g)箍筋 135°/135°弯钩(用于抗震地区)

这种连接方法可在直径不太粗的钢筋中应用。其优点是施工方便,不受设备条件、施工条件的限制。缺点是用钢量大,钢筋的传力性能不太理想。在接头处的钢筋,由于一根钢筋变成了两根。有时发生排列困难,或钢筋太密,混凝土不容易灌得密实,影响结构承载力。

(2)焊接连接。焊接连接是目前用得最广泛的一种连接方法。根据工程要求和设备条件,可采用绑条焊、剖口焊、熔池焊、闪光对接焊,气压焊、电渣压力焊等。目前前三种已很少采用。对于不同焊接的要求,详见相应的规范规程的要求。焊接连接与绑扎连接比较,其优点是传力性能好,节约钢材、适用范围广,问题是需要有技术水平高的焊工,用电量大,接头的质量受操作工人的体力与情绪的影响。有些焊接方法还受到气候的影响和防火要求的限制。

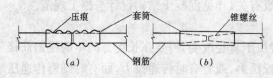

图 4-4　钢筋机械加工连接接头

(a)冷挤压套筒连接;(b)锥螺纹套筒连接

(3)机械加工连接。机械加工连接正在我国发展和推广应用。目前正在推广的有两种方法:一种是套筒冷挤压连接法;一种是锥形螺纹套筒连接法。两种连接接头见图 4-4。前者靠挤压力,使套筒产生塑性变形,与变形钢筋咬合成一体。后者靠锥形螺纹,通过套筒连成一体。施工时,先在地面将钢筋的一端与套筒连接好,另一端在施工位置进行连接。这两种套筒连接方法与绑扎连接方法比较,其优点是受力性能好,用于 φ16 以上的粗钢筋,可节省钢材,与焊接连接方法比较,则用电量省,不受气候和高空作业影响,操作简单,不需要熟练工种,质量易保证,但造价要稍高一些。

(四)钢筋的质量检验

钢筋是钢筋混凝土结构中受力的重要材料、钢筋的检验内容,除在进场需对其出厂证明书、标志和外观进行检查外,并应按国家有关标准的规定,抽取试样作力学性能校验,合格之后方可使用。如在加工过程中,发现钢筋有裂缝、脆断、焊接性能不良等现象。尚应进行化学成分检验,或其它专项检验。

三、混凝土

混凝土是钢筋混凝土结构中另一种重要的受力材料。这种材料由设计提出要求,由施工单位自行生产。关于混凝土的原材料、外加剂、配合比、生产工艺、质量控制等在本书第三章中已有详细叙述,这里仅从结构角度对混凝土的质量提出一些看法。

目前国际上混凝土的发展趋势是向高性能混凝土发展。什么是高性能混凝土?它具有四方面的特征,即:高强度、高耐久性、高体积稳定性和高工作性能。概括起来说,高性能混凝土就是能更好地满足结构功能的要求和施工性能的要求的混凝土,使钢筋混凝土能提高使用年限,降低工程成本的混凝土。

(一)高强度混混凝土。

强度是混凝土最基本的性能要求。混凝土的强度来源于水泥、水灰比、粗细骨料及其级配,外加剂和活性细掺合料。我国混凝土的强度以立方体试块的抗压强度作为基准。

混凝土的抗压强度,除受上述各种因素影响外,还受试件的尺寸、形状、试验方法及混凝土龄期等影响。我国以 $15 \times 15 \times 15$cm 立方体试块经 28 天标准养护后,用标准试验方法测出的具有 95% 保证率的抗压强度作为标准值。

在结构中,混凝土的受力状态与试件的受力状态不同。抗压强度标准值不能直接用于工程设计中。混凝土结构设计规范根据混凝土在结构中的受力特征,规定了三种不同强度标准值,这三种强度是:①轴心抗压强度。由于混凝土在构件中的轴压情况与试块在试验机上的轴心受压不完全一样,试件在试验加压时,试件两端受试验机压板的约束,提高了混凝土的抗压强度,实际上的混凝土轴心抗压强度要比试块的轴心抗压强度低。规范规定轴心抗压强度约为试验抗压强度的三分之二左右。②弯曲抗压强度。由于混凝土构件在受弯时,其受压区的受压情况与轴心受压不一样,弯曲抗压时,受压区的压应力在全截面上是不均匀的,混凝土会产生塑性变形。调整其受压应力,其抗压强度会相应有所提高。规范规定弯曲抗压比轴心抗压提高 10% 左右。③轴心抗拉强度。混凝土的轴心抗拉强度远比抗压强度低。而且等级愈高,低得愈多,分散性也愈大。规范规定轴心抗拉强度约为抗压强度的 1/10~1/20。对于抗拉强度十分重要的结构,应加强对混凝土抗拉强度的质量控制。

所谓高强混凝土,我国目前阶段是指强度等级在 C60 级及以上等级的混凝土,是我国混凝土技术推广的重要项目之一。提高混凝土强度的等级,对节约原材料、提高结构耐久性、降低结构自重有很大的好处。混凝土强度等级由 C30 提高到 C60,对受压构件可节省混凝土 30%~40%,对受弯构件可节省混凝土 15%~20%。在提高混凝土强度等级的同时,还应提高混凝土的变形性能,防止脆性破坏。

(二)高耐久性混凝土。

由于混凝土本身抗老化性能较好,因此,设计与施工单位往往对混凝土的耐久性问题不太重视。混凝土的耐久性可以分成两个方面,即老化和劣化。

老化是指混凝土在大气、土壤和水中随着时间的推移发生的性能的变化,如表皮风化剥落,细微裂缝的扩展,冻融循环而破损,混凝土的碳化使钢筋锈蚀,遭受腐蚀性气体或液体的侵蚀而破坏等等.这些自然现象,随着混凝土使用领域的扩大,随着使用时间的延长,暴露的问题愈多,正在为人们所重视。

劣化是指混凝土在使用过程中由于使用而使混凝土的性能发生变化,如磨损、冲刷,疲劳;撞击、酸、碱、油等腐蚀,温度,渗透等等,这些作用,随着使用年限的增加,破损现象日益严重,需要提高和改善混凝土抵抗使用过程中造成破损的性能。

另外,施工中用料不当,操作不慎等也会降低混凝土的耐久性,如在混凝土中使用了活性碱骨料,而水泥和外加剂中的碱含量过高,会发生碱骨料反映而使混凝土破坏。混凝土的施工质量不好,强度降低、裂缝等使钢筋锈蚀等。

提高混凝土抗老化和耐劣化的性能,不仅要从原材料上解决,施工上保证,使用上维护,同时要研究改进混凝土性能的复合材料,提高其耐久性。

(三)高体积稳定性混凝土。

混凝土的体积稳定性可分成三类:一类是混凝土在凝结过程中发生的体积变形,如收缩变形。一类是混凝土在承受荷载后的体积变形,如徐变变形。另一类是混凝土在温度变化时的体积变形,叫做温度变形.体积变形直接影响结构的受力性能,严重者会降低结构的安全,所以提高混凝土的体积稳定性,是高性能混凝土的重要标志之一。

收缩是混凝土的一种重要特性。收缩会使混凝土产生内应力,产生裂缝,降低混凝土的强度和耐久性。产生收缩的原因很多,主要的原因有:①沉缩。刚成型的混凝土,因固体颗粒下沉,表面泌水产生体积缩小。②化学收缩。水泥与水在水化过程中发生的体积缩小。③物理收缩。凝固后的混凝土,毛细孔中的水分蒸发,使体积缩小。影响收缩的因素主要有:①水泥浆多,收缩大。②粗骨料弹性模量高,收缩小。③单位体积内用水量少,收缩小。④蒸气养护比自然养护的混凝土收缩量小。蒸压养护可减少收缩50%。⑤不同外加剂对混凝土的收缩影响不同,其中氯化钙对收缩影响较大。⑥环境湿度减小,混凝土的收缩增加。此外,混凝土的收缩早期发展快,随龄期的增长而增大,随构件断面尺寸变小而加大。

徐变是混凝土的另一个重要特性。当混凝土在一个定荷载作用下、产生随时间增长的变形称为徐变。徐变变形改变了结构中的内力,产生的不利变形,导致结构不符合使用要求或破坏,应引起足够的重视。影响徐变的因素很多。主要有:①水泥浆含量高、徐变大。②粗骨料的弹性模量高。徐变小。③水灰比大、徐变大。④混凝土密实度高,徐变小。⑤加荷时的龄期短,徐变大。⑥环境湿度大,徐变小。⑦外加荷载大,徐变大。⑧掺加的外加剂如能减少水灰比,则徐变小。此外,徐变在初期发展快,随时间的延续而增加。

弹性变形是材料受力后产生的相应变形,卸荷此变形立即消失,这种变形称为弹性变形,是每一种材料固有的特性。但混凝土是一种多相复合材料。初次加荷载卸荷后有残余变形。经过多次反复加荷卸荷后(加荷应力不超过50%~60%混凝土抗压强度),可以消除残余变形,此时的混凝土变形称为弹性变形,弹性变形可以用应力与应变关系即弹性模量来描述。弹性模量高。体积变形小。混凝土的弹性模量仅为钢筋的$1/8 \sim 1/6$。比钢材受力后的体积变形大得多。影响混凝土弹性模量的因素有:①骨料弹性模量高,弹性模量高。②混凝土抗压强度高,弹性模量也高。③环境湿度大,弹性模量高。④蒸气养护的混凝土弹性模量比潮湿养护的低,大致可低10%左右。⑤弹性模量与受力状态有关,受拉时的弹性模量比受压时要低,受剪时更要低一些。但受拉与受压在一般情况下统一采用受压时的弹性模量。规范中给出了不同等级混凝土受压受拉及剪切的弹性模量值。

当混凝土受到荷载作用时,不仅在受力方向产生变形,非受力方向也产生变形,两者变形的比值称为泊桑比。混凝土的泊桑比约在 0.11~0.21 之间,我国混凝土结构设计规范规定取 0.2。

温度变形。材料的热胀冷缩现象称为温度变形。温度变形在不受约束的情况下是不产生内力的,混凝土与钢筋的温度线膨胀系数相差很小,两者差异所引起的内应力很小,可忽略不计。但钢筋混凝土结构在遭受温度变化时,由于结构的变形受到约束,使结构产生内应力,这种内应力有时会很大,甚至引起结构破坏。对大体积混凝土,对建筑物长度大、高度大跨度大的建筑,在设计、施工中必须谨慎从事,应通过从设计、构造、材料、施工等多种综合措施,予以解决,防止温度对建筑物的破坏。

(四)高工作性能混凝土

混凝土的工作性能是保证混凝土结构质量的重要方面,没有好的工作性能的混凝土就很难保证得到高强度、高耐久性、高体积稳定性的混凝土。

混凝土必须满足易于拌和、运输、灌筑、振实等各道操作工序的要求,而在施工过程中不产生离析、质量稳定和施工完成后的混凝土密实、匀质、平整、表面光洁。所以日本等国对混凝土的工作性能非常重视,被定为是高性能混凝土的重要指标之一。

从以上所说可以得到一个重要的结论,混凝土的生产(设计、施工和制作)是一项科学性很强、生产过程需严格进行质量控制、操作与养护需十分谨慎的工作。提高我国混凝土的技术水平,需要从混凝土原材料、外加剂,活性细掺合料,及其配合比、施工操作各道工序加以改进。提高工业化水平,提高技术队伍素质,才能满足社会主义事业发展的需要。

四、模板

混凝土工程是我国工程建设中的主要结构材料,广泛应用于建筑、交通、能源、水工等工程和各种构筑物。现在混凝土的用量每年已达 9 亿立方米。混凝土工程必须使用模板才能成形为设计所需要的形状和尺寸。所以模板是混凝土工程中必不可少的施工工具。根据国外统计,在一般工业与民用建筑工程中,平均每立方米混凝土需用模板 7.4 平方米,模板工程的费用约占混凝土工程费用的 34%。我国的实际情况,大约占 20%~25%。模板工程在混凝土工程中占有很重要的位置,不仅是费用高,而且对保证结构的形状尺寸,提高混凝土工程的质量,加快施工进度,降低成本等都有着重大影响。施工中应根据工程的不同情况,结合本单位的条件,合理选用不同的模板材料、不同的模板结构、不同的施工方法。下面着重介绍现浇混凝土用的模板。

(一)模板的品种

(1)木板模板。木板模板是最早使用的模板,适应性强,可在各种工程中应用。由于周转次数 少,耗用木材量大,我国木材资源又紧缺,不可能为建筑施工供应大量作模板的木材,逐渐被淘汰,现在已基本不用。

(2)钢板模板。70 年代开始推广组合式小钢模模板,形成了我国自己的体系。由于钢模板周转次数多,施工比较方便,发展较快,至今已超过数千万平方米。但我国的小钢模所用的钢板较薄,模板的刚度较小,容易变形,每块模板的尺寸也较小,不适应平面尺寸较大的结构,拆装还比较麻烦。为了克服这种小钢模的缺点,也发展了整体大钢模。大钢模的刚度大,混凝土表面质量好,安装速度快,周转次数多,但使用灵活性差,对不同的结构难以重复使用,而且大钢模板的重量大,需用大型起吊设备配合安装,导致施工费用增加。需要发展一种尺寸比较合适、重量不大、拆装方便、通用性大的定型模板。

（3）胶合板模板。由于钢模板的每年用钢量较大，80年代后期开始研制用胶合板模板。胶合板模板克服了木板模板的横纹受力性能差、缺陷多、降低强度等缺点，而且胶合板模板表面有覆膜层，表面光滑平整，容易脱模，模板损坏少，可多次重复使用，降低成本。胶合板模板的保温、隔热性能比钢模板好，自重轻，幅面大，拼缝少，胶合模板镶以特制的钢框后，增强了刚度，便于拼接、减少损耗，安装方便，已逐步为施工单位接受。钢框胶合板模板的构造见图4-5。

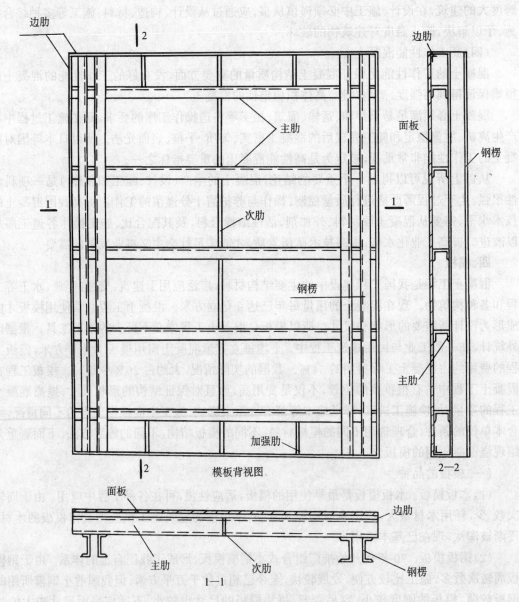

图 4-5　钢框胶合板模板构造示意图

用钢框胶合板模板打出来的混凝土质量好，已成为组合钢模板之后的第三代模板。国外,这种模板的用量已占模板总量的 60%以上。

为充分利用我国的地方资源,近年来又开发应用竹材做胶合板模板代替木胶合板取得了成功,而且价格比木胶合板低。但需规范生产工艺,稳定产品质量,成为具有我国特色的模板品种。

(4)玻璃钢模板。是一种以型钢为骨架,玻璃钢为面板的模板,这种模板的重量较轻,成型也比较方便,特别适合于圆形柱和一些曲面外形的墙面与板面。成型后的混凝土表面光洁美观,但模板成型后不能更改形状和尺寸,故摊入混凝土工程的成本较高。

(5)塑料模板。目前所用的塑料模板绝大部分专门用于浇捣混凝土井式楼盖的壳形模板,也称为塑料模壳。这种模板是在工厂专门生产的定型产品,使用比较方便,由于价格较高,推广量不大。

(6)铝合金模板。铝合金模板重量轻,刚度好,安装方便,可多次重复使用,比其它模板有较大的优越性。但我国铝的产量较少,价格较贵,至今尚无生产厂家,仅从国外引进小量铝模板在个别工程中应用。

(二)模板的结构与施工

模板技术的发展,除了在材质上有较大发展外,在结构构造上也有较大发展。模板生产已由手工现场制作、散拼散装、一次性使用,向工厂化、定型化、板块组合、整装整拆、多次重复使用发展。模板的施工技术随着混凝土结构体系的发展,形成了多种体系。

(1)小块定型钢组合模板体系。这种体系的面板是定型的,背楞与支架还没有很好定型。模板的支拆全靠人工,机械化程度低,拆装费时费工,模板与支撑的损伤较大,往往达不到规定的使用次数已残缺变形而无法使用,造成浪费。这种体系适用于小截面的构件和框架结构的梁和柱子。

(2)整装整拆大模板体系。大块模板的尺寸应根据施工条件,同时考虑工程结构的常用尺寸来确定。大型模板由于刚度好、拆装量少,具有提高工效、缩短工期、改进混凝土表面质量的特点,故多用于墙面和楼面工程。大模板用于墙板结构时,采用对抗拉杆将两片模板固定,以节省支撑。

(3)快速脱模体系。快速脱模是用于加速施工进度、提高模板周转率的技术。主要用于楼板施工。在楼板施工中往往由于混凝土强度未达到设计强度不能拆除模板,而需要多配置模板数量,增加了工程成本。快速脱模就是将楼板的模板分成可早脱部分和支撑部分,混凝土强度达到能自我支承时就可把早脱部分模板拆除(不需等到设计允许脱模强度),周转使用到上一层模板支模使用。楼面的全部荷载由未脱去的模板和支撑支承。支撑部分的模板可以是点式、也可以是带式的。可脱部分的模板一般做成整体的,甚至与支撑也做成一体,如台模,可以整个模板从施工层提升到上一层安装。有的也称做飞模法施工,可大大提高工效。

(4)滑模体系。滑模是对模板施工概念上的改革。一般模板工程是要待混凝土达到设计强度后再拆除模板。滑模则是在混凝土在凝固过程中,模板即沿着混凝土表面逐步滑出,所以滑模是混凝土在浇筑过程中,不断滑动的模板。为了使模板能在随混凝土浇筑的方向作一定速度的滑移,需要增加一套滑动装置,包括滑移的动力、千斤顶、支撑杆,滑升架、操作平台、吊架等。滑升的最大优点是模板只需一米高左右,只需组装一次,机械化程度高,施工速度快,但要求具有较高技术水平的队伍。混凝土的供应在时间上,和数量上有充分的保证,否则滑出的混凝土质量不易保证。滑模适用于竖向的筒壁、墙体,水平向的管沟、遂道壁等也可使用。

（5）爬模体系。爬模是以建筑物的钢筋混凝土墙作为承力体。通过附着于已完成的钢筋混凝土墙体上的爬升支架（或大模板）、爬升设备作交替爬升，以完成模板的升、降和就位、校正等工作。这种模板具有大模板的优点，吸取了滑升模的优点，克服其技术要求高的难点，是近期钢筋混凝土高层建筑施工中发展较快的一种模板体系。如果用吊车把整套模板和操作平台提升代替爬升动力爬升，称为提模体系。

（6）隧道式模板体系。隧道模是一种把墙模板与楼板模板组装成一体的模板，分整隧道模（∏形）、半隧道模（∏形）。适用于隧道和板墙式结构的房屋等。隧道式模板一次组装后整体脱模，水平移动，或采用飞模施工法将下层模板整体吊装到上一层使用。模板刚度好，损耗少，施工速度快，成型的混凝土质量好，但需要有大型提升机械或水平拽引设备。

（三）模板的设计计算

模板应视作为一项结构工程，随着现浇混凝土工程的规模愈来愈大，结构形式愈来愈复杂，尺寸的准确性愈来愈高的新形势下，对模板结构的要求也随之提高。现代的大型钢筋混凝土工程所需用的模板工程必须经过科学的规划与设计计算才能达到实用、经济、保证质量的要求，模板工程的设计程序如下：

（1）模板的选型。根据施工图、施工条件选定施工方法，确定模板的品种、模板的结构构造、模板的布置方案。模板的布置方案中应考虑支撑、脚手架的布置，以保证施工的安全、经济、方便和质量。

（2）模板的组装图与加工图。包括定型模板的配板、异形模板的加工图、各种配件和节点连接图、不同编号模板的数量、使用流向、模板的安装和拆除程序、维护修理说明等。

（3）模板的受力计算。模板及其支撑是一种反复多次使用的工具，应按一般结构进行计算，不能按照时工程可以降低安全度来设计。模板设计不仅应计算其承载能力，更重要的是要控制其变形和施工中的稳定性。模板的受力情况一般来说是梁板传力体系。其设计步骤如下：选定模板结构计算图（包括主次梁、背楞、支撑布置等）──→确定各类模板及支撑系统所承受的荷载──→确定模板材料的规格及力学数据──→根据工程结构要求确定模板的允许变形值──→计算模板的强度、刚度和施工过程中的稳定性。其计算结果应符合要求，如不符合要求、则应重新进行结构布置，重新计算。模板设计中应特别重视节点设计，节点处理不好，直接影响混凝土工程质量。

（4）滑模、爬模、提模、飞模等模板设计，除了模板自身的设计外，还要进行施工设计，如模板的升降装置、升降动力设施、调平控制、施工工艺等。

（四）模板组装与拆除

（1）模板组装前应做好准备工作。施工现场应有可靠的、能够满足模板安装和检查需用的测量控制点。堆放模板的场地应密实平整，模板支撑下端的基土必须坚实，并均应有排水设施。应选用隔离性能好、无污染、操作方便、对模板面模无腐蚀作用的隔离剂。

（2）安装。模板安装前应选用合适的吊具，进行试吊，确认无问题后方可正式吊装，吊装过程中严禁模板板面与坚硬物体摩擦与碰撞。模板安装应按施工组织设计规定的程序进行，保证安装位置、尺寸的准确和牢固。模板的支撑系统应按规定布置图设置，立柱、斜撑等着力点应可靠。对拉螺杆位置准确。当梁板跨度等于及大于 4m 时，模板应起拱。

（3）拆除。模板的拆除时间，应符合国家现行标准的有关规定。模板拆除应按预先编制的拆模方案进行,拆模过程中严禁使用撬棍撬砸面板,拆下的模板不得抛掷。

(4)维修与保管

拆下的模板应及时清理,对沾有混凝土的模板宜使用清洁剂清洗,严禁用坚硬物敲刮板面。

对破损的模板应及时维修,适时除锈刷漆保养。

装卸模板及零配件应轻装轻卸,严禁抛掷。大型模板的堆放必须采取防倾倒措施。

五、钢筋混凝土结构的设计与施工

钢筋混凝土结构的作用是保证设计要求的房屋形状与空间、承受自重和外加荷载、满足使用功能的要求。

钢筋混凝土结构设计与施工的任务是选用合适的混凝土和钢筋材料,探索经济和安全的结构体系,采取科学和先进的设计与施工方法,建造出经济、实用、安全和满足使用功能要求的房屋。

所谓经济是指建造出来的钢筋混凝土结构的综合指标是经济的,它应包括结构的用材指标,各种施工费用和在使用期间的运营效益和管理费用。

所谓安全是指结构在规定的使用期内,在规定的使用条件下结构是可靠的。

所谓实用是指结构分隔与空间利用合理,功能符合使用要求。

所以,我们在进行结构设计与施工时,要了解房屋的使用要求,了解施加在结构上的荷载,了解当地的气候、地质条件,了解结构各部位的作用与受力特性,了解建造方法和过程等等,避免造成不应发生的质量事故。

下面谈谈与钢筋混凝土结构施工人员比较密切的几个问题。

(一)荷载

施加在结构上的荷载可以分成两大类:一类是直接以力的形式加在结构上的,如房屋建筑的自重、各种设备的重量、风力等。这类荷载,在《建筑结构统一设计标准》中称为直接作用。其施加在结构上的方式分三种,即①点荷载,或称作集中荷载,力集中在一点,其计量单位为牛顿(N)。②线荷载,也称作线分布荷载,力分布在一条线上,其计量单位为每米牛顿(N/m)。③面荷载,也称面分布荷载,力分布在平面上,其计量单位为每平米牛顿(N/m²)。结构计算主要是根据这三种荷载来计算结构的尺寸和配筋构造。另一类是外加于结构上或约束于结构中的变形的原因,如由于外界温度变化、材料的收缩徐变,地基的不均匀沉降等原因造成结构产生的内应力,这种内应力不是由于荷载引起的,称为间接作用。《工业与民用建筑荷载规范》规定的荷载仅是直接作用部分,对间接作用部分除地震作用外,尚未定出标准。这些间接作用引起的内力,则是凭经验以构造措施予以解决,如房屋中设置伸缩缝是为了解决房屋在温度与材料收缩作用下产生的变形使结构遭受破坏而设置的。又如房屋中设置沉降缝是为了解决房屋各部分由于荷载变化太大或房屋高低相差太大产生基础不均匀沉降,使结构遭受破坏而设置的。

我们在施工时,不仅要重视结构上的直接作用的力,同时要考虑间接作用产生的变形对结构的影响。直接作用和间接作用这两类荷载随着施工过程对结构的影响是不同的。结构设计一般是考虑房屋建成后,投入使用时的受力情况,在施工过程中的结构受力情况有时没考虑,有时考虑不全(因为施工的方法、程序不同,施工中结构的受力情况也不同)。所以,我们在施工时,特别要注意施工过程中、结构尚未形成整体时的荷载和传力情况,避免发生事故。

房屋建筑上荷载的传递途径。一般民用与工业建筑,多采用砖混结构、排架结构或框架结构。对于多层砖混结构,其传力系统为屋盖、楼盖、墙体和基础。对于排架或框架结构则是屋盖、楼盖、梁、柱、墙和基础。房屋建筑上的荷载一般由上向下传递,但地震作用则是通过基础传给上部结构。房屋建筑上的荷载及传递途径见图4-6。

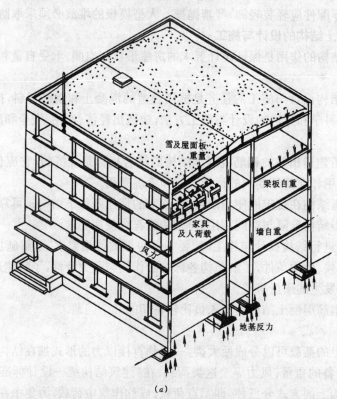

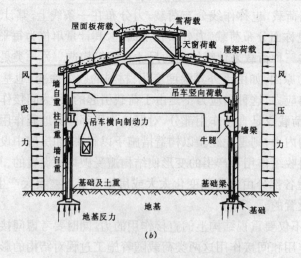

图 4-6　房屋建筑上的荷载及传递途径

(a)砖混结构房屋;(b)单层排架结构房屋

126

屋面荷载。屋面上的荷载有自重、风雪荷载和活荷载(人、施工荷载等),有时还有设备荷载等。它由屋面板传给檩条,再传给屋架(或屋面梁),或者由屋面板直接传给屋架(或屋面梁),最后由屋架(或屋面梁)传给墙或柱。对于没有屋面梁(或屋架)的砖混结构房屋,则直接由屋面板传给墙。

楼面荷载。楼面上的荷载有自重、设备荷载和活荷载等。它由楼面板传给次梁、由次梁传给主梁,由主梁传给柱(或墙),或者由楼面板直接传给墙。

水平荷载。水平荷载的种类也比较多,如风荷载、吊车荷载、土压力、水压力、地震作用等。这些水平荷载的传递途径比较复杂,一般是作用在墙上或作用在梁上,然后传给墙或柱,屋盖与楼盖也是传递水平力的重要构件。

从上述荷载传递途径看出,所有荷载都要通过墙或柱传给基础,再由基础最后传给地基。所以对于房屋结构来说,承重墙和柱子的质量特别重要,它关系到建筑物的全局问题。楼板、屋面板等构件只涉及到局部的安全问题。

(二)设计

钢筋混凝土结构设计一般分成五步进行。

(1)确定结构方案。结构方案应满足以下要求:与建筑方案协调一致。结构传力途径明确、合理。结构安全可靠,造形美观。施工方便,用料省、造价便宜。

(2)确定荷载。根据建筑方案、结构方案、当地的气候条件、地质条件和建筑使用要求,确定荷载取值。

(3)根据结构方案和荷载,进行结构分析、计算结构构件中的最大内力,如拉力、压力、弯矩、剪力等。

(4)根据结构的内力,设计钢筋混凝土截面,保证结构的强度、抗裂、变形等符合规范要求。

(5)根据设计结果,加以构造处理,绘制施工图。

施工人员要了解设计情况,对制定施工方案很重要。在施工过程中不应使结构或构件产生的内力超过结构设计所能承受的内力,否则结构在施工过程中就可能发生裂缝过大,变形过大,甚至发生破坏或倒塌。所以在确定施工方案后,必要时应该核算结构或构件的承载力和变形、裂缝。如发现原设计的承载力不够或裂缝、变形过大,则需采取措施或改变施工方案。

(三)施工

钢筋混凝土结构在施工前,应仔细研究设计图纸,制定施工方案,切实按图施工。要注意施工过程中结构的稳定性。现浇结构的分段和留施工缝的位置,以保证施工完成后房屋的整体工作性能。保证材料、配筋符合设计要求。另外还要特别注意图纸中的构造处理部分,以保证结构受力符合设计意图。

(1)三种缝的处理。①伸缩缝是减少钢筋混凝土结构由于温度和收缩变形引起过大应力而发生断裂的措施。这种缝要能适应胀缩的需要。②沉降缝是解决钢筋混凝土结构由于各部位荷载相差悬殊,或房屋高差较大引起基础沉降不均匀造成结构破坏的措施。这种缝要求缝的两边在垂直方向能自由滑动。③抗震缝是防止钢筋混凝土结构在遭遇地震时,结构摆动而不致发生碰撞的措施。这三种缝的功能不同,构造也不一样,施工中要注意保证其质量。

(2)三种支座的处理。①滑动铰支座可以传递垂直力,不能承受水平力和弯矩。②固定铰支座可以传递垂直力和水平力,不能承受弯矩。③固定端支座可以传递垂直力、水平力和弯矩。三种支座的简图如图4-7。

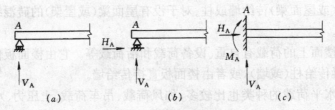

图4-7 三种支座简图
(a)滑动铰支座;(b)固定铰支座;(c)固定端支座

这三种支座代表了三种受力状态,施工中要保证支座受力状态的实现,才能保证结构受力状态的正确,否则结构的内力与设计不符,可能导致结构的破坏。

(3)两种节点的处理。在结构中,常有几个杆件汇交在一起,称为节点。节点分成两类。一类是铰节点,仅能传递杆件的轴向力,不能承受弯矩,杆件在节点处可以自由转动,但不能移动,如屋架的上下弦节点。另一类是刚节点,可以同时传递轴向力和弯矩,杆件在节点处既不能移动,也不能转动,如框架结构的梁柱节点等。钢筋混凝土节点的铰接与刚接是用不同的配筋构造和杆件与节点刚度的差异来实现的。要做成真正的铰节点或刚节点是很难的。在实际工程中难免存在节点的次应力,但施工时应尽可能减少这种次应力的产生。如果把刚节点施工成铰节点,或把铰节点施工成刚节点,都会改变了结构的受力状态,严重时会发生事故。

第二节　基本构件的特点

作用在房屋结构上的外力,在结构截面中产生五种内力,即:压、弯、拉、剪、扭。这五种内力有时单独存在于截面上,有时是复合在一起的。钢筋混凝土结构截面设计的主要任务是选用合适的混凝土和钢筋,选定合理的截面尺寸和形状,计算所需的钢筋数量,绘制配筋和构造图。用截面几何形状和材料强度产生的抗力抵抗外荷载造成的内力,使结构在强度、变形和裂缝各方面都能满足使用要求。

房屋结构是由不同种类的构件组成的,各种构件由于所处的位置不同,其截面上所受的内力也不一样,有的主要是受压,如柱子。有的主要是受拉,如屋架的下弦拉杆。有的在同一截面与一部分是受压,另一部分是受拉,如板、梁等。钢筋混凝土设计的基本原则是发挥钢筋与混凝土两种材料的各自优势,即在受压部分用混凝土抵抗外力,在受拉部分用钢筋抵抗外力。施工中掌握这条基本原则,了解了构件的受力状态,就不会把钢筋位置放错,或把预制构件的上下面安装反了。

房屋建筑的承重构件按其功能可区分为三大类:

用于围护或分隔的承重构件,如板、墙等。

用于跨越空间的承重构件,如梁、桁架等。

用于支承的承重构件,如柱、墙等。

这些承重构件,由于所处的位置不同、受力状态不同、建筑造型要求的不同,其形状截面都不一样。房屋建筑的基本构件有板、梁、柱、墙、桁架五种,现分述如下。

一、板

1. 定义

在房屋结构中,平面尺寸的长度与宽度均较大、而厚度相对较小的构件称为板。板主要是承受垂直于板面的荷载,板在房屋建筑中的用途很广,用量很大,如屋面板、楼面板、基础板、楼梯板等。

2. 分类

按板的平面形状分有:正方形板、长方形板、圆形板、三角形板等,其中最常见的是长方形板,即矩形板。

从板的横剖面构造分有:实心板、空心板与夹心板等。实心板多用于现浇板,空心板多用于预制板、夹心板多为满足建筑功能要求而采用。

按板的截面形状分有:平板、槽形板、T 形板、密肋板、折板和各种曲面形状的壳板。后两种板主要用于屋面。板的截面形状见图 4-8。还有一种带肋的板,叫肋形板,其肋具有梁的功能,或称梁板合一的板。平板是工程中最常用的板。采用什么平面形状的板与建筑造型有关,采用什么截面形状的板,则与荷载、跨度、支承条件和建筑要求有关。

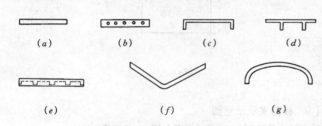

图 4-8　板的截面形状

(a)实心平板;(b)空心平板;(c)槽形板;(d)T 形板;
(e)密肋板;(f)V 形折板;(g)拱形壳板

按施工方法分有:预制板。现浇板和预制现浇相结合的叠合板。叠合板是用预制混凝土板或钢板做底板,在其上浇筑混凝土形成的。叠合板可节省模板,免去支拆模工序,加快施工进度,施工中应注意做好预制与现浇叠合面的结合。

3. 板的受力情况

板的受力情况与支承条件有很大关系。当矩形平面板在两端简支承时,只在板的平面内顺跨度方向产生弯曲变形,板的受力钢筋是单向布置的,结构述语称为单向板。见图 4-9(a)。如矩形平板除在两端支承外,中间也有支承时,则称为单向连续板,见图 4-9(b)。单向板通常按等效匀布荷载取一米宽作为计算单元设计,如遇有特大集中荷载时,需在集中荷载处的板下加设托梁。如在板上需要开洞口时,则在洞口四周加配加强钢筋。当矩形平板在四边简支时,则在板的平面内顺两个跨度方向产生弯曲变形,称为双向板。板的受力钢筋需双向布置,见图 4-9(c)。双向板的受力是比较复杂的,一般按弹性力学理论分析内力和配筋,也可按塑性铰线法设计计算。

上述支承条件的板,在分布荷载作用下,一般只需要计算抗弯承载力,不需要计算抗剪承载力,因为板的混凝土截面相对来说较大,板内的剪应力相对较小。

当板直接简支在柱上时,则称点支承板,如无梁楼盖。这种板也在两个跨度方向产生弯曲变形,其受力特点也属双向板,见图 4-9(d)。板的受力钢筋是按柱上板带和跨中板带双方分别布置。无梁楼盖的内力分析,目前一般采用经验系数法或等代框架法进行计算。板的设计除进行抗弯承载能力计算配筋外,还需要在柱帽处进行抗冲切计算。

当板直接支承在地基上时,一般按地基反力为线性分布的假定计算。根据计算力配筋。

当板的支承为一端固定，一端无支承时，则称为悬臂板，见图 4-9(e)，如雨篷等，其产生的变形与两端简支的板不同，其曲面朝下，故受力钢筋的配置也与简支板相反，受力钢筋配置在板的上部。施工中应特别注意。这种板除计算其受弯承载力外，同时要计算其抗剪承载力。

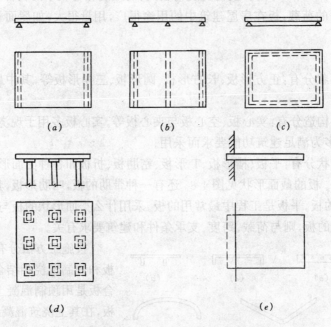

图 4-9　板的支承示意图

(a)单向板；(b)单向连续板；(c)四边支承双向板；(d)点支承双向板；(e)悬壁板

4. 板的构造与施工

板的厚度是根据受力和使用要求确定的。板的厚度对整个建筑物的混凝土用量影响较大，设计上一般采用最小厚度。板的厚度与跨度之比根据支承条件不同而变化，一般在 1/12～1/30 范围之内，所以施工时，一定要把握住板的厚度，以保证工程质量。

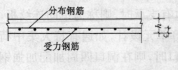

图 4-10　单向板的配筋
构造示意图

板中通常配有两种钢筋，见图 4-10，即受力钢筋与分布钢筋。受力钢筋根据计算确定，分布钢筋是构造钢筋，它的作用是将受力钢筋在横向连成一片，保持受力钢筋的位置不致因浇筑混凝土而移动，同时起到将集中荷载分散给受力钢筋以及分散收缩与温度变形的作用。如是单向板，则受力钢筋布置在受力方向，放在下层，分布钢筋布置在非受力方向，放在上层。如是双向板，则双方都是受力钢筋，不需另配分布钢筋。板的受力方向大的受力钢筋布置在下层。不论单向板还是双向板，板的上下层钢筋都必须在交叉点绑扎牢靠，或用点焊机焊牢，形成焊接网。保证钢筋网在板的高度方向的位置准确是很重要的，但也是很困难的，因为板的平面大、高度小，而板内钢筋的混凝土保护层又较小，很小的高低偏差，对承载力影响较大，对结构的耐久性也影响较大，为保证钢筋网铺设位置的准确，一般用砂浆块或小马橙架支架钢筋网，施工时应避免直接踏踩钢筋网，以保证其混凝土的保护层厚度。

板搁置在砖墙上时，板的支座可看作为简支，板的搁置长度不小于半砖并不小于板厚。

从理论上讲，板的支座弯矩为零。实际上，板砌在砖墙内有一定的嵌固作用，板面会发生一些裂缝，为防止这些裂缝的开展，故在支承处的板上面配置一些短钢筋，或将板的跨中受力钢筋的 1/2～1/3 在支座附近弯起伸到板的上面，以抵抗板在支座处产生的负弯矩裂缝。但伸入支座处的底面钢筋，每米板宽不得少于 3 根。

处在地震区的建筑，如采用预制板时，预制板搁在墙或钢筋混凝土梁上的长度不应小于 6cm，同时要做好板端缝、板侧缝、板与梁的接缝，并在板上现浇一层不小于 4cm 厚的混凝土层，并在现浇混凝土层内配置一层构造钢筋网。

二、梁

1. 定义

房屋建筑中截面尺寸的高与宽均较小，而长度相对较大的构件，称为梁。梁主要承受垂直于梁轴的荷载，用作受弯构件，通常是水平搁置，有时为满足使用要求，也有倾斜搁置的。梁在房屋中的用途也很广，如楼盖、屋盖中的主次梁、吊车梁、基础梁、墙梁等等。

2. 分类

梁按截面形状分有：矩形梁、T 形梁、倒 T 形梁、L 形梁、卝形梁、十字形梁（或称花篮梁）、工字形梁、槽形梁和箱形梁等（见图 4-11）。为满足建筑空间需要，梁的宽度有时大于梁的高度，称为扁梁，但扁梁的用钢量要增加。如梁的高度大于其跨度，高跨比大于 1/4 时，称为深梁。深梁的力学性能与通常的梁不一样，需用弹性力

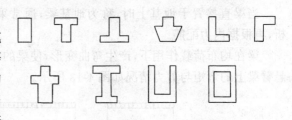

图 4-11　梁的截面示意图

学方法分析内力，然后按内力配置钢筋。为节省材料，如梁的截面高度或宽度沿梁的轴线方向有变化时，称为变截面梁。如在梁的腹部留有孔洞时，称为空腹梁。矩形截面梁是最常用的，其它截面形状的梁可根据建筑需要和受力功能要求选用。

按施工方法分有预制梁、现浇梁、预制与现浇相结合的叠合梁。预制梁一般都留设预埋铁件，其作用是与其它构件连接。对设有预埋件的梁在施工时，应注意不要漏放，放置的位置要准确，预埋件的锚固钢筋要牢靠。预埋件的铁板厚度、锚固钢筋的数量与长度等都是通过计算确定的，一定要按图施工，否则连接不可靠，会造成质量事故。叠合梁是将梁的下半部分做成预制件，当作现浇部分的底模和施工支撑，采用这种做法的目的有四个。①减轻预制构件的重量，满足起吊要求②加强梁与其它构件（如板、柱等）的现浇整体性，省去了预埋连接件；③节省模板和支撑，加快施工速度；④对预应力混凝土构件，可避免上部预压区，在施加预应力过程产生裂缝，节省钢材。叠合梁在施工时要十分重视叠合面新老混凝土的结合问题，保证梁的预制部分和现浇部分能共同工作。施工时，如梁下不加支撑，应分别计算其预制部分在施工过程中和形成叠合构件后的承载能力和抗裂性，以及斜截面和叠合面的抗剪能力。如施工时在梁底有可靠支撑，则不需对预制部分进行施工验算。

3. 梁的受力情况

梁的受力情况与其在结构中所处的位置和支承条件有很大关系。

当梁的两端搁置在墙上或柱上时，为了保证梁不产生竖向位移和梁受温度变化时，仍能自由水平胀缩，梁的支座一端设计或滑动铰支座，另一端设计或固定铰支座，见图 4-12(a)。

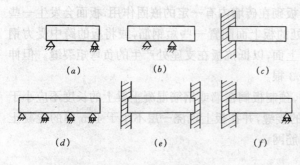

图 4-12 梁的支承示意图
(a)简支梁；(b)伸臂梁；(c)悬臂梁；(d)连续梁；
(e)嵌固梁；(f)一端固定、一端有支座的梁

这种受力状态的梁,结构术语称为简支梁。简支梁的两端如带有挑出部分形成悬臂,称为伸臂梁,见图 4-12(b)。当梁的一端为固定支座,另一端没有支座,则称为悬臂梁,见图 4-12(c)。上述三种支承方式的梁,可以用一般静力学的原理求出其内力与支座反力,又统称为静定梁。有两个支座以上支承的梁称为连续梁,见图 4-12(d)。两端都是固定支座的梁称为嵌固梁,见图 4-12(e)。还有一些其它支承方式的梁,如一端固定、另一端有支座的梁等,见图 4-12(f)。这些梁的内力分析需要用结构变形协调的分析方法才能求出其内力与支座反力,统称为超静定梁。

当梁直接置于地基上时,称为地基梁,通常采用弹性地基梁的温克勒假定进行内力分析,再根据内力配筋。

梁在均布荷载作用下,产生弯曲变形,使梁的截面上受到弯矩和剪力。简支梁、连续梁和悬臂梁上的弯矩与剪力情况如图 4-13 所示。

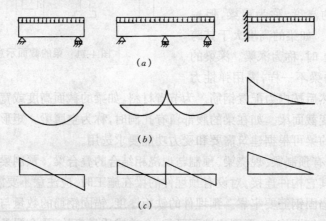

图 4-13 简支梁连续梁、悬臂梁的受力示意图
(a)荷载图；(b)弯矩图；(c)剪力图

从图上可以看出,简支梁在跨中产生的正弯矩最大,在支座处产生的剪力最大;连续梁在跨中产生的正弯矩最大,在中间支座处产生的负弯矩最大,在所有支座处产生的剪力最大;悬臂梁在嵌固处产生的负弯矩与剪力都是最大。钢筋混凝土结构设计是按最大弯矩和最大剪力配置受力钢筋的。正弯矩的钢筋配在梁的下边,负弯矩钢筋配在梁的上边,剪力钢筋(用箍筋和弯起钢筋配置)在支座处最多,向跨中逐渐减少。支座处的混凝土质量是非常重要的,因为钢筋混凝土梁的抗剪能力主要依靠混凝土承担。

梁的设计,一般要进行正截面受弯强度计算与斜截面受剪强度计算。如果梁上的荷载的作用平面与梁的纵向轴线有偏心时,则还要进行梁的受扭计算。如果梁上同时作用垂直荷载和水平荷载时,则需进行双向受弯计算,或同时进行受扭、受轴压计算。

4. 梁的构造与施工

梁的截面形状应根据梁在房屋中的位置、建筑和结构的功能要求等因素选用。梁的常用截面形状为矩形和 T 形。在预制装配式屋盖和楼盖中，为了便于搁置预制板或次梁，主梁常采用倒 T 形或花篮形。梁的截面尺寸是由计算和构造确定的。在设计时，先根据使用要求选定最小梁高。最小梁高可参照规范中建议的不需作挠度验算的高跨比确定，一般梁的高跨比为 1/8～1/16。为方便施工，有利于模板周转使用，截面尺寸尽可能按建筑模数取统一尺寸。梁的宽度可由常用的宽高比确定，对矩形梁，其高宽比为 1/2.5～1/2。

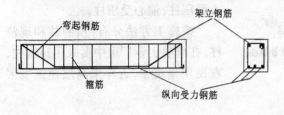

图 4-14　梁中的钢筋配置图

梁中的钢筋，通常配有纵向受力钢筋，承受剪力的弯起钢筋和箍筋，另外还有架立钢筋，见图 4-14。箍筋在梁中的作用是承受剪力，同时起到约束混凝土的作用。架立钢筋是用于固定受力钢筋的位置，承受混凝土收缩和结构温度应力，并通过箍筋将受力钢筋与架立钢筋捆扎形成钢筋骨架，保证钢筋位置的准确。

当梁的高度超过 700mm，且小于 1000mm 时，尚应在梁的两侧中部增设一道通长的纵向构造钢筋，如梁的高度超过 1000mm，且小于 1300mm 时，则需在两侧各设置两道通长的纵向构造钢筋。两侧的构造钢筋应在同一水平位置。并用 S 形钩绑扎牢固，形成坚固的钢筋骨架。

如梁的受压区内需要配置受压钢筋时，则受压钢筋可以兼任架立钢筋的功能，受压钢筋应每隔一根与箍筋的转角处连接，以便于固定钢筋位置。

对于搁置在墙内的梁，梁端受到墙体的约束而产生一定的负弯矩，需要在梁的上部配置一些钢筋以抵抗由于约束产生的抗应力。可以利用架立钢筋或用部分纵向钢筋在正弯矩不需要的地方弯起到梁的上边伸入支座上部作为抵抗拉应力。但梁的下边伸入支座的纵向受力钢筋数量和钢筋的锚固长度应符合规范的规定。

纵向钢筋的连接接头的位置应避开弯矩最大处，同一截面的纵向钢筋的连接接头不应超过 50%。

箍筋的用量和弯起钢筋的数量（有时不用弯起钢筋）是根据斜截面承剪能力的计算确定的，在施工时应保证箍筋的直径、数量、位置和间距的准确，弯起钢筋还应保证其弯起点符合设计图纸的规定。

梁在施工时，除了要保证钢筋的数量，位置准确外，梁的轴线准确也是非常重要的。如果施工的梁有平面内挠曲或平面外弯曲，不仅影响受力性能，甚至影响到使用功能，造成继续施工的困难。梁上面施工缝应避开剪力最大处，并做好施工缝的处理。

三、柱

1. 定义

在房屋建筑中，截面尺寸的宽度与厚度较小、而高度相对较大的构件。称为柱。柱主要是承受压力，承受轴向荷载，有时也同时承受横向荷载。柱是房屋建筑中的重要构件，柱的破坏，将会导致整个房屋的倒塌。柱广泛应用于房屋建筑中，如框架柱，屋盖与楼盖的支柱等。

2. 分类

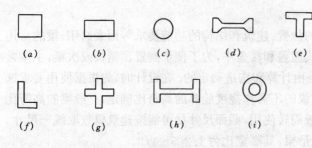

图 4-15　柱的截面形状示意图

(a)正方形柱；(b)矩形柱；(c)圆形柱；(d)工形柱；
(e)T 形柱；(f)L 形柱；(g)十字形柱；(h)又肢柱；(i)管形柱

按截面形状分有：正方形柱、矩形柱、圆形柱、T 形柱、L 形柱、十字形柱、工字形柱、管形柱、有时为减轻构件重量，采用空腹柱、格构式或缀条式双肢柱等，见图 4-15。

按柱的破坏形态分有：短柱、长柱和中长柱。按荷载作用着力点分有：轴心受压柱、偏心受压柱。

按施工方法分有：预制柱和现浇柱。在单层工业厂房中多采用预制柱、在民用建筑中，近年来高层建筑发展较快，多采用现浇柱。

3. 柱的受力特性

柱的受力特性与构件尺寸、荷载的作用点和支承条件有关。

柱的支承条件有：一端固接一端自由的柱，如单层工业厂房的独立柱；两端都是铰接的柱，如屋架的竖杆；两端都是固接的柱，如框架结构的柱等。柱的支承条件视结构设计需要确定。柱的计算长度与支承条件有关，房屋建筑中柱的支承条件与结构体系有密切关系。规范中对各类柱子的计算长度都有详细的规定。

在轴心荷载作用下，柱子截面材料达到抗压极限强度而产生柱破坏时，此时的柱称为短柱。当柱子的截面材料未达到抗压极限强度，柱子由于屈曲（失稳）而破坏时，此时的柱称为长柱。当柱子的破坏特征介于上述两者之间，即在挠曲附加变形影响较大的情况下，截面材料由于达到抗弯极限强度而柱子破坏时，称为中长柱。在实际工程中的钢筋混凝土柱，一般都属于中长柱。

当荷载的作用点与柱子的截面重心重合时，称为轴心受压柱。这是一种理想的柱子轴心受压状态，实际上，在房屋建筑的柱中几乎不存在。因为荷载作用位置的偏差、施工安装的偏差、柱子的尺寸偏差总是难免的，为保证结构的安全，在计算柱的承载能力时，各国规范都要增加一个最小偶然初始偏心距或称附加偏心值。

当荷载的作用点偏离柱子的截面重心时，称为偏心受压柱。如果纵向力只在一个方向偏心，称为单向偏心受压柱，在房屋建筑中的柱子大多数属于这一类，简称偏心受压构件。如果纵向力对柱子的轴心在两个方向都有偏差时，则称为双向偏心受压构件。

对于偏心受压构件，除应计算弯矩作用平面的受压承载力外，尚应按下述两种情况进行计算：①按轴心受压构件验算垂直于弯矩作用平面的受压承载力，此时可不考虑弯矩的作用，但应考虑稳定系数的影响；②计算斜截面的受剪承载力。

4. 柱的构造与施工

柱的截面尺寸要根据房屋高度、荷载情况、支承条件和建筑物两个方向的刚度综合考虑。在一般情况下，柱的最小边长为柱高的 $1/10 \sim 1/15$，民用建筑的柱子通常采用正方形或长方形，根据建筑造型需要，才采用圆形或多边形。对于住宅建筑中的框架结构的柱子，为避免柱子突出墙面，将柱子做成 T 形，L 形和十字形。单层工业厂房的排架柱通常采用长方形。工字形，对荷载大、偏心大的柱则采用双肢柱。

柱子主要是靠混凝土承受压力,为减小柱子的截面尺寸,节省材料,宜采用C30或更高等级的混凝土,不宜在柱子内配置高强钢筋的办法来提高柱子的承载力,因为在受压构件中,由于受混凝土极限压缩变形的限制,钢筋的强度只能用到 $400N/mm^2$,发挥不出高强钢筋强度高的效益。

柱内的钢筋有两类,一类是受力钢筋,沿柱的纵向布置,另一类是构造箍,沿柱子横向布置。受力钢筋的面积由计算确定,但直径不宜过细,且不能少于4根。钢筋的直径过细,施工时易弯曲,不能承受压力。如计算不需要钢筋时,仍需按构造要求配置纵向构造钢筋。柱的配筋形式见图4-16。

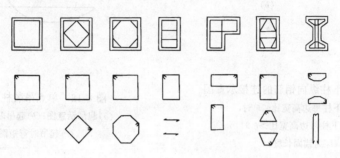

图 4-16　柱的箍筋配置图

当偏心受压柱的截面高度大于 600mm 时,应在柱的侧面配置纵向构造钢筋,并相应设置复合箍筋或拉筋。

柱箍筋的作用除在构造上保证纵向钢筋的位置正确外,还有防止纵向钢筋压曲、约束混凝土侧向变形,提高柱的承载能力的作用。箍筋还是偏心受压柱承受抗剪力的受力钢筋,所以箍筋在柱中是很重要的,必须按施工图纸配置。箍筋在柱内是受拉,应做成封闭式,且与每根纵向钢筋绑扎牢靠。箍筋的间距不应大于 400mm,且不应大于柱短边的尺寸。在纵向钢筋搭接长度范围内,箍筋应加密。处于地震区的框架梁柱节点附近和柱的根部,箍筋应加密,以提高柱的抗剪能力。箍筋的直径不应小于 6mm,且不小于纵向钢筋直径的 1/4。箍筋过细,起不到箍的作用。当柱子各边的纵向钢筋多于三根时,应配置复合箍筋,箍筋必须包在纵向钢筋的外侧,不允许采用带有内折角的箍筋。

柱顶和柱的牛腿顶面有较大的集中力,需要配置分散局部压力的网状钢筋。

多层房屋中,当下层柱的截面大于上层柱时,允许在梁柱接头处,将下柱的钢筋在梁的高度范围内弯折,但上下柱的每边宽度之差与梁高之比大于 1/6 时,则不允许弯折,此时,上下柱纵向钢筋的锚固长度应符合规范的规定,见图4-17。

柱的承载力主要依靠混凝土,故施工时必须保证混凝土的等级和密实度,必须保证柱轴线位置的准确性,不得有弯曲现象,否则会降低承载力。现浇柱施工时,混凝土由上往下浇灌,极易将箍筋的位置移动,也会影响柱的承载力,施工中要采取措施,保证箍筋的位置准确,严禁振箍筋。预制柱一般平卧浇筑混凝土,起吊时承受横向弯曲,与使用时的受力情况不同,且起吊时的混凝土强度往往未达到设计强度值,因此,对于在使用荷载作用下弯矩不大的柱子,常常会因为起吊而出现横向裂缝,所以应验算其吊装时受弯强度和裂缝。起吊时的受力计算图形应根据吊点的位置而定,图4-18为单点起吊时的计算图形。此时计算荷载为柱的自重,并考虑起吊时的振动,乘以动力系数 1.5 后按静力计算,计算方法与梁相同。

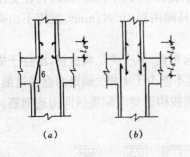

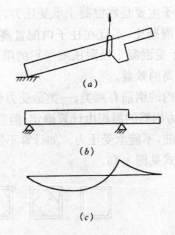

图 4-17 上下柱纵向钢筋的连接示意图

(a)上下柱每边高宽比≤6 时;

(b)上下柱每边高宽比>6 时

(l_d 为锚固长度)

图 4-18 单点吊装柱示意图

(a)起吊示意图;(b)起吊时荷载图;

(c)起吊时弯矩图

四、墙

1. 定义。

在房屋建筑中,竖向尺寸的高与宽均较大,而厚度相对较小的构件,称为墙。墙主要承受平行于墙面的竖向荷载,同时也承受垂直于墙面或平行于墙面的水平荷载。墙在房屋建筑中的用途很多,用量也较大,如承重墙、围护墙、隔断墙、女儿墙等。

2. 分类

墙按其在房屋中的功能分有:承重墙、围护墙、隔断墙、挡土墙等。按其所处位置分有:横墙、纵墙、山墙、外墙、内墙等。按承载情况分有:承重墙、自承重墙、填充墙等。按截面形状分有:实心墙、空心墙、复合墙等。

墙的功能,除了结构上的作用,把荷载传递给地基外,墙还有建筑上的功能,如外墙还兼作保温,隔热、防水、隔声、装饰之用;内墙还兼作分隔、隔声、装饰之用,并应具有隔潮的功能。有些分隔墙做成可活动的,使室内的空间利用具有灵活性。

对主要承受地震作用或风荷载产生的水平力的墙,也称抗震墙或抗风墙,统称为抗侧力结构,一般称剪力墙。剪力墙又可分为平面剪力墙和筒体剪力墙(或称剪力筒)。平面剪力墙按其构成情况,又可分为:周边有梁和柱的剪力墙,用于框架结构中;两边有柱的剪力墙,用于板柱结构中;周边无梁和柱的剪力墙,用于剪力墙体系的结构中。筒体剪力墙一般是由平面剪力墙围成,用于高层建筑中,如电梯井等。

按施工方法分有:现浇、预制和砌筑三类。现浇墙多用于同时承受垂直力和侧向力的墙,如剪力墙、剪力筒等。预制墙除装配式大板建筑用作承重墙外,多用于外填保温、隔热、防水、装饰的自承重墙,如建筑幕墙,或用作内墙的隔断墙等。砌筑墙多用于承重或非承重,如砖混结构的砖墙,框架结构的填充墙、房间的分隔墙等。砌筑墙可用砖、混凝土砌块、各种轻质材料砌块等。

3. 墙的受力情况

墙的受力特征与支承条件和外荷载的情况有关,这里所述的墙是指承重墙。一般情况下,墙按竖向悬臂构件分析其内力与位移,然后根据受力情况按钢筋混凝土结构进行配筋设计。

大量的墙体只承受平行于墙面的竖向荷载,如荷载的作用线与墙的重心线重合,则可按轴心受压构件计算设计;如荷载的作用线与墙的重心线不重合,则按偏心受压构件或偏心受拉构件计算设计;如墙体还承受垂直于板面的水平荷载作用时,则还需按两端有支座的或一端嵌固的受弯构件计算设计;如墙体同时承受平行于墙面的水平荷载作用时,则还需计算设计其受剪承载力;如墙体上作用有集中荷载时,则在集中荷载处,尚应进行局部受压承载力的计算设计。

4. 墙的构造与施工

墙体的高度由房屋的层高确定,墙的宽度由房屋的开间或进深确定。对于预制墙板,则需根据建筑模数与构件重量等条件合理确定。墙的厚度由荷载。构造要求和建筑功能的需要确定。现浇承重内墙的厚度不小于 140mm,亦不应小于层高的 1/25。当剪力墙与搁置预制楼板时,尚应考虑预制板在墙上的搁置长度以及上下楼层墙体竖向钢筋贯通连成整体的要求。

墙体的混凝土等级不应低于 C20,等级低的混凝土不宜在主要受压构件中使用。

承重墙的厚度如大于其宽度的 1/4,则不应按墙体计算设计。

墙板内的配筋分受力钢筋和构造钢筋两大类。受力钢筋应按计算需要配置,如计算中不需要受力钢筋时,墙板内仍应配置构造钢筋网,构造钢筋网的配筋率不应低于 0.15%。当墙厚大于 160mm 时,构造钢筋网应沿墙板的两面配置,并用拉结筋将两片墙面钢筋网连接绑扎成墙体的钢筋骨架。水平构造钢筋的间距不大于 300mm,直径不小于 6mm,竖向构造钢筋的间距不大于 400mm,直径不小于 8mm。

墙板的面积大而厚度小,现浇墙板给施工带来一定困难,应选用合适的混凝土配合比,仔细振捣密实,避免蜂窝、孔洞、接岔不良、疏松等问题。要保证墙板的垂直度和位置的准确性。预制墙板要做好运输、保管工作,防止发生裂缝和缺楞掉角,堆放时要注意安全,竖放时应有防风措施,避免倾倒伤人。

墙板上的预留洞口必须位置准确,洞口四周应配置加强钢筋,门窗洞口要留好预埋件,以便安装门窗框。

对有保温、隔声、防水要求的墙体,要按图施工,做好构造处理,防止产生热桥,声桥与水桥。

五、桁架

1. 定义

由上弦杆、下弦杆与腹杆组成的平面或空间承重构件,称为桁架。桁架在房屋建筑的屋盖中使用时。其作用基本上与屋面梁相同,但桁架在荷载作用下,其杆件主要承受轴向拉力和压力,从而能比梁充分发挥与利用材料的强度。对跨度较大的跨越空间的构件,用桁架代替梁、可以减轻自重,节约材料。但桁架的制作比梁复杂,模板用量大,故在 18m 以下跨度的结构中仍用梁。桁架用在屋盖中时,也称屋架。

2. 分类

按桁架的用途分有:屋面桁架、楼面桁架、吊车桁架等;按外形分有:三角形桁架、梯形桁架、折线形桁架和平行弦桁架等；按腹杆的布置分有：直腹杆与斜腹组成的桁架，仅有斜腹杆的桁架和仅有直腹杆的桁架，仅有直腹杆的桁架其节点为刚性的，其它桁架的节点均为铰接；按桁架两端支座的位置分有：上承式桁架与下承式桁架；按力学分析方法分有：静定桁架和超静定桁架。房屋建筑中常用的桁架见图4-19。

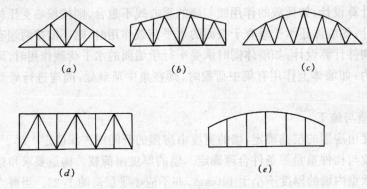

图 4-19　桁架形式示意图

(a)三角形桁架；(b)梯形桁架；(c)折线形(多边形)桁架；(d)平行弦桁架；(e)空腹桁架

3. 桁架的受力特点与计算方法

用于房屋建筑中的桁架，一般都采用静定桁架，即用静力学的力的平衡法则能求解的桁架。超静定桁架多用于桥梁工程上。

屋架从整体上看可以视为一个空腹的梁，其上弦是梁的受压区，下弦是梁的受拉区。受拉与受压腹杆代替梁的腹板承受剪力，三角形屋架腹杆的轴力是中间小、两端大，梯形屋架腹杆的轴力是两端小、中间大，折线形屋架腹杆的轴力比较均匀，腹杆的受力比较小。

屋架的支承一般为铰支，即一端为固定铰支座，一端为滑动铰支座。屋架承受由屋面板或檩条传来的屋面荷载，有些屋架还承受由天窗架传来的天窗荷载，或者是在屋架上悬挂的吊车荷载或设备荷载。上述这些荷载都是化作集中荷载的形式加在屋架的节点上进行计算的。

屋架的节点假定为铰接，即屋架的杆件只承受轴向力，不承受弯矩。实际上，屋架的节点不可能是一个理想的铰接，但由于杆件较柔，桁架的刚度较大，节点的尺寸也比杆件大。节点按铰接计算，其桁架的内力误差不大，从工程来说是允许的。如屋架的刚度较小，加荷以后的变形大，节间间距小，杆件线刚度相对增加，则需计算杆件内的次应力。

如果屋架上弦存在节间荷载，则将上弦杆看作与一根连续梁，计算其节间荷载产生的附加弯矩。各杆件的轴向力(包括上弦在内)，仍按加在节点上的荷载(把节间荷载也分散到节点上)、按铰接桁架计算桁架的内力。桁架的内力可按节点分析法或截面法计算。

根据计算所得到的杆件内力，按混凝土结构设计规范进行杆件设计。下弦杆一般按轴心受拉构件计算。上弦杆如同时承受轴向压力和弯矩时，则按偏心受压构件计算；如只有轴压力，则按中心受压杆件计算。腹杆则按轴向受压或受拉计算。如同一根腹杆，在不同荷载作用下，既可能受拉，又可能受压时，则应按轴心受拉构件计算其钢筋用量，按轴心受压构件验算受压承载力。

桁架中受压杆件的计算长度。上弦杆的计算长度：屋架平面内，取节间距离；屋架平面外，按实际支承情况取值。腹杆的计算长度：屋架平面内，取0.8倍节间长度；屋架平面外，取节间长度。

屋架承受荷载的特点是活载小,恒载大,所以对屋架的安全度和荷载的长期作用下的刚度要特别注意。

4. 构造要求和施工

通常屋架的高跨比采用 1/9~1/6,屋架杆件的形式基本上是采用矩形,受力较大的上弦有的做成 T 形或 I 字形。屋架杆件的宽度取决于上弦杆。上弦杆的宽度应满足两个要求。①安装屋面板、天窗架或檩条的要求;②屋架起吊、扶直时平面外的抗弯要求。

屋架的外形应根据建筑造型、结构跨度、荷载大小、防排水等因素确定。从受力分析,折线形屋架在均布荷载作用下,由于屋架外形与简支梁的弯矩图形相似,因此上下弦杆轴向力分布均匀,腹杆的轴向力小,用料最省。

屋架平面内的刚度,靠控制屋架的垂直挠度不超过规范的允许值来保证。所以屋架在制作时,都有一个起拱的要求。屋架平面外的刚度较差,必须靠屋架的支撑系统来保证。所以屋架在吊装与安装时,必需采取措施,保证不发生平面外的破坏。在施工过程中,一榀屋架安装完成后,在正式支撑没有安装前,应采用临时支撑固定,防止发生倒塌事故。屋架的支撑有:上弦支撑、下弦支撑和垂直支撑。这些支撑与屋架形成空间结构体系,保证屋盖的整体刚度。

节点是屋架传力的重要部件,屋架的节点是由上弦或下弦与腹杆相交形成的。受力比较复杂,很难进行应力分析。节点施工应该做到以下几点:①各杆件的受力钢筋合力点必须交汇于一点,减少产生次应力。②各杆件的钢筋必须伸入节点,其锚固长度应符合规范要求。③节点需要适当加大,节点与杆件的夹角不应小于 90°。④为了加强节点的整体性和把杆件内力通过节点传给另一杆件,节点内应布置周边的构造钢筋和分布钢筋。

屋架的端节点如由上弦与下弦交汇而成,此处杆件的内力最大,而且还有支座反力,节点的受力情况比较复杂,配置的钢筋也较密,施工时要特别注意混凝土的等级、振捣和养护,而且要保证配筋位置的正确。

屋架都是采用平卧预制的方法施工,制作安装时尚应注意以下两点:①底模板的基础必须牢固,不致因遇水、受重力作用、蒸气养护等发生下沉,影响屋架平面外的平直度,降低受力性能。②起吊时,需验算平面外的抗弯能力,必要时应采取措施,加强其平面外刚度,使起吊时不产生裂缝。

第三节 结 构 体 系

本节所写的结构体系是指房屋建筑中的承重结构全部都是采用钢筋混凝土材料做成的结构。钢筋混凝土结构体系归纳起来主要有以下八类。即:排架结构、刚架结构、框架结构、装配式墙板结构、板柱结构、剪力墙结构、框架-剪力墙结构和简体结构。其中排架结构和刚架结构多用于单层房屋建筑。框架结构、装配式墙板结构和板柱结构多用于多层建筑。剪力墙结构、框剪结构、简体结构多用于高层建筑。现将这几种体系分述于下。

一、排架结构

1. 定义

由屋架(或屋面梁)、柱和基础组成的单层房屋承重骨架体系,且屋架是简支在柱顶上的,柱子的一端嵌固在基础中,这种承重骨架体系称为排架结构。这种结构体系由于施工方便,造价比较经济,我国单层厂房采用较多。单层工业厂房的结构体系是由横向排架结构和纵向连系构件及支撑所组成的一个空间系统,见图4-20。其主要构件与传力途径如下。

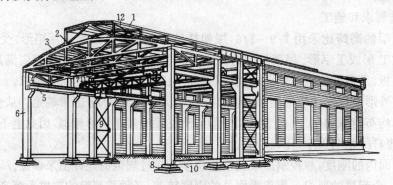

图 4-20 装配式单层厂房排架结构

1—屋面板;2—天窗架;3—屋架;4—托架;5—吊车梁;6—柱子;7—屋架支撑(纵向水平支撑);
8—基础;9—柱间支撑;10—基础梁;11—吊车;12—天窗架支撑

(1)屋盖结构,起围护和承重双重作用,其中:

屋面板——直接承受加在屋面上的荷载,如板的自重,屋面保温、隔热、防水屋重量,积雪荷载,积灰荷载,施工荷载等,屋面板将荷载传给屋架或天窗架。

天窗架——承受天窗上部的荷载,如天窗上的屋面荷载,天窗架和侧窗自重、风荷载等,并将荷载传给屋架。

屋架——承受屋盖上的全部荷载,如屋面板及天窗架上的荷载、风荷载、悬挂吊车荷载以及屋架自重等,并将荷载传给柱子。

托架——当柱子间距比屋架间距大时,用托架支承屋架,承受被支承屋架上的荷载与自重,并将荷载传给柱子。

(2)吊车梁。承受吊车荷载与自重,并将荷载传给柱子上的牛腿或双肢柱的一个肢。

(3)柱子。承受屋架、托架、吊车梁、外墙和支撑传来的荷载,并将荷载传给基础。

(4)基础。承受柱子和基础梁传来的荷载,并将荷载传给地基。

(5)支撑系统。包括屋盖支撑和柱间支撑,其作用是加强房屋的整体性,增强空间刚度,传递风荷载、吊车制动力与地震作用。

(6)墙体结构。包括外纵墙、山墙、内纵墙、内横墙以及支持墙体的构件,如抗风柱、墙梁、基础梁等。单层厂房排架结构中的墙体主要承受风荷载、地震作用和自重,并将荷载传给抗风柱、墙梁和基础梁,再由抗风柱、墙梁和基础梁将荷载传给基础。

2. 分类

排架结构按跨数分有:单跨和多跨;按立面造形分有:对称和不对称,等高与不等高,等跨度与不等跨度,有吊车和无吊车等,见图4-21。

结构的平立面布置根据生产工艺和规范的要求确定,装配式排架结构的预制构件,在我国已形成模数化,如跨度为9m、12m、15m、18m、21m、24m、27m、30m、36m;柱跨一般为6m,如需扩大柱距,则采用抽柱的办法,用12m跨度的托架支托抽去柱子的屋架,这样,屋面板仍为6m跨度,不影响标准构件的应用。

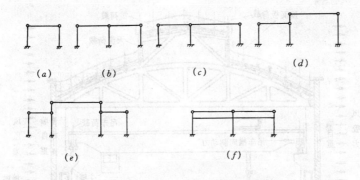

图 4-21　排架结构形式示意图

(a)单跨；(b)等高等跨多跨；(c)等高多跨不等跨；(d)多跨不等高；(e)对称不等高；(f)对称多跨有吊车

3. 结构的受力分析

单层厂房排架结构是由多种单独构件所装配成的一个空间体系。这个体系的受力情况又可分成横向(跨度方向)和纵向(柱间距方向)两个系统。横向系统是由柱、屋架、基础等主要构件形成受力系统,称为横向排架,它承担单层厂房的垂直荷载和横向水平荷载,见图 4-22(a),纵向系统是由柱子、连系梁、吊车梁(有时没有)和柱间支撑形成纵向受力体系,也称纵向排架,见图 4-22(b)。它承担单层厂房的纵向荷载,如山墙上的风荷载、吊车纵向制动力以及地震纵向作用等。此外,屋架是支承在柱顶上的,且其重心高出柱顶很多,故屋盖部分尚有屋盖支撑系统的保持其稳定。同时也传递纵向水平力。

一般来说,单层厂房的纵向远较横向长(如果是多跨连续,横向有时也较长),纵向排架由于柱子多、且有连系梁等多道构件连接,并有柱间支撑控制变形,故分到每根柱子上的纵向水平力较小(指非地震区),因此,纵向排架中的构件内力通常都不作计算,仅在结构上根据经验采取一些措施解决。如果纵向较短,柱子根数少,厂房接近正方形,又处于地震区,则必须对纵、横两个方向的排架都要进行内力分析。横向排架不仅柱子根数少,柱距大,且承担了厂房的重要垂直荷载与水平荷载,是单层厂房结构的主要受力结构。通常所说的排架内力分析,就是指横向排架的内力分析。必须对横向排架结构体系中的三大受力构件,即屋架、柱子和基础进行各种荷载组合下的受力分析,取其各自最危险的状态进行钢筋混凝土构件设计。一般情况下,横向排架按平面排架分析内力,如屋盖的刚性较好时,也可以考虑空间作用。从上面的分析看出,柱子承受两个方向的作用力,所以对柱子的设计施工,应更加重视。

4. 设计构造与施工

结构的跨度、高度与覆盖面积主要应根据生产使用需要确定。但也要考虑结构的可能性、经济性等综合因素,如设置伸缩缝、沉降缝的要求,结构跨度对造价的影响等。如果因工艺需要,需采用不等高排架时,但高差仅在 2m 以内时,最好做成等高,虽然要增加一些造价,但可以增加房屋的整体刚度,改善受力性能,简化构造处理。

结构构件的选型。柱截面高度不大于 500mm 时,宜采用矩形柱;900～1100mm 时,宜采用工字形柱;大于 1600mm 时,宜采用双肢柱。由于横向排架受力大,故柱的高度方向应在横向。结构跨度小于 18m 时,宜采用屋面梁,大于 18m 时,宜采用屋架。

变形缝的设置。变形缝是伸缩缝,沉降缝和抗震缝的总称。纵向伸缩缝处,一般宜双柱,缝的宽度稍大于实际可能产生的收缩与温度变形之和。对不设柱间支撑和可能产生不均匀

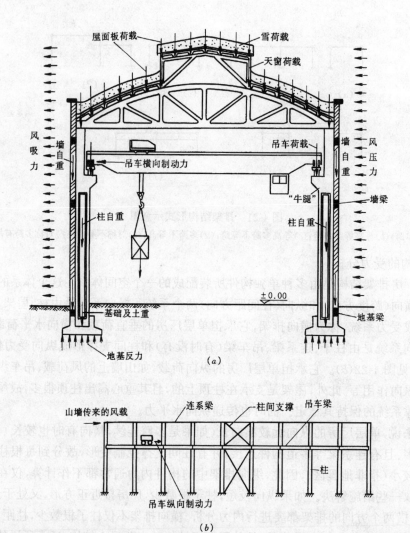

图 4-22　单层厂房排架结构的受力系统
(a)横向排架;(b)纵向排架

沉降的房屋,变形缝应适当加大,此时可将伸缩缝与沉降缝合二为一。多跨连续排架、纵向变形缝应设在同一轴线上。如利用滚轴支座消除温度应力和减小地震作用和振型影响,滚轴支座的制作与安装应特别注意,并应有防止碰撞与脱落的具体措施。同时对支座要经常加以维护,保证其能正常使用。防震缝两侧应设置双柱,并对双柱两侧1~2根柱距内的柱子进行加强。

地震区内的排架结构,在设计与施工时应注意以下几点:

(1)屋面板与屋架(屋面梁)应有可靠的连接,如采用预埋铁件焊接。如果不能设预埋件,则可用板的受力钢筋相互连接,板端之间浇灌混凝土连成整体,或采用其它措施等。以增强屋盖刚度。对无法与屋架固定的板(如加气混凝土板等),宜在屋架上隔一定距离设置一道钢筋混凝土带以固定屋面板。另外,为减小由屋面板传递地震作用,可以在屋架间和柱间设置支撑。

(2)柱上部小立柱的断面高度与配筋应符合规范要求,施工时必须保证其与大柱的整体

142

性。另外,可采用屋架端部的竖向支撑和小立柱顶部的水平系杆分散小立柱的地震作用。

(3)屋架与柱子的连接。在 7 度以下地震区可采用焊接连接,8 度以上地震区宜采用螺栓连接。

(4)屋架的支撑和柱间的支撑受力比较复杂,很难计算,一般是靠经验布置,但它对房屋的整体刚度影响很大,对抗倒塌的作用很大,施工安装时要特别注意,不要漏安装,不要假焊,不要用不符合要求的支撑,必须把支撑与屋架或柱子连接牢靠,使支撑能发挥出正常作用。

(5)对排架柱的柱头、柱跟 ,阶梯柱的上柱根部,牛腿(柱眉),角柱,柱受到平台或嵌砌墙等约束部位,都是抗震受力不利的部位,设计与施工时都要特别注意。

二、刚架结构

1. 定义

由柱与直线形、弧形或折线型横梁刚性连接的承重骨架体系,称为刚架。也称为门式刚架。门式刚架与排架结构相比,在中小跨度的无吊车或仅有小吨位吊车的厂房中具有较好的经济指标。由于构件简单,室内简洁明快,有较大的空间,常成为中小礼堂、食堂、商场、厂房、仓库等建筑的主要承重结构之一,刚架的承重体系由屋面板,横梁与柱组成。刚架与排架不同之处是:①横梁与柱的连接不同。刚架为刚接,排架为铰接;②柱与基础的连接不尽相同,排架为刚接,刚架一般采用铰接,也可以采用刚接;③屋盖支撑不同,刚架一般不需支撑系统,排架则需较多的支撑系统,所以刚架的传力比较简捷。

2. 分类

刚架结构按跨数分有:单跨刚架、多跨刚架;按立面形状分有:等高与不等高刚架,等跨与不等跨刚架,刚架在跨度方向一般采用对称布置;按受力状态分有:无铰刚架、二铰刚架和三铰刚架。刚架的分类见图 4-23。

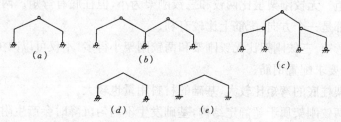

图 4-23　刚架形式示意图

(a)三铰刚架;(b)等高多跨刚架;(c)不等高不等跨刚架;(d)两铰刚架;(e)无铰刚架

结构的平立面布置根据生产工艺与规范确定。刚架在工业厂房中的应用量不如排架多,主要原因是施工安装比较困难。大跨度的刚架自重较大,很少采用;跨度大于 18m 的刚架,其横梁采用直线型已不经济,宜改成弧型。刚架跨度与间距也采用3m 模数。

3. 受力分析

刚架结构的房屋是由横向放置的刚架与纵向的连系杆件组成一个空间受力体系。其荷载的传递与排架结构类似,也可分成两个方向。横向受力系统是由屋面板、刚架与基础组成,承受房屋的主要垂直荷载和水平荷载;纵向受力系统由刚架的柱子与纵向连系构件组成,承受纵向水平力(如风荷载、吊车刹车力、纵向地震作用等)。刚架的受力分析主要是指横向受力分析。房屋的纵向一般比跨度方向（横向）长，有多根刚架柱分担纵向荷载，每个刚架柱所受的力较小，故刚架结构的纵向一般不作受力分析。如房屋较短时，且处于地震区，则也需作受力分析。

刚架是一种跨变结构，即在外力作用下，由于横梁的推力，柱顶发生相对位移，使结构跨度改变，这是与排架结构受力最根本的不同点。设计与施工都要十分注意。刚架的受力特点是：在竖向荷载作用下，柱对梁的约束使梁内弯矩减小，在水平荷载作用下，梁对柱子的约束使柱内弯矩减小，梁与柱是整体刚接，使刚架平面内的横向刚度得到提高。

三类刚架（无铰、两铰、三铰刚架）的受力情况分析比较如图 4-24。

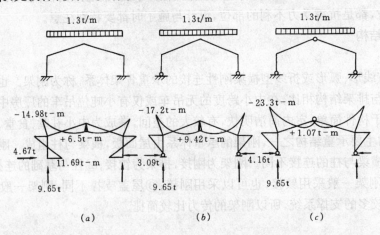

图 4-24　三类刚架受力分析比较图
(a)无铰刚架；(b)两铰刚架；(c)三铰刚架

(1)柱顶弯矩。无铰刚架虽比两铰和三铰刚架为小，但柱底有弯矩。两铰与三铰刚架虽然弯矩稍大，但都是一个方向，配筋上比较有利。

(2)横梁正弯矩。三铰刚架比无铰刚架和两铰刚架小得多，不仅可以减少截面的配筋量，甚至可以按构造要求配置钢筋。

(3)无铰刚架柱底的弯矩比较大，基础的材料用量也较大。

(4)无铰与两铰刚架属于超静定结构，基础发生不均匀沉降时会产生附加内力。

从以上分析，采用三铰刚架对节省材料最有利，但当跨度较大时，三铰刚架的横梁悬臂太长，不仅造成吊装困难，而且吊装产生的内力比使用时的内力大，需要增加施工用材料。此外，三铰刚架的刚度比其它两种刚架差，故多在小跨度房屋中使用，所以在房屋工程中，钢筋混凝土刚架多采用三铰刚架和两铰刚架，无铰刚架很少采用。

4. 设计构造与施工

刚架的立柱高度取决于房屋使用要求。横梁的坡度应考虑屋面排水的需要，刚架截面宽度由三个因素确定，即：搁置屋面板或檩条的要求，吊装扶直时的要求和有无吊车。刚架的立柱和横梁的宽度是一样的，一般情况下截面宽度为柱高的 1/30，且不小于 200mm。当有吊车时，可加宽至 250mm。截面的高宽比以≤5 为宜。梁柱交接处的截面高度通常取用一致，梁在顶铰处的高度不小于 250mm。

为节约材料、减轻重量、根据截面上的受力情况，刚架都是设计成变截面的，刚架在梁柱交接处截面高度最大,铰接部位的截面高度最小,成直线变化,在梁柱交接处做成弧形加腋,避免应力集中。为便于叠层生产,刚架的截面一般做成矩形。有时为了减轻结构重量,也做成工字形,或做成空腹式,或做成空心截面。

刚架横梁的轴向力较小,可按普通梁进行配筋设计,刚架柱的配筋按非对称偏心受压柱进行设计。对于变截面构件的纵向弯曲问题,目前尚无很好的设计办法,仍按等截面偏心受压柱设计。梁柱交接处的受力情况复杂,转角斜面上存在着较大的主拉应力,配筋设计与施工要特别注意。

三铰刚架顶铰的做法常用的是合页式,见图 4-25。施工时要特别注意预埋件位置的准确,否则在拼接时,螺柱穿不过去,或受力产生偏心,影响结构安全。

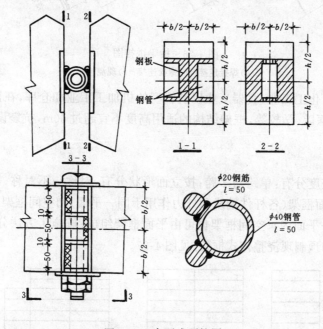

图 4-25　合页式顶铰图

两铰刚架的横梁拼接点宜放在横梁零弯矩点附近,拼接做法可采用预埋钢板焊接或螺栓连接,必要时也可采用现浇整体,见图 4-26。两铰刚架横梁脊顶的交角一般小于 160°。

单独的一榀刚架,其出平面刚度很小,在房屋中应用时,需沿房屋纵向设置柱间支撑,并分别利用屋面板、檩条、屋面纵向水平支撑、水平系杆等形成空间体系。这一点,施工时要特别注意,如有疏忽,将会造成安全事故。

刚架的基础存在着水平推力,如基底摩擦力不足以承受水平推力时,可将基础底面做成1∶10 的倾斜面,或在基础底面增设抗滑键,以提高抗水平推力的能力。

三、框架结构

1. 定义

由梁、柱和基础组成的多层承重骨架体系,梁与柱的连接是刚接的,柱子嵌固在基础中,称为框架结构。在多层和高层房屋中由于风荷载和地震的作用,使纵横两个方向都受到较大的竖向力和水平力,故在纵横两个方向都布置成框架结构。一般不采用横向为框架、纵向为铰接排架的受力体系。框架结构在我国的应用面较广,在多层工业建筑中,如电子工业、仪器

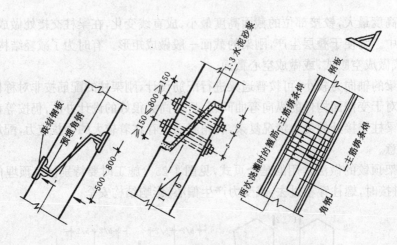

图 4-26　横梁拼接图

(a)焊接连接;(b)螺栓连接;(c)现浇连接

仪表工业、轻工业、化工工业、食器工业以及轻型的机加工工业和仓库,在民用建筑中,如旅馆、办公楼、住宅、医院、学校等,框架结构的适用高度不宜超过60m,抗震设防地区需适当降低。

2. 分类

框架结构按跨度分有:单跨与多跨;按立面形状分有:对称与不对称;等高与不等高;按受力体系分有:平面框架(各杆件轴线和外力作用于同一平面)和空间框架(各杆件轴线和外力作用不处于同一平面内),空间框架也可由平面框架组成;按施工方法分有:现浇整体式、预制装配整体式和预制现浇整体式框架,见图4-27。

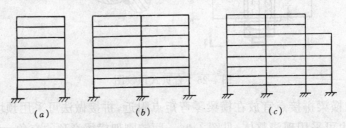

图 4-27　框架形式示意图

(a)单跨框架;(b)多跨等高对称框架;(c)多跨不等高不对称框架

框架结构的平立面布置应根据使用要求确定,一般的房屋,其宽度远小于长度,纵向刚度易于保证,横向刚度相比之下要弱一些,所以通常多采用把横向作为受力的主要承重框架,以提高房屋的横向抗侧力强度与刚度。而纵向框架仅承受纵向水平力和纵墙荷载。对于有抗震设防要求的建筑,应采用双向都是主框架的布置。此时,如楼板仍为单向板,两个主轴方向的框架仍都要进行结构设计计算。

3. 受力分析

框架结构应进行内力与位移计算。

楼板的整体性对框架的内力和位移计算有较大影响,现浇楼板和装配整体式楼板的一部分可作为框架梁的有效翼缘参加计算、无现浇面层的装配式楼板,则不能考虑楼板对框架梁的帮助作用。所以,施工时要注意保证楼板与梁的整体性。

框架是一个空间结构,可以按矩阵位移法用计算机计算内力。对于布置规则、简单的框架可用简化计算方法按下述计算。

在竖向荷载作用下,因侧移很小,可以忽略不计,则每层楼面上的竖向荷载对其它层的影响也很小,故可用分层法进行简化计算,即以每层框架梁连同上下层柱组成计算单元,这样就把多层框架分解成多个独立的单层框架计算,然后叠加各独立单层框架的内力,即得到框架最终内力。在计算竖向荷载框架梁的内力时,可以考虑塑性内力重分布,调整正负弯矩值。

框架在水平荷载作用下的内力计算,可以用反弯点法近似分析,假定底层柱的反弯点在0.6 柱高度处,其它各层柱的反弯点在柱的中间,则各层框架连同上下层柱的弯矩可求出,叠加各层框架内力即可求出整个框架的弯矩与剪力。

4. 设计构造与施工

框架柱的截面宜采用正方形或矩形,矩形柱的边长比不宜超过 1∶1.5,柱的截面尺寸根据受力情况和建筑要求确定,对于处于地震区的框架柱,其竖向荷载与地震作用组合下的内力,应满足规范规定的轴压比的规定,以达到柱的延性要求。柱的净高与截面长边边长之比宜大于 4。尽量少用短柱。由于建筑上不希望在室内暴露柱子时,柱子的截面可采用 L 形、T 形和十字形。采用这种形状的柱子,由于外形较复杂,每边的截面比较单薄,施工时要特别注意,保证位置与尺寸的准确性。

框架中相交的梁和柱的轴线宜在一个平面内,梁轴线与柱轴线的最大偏心矩不宜大于柱宽的 1/4。如梁与柱的轴线之间有偏心时,则内力计算和节点构造必须考虑偏心矩的影响,所以施工中必须保证梁和柱轴线位置的准确。

框架结构的混凝土强度等级不宜低于 C30,当层数多、荷载大时,可采用更高强度等级的混凝土。节点区的混凝土强度等级应与柱一样,梁与柱的混凝土强度相差不宜大于5MPa,装配式现浇整体节点的混凝土强度宜提高 5MPa。

框架结构主梁的截面高度约为跨度的 1/8～1/12,宽度不宜小于梁高的 1/4 和柱宽的1/2,且不应小于 250mm,以便搁置楼板或次梁。当采用扁梁时,应满足刚度要求。

预制装配整体式和预制现浇整体式框架的预制单元的划分与连接方法十分重要,一般应遵循下述原则:

(1)应尽量减少预制构件类型、规格、力求各单元的重量接近。

(2)连接点应尽可能设在受力较小处,连接方法简单,便于生产、运输和安装。

(3)连接方法尽可能做到统一,以便保证质量。

(4)在施工起重、运输能力可能的条件下,一个单元构件尽可能大一些,以减少连接接头。

近年来,现浇混凝土技术发展很快,框架结构采用全预制装配的几乎没有,因为装配式接头施工实在太困难,且不易保证质量,目前采用装配式结构形成整体的较好的方法是预制梁、板现浇柱。将梁做成叠合式,板也做成叠合式,板的钢筋伸入梁内,梁的钢筋伸入现浇柱内,然后现浇柱和梁、板、柱的节点以及梁和板的叠合层,保证框架的整体性。

采用现浇方法施工钢筋混凝土框架结构是合理的,因为框架结构的梁和柱是整体受力的,把梁和柱分开预制,再拼成整体适用于木结构和钢结构,钢筋混凝土结构可以一次浇成整体,就没有必要先预制后再装配成整体,这也是钢筋混凝土结构的优越性。

框架结构的抗震设计中贯穿了强柱、弱梁的设计原则。施工中对混凝土的强度等级、钢筋的配置数量与钢号都应按图纸规定的要求采用,不宜更改。特别对梁的配筋,如施工中遇到没有图纸中规定的钢筋时,应与设计协商处理,不能按非地震区的观念,认为"直径以大代小,强度以高代低"的办法就可以保证结构安全。

四、装配式墙板结构

1. 定义

由大型预制墙板和楼板在现场组装而成的承重结构体系,称为装配式墙板结构。有时墙板与楼板在预制厂浇成一体,到现场安装成房子。称为盒子结构。墙板结构体系,把墙的承重与围护作用合成一体,在材料利用上是比较合理的。但外墙做成既要承重,又要保温、隔热、防水,在建筑处理上有一定难度。外墙如采用复合材料制作,在预制、运输、拼装上要特别注意,如何保证其质量。装配式墙板结构的施工,要求有大型的运输、吊装设备,大型的预制厂。在我国目前的条件下,其综合造价反而比现浇的高,因此仅有少数有条件的单位在住宅上采用。

2. 分类

装配式墙板结构的板按截面形状有:实心板与空心板;按材料分有:普通混凝土、轻骨料混凝土、工业废料混凝土墙。墙板建筑的优点是标准化、工业化程度高,缺点是平面布置的灵活性不够,需要有大的起吊运输设备。墙板结构多用于住宅、公寓等。

3. 受力分析

装配式大板结构的受力构件仅有墙板、楼板(屋面板)与基础,传力途径明确。墙板、楼板及其接缝都应作垂直和水平荷载作用下的内力与变形计算。墙板的内力分析需根据不同荷载的作用,分别进行计算。

在垂直荷载、平面外水平荷载作用时,按两端不动铰支承于屋盖、楼盖或基础的竖向构件计算;在平面内水平荷载作用时,墙板按嵌固在基础上的竖向悬臂构件进行计算,此时,可以考虑纵横墙的共同工作的影响和墙面开洞大小的影响,如同一段剪力墙结构分析一样,但应考虑装配接缝的影响,对结构的刚度乘以降低系数 0.8～0.9,或对位移值乘以放大系数 1.1～1.2。

4. 设计构造与施工

墙板的高度、进深由建筑功能要求确定。墙板的最小厚度:承重墙应以能搁置楼板和受力需要确定,一般不小于 140mm 为宜,非地震区可以降至 120mm。外墙板的厚度与构造还应满足建筑保温、隔热、防水的要求,楼板可采用标准的预制混凝土空心板。墙板的配筋应根据计算确定,其构造配筋应符合装配式大板居住建筑设计和施工规程的规定。

装配式墙板结构构件之间应有可靠的连接,这是保证房屋整体工作性能的关键,接缝连接好了,可以充分发挥其强度与刚度。加强接缝的连接方法有:①将上下墙板和相邻楼板中伸出的钢筋焊接成一体;②墙板的四周边预留齿槽,增加接缝传递剪力的能力;③用混凝土将接缝处的有关构件浇成一体,也有用在墙内加竖向预应力钢筋,将墙板与楼板连成一体,见图 4-28。

装配式大板建筑的施工安装应坚持按施工程序进行,分层吊装,从中间开始,先内墙后外墙,逐间封闭。安装工程应与水电工程密切配合,组织立体交叉作业,避免事后剔凿。

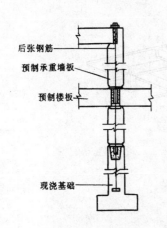

后张钢筋
预制承重墙板
预制楼板
现浇基础

图 4-28 墙板与楼板
预应力连接图

墙板的运输堆放均宜竖立放置,并采取措施夹紧,防止倾倒。现场靠放均应加强安全措施。

五、板柱结构

1. 定义

由板和柱组成的多层承重骨架体系,板和柱是整体连接的,称为板柱结构。这种结构的特点是室内没有梁,空间通畅明亮,平面布置灵活,能降低建筑物层高,其综合经济效果较好。多用于多层厂房、仓库、公共建筑的大厅,也可用于办公楼和住宅。

2. 分类

按板的形式分有:平板板柱结构、密肋板板柱结构;按板柱支承节点形式分有:无柱帽板柱结构、有柱帽板柱结构;按施工方法分有现浇板柱结构、预制装配整体板柱结构、升板法板柱结构、预应力拼装板柱结构,见图 4-29。板柱结构由于取消了梁,所以楼板的厚度比梁板体系的楼板要厚一些。

3. 受力分析

板柱结构的受力构件只有楼板(屋面板)与柱子两类。垂直荷载由板传给柱,由柱传给基础。风荷载由自承重的墙传给柱,也由柱传给基础,最后由基础传给地基。

板柱结构的受力分析由于施工方法的不同,也有所区别。对整体现浇板柱结构,只需要计算使用阶段的内力,对其它三种施工方法的板柱结构。除计算使用阶段的内力外,还应计算施工阶段的内力。

使用阶段的内力分析一般用等代框架法计算,即把楼板划分成纵横两个方向的等代框架梁,按框架结构进行内力分析,或用经验系数法计算内力。对预应力拼装板柱结构,则尚应考虑预应力的影响。

施工阶段的内力分析。对升板法施工的板柱结构,要进行预制柱的吊装受力验算、提升阶段板的内力计算和柱子的稳定计算。板的计算简图为等代连续梁。计算荷载应考虑板的自重、施工荷载、板的提升点的高差引起的内力和提升时的动力作用。柱的稳定可用等代悬臂柱的偏心柱增加系数确定(按升板建筑设计施工规范计算)。对预应力拼装板柱结构,除进行柱子的吊装验算外,尚应考虑预加应力对柱子产生的附加弯矩。对楼板则按四角支承在柱上的板计算,此时板上的荷载为自重和施工荷载。对装配整体式板柱结构,则按预应力拼装板柱结构一样计算柱子和楼板的内力,但不需要考虑预应力对柱子的附加弯矩。

对于比较高的板柱结构和处于地震区的板柱结构,则应设置剪力墙以抵抗风荷载和地震作用。

4. 设计构造与施工

板柱结构的柱网一般为正方形柱网最经济,矩形柱网的柱间距之比不应超过 1:1.5。楼板的四周可以支承在墙上,或支承在边柱的圈梁上,或悬臂伸出边柱外。柱子一般为正方形,楼板用实心平板,如柱网尺寸大于 6m 时,为减轻楼板自重,可采用双向密肋板,或双向密肋内填轻质材料的夹心板。在楼板与柱子的连接处,将柱顶加以扩大形成柱帽,或将柱子四周一定范围内的楼板加厚,以增加楼板在支承处的抗冲切能力,同时还有减小楼板跨度的

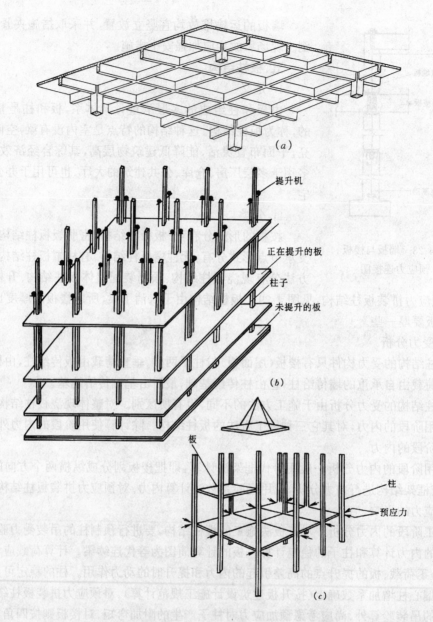

图 4-29 板柱结构示意图

(a)密肋楼板板柱结构;(b)升板法施工板柱结构;(c)预应力拼装法施工板柱结构

作用,所以柱帽必须将楼板与柱子连成整体。板柱结构每个方向的单列柱子不应少于 3 根,柱子的截面尺寸应满足轴压比的要求,平板的厚度不小于柱网长边的 1/35。

升板法施工的板柱结构施工时,每根预制柱的长度不宜大于截面小边尺寸的 50 倍。超过此限应采用接柱的方法接高。楼板可叠层生产,每层之间必须做好隔离措施。根据提升程序计算群柱的稳定,提升时先检查柱子的稳定措施,严格控制相邻点的提升差异值不超过 10mm。板就位后,应尽早做好板柱节点,使之形成板柱结构。

预应力拼装板柱结构施工时,先立好柱子,然后把预制楼板安放在柱子的临时支托上,将预应力筋分别从房屋的纵横两个方向穿过预留在柱子上的孔道,然后施加预应力,将楼板四角压紧在柱子上,最后在楼板的边肋槽内浇灌细石混凝土和在柱子孔道内浇灌砂浆,使板与柱、板与板连成一个整体,形成板柱结构。预应力筋既是拼装手段,又是受力钢筋,楼板是依靠预压力产生的摩阻力传递垂直荷载,所以预加应力这一道工序是施工的关键。

装配整体式板柱结构的安装程序同上,但不是用预应力拼装,而是将预制构件上伸出的钢筋焊接,然后浇筑混凝土,将楼板与柱子、上柱与下柱,楼板与楼板连成整体,形成板柱结构。

六、剪力墙结构

1. 定义

由剪力墙承受全部竖向和水平荷载的结构称为剪力墙结构。采用剪力墙结构体系的房屋主要是为了抵抗较大的水平力。剪力墙结构的传力系统是:垂直荷载由楼板(屋面板)传给剪力墙,风荷载由围护结构传给剪力墙,地震作用全部由剪力墙承担。剪力墙结构多用于住宅、办公楼、公寓、学校等建筑。

2. 分类

剪力墙结构按受力状态分有:单向承重与双向承重剪力墙体系;按间距分有:大开间与小开间剪力墙体系,大小开间一般以 4m 为划分界限;按力的传递方式分有:落地剪力墙与部分落地剪力墙体系;按施工方法分有:全现浇与内浇外挂剪力墙体系,如外墙仅作为围护结构用,而内墙纵向仅有一道剪力墙时,称为鱼骨式剪力墙结构体系,见图4-30。

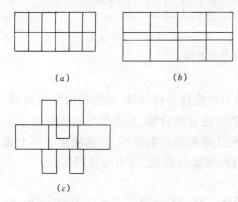

图 4-30　剪力墙结构示意图
(a)小开间横向剪力墙结构;
(b)大开间横向剪力墙结构;
(c)纵横剪力墙结构

3. 受力分析

剪力墙结构可用平面结构空间协同方法进行分析,也可用简化方法进行计算分析,即在垂直荷载作用下,按纵横墙的面积比分配垂直力;在水平荷载作用下,按各片墙的等效刚度分配水平力,然后综合计算出每片墙的内力与位移。对于布置较复杂的剪力墙结构,宜按薄壁杆件进行三维空间分析。

4. 设计构造与施工

剪力墙在平面上应拉通对直,在垂直方向的门窗洞,宜上下对齐,不宜采用错洞墙。剪力墙的混凝土强度等级不应低于C20,剪力墙应贯通建筑物的全高,要避免各层间的刚度突变。底层如需要用大开间,允许部分剪力墙不落地,但必须加强楼板和未落地一层的刚度,以传递水平力。剪力墙的厚度不应小于140mm,以保证墙体的侧向稳定,便于浇筑混凝土和搁置楼板。剪力墙宜设置双片纵横向钢筋网,并用S形钢筋把两片钢筋网绑扎成骨架,固定网片的间距,墙内钢筋网片除用作受力需要外,有限制裂缝开展,防止斜裂缝出现后剪力墙发生脆性剪切破坏,保持结构有一定延性的作用。施工中要保持网片位置的准确,网片中钢筋直径、位置的准确,要保持横平、竖直,使之受力均匀。在剪力墙结构的顶层和底层加强区、楼梯间、电梯间、山墙和内纵墙的端开间,其纵横向钢筋都比其它地方有所加强,施工中应特别注意。

剪力墙结构宜采用大模板、隧道模板、半隧道模板浇灌混凝土,或采用滑模、爬模法施工。施工中要注意：①控制墙体的垂直度；②掌握好模板的拆模时间；③混凝土墙振捣的密实性，避免漏振；④采用滑模施工时要掌握滑升时间与速度，避免混凝土被拉裂或塌落；⑤注意墙与墙、墙与楼板处的连接，防止跑浆和胀模；⑥墙上开洞处，连梁与墙的连接处，要保证混凝土浇灌的连续性，不要产生冷缝。

七、框架——剪力墙结构

1. 定义

由框架和剪力墙共同承受竖向荷载和水平荷载的结构，称为框架——剪力墙结构，简称为框剪结构。在框剪结构中，剪力墙是主要抵抗水平力的构件，这种结构体系兼有框架结构和剪力墙结构的优点，属于中等刚性的结构，它与框架结构比可减少水平位移，与剪力墙结构比其平面布置灵活，所以在高层建筑中采用较多。

2. 分类

框剪结构可以分成现浇与装配整体式两大类，其剪力墙的布置形式可以多种多样，剪力墙的位置、数量根据需要设置，但应符合规范规定的要求。常见的框架——剪力墙布置形式见图 4-31。

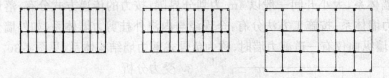

图 4-31　框架-剪力墙结构示意图

3. 结构受力分析

框剪结构一般宜采用三维空间分析方法进行内力与位移分析计算。如结构的平面规则、剪力墙布置也规则的，可以采用平面结构空间协调的方法分析计算。以上的分析方法是基于楼板必需是现浇或装配整体的，所以对采用预制装配式楼板的框剪结构，预制楼板的面上必需有一层不小于 4cm 的现浇层，保证其楼板的整体性，并能与框架、剪力墙共同工作。

4. 设计构造与施工

框剪结构的布置重点是确定剪力墙的位置与数量。横向剪力墙的布置应均匀、对称，宜放在建筑物的两端附近、楼梯间、电梯间，平面形状变化处和荷载较大处。横向剪力墙的最大间距应符合规范的规定。它与建筑物的楼板种类、抗震设防等级，楼板宽度(房屋的进深)有关。纵向剪力墙一般布置在结构单元的中间区段，每道剪力墙的刚度不宜过大，其承担的水平力不超过总水平力的 40%，使结构在纵横向受力均匀。剪力墙的布置应满足建筑物层间位移及顶点位移的要求。施工时，要保证剪力墙的位置、剪力墙与四周框架梁和柱的连接、剪力墙洞口的位置与配筋等质量要求。

框剪结构的钢筋混凝土截面设计与施工均应符合框架结构和剪力墙结构的要求，对有边框的剪力墙，其厚度不小于 160mm，剪力墙的中线应与柱的中线重合，避免产生偏心，影响受力情况。

八、筒体结构

1. 定义

在水平荷载作用下，筒体与楼盖共同起整体空间作用的抗侧力结构，称为筒体结构。筒体结构是框架-剪力筒结构的简称,筒体结构是由框剪结构的剪力墙演变成剪力筒而来的。剪力筒由密柱、高梁组成(柱距通常在 3m 以内)简称为框架筒,剪力筒由剪力墙围成的箱形截面组成,简称为薄壁筒。这种结构多用于高层建筑的商业建筑与综合性公共建筑。

2. 分类

筒体结构根据框架与剪力筒的组合情况可分为:①外框内筒结构,即中心为薄壁剪力筒,外围为普通框架所组成;②外筒内框架结构,即外围为密柱框架筒,内部为普通框架所组成;③筒中筒结构,即中央为薄壁筒,外围为框架筒组成;④成束筒结构,即由多个筒体组成的结构。筒体结构示意图见图 4-32。

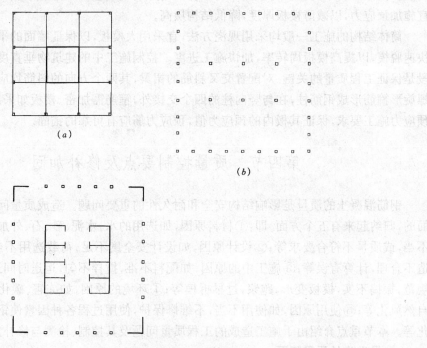

图 4-32　筒体结构示意图
(a)框架-薄壁筒结构;(b)密柱筒-框架结构;(c)筒中筒结构

3. 结构受力分析

外框内筒结构是由框架主要承受竖向荷载,内筒承受水平荷载。外筒内框结构是由内框架承受竖向荷载,外筒承受水平荷载。筒中筒与成束筒结构则所有竖向荷载与水平荷载都是通过楼面、墙面传给筒体结构。筒体结构的布置比较复杂,空间作用显著。可以用位移相等的原则,将其化为连续的竖向悬臂筒、采用有限元、有限条法分析,也可用空间矩阵位移法分析。

4. 设计构造与施工

外框内筒结构与框剪结构相似,只是把剪力墙集中在一起形成筒体,放在建筑物的中央,使整幢建筑具有较大的刚度,而建筑的平面设计就比较灵活,薄壁筒的边长一般为外框架边长的 1/3 左右。设置薄壁筒的目的是限制结构在水平力作用下的位移,一般装修标准的限制位移值是层高的 1/650,高级装修标准的限制位移值是层高的 1/800。其截面设计方法与框剪结构相同。

外筒内框结构适用于建筑物中部不适宜用薄壁筒的建筑。因建筑造型的需要，外筒不宜做成薄壁，故采用密柱筒的形式。密柱筒的柱子宜用矩形或 T 形，柱截面的长边位于密柱筒的平面内，角柱受力复杂，承受双向弯矩，其截面约为中柱的 1.5～2.0 倍。必要时可做成 L 形角柱，其截面设计与框架结构相同。

筒中筒与成束筒结构的高宽比宜大于 3，高度不宜小于 60m 筒中筒结构的外筒宜采用对称平面、矩形平面的长宽比不宜大于 2，否则应在平面内增设剪力墙或密柱框架、形成成束筒，各筒之间的刚度不宜相差太大。内筒宜贯通建筑物全高，竖向刚度应均匀变化，不应有突变。筒体结构中的楼板与筒体的连接，可以作成铰接，也可以做成刚接。跨度较大的楼板宜施加预应力，以减薄楼板厚度，降低结构层高。

筒体结构的施工一般均采用现浇方法，宜采用大模板，以保证墙面的平整。楼板可采用快速脱模，以提高模板周转率，加快施工进度。控制施工中的建筑物垂直度和合理划分施工段是保证工程质量的关键。对配置交叉斜筋的裙梁，其两个方向的斜筋均应采用矩形箍筋或螺旋形箍筋形成钢筋柱，在与竖向柱的四个交接外，箍筋需加密。楼板如采用预应力时，应按预应力施工要求，保证其板内的预应力值，预应力筋应有可靠的锚固。

第四节　质量控制要点及修补加固

钢筋混凝土的质量是影响结构安全和耐久性的重要问题。造成质量问题的原因是多方面的，归纳起来有五个方面。即：①材料原因，如选用的水、水泥、砂、石、外加剂、钢筋、焊条等不当，或质量不符合要求等；②设计原因，如设计安全度不足，荷载选用不当，结构布局与构造不合理，计算有误等；③施工中的原因，如配料不准，搅拌不匀，运送时间过久，浇筑不符合规范，振捣不实，模板变形，跑浆，过早拆模等；④环境的原因，如冻害、碳化、腐蚀介质作用，自然风化等；⑤使用原因，如使用不当，不维修保护，使用过程各种因素使钢筋混凝土发生劣化等。本节重点介绍由于施工造成的工程质量问题及其控制、检测与修补加固方法。

一、易发生的质量问题

下面分述钢筋混凝土工程质量问题的现象产生的原因及其控制途径。

(1)断面尺寸偏差、轴线偏差、表面平整度超限。产生的原因是：①看错图纸或图纸有误；②施工测量放线有误；③模板支撑不牢固，支撑点基土下沉，模板刚度不够；④混凝土浇筑时一次投料过多，一次浇筑高度超过规范规定，使模板走形；⑤浇筑混凝土顺序不对，造成模板倾斜；⑥振捣时，过多振动模板，产生模板移位；⑦预埋件固定不牢，位置放错；⑧模板接缝处不平整；⑨模板表面凹凸不平等。

(2)结构表面损伤、缺楞掉角。产生的原因是：①模板表面未涂隔离剂，模板表面未清理干净，粘有混凝土；②模板表面不平，翘曲变形；③振捣不良，边角处未振实；④拆模时间过早，混凝土强度不够；⑤拆模不规范。撞击敲打，强撬硬别，损坏楞角；⑥拆模后结构被碰撞等。

(3)麻面、蜂窝、露筋、孔洞、内部不密实。产生的原因是：①模板拼缝不严，板缝处跑浆；②模板未涂隔离剂；③模板表面未清整干净；④振捣不密实、漏振；⑤混凝土配合比设计不当或现场计量有误；⑥混凝土搅拌不匀，和易性不好；⑦混凝土入模时高差较大，未用串筒或溜槽，产生离析；⑧一次投料过多，没有分层捣实；⑨底模未放垫块，或垫块脱落，导致钢筋紧贴模板;⑩钢筋绑扎不牢,振捣时使钢筋移动;⑪拆模时撬坏混凝土保护层;⑫钢筋混凝土节点处,由于钢筋密集,混凝土的石子粒径过大,浇筑困难,振捣不仔细;⑬预留孔洞的下方因有模板阻隔、振捣不好等。

(4)在梁、板、墙、柱等结构的接缝处和施工缝处产生烂根、烂脖、烂肚。产生的原因是:①施工缝的位置留得不当,不好振捣;②模板安装完毕后,接岔处清理不干净;③对施工缝的老混凝土表面未作处理,或处理不当,形成冷缝;④接缝处模板拼缝不严,跑浆等。

(5)混凝土强度偏低,或波动较大。产生的原因是:①原材料质量波动;②配合比掌握不好,水灰比控制不严;③混凝土拌合不匀,搅拌时间不够,或投料顺序不对;④混凝土运送的时间过长或产生离析;⑤混凝土振捣不良;⑥混凝土养护不好等。

(6)结构发生裂缝,产生的原因是:①模板及其支撑不牢,产生变形或局部沉降;②拆模不当,引起开裂;③养护不好引起裂缝;④混凝土和易性不好,浇筑后产生分层,产生裂缝;⑤冬季施工时,拆除保温材料时温差过大,引起裂缝;⑥当烈日曝晒后突然降雨,产生裂缝;⑦大体积混凝土由于水化热,使内部与表面温差过大,产生裂缝;⑧大面积现浇混凝土由于收缩温度产生裂缝;⑨构件厚薄不均匀,产生收缩不均匀而裂缝;⑩主筋位置严重位移,而使结构受拉区开裂;⑪混凝土初凝后又受到振动,产生裂缝;⑫构件受力过早,引起开裂;⑬超载引起开裂;⑭基础不均匀下沉引起开裂;⑮设计不合理引起的开裂;⑯使用不当,引起开裂等。

(7)结构或构件断裂,产生的原因是:①钢筋放错位置;②钢筋数量不足;③严重超载;④施工时结构或构件的受力状态与设计不符;⑤钢筋质量不符要求,产生脆断;⑥结构受到较大的冲击力;⑦混凝土强度过低等。

(8)混凝土冻害。产生的原因是:①混凝土凝结后,尚未取得足够的强度时受冻,产生胀裂;②混凝土密实性差,孔隙多而大,吸水后气温下降达到负温时,水变成冰,体积膨胀,使混凝土破坏;③混凝土抗冻性能未达到设计要求,产生破坏等。

(9)混凝土碳化。空气中的二氧化碳渗入混凝土中与混凝土的碱性物质相互作用,降低混凝土的碱度,称为混凝土碳化。碳化会破坏钢筋表面的钝化膜,使钢筋失去混凝土对其保护作用而锈蚀,胀裂混凝土。混凝土的碳化还会加剧收缩,而使结构产生裂缝。加速碳化的原因是:①混凝土周围介质的相对湿度、温度、压力、二氧化碳浓度的影响;②施工中振捣与养护好坏的影响;③水泥用量、水灰比、水泥品种的影响;④集料品种、外加剂、粉煤灰掺量的影响;⑤混凝土强度等级的影响等。由于空气中二氧化碳的浓度较低,在正常条件下,混凝土碳化的发展速度比较慢,对密实性较好的高强混凝土,保护层为 20mm 时,碳化发展到钢筋的位置需要数十年的时间。

(10)碱骨料反映。混凝土骨料中的某些矿物质与混凝土微孔中的碱性溶液的化学作用,使混凝土局部发生膨胀,引起开裂和强度降低,称为碱骨料反映。产生碱骨料反映的原因是:①骨料中含有与碱起化学作用的活性矿物质成分,如含微晶氧化硅、二氧化硅和碳酸盐的骨料;②水泥的含碱量过高;③混凝土的水灰比过大;④环境温湿度的影响;⑤外加剂中含碱量大等,解决办法是选用没有碱反影响的骨料,控制水泥与外加剂的含碱量。

(11)钢筋锈蚀。产生钢筋锈蚀的原因是:①混凝土液相的 pH 值的影响,pH 值小于 4 时,钢筋锈蚀速度急骤加快,混凝土的碳化将降低 pH 值;②氯离子含量的影响,氯离子会破坏钢筋表面的钝化膜,使钢筋锈蚀;③混凝土的密实度的影响;④钢筋的混凝土保护层厚度的影响；⑤水泥品种的影响；⑥环境温湿度的影响；⑦干湿交替作用的影响，⑧大气、水与土壤中盐的渗透作用；⑨冻融循环作用的影响等。

上述这些质量问题，最终都会导致结构的承载能力降低，变形增加，裂缝开展过大，结构耐久性降低。所以对钢筋混凝土的质量必须十分重视，避免形成结构的隐患。

从上述产生质量问题的原因看出，只要施工能严格按施工验收规范进行，设计能严格按设计规范进行，绝大部分的质量问题是可以避免的。

二、质量检测方法

钢筋混凝土质量检测可以分成三个部分。①外观检查。对于混凝土外表产生的质量问题，可以用这种方法检查，如尺寸的偏差、蜂窝麻面，表面损伤、缺棱掉角、裂缝、冻害等。②预留试块检测。这种方法只能检测混凝土的品质和强度，如预留试块的取样不当，试块与结构没有同条件养护，试块的振捣方法与结构的施工方法相差甚大，则试块就没有代表性。有时试块遗失，或未作标记，造成检测困难。③在结构本体上进行检测。这种检测内容有：混凝土的强度和缺陷、钢筋的配置情况和锈蚀情况和结构的承载能力等。前者称为非破损或局部破损检测，是处理钢筋混凝土结构质量问题的常用手段，其测试结果可作为判断结构安全问题的重要依据。后者称为破损检验，是在非破损检测尚无法确定其承载能力时使用，或对新结构需要分解其受力性能时使用。下面重点介绍几种比较成熟的非破损检测方法和适用范围。

1. 回弹法（表面硬度法）。

是一种测量混凝土表面硬度的方法，混凝土强度与硬度有密切关系。回弹仪是用冲击动能测量回弹锤撞击混凝土表面后的回弹量，确定混凝土表面硬度，用试验方法建立表面硬度与混凝土强度的关系曲线，从而推断混凝土的强度值。这种方法受混凝土的表面状况影响较大，例如混凝土的碳化情况、干湿状况，甚至粗骨料对表面的影响都很大，所以测出的强度需要进行校准。我国已制定了回弹仪测试混凝土强度的技术标准，使用比较普遍。

其它测量混凝土表面硬度的方法有压痕法，即用一定压力压钢球，测量其压痕直径，以推算混凝土强度，这种方法使用不普遍，仅德国制定了规程。

2. 拔出法（半破损法）

是使用拔出仪拉拔埋在混凝土表面层内的锚杆，根据混凝土的拉拔强度，推算混凝土抗压强度。这种方法是直接测定混凝土的力学特性，所以测出的数据比较可靠，我国也已制定标准。埋在混凝土表层内的锚杆，可以是预埋的，也可以是后埋的，后埋法使用方便、灵活，但在钻孔、埋入锚杆等作业时，会损伤混凝土，或埋设不当，会影响测值。粗骨料对拔出法的测值也有影响。

拔出法对混凝土表面有一定损坏，属于局部破损方法之一。其它还有射钉法、针贯入法，取芯法等。射钉法是使用一种火药发射装置，将一根一定长度的合金尖钉射入混凝土中，测定其外露长度，通过试验，建立贯入度与混凝土强度的关系曲线，以此推算混凝土的强度。这种方法的优点是测量速度快，方便，且受混凝土表面影响小，但也受粗骨料和混凝土含水率的影响。国外对此法已列入标准，我国正在研究中。针贯入法是与射钉法类似的一种方法，即以弹簧作用力将金属针打入混凝土，打入深度为 $4\sim8mm$。这种方法只深入混凝土的砂浆层，受表面状况的影响小，基本上不受粗骨料的影响，目前正在研究中。取芯法是从混凝土构件中钻取一块芯样，直径为 $100mm$，通过力学试验，确定混凝土的强度。同时可以察看混凝土的密实性。这种方法简便，直观，精度高，是国内应用较多的一种方法，但它对构件的破损范围比拔出法大，而且有的构件配筋较多，不易取样，不能作为普遍使用的方法，可以作为其它非破损检测方法的校验或补充，我国已制定取芯法的技术规程。

3. 超声波法（声波法）

是用超声发射仪，从一侧发射一列超声脉冲波进入混凝土中，在另一侧接收经过混凝土介质传送的超声脉冲波，同时测定其声速、振幅、频率等参数，判断混凝土的质量。超声波法可以测定混凝土的强度。混凝土的强度与声速的相关性受混凝土的组成材料的品种、骨料粒径、湿度等影响，需要用该种混凝土的试件或取芯法的芯样来率定强度与声波的关系。超声波法还可以探测混凝土内部的缺陷、裂缝、灌浆效果、结合面质量等，是目前测缺陷使用最普遍的方法。我国已制定出技术规程。超声法也可以测量板的厚度、表面裂缝的深度等。

超声波法与回弹法结合评定混凝土强度，称为超声回弹综合法。这两种方法的结合，可以减少或抵消某些影响因素对单一方法测定强度的误差。从而提高测试精度。这个方法，我国也已制定规程，应用较广。

4. 反射波法

给结构以一种冲击力，使结构中产生应力波，根据波的传播反射情况，测定结构的内部缺陷、尺寸大小。这种方法，我国多用于桩的测试，称为动力试桩法。动力试桩法又分大应变和小应变法。小应变法在受冲击时，桩身不产生竖向位移，用于测定桩身的缺陷；大应变法在冲击时使桩身产生微小的竖向位移，可以用于测定单桩的承载力，但与静力压桩法的测定结果仍有一定差异。大小应变动力测试法的操作简便，速度快，目前应用较广。

5. 红外线法。利用红外线光谱，测定结构表面温度的变化情况，判定结构表面有无剥离层、结构的渗漏等。国外已有红外线仪，我国正在研究应用。红外线还可以进行扫描探测，测定钢筋位置、直径大小，判断钢筋是否已锈蚀等。

6. 电位差法

利用电位差测定钢筋的锈蚀情况。钢筋在混凝土中的自然电位差一般在$-100 \sim -300\text{mV}$之间，此时钢筋处于钝化状态，如自然电位差低于-300mV，则钝化已被破坏，钢筋有被腐蚀的可能。

7. 电磁法

利用钢筋对磁铁反应的原理，测定混凝土中钢筋的位置、直径、混凝土保护层的厚度。国内已研制出仪器，形成商品供应。

8. 电阻率法

利用混凝土中含水率不同、而电阻率不同的现象，用电阻式或电容式水分测定仪，测定混凝土中的含水率，测定喷射混凝土和喷射砂浆层的厚度，目前已可测量不超过25cm厚的喷射层。

9. 雷达波法

利用雷达电磁波在混凝土中的传导与反射情况，可以测出混凝土内部是否有缺陷、缺陷的大小和位置。雷达波探测可以实现单向测试，给测试带来很大方便，图象比较直观，我国已开始引进使用，但由于钢筋会大量反射电磁波，故在钢筋间距较密的结构上检验较困难。

10. 射线照像法

利用穿透力高的射线照像，可获得混凝土的内部缺陷及钢筋的感光照片，目前可应用于测定钢筋的位置、直径，保护层厚度以及钢筋锈蚀情况。此法使用不多。

非破损检测技术能够比较真实地评价混凝土结构的质量而不破坏原结构,近年来有很大发展,但仍不够理想,如对强度检测的精度还不够高,其误差只能达到10%左右;对结构内部的缺陷,钢筋的锈蚀尚未提出定量分析的手段;质量评估方法的科学性、规范化程度尚需提高;有些比较先进的方法,我国才开始研究;仪器的精度,耐久性、轻型化还不够等。需要加强领导,进行攻关开发,使我国的非破损检测技术水平进一步提高。

三、修补与加固处理

钢筋混凝土结构的发展应用时间虽不长,但也有100多年的历史。钢筋混凝土虽然是经久耐用的材料,但由于设计、施工、使用、环境等因素造成不同程度的损坏,影响使用寿命,或降低了承载能力。近年来,各国对钢筋混凝土结构的质量评估、维修、加固、改造工作愈来愈重视,已形成一门新的学科、新的行业。

钢筋混凝土结构的修补加固工作是一项十分仔细而困难的工作。首先必须查明原因,测定被损伤的位置、大小、程度,判定结构的安全性,才能针对性地采取措施,取得效果。其次,修补加固方案必须简单,易于施工。最终还是要依靠施工质量,保证新老结构的共同工作,才能达到修补加固的目的。

根据钢筋混凝土结构的损伤情况,修补加固工作可以分成三类。

1. 对混凝土结构裂缝的修补

根据裂缝的种类和分布状况,可分别采用下述方法。

(1)表面密封法。此法适用于修补不再发展的裂缝,其宽度不大于0.2mm。其做法为:在裂缝处用钢丝刷将混凝土表面打毛,并用清水洗净,然后喷涂或涂刷一层涂敷材料,涂敷材料可根据结构的要求选用环氧树脂、丙稀酸橡胶、聚酯树脂,或在裂缝上先铺放玻璃布,再用修铺材料涂刷。当裂缝渗水时,则宜用快硬水泥或其它水硬性粘结剂堵漏修补。

(2)嵌缝密闭法。此法多用于水平面上的裂缝,其宽度大于0.3mm。裂缝较小时,采用低粘度树脂,裂缝较大时,可采用高粘度树脂。常用的材料有环氧树脂,聚酯树脂砂浆,或聚合物水泥砂浆,或水泥砂浆。为提高填缝质量,可将缝凿成V形或U形,以增加嵌缝材料与混凝土的粘结力。

(3)灌浆修补。此法适用于修补较深的裂缝和混凝土内部有孔洞、疏松等情况。压浆设备可采用电动泵,也可用手压泵。灌浆前,应沿裂缝设置注浆管或注浆口,并将其密封,然后顺序向注浆管或注浆口压浆。第一个口灌满后,再移至第二个口,直到全部灌满为止。对细裂缝用树脂类材料灌浆,大于2mm的裂缝用水泥浆灌浆。

2. 对混凝土结构受损伤的修补。

结构受撞击、局部未振实、冻害、火灾、遭腐蚀、碱骨料破坏等引起的结构表面或局部损坏,根据损伤的情况不同而采用不同的材料和修补方法。

(1)对于浅表面损伤,可采用涂抹砂浆法。其做法是将受伤表面清洗干净,先涂一层界面剂或低粘度的环氧树脂,再涂抹环氧树脂砂浆或聚合物水泥砂浆。

(2)对于局部受损,可采用局部修补法。其做法是先将被损伤部分的混凝土剔除,清理其松动部分,先涂一层乳胶水泥浆作界面剂,再补以比原结构混凝土强度高一个等级的混凝土或用早强快硬混凝土修补密实。

(3)对于需大面积修补的结构,宜采用喷射混凝土进行修补。在喷射混凝土前,应清除已损伤部分的混凝土,并清除浮灰。

3. 对混凝土结构的加固

加固的目的是要恢复或提高结构的承载能力,使结构能继续使用或改作其它用途。在加固之前,要检测评定结构的可靠性,即对结构上的荷载、结构的混凝土质量、结构的受损程度、结构中钢筋的状况、结构的连接情况、结构的地基情况、结构的使用情况、结构的环境情况等作出全面的检测与分析,提出加固方案,经设计、施工、业主取得一致意见后(重大的加固方案应由政府部门审批)方可进行。加固的方法,大致有以下几种。

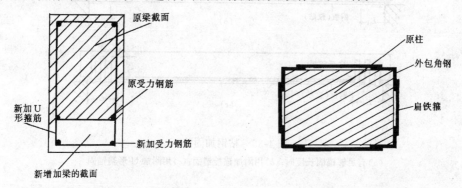

图 4-33 梁的增大截面加固图　　　　　图 4-34 柱外包角钢加固图

(1)增大截面加固法。即用同等级混凝土,加大原结构截面,以达到满足承载能力的要求,这种方法的优点是适用面广,可用于加固梁、柱、板、墙等,工艺简单,但湿作业量大,减少了房屋的使用面积。施工中必须保证新老混凝土的粘结。因此需要采用混凝土界面剂。增大截面加固法的梁,见图 4-33。

(2)外包角钢加固法。用角钢镶嵌在四角,并用扁钢将角钢箍紧,以提高结构的承载能力。这种方法的优点是施工方便,现场工作量不大,适用于不允许增大原结构截面的结构,主要用于加固柱子。加固办法是:首先清理构件表面,除去表面油污层和酥松层。其次用乳胶水泥浆粘贴角钢,以扁钢将角钢焊接牢固,箍紧于混凝土表面,或先将角钢及扁钢置于预定结合面上,焊成整体,用环氧胶泥将角钢及扁钢箍与构件的缝隙填塞,见图 4-34。

(3)粘钢加固法。在钢筋混凝土构件表面用结构胶粘贴钢板,以提高结构承载能力。优点是简单,快捷。加固时,基本上不影响使用。主要用于梁的加固。钢板应延伸出需要加固部位以外,延伸的长度应满足加固钢板传力的需要,如钢板的锚固长度受到限制,则需采用锚栓或 U 形箍板加强,见图 4-35。粘结加固法至关重要的是处理好粘结处的混凝土表面和粘结钢板的表面,选配好粘贴的胶。粘贴后再固定加压,胶固化后才能受力。

(4)增设支点加固法。用增设支点以减小结构跨度,达到减小结构受力。优点是简单,但使用空间受到一定限制。应核算增设支点后改变了结构受力情况的影响。这种方法多用于梁或框架梁,见图 4-36。

(5)增设剪力墙加固法。结构如在地震作用下,其强度与变形不能满足规范要求时,还可以在房屋的适当位置增设剪力墙,以抵抗地震作用,这种加固方法影响面小,也比较简单,但对整个建筑需要重新进行验算。

(6)外加力加固法。采用外加拉力或压力、改变原结构的受力状态或减小原结构薄弱处的受力,以提高结构的总体承载能力。外加力加固法的外加之力与原结构能较好地共同工作,具有卸荷、改变受力状态,增加结构整体性等多种作用,是最有效的加固方法之一,外加

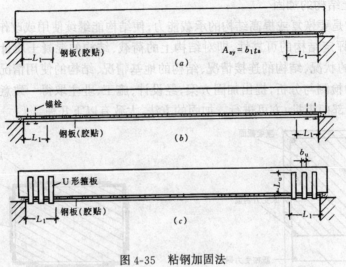

图 4-35　粘钢加固法

(a)有足够锚固长度时；(b)用附加锚栓锚固；(c)用附加 U 形箍锚固

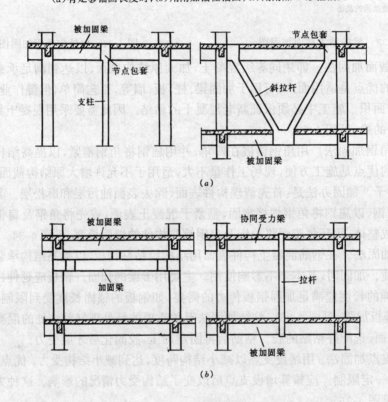

图 4-36　增设支点加固图

(a)刚性支点；(b)弹性支点

力加固法可以分成三类：即拉杆式加固、压杆式加固和锚杆式加固。

拉杆式加固多用于梁的加固，也可用于对房屋或构件的箍紧，加强房屋的整体性或增加构件强度，梁的外加力加固如图 4-37 所示。施工中要做好拉杆的锚固及与构件的连接，掌握外加力的大小，拉杆的防腐等。

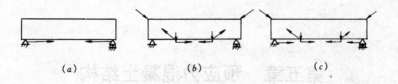

图 4-37　拉杆式加固梁示意图

(a)水平拉杆；(b)斜拉杆；(c)水平、斜拉杆组合

压杆式加固多用于柱的加固,利用外加力使原结构卸去一部分荷载,卸去的荷载由压杆承担,见图 4-38。施工中要固定好压杆。连接好加力点,保证加压时的安全,压杆的尺寸要准确,压杆与原结构要密切结合,形成整体,使之共同工作。

锚杆式加固多用于隧道、边坡、深基坑支护、坝体加固等,是一种很有效的加固方法,但用于软土效果不好,因软土无法很好锚锭锚杆,则失去加固的作用。

房屋的加固方法很多,要根据工程情况、施工条件和使用要求等选用。上面所介绍的几种方法是常用的,不是全部。例如基础的加固方法还有压浆法、加桩法等,结构的加固方法还有减轻荷载法,托换法等,总之要根据具体情况,采用最简单、最有效、最经济、最方便的方法。

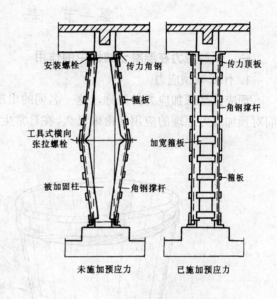

图 4-38　压杆式加固柱示意图

第五章　预应力混凝土结构

第一节　基　本　概　念

一、预加应力在混凝土结构中的作用

1. 什么叫预应力

预应力是预加应力的简称，这一名词的出现虽为时不长，只有几十年的历史，然而人们对预加应力原理的应用却由来已久，在日常生活中稍加注意是不难找到一些熟悉例子的。

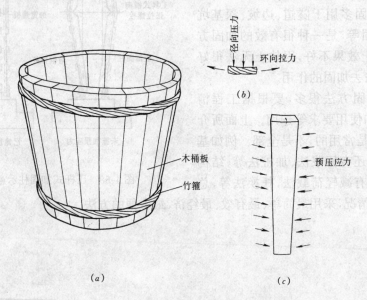

图 5-1　预应力原理在木桶上的应用

(a) 木桶；(b) 竹箍分离体图；(c) 板块分离体图

本桶（图 5-1）是一个典型的例子。这种用竹箍的木桶，如洗脸盆、洗衣盆、洗澡盆、水桶等在我国日常生活中的应用已有几千年的历史。当套紧竹箍时，竹箍由于伸长而产生拉应力，而由木板拼成的桶壁则产生环向压应力。如木板板缝之间预先施加的压应力超过水压引起的拉应力，木桶就不会开裂和漏水。这种木桶的制造原理与现代预应力混凝土圆形水池的原理是完全一样的。这是利用预加压应力以抵抗预期出现的拉应力的一个典型例子。

木锯（图 5-2）是另一个熟悉的例子。当锯条来回运动锯割木料时，使锯条的一部分受拉而另一部分受压。这种薄而狭长的锯条本身并没有什么抗压能力，但由于预先拧紧绳子而受有预拉应力，当预拉应力超过锯木时引起的压应力，锯条就始终处于受拉状态，就不

致于发生压屈失稳破坏。这是利用预加拉应力以抵抗使用时出现的压应力的一个典型例子。

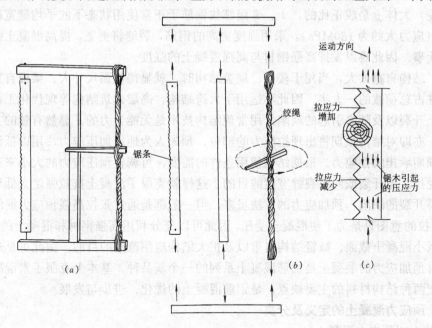

图 5-2 预应力原理在木锯上的应用

(a) 中国式木锯；(b) 木锯各杆件分离体图；(c) 锯片的受力图

当整理书架需要搬动书本时，人们常采用如图 5-3 所示的搬书方法。由于受到双手捧书所加的压力，这一列书就如同一根梁一样可以承担全部书本的重量。这和用后张预应力束将若干混凝土预制块体拼成预应力梁的原理基本上也是一样的。

图 5-3 块体拼装式预应力梁示意图

类似的例子还能举出一些，例如施工现场装卸红砖用的一次可以手提 5 块砖的砖夹子、自行车车轮的辐条等等。这些例子都表明运用预加应力的原理和技术，既可用预加压应力来提高结构的抗拉能力和抗弯能力，又可用预加拉应力来提高结构的抗压能力。因此，只要善于运用，就可以利用预加应力获得改善结构使用性能和提高结构强度的效果。

2. 混凝土为什么要预加应力

混凝土是抗压强度高而抗拉强度低的一种结构材料。它的抗拉强度不仅很低，只有抗压强度的 1/10～1/15，而且很不可靠。它的抗拉变形能力也很小，如同玻璃一样是脆性的，破坏前没有明显预兆。因此素混凝土只能用于柱墩、重力式挡土墙、地坪、路面等以受压为主的场合，而不能用于梁、板等受弯构件和结构。

为弥补混凝土抗拉强度太低的缺点，人们首先想到的是对混凝土预期出现拉应力的部位用钢筋来加强，即用钢筋来代替混凝土承担拉力。这种用混凝土受压、用钢筋受拉的钢筋混凝土用途很广、优点很多，但也存在着一个难以克服的本质上的缺陷——开裂。所有钢筋混凝土受弯、受拉构件，不管配筋少还是配筋多，在使用状态下几乎无不开裂，以致影响它的应用范围与发展前途。开裂带来的问题主要反映在以下三个方面：

(1) 不适用于有抗渗漏要求的结构，也不能用于有侵蚀性介质环境的结构。

（2）背离结构材料向高强轻质发展的大方向。由于混凝土裂缝的宽度和钢筋的使用应力（应变）大体上是成正比的，Ⅱ、Ⅲ级螺纹钢筋于正常使用状态下的平均缝宽就已达到0.2mm（应力大约为180MPa），采用强度更高的钢筋，裂缝将更宽，提高混凝土强度级别也无济于事。因此难以发挥高强钢材与高强混凝土的强度。

（3）结构自重太大，当用于楼盖、屋盖结构时，就显得截面尺寸大、梁板自重荷载太大，往往占总荷载的一大半。因此不适用于大跨结构、高层建筑结构等现代化工程建设。

由于开裂以及随之引起的缺陷，用常规结构技术是无能为力的。显然有效的方法是预加应力，亦即对结构预期将出现拉应力的部位，预先人为地施加压应力，用以抵消或减少混凝土预期承担的拉应力。根据结构使用条件的需要，可调整预压应力的大小来达到使混凝土不受拉、不开裂或约束裂缝宽度的目的。这样就克服了混凝土抗拉强度太低和钢筋混凝土容易开裂的缺陷。预加应力的方法虽多，但一般都是通过张拉高强预应力筋的方法实现的，张拉的意图只是为了使混凝土受压，因此可以充分利用高强钢材和混凝土的强度，从而达到减小混凝土截面、减轻结构自重以及扩大结构应用范围的目的。由此可见这种采用高强钢材预加应力的混凝土是加筋混凝土系列的一个新品种，基本上克服了素混凝土与钢筋混凝土两种结构材料的主要缺点，是钢筋混凝土的优化、进步与发展。

二、预应力混凝土的定义及分类

1. 什么叫预应力混凝土？

从以上的叙述，我们来概括一下预应力混凝土和其他钢、木、砖石、钢筋混凝土等结构材料不同的几个特点。

从原材料来看，它是一种有利于发挥高强钢材与高强混凝土强度的一种新的加筋混凝土，而且高强钢材的强度是越高越好，没有限制。

从施工来看，它需要对预应力筋进行张拉和锚固，要求有成套的专用设备、生产工艺与专门的生产技术，专业化很强。

从受力状态来看，施加预应力的目的是为了抵消使用荷载产生的应力，因此既要考虑预加应力阶段在预加力单独作用下（包括自重）各截面混凝土的应力和结构的性状（开裂、反拱）；又要考虑其他工作阶段（如构件吊装、运输、长期与短期荷载）混凝土的应力和结构的性状，设计工作量相当大，也比较麻烦。

从结构应用来看，由于具有轻质高强、抗裂以及适用于受拉、受弯结构等特点，除有利于建造大跨、高耸、池罐、水工等常规结构外，还开辟了许多非其他材料所能代替的新应用领域、独特的建筑形式、结构形式、结构体系与结构施工方法等等。

至于什么叫预应力混凝土？由于预应力技术与应用的不断发展，迄今国际上还没有一个统一的定义。一个概括性比较强、广义的定义是：

"预应力混凝土是根据需要，人为地引入某一数值与分布的内应力，用以部分或全部抵消外荷载应力的一种加筋混凝土"。

这一定义的学科性、专业性都很强，但通俗性不足，不易为一般土建工程人员以及非专业人员所理解与接受。实际上预应力筋对结构所起的作用，既可以理解为产生与使用荷载应力方向相反的预加应力，也可以理解为产生与使用荷载方向相反的预加反向荷载或反向力。如果我们从荷载的概念出发，预应力混凝土可以定义为：

"预应力混凝土是根据需要，人为地引入某一数值的反向荷载，用以部分或全部抵消使用荷载的一种加筋混凝土。"

这样理解比较直观、通俗易懂。例如对要求承受 1000kN 轴向拉力的混凝土拉杆，如预先施加 1000kN 的轴向压力，则在使用荷载下拉力与压力抵消，混凝土既然不受拉，也就不会出现拉应力和开裂。又如对要求承受 50kN/m 荷载的一根混凝土屋面梁，用抛物线形后张束预先施加 35kN/m 方向向上的反向荷载，则这根梁在使用荷载下就只承受 50-35＝15kN/m 方向向下的重力荷载了（梁端承受的轴向压力，还有利于提高梁截面的抗裂能力）。预加应力可以抵消使用荷载，其优越性是显而易见的，是看得见、摸得着的。

2. 预应力混凝土的分类

根据结构物对预应力值要求大小程度的不同，预应力混凝土可分为下列三类：

（1）"全"预应力——在施加预应力或全部荷载作用条件下，都不容许混凝土出现拉应力。

（2）"限值"预应力——在施加预应力或全部使用荷载下，容许混凝土承受某一规定拉应力值（如混凝土弯拉强度的 80％），但在长期荷载（恒载加一部分活载）作用下，混凝土不得受拉。

（3）"部分"预应力——根据结构种类和暴露环境条件，在全部使用荷载下容许出现不超过 0.1mm 或 0.2mm 宽度的裂缝。

"部分"预应力在国外有"广义"与"狭义"两种分法。前者认为二类与三类都是"部分"预应力，我国铁路与公路桥梁设计规范就都采用广义的定义。《混凝土结构设计规范》GBJ10—89 规范则仍沿用严格要求不出现裂缝、一般要求不出现裂缝与允许出现裂缝等三类的分法，实质上后两类也都是广义的"部分"预应力。

上述按预应力度的分类主要是为了方便设计而制定的，但也常引起误解，认为"全"预应力优于"部分"预应力。其实不然，各有利弊，各有合理应用范围，应根据结构使用要求来选用。

"全"预应力混凝土对水池、油罐、核电站安全壳等圆形压力容器是非常合适的；但对公路、铁路、市政桥梁与房屋建筑楼面结构，尤其是在恒载小而活载大的情况下，就会因预压应力过大而引起严重的徐变变形与长期反拱，影响结构的正常使用。

"部分"预应力是针对"全"预应力存在的几个主要缺点而发展起来的。"部分"预应力混凝土采用了更为先进的设计理论、设计准则以及预应力与非预应力混合配筋的方法，它兼有"全"预应力混凝土与普通钢筋混凝土两者的优越性能，既能更合理和有效地控制结构各个工作阶段的应力、裂缝与变形，又具有较高的弯曲破坏延性与较好的抗震性能。因此，"部分"预应力混凝土大有发展前途，必将成为加筋混凝土系列发展的主流。

三、预应力筋的布置及其对结构的影响

预应力筋是采用单根或多根高强钢丝、高强钢绞线或高强钢筋组成的预应力束的统称。预应力筋合力中心线在梁、板截面中位置的高低，直接影响到截面中混凝土应力的分布与数值，是预应力混凝土结构弹性设计的一个关键问题。从抗弯强度着眼，有如钢筋混凝土梁的受拉主筋一样，应尽量放低一些，以增大力臂；但从预加应力阶段和其他工作阶段混凝土的应力和梁的性状（开裂、反拱、挠度）考虑，预应力筋的位置和纵向的线形是受到限制的。以下将首先通过几个简单的计算来说明预应力筋位置与截面混凝土应力的关系，然后再叙述预应力筋的合理线形及其对结构的作用。

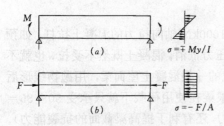

图 5-4 梁承受外荷载时截面中
的应力分布图

(a) 在外弯矩 M 作用下；
(b) 在轴心压力 F 作用下

1. 预应力弹性计算的基本公式

对"全"预应力混凝土梁、板等受弯构件，由于各个受力阶段都不容许出现法向拉应力，而压应力也比较小，因此可以认为混凝土接近于匀质弹性体，为简化起见，国际上都采用弹性理论公式来计算其应力与变形。

从材料力学可知当一个截面承受有外弯矩 M、轴心力或偏心力 F 作用时，该截面上任意一点的应力 σ 可以通过以下几个基本公式来分别计算（图 5-4），如有需要，也可以进行叠加（图 5-5）。

在外弯矩 M 作用下（图 5-4a），截面任一位置的应力为：

$$\sigma = \mp My/I \tag{5-1}$$

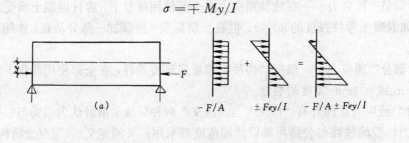

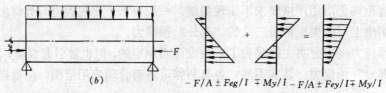

图 5-5 梁在偏心预加力 F 和外弯矩 M 作用下截面应力分布图

(a) 在 F 单独作用下；(b) 在 F 及 M 共同作用下

在轴心压力 F 单独作用下（图 5-4b）：

$$\sigma = -F/A \tag{5-2}$$

在偏心压力 F 单独作用下（图 5-5a）：

$$\sigma = -\frac{F}{A} \pm \frac{Fey}{I} \tag{5-3}$$

在偏心压力 F 和弯矩 M 同时作用下（图 5-5b）：

$$\sigma = -\frac{F}{A} \pm \frac{Fey}{I} \mp \frac{My}{I} \tag{5-4}$$

上述四个公式中：

σ——截面上任意一点要求计算的混凝土应力；

F——截面承受的轴心或偏心预加力；

e——预加力 F 对截面中性轴的偏心距离；

M——截面承受的外弯矩或自重弯矩；

A——截面的面积；

y——该计算点离截面中性轴的距离；

I——截面惯性矩（对宽度$=b$，高度$=h$的矩形截面，$I=hb^3/12$）。

公式中的"$+$"号与"$-$"号分别代表"拉"和"压"，根据预加力作用位置与应力计算位置而定。

以下将用一根矩形截面简支梁为例，分别运用上述各公式来说明预应力筋的位置，亦即预加力F的作用位置对截面混凝土应力的分布与大小的关系。

【**例 5-1**】 一根矩形截面简支梁的跨度$l=12.0$m，混凝土截面尺寸宽$b=300$mm，高$h=600$mm（混凝土自重为25kN/m³）。试求上述简支梁由于自重弯矩（不考虑F的作用）对跨中截面混凝土引起的应力。

【**解**】 梁每米自重 $W=0.30×0.60×25=4.5$kN/m

自重引起的跨中弯矩$M=\dfrac{1}{8}Wl^2=\dfrac{1}{8}×4.5×12^2=81.0$kN·m

矩形截面惯性矩$I=bh^3/12=300×600^3/12=5.4×10^9$mm⁴

顶、底面离中性轴距离$y=300$mm

从公式（5-1）得$\sigma=\mp\dfrac{My}{l}=\mp\dfrac{81.0×10^6×300}{5.4×10^9}=\mp4.5$MPa

亦即跨中截面顶面压应力为-4.5MPa，底面拉应力为$+4.5$MPa。

【**例 5-2**】 试求预加力$F=900$kN对上述例5-1简支梁跨中截面混凝土顶面与底面的法向应力。F对截面的偏心距e分别按0、$h/6$和$h/4$三种情况考虑，并忽略不计梁自重弯矩的影响。

【**解**】 梁截面面积$A=b×h=300×600=1.8×10^5$mm²

截面惯性矩$I=\dfrac{bh^3}{12}=300×600^3/12=5.4×10^9$mm⁴

（1）当$e=0$，即预加力F作用于截面形心，由公式（5-2）可得

$$压应力\ \sigma=-\dfrac{F}{A}=-\dfrac{900×10^3}{1.8×10^5}=-5\text{Mpa}$$

压应力呈均匀分布如图5-6（b）所示。

（2）当$e=h/6=100$mm时，从公式（5-3），得

$$\sigma=-\dfrac{F}{A}±\dfrac{Fey}{I}$$

$$=-\dfrac{900×10^3}{1.8×10^5}±\dfrac{900×10^3×100×300}{5.4×10^9}$$

$$=-5.0±5.0=\begin{matrix}0\\-10.0\text{MPa}\end{matrix}$$

亦即顶面应力为"0"、底面为压应力-10MPa，截面呈三角形应力分布如图5-6（c）所示。

（3）当$e=h/4=150$mm时，同样可从公式（5-3），得

$$\sigma=-\dfrac{900×10^3}{1.8×10^5}±\dfrac{900×10^3×150×300}{5.4×10^9}$$

$$=-5.0±7.5=\begin{matrix}+2.5\\-12.5\text{MPa}\end{matrix}$$

亦即顶面出现拉应力$+2.5$MPa，底面为压应力-12.5MPa，应力分布如图5-6（d）所示。

从例5-2对三种不同e值的计算结果可见：当预加力F作用于截面形心时，即$e=0$，全

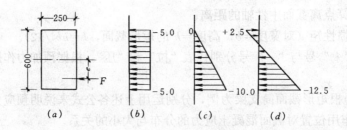

图 5-6 预加力偏心距对截面应力分布图形的影响

(a) 梁截面；(b) $e=0$；(c) $e=h/6$；(d) $e=h/4$

截面呈均匀压应力分布，但应力值较低，不利于梁的抗弯；当 F 作用于 $e=h/6$，亦即作用于矩形截面的下核心点❶ 时，压应力呈三角形分布，顶面压应力为"0"，底面压应力为平均压应力 5MPa 的二倍；当 F 作用于下核心以下位置时，截面的顶面将出现拉应力，这是"全"预应力混凝土设计所不容许的，但底面压应力则有显著增大。

2. 怎样布置预应力筋？

从前一节的叙述可知在施加预应力阶段，如果不存在外弯矩（包括梁自重或其他恒载），则"全"预应力混凝土梁预应力筋的位置沿梁全长均不得低于各截面下核心点位置（矩形截面 e 不得大于 $h/6$），否则将于顶面出现拉应力或开裂。

考虑到梁在预加应力过程中出现的向上反拱而脱离底模板、梁自重的支承点向两端转移，以及随之承受自重弯矩这一有利影响，则预应力筋位置尚可进一步下移，利用自重弯矩对梁顶产生的压应力来抵消由于预应力筋下移对梁顶引起的拉应力。以下我们将用公式(5-4)通过计算来说明为什么可以利用梁自重弯矩以加大偏心距而截面仍然不出现拉应力。

【例 5-3】 试求上述矩形截面简支梁在自重弯矩和预加力 F 同时作用下跨中截面的应力分布图形及数值。梁的截面尺寸、跨度、预加力值与例 5-1 及例 5-2 的梁相同，即 $b=250\text{mm}$，$h=600\text{mm}$，$A=1.8\times10^5\text{mm}^2$，$I=5.4\times10^9\text{mm}^4$，$y=300\text{mm}$，$l=12.0\text{m}$，跨中自重弯矩 $=81.0\text{kN}\cdot\text{m}$，$F=900\text{kN}$，但 F 的作用点向下移动 90mm，亦即 e 由例 5-2 的 100mm 加大到 190mm。

【解】 将上述各值代入公式 (5-4)，可得

$$\sigma = -\frac{F}{A} \pm \frac{Fey}{I} \mp \frac{My}{I}$$

$$= -\frac{900\times10^3}{1.8\times10^5} \pm \frac{900\times10^3\times190\times300}{5.4\times10^9} \mp \frac{81.0\times10^6\times300}{5.4\times10^9}$$

$$= -5.0 + 9.5 \mp 4.5$$

跨中截面顶面应力 $=-5.0+9.5-4.5=0$

跨中截面底面应力 $=-5.0-9.5+4.5=-10.0\text{Mpa}$

公式各项的计算结果分别列于图 5-7 中的 (b)、(c)、(d)，三项的综合则如图 5-7 (e) 所示。计算数值表明尽管例 5-3 预加力 F 的偏心 e 比例 5-2 的 $e=h/6=100\text{mm}$ 增加 90mm，但考虑了梁自重弯矩的影响后，截面顶面与底面的混凝土应力仍分别为"0"与 -10MPa，而没有出现拉应力。

---

❶ 矩形截面的下核心点离开中性轴距离为 $h/6$，其他 I 形、T 形等截面的下核心点位置要通过计算确定。

由于梁的自重弯矩 M 呈抛物线形，跨中最大，两边逐步减少，至端部为零。为了充分利用自重弯矩的有利影响，"全"预应力梁的预应力筋布置也以抛物线形最为有利（图5-8），但两端的位置则仍不得低于端部截面的下核心点。

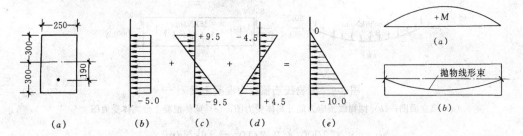

图 5-7　预加力 F 与 M 同时作用下跨中截面应力分布图
(a) 矩形截面；(b) $-F/A$；(c) $\pm Fey/I$；(d) $\mp My/I$；(e) σ

图 5-8　简支梁的自重弯矩
与预应力筋合理线形
(a) 简支梁自重弯矩；
(b) 简支梁的抛物线筋

用先张法生产的"全"预应力梁，由于受到工艺条件的限制不能象后张法那样采用抛物线筋，而只能采用直线筋，而且这根直线筋的位置不得低于端截面的下核心点，因此不能利用自重弯矩来加大预应力筋的偏心距，而只能用通过截面下核心点的直线筋。采用带几个折点的接近于曲线的折线筋在技术上是一个可行的改进方法，但生产工艺复杂、生产成本贵，只有美国等少数国家采用这种先张法工艺。采用先、后张法相结合，即采用一部分直线筋与一部分曲线筋（有粘结或无粘结），并使两种形式预应力筋的合力线接近于理想的抛物线，以充分利用自重的有利影响，是一种经济合理的方法，适用于一些大中型构件。

以上确定预应力筋线形与位置的方法虽是针对"全"预应力混凝土梁进行的，但同样也可用于部分预应力混凝土梁。当然在确定预应力筋偏心距时，不再是以截面顶部和底部不得出现拉应力，亦即"拉应力等于0"为条件，而是以名义拉应力的某一容许值作为控制的准则。

由于预应力筋的线形与高低位置是通过计算确定的，直接影响到梁内各截面混凝土的应力和梁的使用性能（反拱与挠度），施工中应特别重视，严格控制线形与位置的精确性。

3. 等效荷载与荷载平衡

(1) 等效荷载：预应力筋对结构所起的作用可以用一组等效反向荷载来代替，这种反向荷载如同重力荷载一样，也对结构产生弯矩与剪力。如对预应力结构分别取用预应力筋或混凝土的分离体受力图，这种等效反向荷载，以后简称等效荷载，是非常容易理解和求得的。现以抛物线形预应力筋（图5-9）和折线形（图4-10）预应力筋为例来加以说明。

从结构力学我们知道当一根悬索承受均布荷载（按单位水平长度计）时，索的形状呈抛物线形，很明显，在拉状态下呈抛物线形的预应力筋，必然也承受均布荷载。这种均布荷载 w 与抛物线筋的垂度 e、跨度 l 和预加力 F 有下列关系：

$$w = 8Fe/l^2$$

这个公式，从图5-9(b) 的抛物线预应力筋分离体受力图中力的平衡关系是很容易导出的。如预应力梁跨长 $l = 10.0$m，垂度 $e = 0.2$m，预加力 $F = 1000$kN 并作用于梁两端截面的形心，则从公式可得：

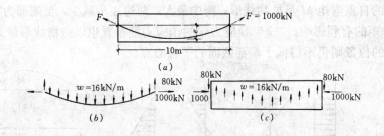

图 5-9　抛物线筋预应力混凝土梁

(a) 梁立面图；(b) 抛物线预应力筋分离体受力图；(c) 梁体混凝土分离体受力图

$$w = 8 \times 1000 \times 0.2/10^2 = 16 \text{kN/m}$$

计算表明抛物线预应力筋承受每米为 16kN（方向向下）的均布荷载如图 5-9 (b) 所示。这个荷载显然是由于预应力筋受拉后向上顶压梁体混凝土引起的反力，而梁体混凝土则由于受预应力筋顶压引起每米为 16kN（方向向上）的均布荷载（图 5-9c）。此外梁两端截面形心各承受 $1000\cos\theta \approx 1000$kN 的水平压力和 $1000\sin\theta = 80$kN 方向向下的竖向力。

当梁采用折线形预应力筋时，折点处将出现集中力。图 5-10 是带有一个跨中折点预应力筋通过梁端面形心的预应力混凝土梁，跨长 $l = 10.0$m，折点处偏心 $e = 200$mm，预加力 $F = 1000$kN，图 5-10 (b)、(c) 分别为预应力筋及梁体混凝土分离体受力图。由于预应力筋的斜率较小，倾角 $\theta = \sin\theta = 200/5000 = 0.04$。从图 5-10 (b) 预应力筋分离体的力的平衡关系可知跨中集中力 N 为：

$$N = 2F\sin\theta = 2 \times 1000 \times 0.04 = 80 \text{kN}$$

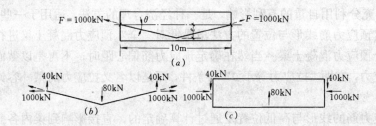

图 5-10　折线筋预应力混凝土梁

(a) 梁立面图；(b) 预应力筋分离体受力图；(c) 梁体混凝土分离体受力图

端面形心处则各承受水平压力 $H \approx 1000$kN，竖向力 40kN。

至于直线形预应力筋则不能引起竖向分力，当布置于梁截面下部时只能产生反向弯矩（偏心弯矩）Fe 与端部轴向压力 F。

以上计算分析表明，预应力筋对结构所起的作用，等效于一组与使用荷载方向相反的反向荷载，这种等效荷载一般由两个部分组成：

——于结构端面锚具处引入的水平压力与竖向分力；

——由预应力曲线筋引起的（方向向上）竖向均布荷载，或由折线筋于折点处引起的方向向上的竖向集中荷载。如预应力筋不通过端面形心，尚应考虑偏心弯矩 Fe。

（2）荷载平衡：由前一节的分析我们知道预应力筋对梁的作用没有什么神秘之处，只不过是预先加上的一组竖向力与轴心压力而已。等效荷载的概念对预应力混凝土梁实质的理解以及这种梁的设计计算都是十分有用的。

如果选用的预应力筋线形与预加力的大小所产生的竖向等效荷载刚好等于梁承受的外荷载，亦即梁承受的荷载（方向向下）被预加力的反向等效荷载（方向向上）所平衡，亦即抵消，在这一荷载平衡的特殊状态下，梁的竖向荷载为0，既然没有荷载，也就没有弯矩，也就没有挠度或反拱，梁如同轴心受压构件一样，只承受一个轴心压应力 F/A。如外荷载超过预应力筋所产生的竖向等效荷载，则可用荷载差值来计算截面混凝土增加的应力。

等效荷载是荷载平衡的基础，荷载平衡法是1963年由美籍华人林同炎教授首先提出的。这个方法概念清楚，计算简单实用。对简支梁，主要是帮助设计人员选择合理的预应力筋线形和预加力值的大小，以控制使用条件下梁的工作性状；对超静定结构，如连续梁、连续板、框架等较复杂结构的设计作用更大，大大简化了计算工作量，而且概念清楚，不易出错。

四、预应力混凝土发展简史

早在19世纪80年代，西欧和北美的学者就开始预应力混凝土的实验活动，并取得若干专利，但都由于对混凝土和钢材在应力状态下的性状缺少认识，兼之所用钢材强度太低，以致预应力值损失太大而未取得成效。

预应力混凝土进入实用阶段应归功于法国著名工程师弗雷西奈(Freyssinet)。考虑到混凝土收缩与徐变引起的预应力损失，他于1928年首先指出了预应力混凝土必须采用高强钢材与高强混凝土的论断，从此对预应力混凝土的认识开始进入理性阶段。但对预应力混凝土切实可行的生产工艺——先张法与后张法，一直到1940年左右才初步获得成功。

预应力混凝土的大量推广开始于第二次世界大战结束的1945年。当时西欧由于战争受到的大量破坏，急待修复或重建，但钢材供应紧张，一些原来采用钢结构的工程，纷纷改用预应力混凝土代替。开始是桥梁和工业厂房，后来逐步扩大到土木建筑工程的各个领域。从50年代起，美国、加拿大、日本、澳大利亚等国也都引进西欧技术，开始推广预应力结构。

我国预应力混凝土是随着第一个五年计划的开展于50年代中期开始起步的。当时基本建设任务庞大，而钢、木材料奇缺，因此迫切要求采用预应力混凝土结构代替钢结构与木结构。原建筑工程部建筑技术研究所于1955年至1956年分别完成了采用冷拉钢筋的先张法与后张法梁的成套生产工艺与设备的研制。1956年4月建筑技术研究所在北京首次举办了我国的预应力混凝土技术培训班，有一百余人参加。同年12月原建工部在太原举办了全国性的预应力混凝土试制基地与学习班，有11个部的129个单位参加，学员653人。从此预应力混凝土在全国范围内开始推广。

我国预应力混凝土是沿着一条自力更生、土法上马、以中低强钢材（冷拉Ⅱ、Ⅲ级钢筋、冷拔低碳钢丝）为主的不同于国外的道路发展起来的。由于预应力钢材来源容易解决，生产工艺简单，一般施工单位都能掌握，因此发展很快。开始用于单层工业厂房屋面梁、桁架和吊车梁以代替钢、木结构，很快扩大到多层居住和公寓建筑楼盖，市政和公路的中小跨桥梁，以及水池、水塔、储仓等特种结构。目前，这些结构构件，在我国新建的单层厂房和民用多层建筑中仍广泛应用，据初步统计已建成的单层厂房就在10亿 m^2 以上，城镇和农村住宅超过30亿 m^2，数量十分庞大，对节约钢材和降低造价具有巨大经济意义。

从80年代起，随着高强钢丝和高强钢绞线生产的好转，我国开始发展采用高强钢材的预应力混凝土（以下简称高效预应力混凝土），在工艺上既采用有粘性，又采用无粘结；在施工方法上，既采用预制装配，又采用整体现浇。十几年来已建成一批具有一定水平的工程，例如：广州 63 层的广东国际大厦，上海色织四厂 20m 双跨连续梁的 6 层厂房，深圳电脑磁头厂 12m×15m 柱网 3 层厂房，上海南浦、杨浦大桥，北京、上海、天津的高耸电视塔，秦山及大亚湾核电站安全壳等现代化结构。随着海洋石油的开发，预应力混凝土海洋石油开采平台、液化天然气大型压力储罐等已提到议事日程。预计我国的预应力技术即将取得新的突破与发展。

第二节　预应力高强钢材与高强混凝土

一、预应力高强钢材的品种

高强度预应力钢材常用的有高强钢丝、钢绞线和精轧螺纹钢筋等几个品种，以下将对这些钢材的性能、特点以及在使用中应注意的问题作简要的介绍。

1. 高强钢丝

预应力高强钢丝的直径一般为 3～7mm，其中直径 3～4mm 的主要用于先张法，直径 5～7mm 用于后张法。高强钢丝系采用优质碳素钢盘圆（含碳量 0.6%～0.9%）经过几道冷拔而达到要求直径与强度的钢丝。

冷拔后的钢丝内部有较大的内应力存在，通常都要采用低温回火处理（最高温度不超过 500℃）以消除其内应力。经过这样处理后的钢丝叫做应力消除或矫直回火处理钢丝。和处理前相比，钢丝物理力学性能的各项指标，如比例极限、条件屈服强度、屈强比（屈服强度与抗拉强度之比）和弹性模量均有所提高，塑性也有所改善。屈强比一般都能达到 0.85。

应力消除钢丝的松弛损失值，虽比处理前有所降低，但仍然太高，于是又发展了一种叫"稳定化"的处理工艺，使冷拔钢丝在一定的拉应力条件下进行 300～400℃ 的回火处理。这样处理后钢丝的松弛损失可以减少到应力消除钢丝的 1/3 左右，屈强比可以提高到 0.9。这种钢丝称为低松弛高强钢丝，目前国内已有天津钢丝一厂和秦皇岛金属制品厂进行生产。

2. 高强钢绞线

钢绞线是用 2、3、7 或 19 根高强钢丝扭结而成的一种高强预应力钢材。用得最多的是由 6 根钢丝围绕着一根芯丝（芯丝直径比钢丝大 5%～7%）顺一个方向扭结而成的 7 股钢绞线。钢绞线的捻距为其公称直径的 12～16 倍。常用的钢绞线有 7ϕ4 和 7ϕ5mm 捻成的公称直径 ϕ12 和 ϕ15mm 两种，有时也进口国外的 ϕ12.7mm 和 ϕ15.24mm 两种直径（英制公称直径 0.5 和 0.6 英寸）的钢绞线。由 2 根或 3 根钢丝组成的钢绞线仅用于先张法构件以提高钢材与混凝土的粘结力，钢丝直径常为 ϕ3 或 ϕ4mm。

7 股钢绞线面积较大，比较柔软，操作方便，既适用于先张法，也适用于后张法，已成为当前国际上应用最多的一种预应力钢材。钢绞线于扭结捻成之后，如同高强钢丝一样也要进行应力消失处理。处理方法也有低温回火处理和"稳定化"处理两种，前者叫普通松弛钢绞线，其强度级别与低温回火钢丝相同；后者叫做低松弛钢绞线，其强度级别为 1860MPa，是目前实际应用的预应力钢材中强度最高的一种。我国已有江西新华金属制品公司、天津钢丝一厂与二厂、秦皇岛钢绞线公司、鞍山钢丝厂、上海申佳金属制品公司、江阴华新钢缆公司等钢厂生产这种低松弛钢绞线，产品可以达到国际标准，设备年生产能力已超过 2 万 t。

3. 高强钢筋

预应力高强钢筋系采用含有锰、硅、铬等元素的低合金钢热轧而成，然后进一步进行冷拉和低温回火处理以提高其屈服强度和改善物理性能。钢材的强度级别，国外常分 850/1050 和 950/1100 两级（分子表示屈服强度、分母为抗拉强度，单位为MPa）。我国生产的各种钢号高强钢筋大都为 750/850 级。当采用圆钢时，钢筋两端可滚压成螺丝口，用螺帽或套筒进行锚固或连接，常用于预应力筋有接长要求的结构，如作为多层装配式墙板建筑的竖向预应力筋，用悬臂法施工需要不断接长的预应力筋等。

为了连接和锚固的方便，我国也已经生产一种叫精轧螺纹的粗钢筋，在热轧过程中就沿钢筋纵向全长轧有规律性的螺纹，并配套生产相适应的螺帽与连接套筒，可直接用以锚固或接长，既不要另行加工螺丝，也不必焊接，简单实用。这种钢筋还可用作起重和提升的螺杆，如升板的提升工具螺杆等。这种钢筋直径有 25 与 32mm 两种，很多钢厂，例如石景山首钢、上钢三厂等都能生产，强度级别 $40Si_2MnV$ 钢号为 750/850MPa；$15Mn_2SiB$ 钢号为 850/1050MPa。

以上所述是我国建工部门当前应用较多的几种高强钢材，此外，还少量采用直径为 8.2~10mm 的热处理钢筋，直径为 5mm 的刻痕钢丝和直径为 $\phi5\sim7$ 的镀锌钢丝等。

二、预应力高强钢材的松弛、应力腐蚀

1. 预应力钢材的松弛

预应力钢材的松弛是指在长度与温度均保持固定条件下，钢材拉应力随时间而降低的现象。钢材的徐变是指在应力与温度均保持固定条件下，钢材的伸长变形随时间而增长的现象。松弛与徐变虽都可以看作是钢材受到外力"袭击"时，材料"自卫"能力的一种反应，但对预应力混凝土而言，钢材所处的状态更接近于长度保持不变，因此取用松弛来反映预应力钢材引起的长期损失。

钢材的松弛损失要通过实验来求得，实验取用的初始应力范围，通常取 $0.6f_{pu}\sim$ $0.8f_{pu}$，温度以 $20℃$ 为准。当初应力不超过 $0.5f_{pu}$ 时，松弛损失很小，可忽略不计；但随着初应力的提高，松弛损失有显著的增长。松弛损失开始发展较快，以后逐渐变慢，但要很多年才能全部出现。为此习惯上都把 1000h 发生的实测短期松弛损失值作为推断长期损失的依据。根据国外实测 1000h 松弛的典型数据，松弛随时间发展的大致规律见表 5-1。根据研究与推断，50 年长期损失约为 1000h 损失的 2.5~4.0 倍。

1000h 内松弛与时间的关系 表 5-1

时间（h）	1	5	20	100	200	500	1000
与 1000h 松弛之比（%）	15	25	35	55	65	85	100

当前，国际市场供应的各种高强钢材的松弛损失值，大体上可分为两类，每类在不同初应力（以初始应力 σ_{pi} 与抗拉强度 f_{pu} 比值表示）作用下经 1000h（温度为 $20℃$）的最大松弛损失率列于表 5-2。

σ_{pi}/f_{pu}	0.6	0.7	0.8
一类松弛损失率（%）	4.5	8	12
二类松弛损失率（%）	1	2.5	4.5

我国生产的经过应力消失处理的钢丝、钢绞线的松弛损失接近于第一类，高强钢筋、低松弛钢丝与钢绞线接近于第二类，但也有一些钢丝与钢绞线的松弛损失介于二者之间。

由于一般松弛与低松弛高强钢丝、钢绞线的强度与松弛损失都有较大出入，在施工现场应用明显标志严格区别并分开堆放，防止因混用而造成严重质量事故。

2. 预应力钢材的应力腐蚀

预应力高强钢丝的直径比较小，很薄的一层表面锈蚀层或者是一个腐蚀小坑，就削弱了相当大的面积百分率，引起强度的显著降低。因此，和普通钢筋相比，高强钢丝不仅容易遭受腐蚀，而且造成的后果也更为严重。

引起预应力高强钢材腐蚀的原因主要有电化学腐蚀和应力腐蚀两类。电化学腐蚀要在有水或潮湿环境并有氧气存在的条件下才能发生。应力腐蚀是在一定的应力及侵蚀环境下引起钢材变脆的一种腐蚀。对发生腐蚀的敏感性各种钢材也是不一样的。

在应力状态下的腐蚀试验表明，钢材强度越高，应力越大，钢材受腐蚀的速度越快，钢材的寿命越短。从结构角度看，钢材强度高，使用应力高当然有利，但不利于结构抗腐蚀。因此对钢材的选用，要全面衡量。

预应力钢丝不只是在使用期间，即使是运输与堆放期间，也都处于较高的拉应力状态之中。因为钢丝都是用盘圆包装供应，对直径为 5mm 的钢丝用直径为 2.0m 大盘圆包装时，其外侧纤维应力就高达 500MPa。如盘圆直径减小，则应力将更高。因此在运输或储存堆放期间如受到雨淋，或放置在潮湿环境以及腐蚀性介质环境中，容易遭受应力腐蚀，甚至发生脆断。

预应力高强钢材除采用适当包装外，运输途中要用油布严密覆盖，堆放储存应放置在无侵蚀性环境的、有遮盖的工棚或仓库内。预应力钢材宜随用随购，不宜久存。如储存时间过长，则宜用防锈剂喷涂钢材表面，以资保护。当用于后张束时，应于张锚完毕后随即进行灌浆保护。灌浆用的灰浆和混凝土所用外加剂中的氯离子含量应控制在最低限度之内。高强钢材应力腐蚀的后果是十分严重的，应采用各种保护措施来防止和减轻腐蚀的危害。

三、高强混凝土

预应力结构用的高强混凝土除要求高强、快硬（早强）之外，还要考虑和时间有关的混凝土性能，例如收缩与徐变。因为混凝土的收缩与徐变影响到预应力筋应力的长期损失以及结构的长期反拱和挠度。

预应力混凝土采用的强度等级，国外常为圆柱体强度 40～60MPa，折合立方体强度为 48～72MPa；我国目前一般采用立方体强度为 C40～C50，近几年也少量采用 C60。日本在桁架式桥上曾用过 C100 级，是为了耐久性的要求而不是为强度。

配置高强混凝土的主要方法是采用高标号水泥、低水灰比和高质量骨料。掺加减水剂和高效塑化剂可以显著降低水灰比、增大混凝土的坍落度和提高混凝土强度。因此掺加外加剂是减少水泥用量和拌和水用量，从而达到提高混凝土性能的一个重要措施。

以下将对混凝土收缩、徐变发展的规律，以及如何降低其数值等问题加以叙述。

1. 混凝土的徐变

徐变是指在固定应力或荷载条件下，应变（即变形）继续不断增长的一种现象。开始应变增长的速度很快，以后逐步衰减，但要经过一个相当长的时间之后才接近于稳定。

徐变变形的大小与混凝土组成的原材料、环境条件以及应力-时间的过程有密切关系。

混凝土的原材料包括骨料的种类和用量、水泥品种、水灰比和外加剂。质量坚实、吸水率低、弹性模量高的骨料有利于减少混凝土的徐变。各种岩石对徐变影响大小的大致顺序为石灰石、石英石、花岗石、砾岩、玄武岩和砂岩。采用砂岩为粗骨料的混凝土，它的徐变要比用石灰石的大约高一倍。混凝土中粗骨料之间的砂浆容易变形，因此增加粗骨料和砂子的比例有利于减小徐变应变。增大水灰比和增加水泥用量都将增大徐变应变。

环境条件主要是指空气中的湿度、构件的形状和厚薄尺寸。湿度对徐变影响很大，湿度大则徐变小。若构件不易丧失混凝土中所含的水分，对减小徐变也是有利的。例如大尺寸构件的外层有利于阻止内部水分的蒸发，也就有利于减少徐变。工形截面和空气接触的面积大，容易丧失混凝土的水分，能加速徐变的发展。

应力-时间的历程，是指荷载首次作用时混凝土的龄期及持续时间的久暂，以及以后增减荷载的时间与持续的时间。增大首次加载时混凝土的龄期有利于减小徐变。

实验表明，若混凝土承受的应力不大（大约不超过轴压强度的一半），徐变应变与应力大体上呈线性关系，长期徐变应变大约为初始弹性应变的两倍。

至于徐变随时间发展的规律，由于影响因素太多，比较复杂。但作为粗略的估计，可以认为在长期徐变总值中，大约有 1/4 发生于施加预应力后的头两个星期内，1/4 发生于 2～3 个月内，1/4 发生于 1 年之内，其余的 1/4 需要很多年才能完成。

2. 混凝土收缩应变

由于拌和混凝土时需要的用水量超过水泥水化实际的用水量，这种多余水分的蒸发将使混凝土的体积产生收缩。收缩应变和混凝土中的应力状态无关。如混凝土的变形受到约束，收缩应变往往造成混凝土开裂。

混凝土收缩发展的速度也是开始快，以后逐步衰减，经过相当长的时间（30 年以上）才能基本稳定。收缩最终值根据混凝土的组成和使用环境的差异而较大波动，一般为 0.0003～0.0006 个别大的可以达到 0.001。

收缩是一种可逆转的现象。如将经过干燥后的混凝土浸泡于水中，充分吸水后，混凝土几乎可以涨大到未失水前原来的体积，干湿条件的循环将使混凝土体积发生收缩与膨胀的循环。这是暴露于室外结构物的挠度随季节而波动的主要原因之一。

实验表明混凝土收缩应变的大小，主要决定于混凝土组成的材料和所处的环境条件。各项因素的影响同对徐变的影响相同，已在前一节作过介绍，这里不再重复。

对收缩随时间发展的规律，如同徐变一样，由于影响因素太多，难以作精确的估算。作为粗略的估计，从混凝土养护完毕之日算起，各龄期收缩值占长期总收缩值的百分率可以认为：7 天龄期约为 20％，14 天约为 30％，一个月 40％，三个月 60％，6 个月 70％，一年 85％，其余 15％要很多年才能完成。

第三节　预应力混凝土工艺

一、预应力混凝土的主要生产方法

用预应力钢材对混凝土施加预压应力的常规方法，归纳起来可以分为先张法、后张法与混合法三种。先张法是指先张拉预应力筋、后浇筑混凝土的一种预应力混凝土生产方法。首先是将张拉的预应力筋锚定在张拉台座的墩子或横梁上（图5-11），接着安装模板和浇筑混凝土，待达到一定强度后放张，通过粘结力将张拉力传给混凝土。先张法常采用台座法与模板法两种。

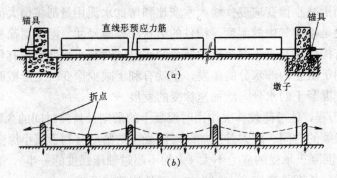

图 5-11　先张法台座示意图
(a) 直线筋；(b) 折线筋

台座法是用专门设计的台座墩子承受张拉预应力筋的反力、用台座面作为构件底模的一种方法，由于台座常长达 100～200m，所以也常叫长线法。适宜于制作长度较大、预加力吨位较大的大、中型构件，是当前国内外用得最多的预制预应力构件的生产法。此法以采用直线筋最为经济，必要时也可用折线筋，但工艺较复杂，生产成本也较高。

模板法是用模板作为锚定预应力筋的承力架、以浇灌混凝土后的模板为单元进行蒸汽养护的一种机组流水生产法。适宜于构件尺寸较小，可以工厂化大量生产的预制构件。

后张法是指先浇灌混凝土、后张拉预应力筋的一种预应力混凝土生产方法（图5-12）。常规的做法是于构件中预留预应力筋孔道，等混凝土达到要求强度后，用压力水冲洗预应力筋孔道，然后用压缩空气吹干，接着穿入预应力筋、安装锚具、张拉预应力筋并进行锚固，最后进行灌浆并对端部锚具进行封闭保护。后张法既适用于预制预应力构件，也适用于现浇整体式结构。预应力筋可以用有粘结（通过灌浆以恢复预应力筋与周围混凝土的粘结力）也可以用无粘结预应力筋。预应力筋的线形，做成直线、折线或抛物线形，都比较方便。

混合法是采用先张与后张两者相结合的生产方法。由于先张法直线预应力筋具有造价低（结构产品中预应力筋每千克造价仅为后张法曲线筋的50%～60%）、工艺简单、结构质量容易保证等特点。此外采用后张法抛物线筋的结构使用性能好，有利于控制裂缝、反拱和挠度等特点。因此，先、后张方法的结合就兼有两种方法的优点，基本上扬弃了两者的缺点，对中等跨度（20～40m）的预制梁是一种比较经济合理的生产方法。

至于先张法、后张法预应力混凝土的具体生产工艺与操作规程，各种生产机械与设备、

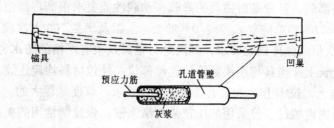

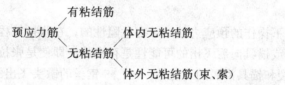

图 5-12　后张法预应力梁示意图

各种张拉锚固体系、设备和零部件，由于内容太多，且国内已出版有若干这些方面的专门书刊和规范、规程，这里仅对有关无粘结预应力筋的应用以及对采用高强钢丝与钢绞线的先、后张法生产中应特别强调和重视的几个问题作简要的叙述。

二、无粘结预应力筋的应用

预应力筋分有粘结与无粘结两大类：

无粘结筋又分为体内束与体外束（索）两种。体内预应力筋是指如同普通钢筋一样浇筑于结构混凝土体内的；体外预应力筋是指放在结构混凝土体外的，例如加固梁时放在梁体混凝土两侧的预应力束，又如斜拉桥用的预应力斜拉索等。在房屋建筑中，目前主要采用直径为 15mm 或 12mm 的单根钢绞线做成的无粘结筋，用 7—ϕ5 平行钢丝组成的无粘结束由于常发生芯丝滑丝现象，现已很少采用。单根钢绞线无粘结筋采用工厂化生产，先对钢绞线涂敷润滑防锈油脂，然后用挤塑机挤出高密度聚乙烯护套。对油脂与护套所用材料与质量，建设部已制订有《钢绞线、钢丝束无粘结筋》JG3006—93 和《无粘结预应力筋专用防腐润滑脂》JG3007—93 两个建筑工业行业标准。这种无粘结钢绞线筋已有许多钢厂，如天津预应力钢丝一厂、二厂，江西新华金属制品公司，上海申佳、秦皇岛预应力钢绞线厂等都已进行生产。

这种单根钢绞线无粘结筋的张拉力一般不超过 20t，可采用吨位为 20～25t 的预应力小千斤顶张拉，千斤顶和油泵重量都不超过 20kg，一个人可以搬动，比较轻便。施工时无粘结筋如同普通钢筋一样，直接放置在模板内，待浇筑混凝土并达到要求强度时就可进行张拉与锚固，最后封堵端头。同灌浆有粘结后张束比，避免了预留孔道、穿筋、压力灌浆等工艺，因此工序少，且有利于加快施工速度。

从上述各优点可见这种单根张锚的无粘结钢绞线筋体系最适用于要求分散配筋、预应力束吨位小的大跨度现浇双向和单向平板楼盖、屋盖结构或其他类似的现浇薄壁结构。在框架结构中，梁的预加力吨位都比较大，有利于采用大吨位束，虽可将若干无粘结钢绞线束合并为一大束，但无粘结束强度要比有粘结束的一般降低 10%～30%，要多用钢材，不经济。此外对采用无粘结筋的梁柱节点抗震性能国内外都研究得不多，也缺少真实结构的抗震实践经验和设计规程，所以在框架梁中国际上主要用后张灌浆有粘结筋。

无粘结单根钢绞线张锚体系虽具有生产工序少、施工方便等优点，但对材料、工艺和操作的要求都是很高的。首先是对锚具的静载、动载性能要求很高，其组装件应同时满足锚具效率系数 $\eta_a \geqslant 0.95$ 和总应变 $\varepsilon_{apu} \geqslant 2.0\%$ 的要求，以及满足 200 万次疲劳试验要求。地震区尚应满足 50 次低周循环试验要求。其次是对锚具及束有严格的防水密封的防腐要求，亦即在预应力筋全长上及锚具与连接套管的连接部位，外包材料均应连续、封闭且能防水（图 5-13）。在构造上、技术上、施工上要满足上述要求，难度是很大的。

我国无粘结筋固定端过去曾采用的压花锚与镦头锚，张拉端常用的夹片式锚具的锚环与承压钢板，承压钢板与无粘结筋连结的构造做法，都不能满足防水要求。无粘结钢绞线涂包的防锈油脂并未进入内部，芯丝与周边钢丝之间仍存在孔隙，潮气、水和化学侵蚀物质的进入将通过"灯芯"效应（即毛细管现象）而沿钢绞线全长扩散，成为烂芯之源。这些问题在修订中的《无粘结预应力混凝土结构技术规程》都将提出改进意见和新的做法。

三、预应力混凝土生产工艺的控制要点

对采用高强钢绞线与钢丝的先张与后张混凝土结构构件，在生产中要严格遵守有关操作规定，并特别注意以下的几个问题。

1. 操作安全

在高应力状态下操作的预应力筋是带有危险性的，在张拉过程中钢材拉断或锚具松脱失效而使预应力筋或锚具向后飞出的可能性是存在的。即使是张拉锚固完毕，在灌浆硬化之前，仍有延滞断裂和锚具滑脱的可能性。一个 $\phi 5$ 钢丝的镦头飞出的力量不亚于一颗子弹，整束飞出的力量更是惊人！西欧在预应力推广初期就曾经发生过多次人员伤亡事故，要吸取这一教训。因此操作人员一定要经过培训，制定操作规程与安全制度，并于结构构件两端设置砂袋或木挡板等措施，以保证操作人员与现场的安全。

2. 先张法放张

先张法预应力筋的放张最好采用整体放张，即用千斤顶松开张拉架或用砂箱放张，以保证构件受力的均匀性。如采用逐根切割预应力筋放张，势必由于逐根放张产生的冲击力而加长应力传递长度，降低结构质量，甚至影响强度。

3. 确保预应力后张曲线筋线形的准确性

预应力筋对构件截面引起的应力分布与数值，亦即对构件产生的反向等效荷载，与线形位置的正确性有密切关系，特别是厚度较小的板式结构，尺寸误差影响更大。例如板厚为 160mm 的后张无粘结平板，跨中最大偏心距仅为 50mm 左右，10mm 尺寸误差，就可能引起 20% 的影响。因此在施工中必须用定位支架、混凝土垫块等措施严格控制无粘结束的线形与位置。

4. 无粘结筋的防护

为保证结构的安全耐久，对防止无粘结筋及其锚具遭受锈蚀至为重要！为防止腐蚀，必须严格防止水、潮气和可能引起腐蚀的化学物质接触锚具和预应力钢材，确保无粘结筋及其锚具装置的全封闭防水。除应遵守有关操作规定外，以下再强调几个要特别注意的事项：

（1）密封防水。无粘结筋塑料护套的局部破损部位，必须用水密性胶带缠绕修补完好；无粘结筋通过连接套管进入锚块孔内（图 5-13），连接套管与无粘结筋护套、锚块的接头处都要用水密性胶带缠绕密封，防止水进入护套内。

（2）无粘结筋与定位架立筋或支撑钢筋的绑扎宜采用柔性的塑料绳带，以防止预应力筋张拉时因外包塑料护套管移动而被绑扎材料（铅丝）刮破而进水。

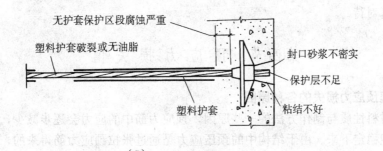

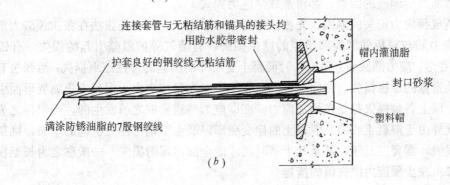

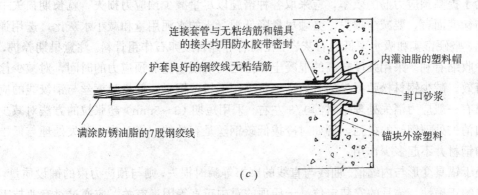

图 5-13　国外无粘结单根钢绞线束张锚体系防腐构造的演变

(a) 不完全防水的做法常造成钢束与锚头的严重锈蚀（腐蚀区段用 c 表示）；

(b) 当前采用的全封闭构造可防止钢束的腐蚀，但仍难避免锚具钢材遭受锈蚀；

(c) 将钢束-锚具装置全部用塑料包裹的"电绝缘"无粘结钢束，能防止腐蚀，可用于侵蚀环境

(3) 在浇捣混凝土时，应防止振动棒碰撞塑料护套管，如无粘结筋套管遭受破损或裂口，势必形成水、潮气进入管内的通道。

(4) 对锚环、夹片和外露预应力筋的保护，应采用内注油脂的塑料帽外罩，然后再浇筑封闭锚穴的膨胀混凝土或环氧砂浆，锚穴内壁应涂环氧树脂或其他粘结剂。

(5) 由于单根无粘结筋体系采用的张拉端锚头数量庞大，每 10000m² 无粘结平板楼面结构就有大约 3000～4000 个锚头需要作防腐处理和混凝土封堵，而且一经封堵很难检查内部质量。因此必须制订严格的操作规程与管理制度，并对操作人员进行专业培训，理解每一工序的作用、重要性及具体操作方法，这样才能提高责任心，做好工作。否则，在承包制、计件工资制条件下，片面追求工效与利益，很可能马虎从事，造成长期隐患！对这一

问题必须认真对待。

第四节 预 应 力 损 失 值

一、引起预应力损失的各种原因

由于原材料性质与制作方法的一些原因，预应力筋中的应力会逐步减少，要经过相当长的时间才能稳定下来。由于结构中的预压应力是通过张拉预应力筋得来的，因此凡能使预应力筋产生缩短的因素，都将造成预应力损失。

造成预应力损失的原因，先张法与后张法不完全相同。先张法在张拉预应力筋过程中有预应力筋与模板的摩擦和折点的摩擦损失，有蒸气养护温差引起的损失，有锚固损失（锚具变形、应力筋回缩）和放张时混凝土受压缩而引起的弹性压缩损失；后张法有预应力筋与孔道壁的摩擦损失、锚固损失、后张拉束对先张拉束由于混凝土压缩变形而引起的损失等。以上各种损失都是在预加应力、亦即应力传递完成之前发生的，一般称之为瞬时损失。此外由于混凝土收缩、混凝土的徐变变形以及由于钢材松弛引起的损失，则都是随时间而发展，需要三五年，甚至几十年时间才能全部出现的损失，一般称之为长期损失。

二、减少预应力损失值的措施

为了提高预应力筋的效率，应采取各种措施以尽量减少预应力损失。就长期损失中的收缩与徐变而言，要减少损失，必须尽量降低混凝土的水泥用量和减小水灰比，选用弹性模量高、坚硬密实和吸水率低的石灰岩、花岗岩等碎石或卵石作粗骨料。注意早期养护，也对减少收缩有利。采用强度较高的混凝土和推迟对混凝土施加预应力的时间，对减少徐变也很有效。减少钢材松弛损失的有效措施是采用低松弛钢材，低松弛钢丝与钢绞线的应力松弛只有一般应力消失处理钢材的1/3左右。采用短期（3~5min）超张拉的方法对减少未经应力消失处理钢丝的松弛，例如对冷拔低碳钢丝是有效的，但对应力消失处理与低松弛处理的钢材并不起多少作用。

至于锚具变形与内缩值、曲线与直线的摩擦等瞬时损失，则与预应力束的铺设质量，安装位置的正确性，锚具的安装定位，千斤顶的对中正直等因素有关，应通过对专业技工的培训，现场施工损失值的实测检查等手段，来提高操作水平和降低损失值。

第五节 预应力混凝土对房屋建筑的影响

作为一种结构材料，和砖石、钢、木与钢筋混凝土等传统材料一样，高效预应力混凝土亦有它本身独特的构件形式、经济跨度、结构体系、结构布局以及独特的建筑平面与建筑形式。由于采用了高强度钢材与混凝土以及预加反向荷载，预应力混凝土梁、板结构具有截面小、重量轻、强度大等特点，其经济跨度比我国常规结构材料要增大一倍或更多。用以建造大开间、大柱网、大空间无内柱建筑，既满足了灵活性大、通用性强等现代化建筑的要求，而且综合经济效益优于传统结构。

以大跨度为特征的预应力混凝土建筑，从设计一开始就要求建筑师与结构工程师密切配合，采用能充分发挥预应力混凝土优势与潜力的预应力建筑方案，否则一经采用常规建筑设计的小开间、小柱网方案，再要改变就为时已晚，势必要更动建筑平面与立面布置，造成设计的彻底返工。预应力混凝土对房屋建筑的影响，主要表现在以下各个方面。

一、对梁板等受弯构件截面形状与尺度的影响

预应力混凝土受弯构件常用的截面形状有：矩形、对称工字形、不对称工字形、T形、倒T形和箱形截面等六种，这些截面形状，各有特点，应根据使用要求和具体条件来选用。

由于预应力混凝土梁板的开裂和挠度，在设计中可以较好地控制，从综合经济和美观出发，人们总爱采用更矮的梁、更薄的板，亦即跨度与高度之比更大的、更纤细轻巧的结构。一般来说，预应力梁板的高度约为我国习惯采用的同跨钢筋混凝土的 2/3～1/2。

对单向或双向预应力实心板，合理的跨高比大约为40，亦即对15cm厚的板，跨度可用到6.0m；对20cm厚的板，跨度可用到大约8.0m。

对预应力混凝土主梁，跨高比大约为15～20。

对预应力混凝土次梁，跨高比大约为18～28，亦即对1m高的次梁，跨度可用到18～28m，视荷载的大小和布置条件而定。

二、对建筑平面与结构平面布置的影响

1. 选用大跨度结构方案

钢筋混凝土梁板的经济跨度较小，单向实心板一般为3～4m，柱网多为6m×6m。采用高效预应力混凝土后的经济跨度，单向实心板一般为6～9m，柱网则为9m×9m～12m×12m或更大。

采用预应力方案后，就可能对本来要布置一排或两排内柱的"柱林"式布置改变为直接支承于周边外墙或框架的无内柱大空间建筑。由于取消内柱及其基础所获得的节约，以及无内柱障碍而使有效面积率的增加，算综合经济帐，比小跨建筑往往更为经济。例如上海色织四厂布机车间六层厂房采用（20+20）m×7.2m大柱网后与同样总面积的小柱网方案相比，总造价虽增加10.9%，但厂房内可布置的布机台数增了12%，按每台布机计算，厂房造价反而有所降低。又如北京的永安公寓（图5-14）采用了7.2m大开间布置，预应力平板厚16cm，其混凝土与钢材用量比小开间楼板方案虽有所增加，但省去一道16cm厚的剪力墙，增减相抵，显然是经济的。

2. 主次梁的颠倒布置

"大跨用主梁、小跨用次梁"是结构布置的传统做法。采用预应力方案时，恰恰相反，小跨用主梁、大跨用次梁往往更为经济合理。这种布置的楼盖高度决定于次梁，次梁跨度虽大，但可采用减小间距的方法以减轻负荷，使跨高比做到20～25或更大，亦即12m×24m柱网的次梁高度可以降低到1.0～1.2m。至于主梁，负荷虽大，但跨度小且梁高大（与次梁相等或略高），不论用预应力与非预应力梁都能满足刚度与强度的要求。这种布置得到的楼面高度是传统方案无法办到的。安徽合肥化妆品厂综合车间（图5-15）是一座（19.5+19.5）m×6.0m平面布置的5层厂房，采用大跨为次梁方案后，使楼面结构高度由原来设计的1.5m（大跨用主梁、中支座加腋至1.5m高）降低到0.9m（跨高比=21.7），这样既满足了5层总高度不超过24m的防火高度规定，综合经济效益亦优于原设计方案。

3. 竖向构件的布置

当后张现浇楼盖结构的竖向支承构件（柱、剪力墙与筒）在预加力方向有较大刚度时，将对楼面混凝土的弹性压缩、收缩和徐变变形的产生和发展造成约束，从而可能引起裂缝。因此在确定平面布置时，应尽可能将剪力墙布置在楼盖结构平面位移的不动点位置附近，并

图 5-14　正在施工中的永安公寓（开间 7.2m，板厚 16cm）

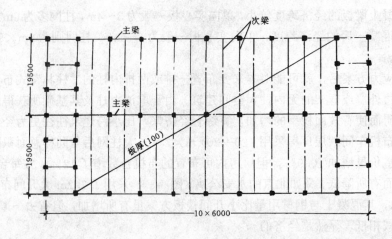

图 5-15　合肥化妆品厂综合车间的平面布置

采用细长的柱子，以减少对楼面结构变形的约束作用。

4. 伸缩缝

后张预应力楼盖结构，由于自身具有一定的抵抗温度与收缩应力的能力，因此可以大大增加伸缩缝距离。即使平面尺寸较大，也可采用分块浇筑或采用微膨胀混凝土等措施来消除伸缩缝。对长达 100m 而不设伸缩缝的多层与高层建筑，国内外都已取得较多经验。

三、对建筑功能的影响

预应力混凝土与预应力技术为改善与提高建筑功能提供了许多新的措施与方法。

1. 通用性与灵活性

现代化工业与民用建筑要求具有更大通用性与灵活性，以适应建筑物使用期间用途的多变、生产工艺与机械设备的更新换代以及人们工作与生活条件不断提高的需要。各种预应力结构体系（预制装配式或现浇整体式）为经济合理地建造这种大柱网、大空间无内柱建筑提供了现实性。

2. 降低建筑层高

控制高层建筑层高具有很大经济意义，当用 8～10m 跨度的无粘结平板代替传统的梁板结构时，每层楼板的结构高度可以减少 30cm 左右；当建筑总高度有限制时，每 10 层可多建一层，其综合经济效益是非常显著的。

采用长跨预应力薄板或长跨空心板做成叠合式楼板，对降低建筑层高也很有效。

3. 消减伸缩缝

预应力结构可以大大扩展伸缩缝的间距，从文献见到的国际上最长的无粘结平板曾做过 140m（用于加拿大一座 19 层办公楼），使用情况良好。法国巴黎新建的德芳斯大拱门高层巨型建筑，高 110m、宽 107m、深 110m、是当前世界上最大的房屋建筑，整个结构通过预应力形成整体，消除了伸缩缝。

4. 用作抗渗抗漏的自防水屋面

现浇后张双向预应力板具有可靠的抗渗漏性能，国外已较多用于停车库屋面和地下建筑的防水墙，效果良好。这种屋面用于屋顶花园和屋顶农场也都很理想，既有利于环境绿化，也是增加农地的有效措施。预计这种自防水屋面在今后的建设中将会有很大发展前途。

四、对建筑物造型的影响

预应力混凝土适宜于制作拉杆（吊杆）和大跨度梁板的特点，为建筑师提供了新的手段与措施来创造新的建筑形式，以满足现代化建设的需要。

1. 用吊杆的悬挂式建筑

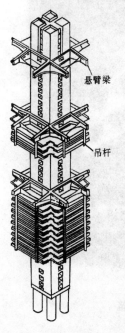

在多层和高层建筑中采用预应力吊杆代替传统的钢筋混凝土柱，是一个降低自重和节约钢材的有效措施。图 5-16 所示为南非的一座 31 层银行大楼，采用了预应力吊杆方案。建筑物的重量通过悬臂梁全部支承在 14.2m×14.2m 的中心刚性竖筒上。楼高 137m，沿高度分成三节，每节各有 10 层楼面，通过 8 根吊杆悬挂在从中心竖筒墙体伸出的 8 根悬臂梁的端点上。每节的施工都是"倒行逆施"地由上而下进行的。

2. 悬臂式建筑

悬臂式建筑由于下部所占地面空间小，建筑显得轻巧新颖，往往是建筑造型的需要。图 5-17 为日本建造的采用悬臂梁支承于沿纵向布置的两对"A"形柱上的一座 3 层办公楼。图 5-18 是支承于 4 根柱上、由 4 个匣式单元（两层 6 间）组成的一座装配式 3 层悬臂式纪念性建筑。4 个匣式单元的荷重都是通过各自两端山墙与相邻单元纵墙拼成的后张预应力井式墙梁传给柱子的（本结构由林同炎教授设计）。

3. 外倾式建筑

图 5-16　南非采用吊杆的 31 层银行大楼

采用预应力拉杆就有可能建造和常规金字塔式（内倾式）建筑相反的外倾式建筑。外倾式建筑上大下小，占天不占地，在造型上更富有刺激性，同时也显示结构技术的成熟性。美国加州大学中心图书馆是一个典型的例子。这座向外倾斜的 8 层框架建筑（图 5-19），它的 8 对斜柱都具有很大的倾覆力，采用设置于楼层大梁中的后张预应力束，完全可以控制结构变形与平衡倾覆力。

图 5-17　用"A"形柱支承的一座 3 层楼悬臂建筑

图 5-18　由 4 根井式梁与 4 根柱子支承的悬臂式建筑

4. 采用斜拉索的大跨建筑

采用斜拉索以减少大跨度屋面的跨中弯矩是一种经济有效的做法。常采用双边对称平衡的设计，有时也用不对称索，例如北京亚运体育场游泳馆。

五、用预应力技术解决工程中的一些特殊问题

在工程设计施工中往往会遇到许多疑难问题，运用常规技术，困难重重难以解决，而运用预应力技术，一般都能找到安全可靠和经济合理的解决方案。以下将介绍若干行之有

184

图 5-19   美国加州大学图书馆

效的应用领域和实例。

1. 结构加固

在实际工程中往往会遇到结构损坏需要修复，结构强度不足或要求增大荷载需要进行加强等情况。采用预应力体外束进行加固是稳固可靠行之有效的方法，在屋面桁架加固、屋面大梁加固、桥梁加固等方面，我国已取得较多经验，这里不再叙述。

2. 旧房扩建

同济大学图书馆扩建是一个典型实例。该馆原系一座二层砖混四合院式建筑，由于业务扩展要求扩建。如用加层则地基承载力不足，另盖又没有地皮，最后采用了利用院内空地建造两个钢筋混凝土芯筒，于 8m 高度处开始向原屋面上空悬挑，建成二个菱形连在一起的 8 层新楼建筑设计方案（图 5-20）。这种占天不占地的建筑为城市稠密地区旧房扩建提供了一个新的途径。

3. 基础托换

随着地铁的兴建，不断出现新建高层建筑跨越地铁车站或新建地铁穿过原有高层建筑基础而要求进行基础托换的问题。图 5-21 所示为加拿大一座 34 层办公楼跨越地铁车站的基础做法。支承大楼全部荷重的 4 根托柱大梁，最大的两根长 33m、宽 3m、高 6m，配置 49 束 19ϕ15 钢绞线后张束，预加力 16750t，承受的荷载为 13500t。托柱大梁的预加力分 5 次施加，分别于施工到 1、7、14、21 和 27 层时进行。分次施加预应力的目的是为了平衡各阶段梁承受的荷重和控制梁的反拱与挠度变形。如果新建地铁要穿过原有建筑基础，也可采用类似的基础托换方法。

4. 基础加固

山东胜利炼油厂焦化裂化塔是一座年处理原油 500 万 t 的大型装置，由于设备更新，荷载加大，需要对原有基础进行加固。由于工期奇紧，每停产一天即影响上缴税利 180 万元，而且施工场地狭窄，地面管线密布，做过五六个加固方案，采用常规技术，至少要停产两个月。最后采用了无粘结预应力筋加固方案，将 6 个独立桩基和连系梁组成的原有基础转化为预应力筏式基础。仅用 25 天即加固完毕，直接经济效益达 6000 多万元。

5. 提升法施工

用预应力技术起重提升，可以将高层或多层建筑在地面施工（包括结构、建筑部件、设

图 5-20　在建造中的同济大学图书馆新楼

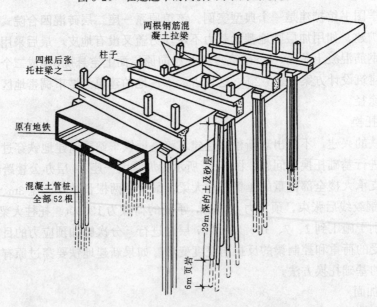

图 5-21　支承 34 层楼的托柱大梁

备和装修等)，然后整层提升就位 (图 5-22)，或若干层共同提升。当用于升板结构时，由于各提升点上升速度容易控制，因此可加大柱网，避免由于上升不同步而引起楼板开裂的现象。

预应力技术也可用于提升重型机械、设备。

6. 护坡和直立开挖

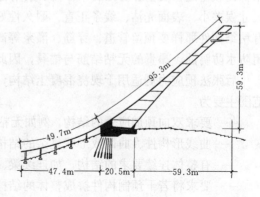

图 5-22　采用预应力技术提升的升层建筑　　　　　图 5-23　德国的一座山顶滑雪台

采用预应力岩锚或土锚可克服坡度大而引起的坍方。采用锚杆可解决深基的直立开挖问题。

7. 用岩石锚杆增加结构的稳定性与抗倾覆能力

图 5-23 所示的德国山顶滑雪跳台是结构抗倾覆的一个典型例子。这个悬挑预应力轻质混凝土滑行道顶端高 59.7m，悬臂板水平长度 59.3m，用强度为 85/105MPa 的 $\phi32$mm 高强钢筋作岩锚以平衡结构的倾覆力矩。此滑雪台造型轻巧、优美，既惊险，又安全。

由以上斜述可见，预应力技术对建筑工程最大的贡献是为建造大跨度梁、板结构和抗拉结构提供了一种切实可行、经济合理的结构新材料，同时也为解决设计、施工中的疑难杂症开辟了一条非常规技术能比拟的新途径。随着大跨建筑实践经验的累积、预应力新技术的进展以及生产成本的不断下降，势必引起建筑最终产品的改革，向使用灵活、经济实用的大开间、大柱网、大空间方向发展，以适应建筑现代化的需要。

第六节　预应力混凝土专业化生产的发展趋势

对采用高强钢材的高效预应力混凝土，从原材料、生产工艺到结构设计布局、结构施工方法和普通钢筋混凝土或低强钢材预应力混凝土结构都有很大的差别，技术复杂，专业性很强，非一般设计、施工单位所能承担。因此早在 50 年代预应力发展初期，西欧各国就走专业化生产的道路。有两种形式，一是以先张法预制生产为基础的预制工厂；二是以后张现浇为主的后张预应力专业公司。

一、先张、后张预应力混凝土的合理应用范围

预制与现浇混凝土结构、先张与后张法生产、有粘结与无粘结工艺，各有优缺点，各有其合理应用领域与应用的具体条件，孰优孰劣，要作具体分析，不能一概而论。

先张法预应力预制构件的生产，由于在工厂集中生产，生产工序、生产条件、生产技术都比较稳定，质量容易控制，有利于采用各种新材料、新工艺、新技术，生产出强度高、尺寸误差小、表面光洁、线条正直、耐久性好的高质量构件。先张预应力构件既不象后张有粘结构件那样要预留管道、穿筋、灌浆等高难度工艺，也不象无粘结构件那样要用全封闭防水防腐蚀、昂贵的无粘结筋与锚具，因此生产成本比后张法的要低得多。

后张法预应力更适用于现浇混凝土结构，当然也可用于预制混凝土构件，其合理应用范围主要为：

—— 要求双向预加应力的结构，例如无粘结大跨度平板、双向密肋板、井式梁楼盖等。

—— 曲线形构件、曲面或形状复杂的结构，如壳体结构。

—— 有整体连续要求的结构，如连续梁、连续板等。

—— 要求将若干预制构件拼成整体的结构，如水池、水罐等。

—— 对采用先张法生产不经济的某些预制构件，例如：预加力吨位太大，无法利用现有台座进行生产，或构件生产批量太少，而新建生产台座不经济等情况。

当前工业发达国家如美、加等国预应力混凝土的年产量，先张法占到90%左右，随着装配式与半装配式（预制与现浇相结合）结构技术的不断进步，以及对结构质量与耐久性要求的日益提高，预计21世纪前期预制先张法构件的生产与应用将具有更大的优势。

我国过去主要采用的冷拉钢筋和冷拔低碳钢丝为配筋的先张法预制构件，而后张法预制构件用得较少。自从80年代我国开始发展以高强钢丝、高强钢绞线为主筋的高效预应力混凝土以来，采用现浇后张结构，特别是采用单根张锚的无粘结筋体系已成为建工部门当前发展预应力混凝土的热点。作为填补空白、发展新技术、追赶国际水平，这无疑是正确的、必要的，但是把现浇无粘结预应力结构看作预应力结构的发展主流或方向，从而忽略先张预制装配式结构与半装配式（预制与现浇相结合）结构，忽略后张有粘结结构，这就背离了事物发展的大方向。

随着市场经济的发展，装配式与半装配式结构技术的进步，预计在我国的多层与高层建筑中，预制先张法构件，如同工业发达国家一样，亦将取得越来越多的应用。

二、先张法构件预制厂的经营与管理

国外预制厂常分为二类，一类为房屋结构构件与建筑部件预制厂，另一类为服务于交通与公用事业的构件预制厂，如生产桥梁、电杆、桩、铁路轨枕等构件，两者的市场不同、产品不同、工厂配置的设备、人员的技术能力与管理机构也不一样。

由于受到运输费用的限制，产品供应范围有限，这就决定了这些工厂只能是地方性的，规模不宜太大。为当地交通与公用事业服务的工厂由于买方单位少，产品种类与规格变化少，因此工厂管理主要集中力量于提高生产效率与降低成本。建筑结构构件生产工厂的经营要复杂得多，通常都是生产一些常用的构件，如单T板、双T板、空心楼板等定型产品，然后进行推销。

建筑结构构件产品通常是出售给总承包商，然后由他们转售给甲方（业主），而甲方往往不是最终使用者，可能是房产开发商。这一过程首先要向设计部门宣传，然后在他们设计图中指定用工厂的产品。总承包商也可能是一个竞争者，采用他熟悉的产品来代替原设计图指定的产品。这是国外建筑市场的常规做法。

考虑到这种"设计——招标——建造"体制对预制厂生产与经营造成的被动局面，加之近代建筑向个性发展的趋向，对预制构件提出型号多、批量小的要求，使工厂更难以发挥其技术优势。因此国外预制厂商近来提出新的经营体制——"设计—建造"体制，即预制厂对公寓、学校、医院和商业建筑，工业厂房及停车楼等建筑，特别是结构部分造价占总造价比例大的建筑，由预制工厂提出从设计到建造的总承包体制。这种由生产厂商与最终用户（业主）直接见面的方式，就可以充分发挥预制结构与构件生产的技术优势，降低造价、缩短工期，排除中间剥削，对工厂与用户都得到最大的经济效益。当然预制企业要有一个少而精的设计与安装队伍，或者要与设计单位联合经营。

国外发展工厂预制的经验值得我们重视，我国具有一定规模与水平的大、中型建筑构件预制厂，数以百计，如进行适当的设备更新和技术改造，就可以成为发展我国高效预应力混凝土的巨大生产力。工厂的改造必须与产品设计改革同步进行，对产品"改朝换代"，用新一代的高效预应力混凝土大跨度结构构件代替原有低强预应力混凝土的传统小跨度构件。为开发新产品，预制厂应设置专业设计小组，既可配合设计部门制订定型构件图低，又可自行设计新产品。除生产常规产品外，应开拓建筑装饰构件的新领域，以扩展业务范围。

工厂的经营机制要有高度的灵活性与适应性，产品可根据市场需要作出迅速反应。同时也要主动配合设计部门，修改正在设计中的图纸，以达到既能充分利用工厂原有设备条件，又生产出能满足业主要求的经济合理的新结构、新构件。

为开拓新的销售市场，工厂应与设计部门紧密合作或联合经营，生产与供应几种通用性强的装配式、半装配式体系建筑的整套结构或成套的单元构件，并负责构件的运输与现场吊装就位，以延伸其业务范围。有条件时也可以改用"设计、建造"的经营体制，对房屋的结构部分进行总承包。

至于全国生产低强钢材预应力混凝土的一万多个村镇小型预制厂，也应逐步提高生产技术，改用延性较好的中强或高强钢丝代替原来的低碳冷拔钢丝，进一步提高产品质量。

三、后张预应力混凝土专业公司的设置与经营

以现浇后张为主要业务的预应力技术专业公司，由于工程地点分散、工程条件（包括结构种类、施工方法、材料及工艺等）变化大、技术复杂等特点，和先张法预制工厂相比，要求有更高工艺水平和设计、施工技术能力。

一个优秀的后张预应力技术公司应该精通专业设计与施工业务，具备有为设计服务、技术咨询、项目规划，特别是从器材设备供应到结构张拉、锚固、灌浆、封头操作等整套现场施工的能力。公司要有高水平的预应力专家进行技术把关或作为顾问，有自己的张拉锚固体系，自己的专利与决窍，专门的锚夹具、千斤顶、专用测力仪表与机具的生产工厂，有自己的科研基地以及一支具有创新、开拓能力的设计与施工专业队伍。目前国际上基本上达到上述水平的也只有法国的弗雷西奈公司、瑞士的 VSL 公司等为数不多的几家。他们的分公司遍布全球，如弗氏公司就在 50 个国家和地区（包括台湾、香港）设有分公司，VSL 单在美国各大城市就有 10 个分公司，并与当地专业公司合作供应专业器材、零部件或提供专门技术与决窍。当前各国的一些大型工程，如我国大亚湾核电站预应力安全壳、南朝鲜的 6 座 10 万 m^3 液化石油气预应力储罐、欧洲北海的一些深海预应力石油开采平台等几乎都由他们分包或采用了他们的专利技术。这些经验值得我们吸取，今后在全国范围内要逐步形成少数几家具有高水平、技术力量雄厚的后张预应力专业公司。

至于一般后张预应力公司也要有一定熟悉预应力设计、施工的专业队伍，能配合或协助设计部门做出能发挥预应力结构优势的方案，或具有将钢筋混凝土设计方案改变为预应力结构方案的能力。要有一支熟悉后张专业的现场工程师与受过严格培训的工长队伍，能正确进行无粘结布筋，有粘结束的留管、穿筋、张拉、锚固、灌浆和锚头防腐封闭等操作；能测定各项预应力短期损失实际数值，如摩擦系数、锚具变形及内缩值、张锚完毕后两端锚下实有预加力等数值，以确保初始预加力吨位；对施工过程中出现的质量问题，能提出正确处理意见；能进行不同钢种，不同强度、不同张拉锚固体系预应力束的代换计算。以上所述各点，是对一般后张预应力技术公司最低限度的要求，否则很难独立进行工作，也难以确保预应力工程施工质量。

第六章 钢 结 构

第一节 钢结构构件的制作

一、钢结构加工制作

（一）加工制作图

一般设计院提供的设计图，不能直接用来加工制作钢结构，而是要考虑加工工艺，如公差配合、加工余量、焊接控制等因素后，在原设计图的基础上绘制加工制作图。加工制作图是最后沟通设计人员及施工人员的意图，它起到制作要领书的作用，又是实际尺寸、划线、剪切、坡口加工、打孔、弯制、拼装、焊接、涂装、产品检查、堆放、发送等各项作业的指示书，还起到进行高水平管理的检查表的作用。

（二）加工制作前施工问题的分析

绘制加工制作图或审查设计图应边绘边审边分析研究：可否施工或者难易程度，如必须认真分析有无难焊的部分，可否使用高强螺栓及紧固器具，在狭窄处能否保持焊条的焊接角度等等。

（三）加工制作前的施工准备工作

1. 放大样图

以加工制作图为基础，直接制作样杆及样板，也就是说过去以设计图为基础、在平台上划大样图已经没有必要了。

2. 钢卷尺

卷尺有皮尺、筒式钢卷尺、宽带钢卷尺、窄带钢卷尺、凸面钢卷尺五种。在钢结构工程中，主要使用皮尺、宽带钢卷尺及凸面钢卷尺中任何一种一级产品。在 20℃ 条件下，将卷尺水平拉开，铺放在检查台上，对于刻度长度不足 5m 的施加 1kgf（9.8N）的拉力；对于大于 5m 的施加 2kgf（19.6N）的拉力。对比一级标准直尺或卷尺，允许误差的表示量为 1m 以下时，一级允许误差为 ±0.3mm，二级允许误差为 ±0.6mm；当表示量超过 1m 时，每增加 1m 表示量，在 1m 表示量的基础上一级增加 0.1mm，二级增加 0.2mm。

在钢结构工程中，最好使工厂用卷尺和现场用卷尺属同一类产品，也就是各工种之间使用"同一把尺"。如果有困难，则 10m 之间的相互差值控制在 0.5mm 之内。

3. 上岗操作人员应进行培训和考核，特殊工种应进行资格确认，充分做好各项工序的技术交底工作。

（四）钢结构加工制作的工艺流程

1. 样杆、样板的制作

可采用厚度 0.3~0.5mm 的薄钢板制成，其允许偏差见表 6-1。

2. 号料

样板、样杆制作尺寸的允许偏差 表 6-1

项　目		允许偏差
样板	长　度	0 −0.5mm
	宽　度	0 −0.5mm
	两对角线长度差	1.0mm
样杆	长　度	±1.0mm
	两最外排孔中心线距离	±1.0mm
同组内相邻两孔中心线距离		±0.5mm
相邻两组端孔间中心线距离		±1.0mm
加工样板的角度		±20′

核对钢材规格、材质、批号，并应清除钢板表面油污、泥土及脏物。钢材表面质量应符合表 6-2。

钢材矫正后的允许偏差 表 6-2

序号	项　目	示　意　图	允许偏差（mm）
1	钢板的局部平面度（Δ） $t \leqslant 14$ $t \geqslant 14$	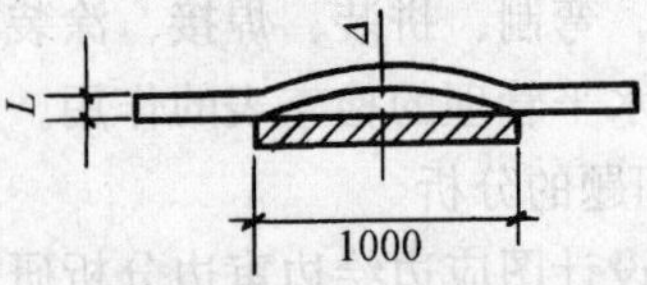	（在 1m 范围内） 1.5 1.0
2	型钢弯曲矢高（f）	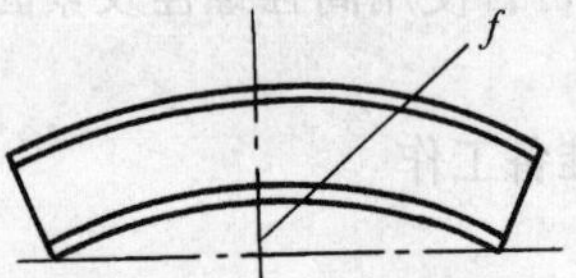	$l/1000$ 5.0
3	角钢肢的垂直度（Δ）	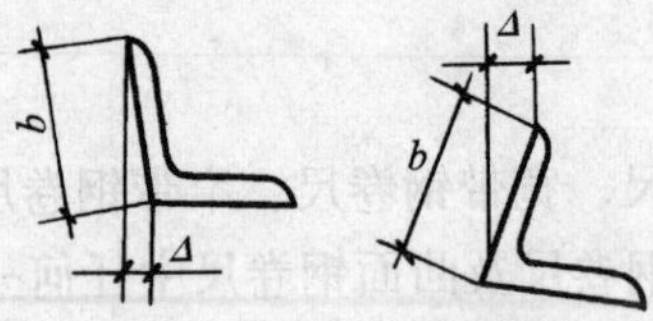	$b/1000$ 双肢栓接角钢的角度 不得大于 90°
4	槽钢翼缘的倾斜度（Δ）	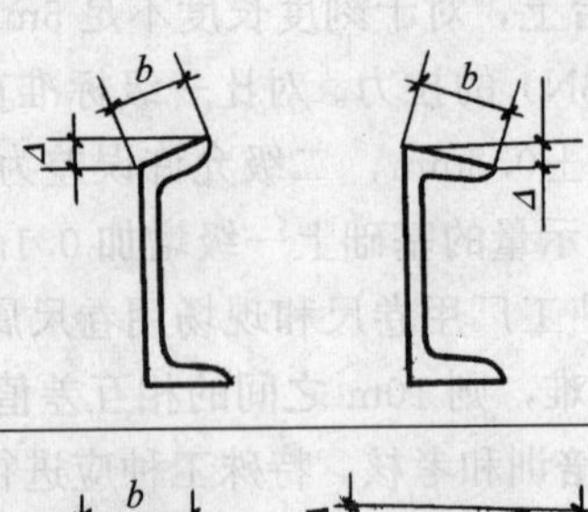	$h/80$
5	工字钢、H 型钢翼缘的倾斜度（Δ）	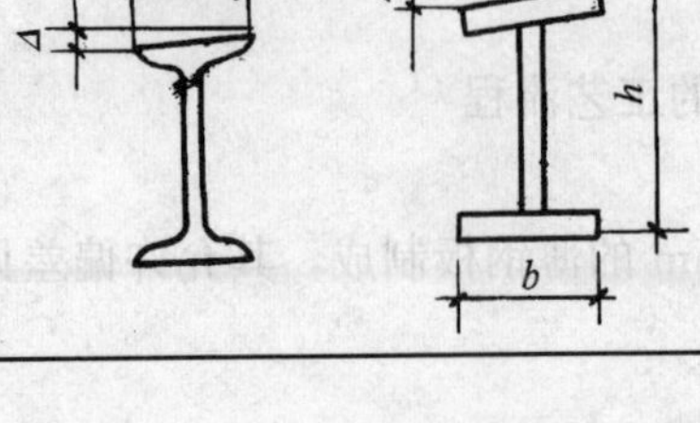	$h/100$ 20

若表面质量满足不了质量要求，钢材应进行矫正，钢材和零件的矫正应采用平板机或型材矫直机进行，较厚钢板也可用压力机或火焰加热进行，逐渐取消用手工锤击的矫正法。碳素结构钢在环境温度低于−16℃，低合金结构钢在低于−12℃时，不得冷矫正和冷弯曲，矫正后的钢材表面不应有明显的凹痕和损伤，表面划痕深度不得大于 0.5mm。

3. 划线

利用加工制作图、样杆、样板及钢卷尺进行划线。目前已有一些先进的钢结构加工厂采用程控自动划线机，不仅效率高，而且精确、省料。划线的要领有二条：

(1) 划线作业场地要在不直接受日光及外界气温影响的室内，最好是开阔、明亮的场所。

(2) 用划线针划线比用墨尺及划线用绳的划线精度高。划线针可用砂轮磨尖，粗细度可达 0.3mm 左右。划线有三种办法：先划线、后划线、一般先划线及他端后划线。当进行下料部分划线时要考虑剪切余量、切削余量：

气割机：其余量视气割机的火口大小而异，当板厚小于 50mm，取 2mm 左右为宜。

带锯及砂轮切割机：各自为锯刃及砂轮片的厚度。

金属之间接触部分的切割余量一般为 3mm 左右。

为了确保长度方向上的精度，当切割端部表面时，要根据以往的数据资料预测焊接及加热所产生的收缩量，并将其考虑进去，当难于根据以往的资料数据预测收缩量时，要取相近的数值稍长一点。

(3) 工作平台要求表面呈水平状，工作平台的整体结构要经得起构件反转、多次反复的冲击，不易产生变形。因此说高质量的平台是制作高质量构件的必要条件。

4. 切割

钢材的切割包括气割、等离子切割类高温热源的方法，也有使用剪切、切削、摩擦热等机械力的方法。要考虑切割能力、切割精度、切割面的质量及经济性，坚决杜绝不顾质量、没有精度、只片面追求经济性的胡乱切割法，他们根本不懂得钢结构构件是精细的产品。

5. 坡口加工

焊接质量与坡口加工的精度有直接关系，如果坡口表面粗糙有尖锐且深的缺口，就容易在焊接时产生不熔部位，将在事后产生焊接裂缝。又如，在坡口表面粘附油污，焊接时就会产生气孔和裂缝，因此要重视坡口质量。坡口加工一般可用气体加工和机械加工，在特殊的情况下采用手动气体切割的方法，但必须进行事后处理，如打磨等。现在坡口加工专用机已开始普及，最近又出现了 H 型钢坡口及弧形坡口的专用机械，效率高、精度高，但要严格地处理好切削油。

6. 开孔

(1) 在焊接结构中，不可避免地将会产生焊接收缩和变形，因此在制作过程中，把握好什么时候开孔将在很大程度上影响产品精度。特别是对于柱及梁的工程现场连接部位的孔群的尺寸精度直接影响钢结构安装的精度，因此把握好开孔的时间是十分重要的，一般有四种情况：

第一种：在构件加工时预先划上孔位，待拼装、焊接及变形矫正完成后，再划线确认进行打孔加工。

第二种：在构件一端先进行打孔加工，待拼装、焊接及变形矫正完成后，再对另一端进行打孔加工。

第三种：待构件焊接及变形矫正后，对端面进行精加工，然后以精加工面为基准，划线、打孔。

第四种：在划线时，考虑了焊接收缩量、变形的余量、允许公差等，直接进行打孔。

机械打孔有电钻及风钻、立式钻床、摇臂钻床、桁式摇臂钻床、多轴钻床、NC 开孔机。

气体开孔，最简单的方法是在气割喷嘴上安装一个简单的附属装置，可打出 $\phi30$ 的孔，十分漂亮的圆孔。

（2）钻模和板叠套钻制孔。这是目前国内尚流行的一种制孔方法，应用夹具固定，钻套应采用碳素钢或合金钢。如 T8、GCr13、GCr15 等制作，热处理后钻套硬度应高于钻头硬度 HRC2～3。

钻模板上下两平面应平行，其偏差不得大于 0.2mm，钻孔套中心与钻模板平面应保持垂直，其偏差不得大于 0.15mm，整体钻模制作允许偏差符合下列规定：

相临两孔中心距：±0.2mm。

两最外排孔中心距：±0.3mm。

两对角线孔中心距：±0.45mm。

（1）开孔的允许偏差

1）A、B 级螺栓孔（Ⅰ类孔）应具有 H12 的精度，孔壁表面粗糙度 R_a 不应大于 12.5mm，其允许偏差附合表 6-3 的规定。

B 级螺栓孔径的允许偏差 （mm）　　　　　　　表 6-3

序　　号	螺栓公称直径、螺栓孔直径	螺栓杆公称直径允许偏差	螺栓孔直径允许偏差
1	10～18	0 −0.21	+0.18 0
2	18～30	0 −0.21	+0.21 0
3	30～50	0 −0.25	+0.25 0

2）高强度螺栓等 C 级螺栓和铆钉，孔的直径应比螺栓杆、铆钉杆公称直径大 1.0～3.0mm，孔壁表面粗糙度 $R_a \leqslant 25\mu m$，表 6-4 列出了允许偏差。

高强度螺栓和铆钉制孔的允许偏差　　　　　　　表 6-4

序　号	名　称		公称直径及允许偏差 （mm）					
1	螺栓	公称直径	12	16	20	(22)	24	(27)	30
		允许偏差	±0.43		±0.52			±0.84	

3）零件、部件孔的位置，在编制施工图时，可按照国家标准《形状和位置公差》（GB1164）的计算标准；如设计无要求时，孔距的允许偏差应符合表 6-5 的规定。

4）孔的分组应符合下列规定：

在节点中连接板与一根杆件相连的所有连接孔按孔划为一组。

接头处的孔：平接头——半个拼接板上的孔为一组；阶梯接头——两接头之间的孔为一组。

孔 距 的 允 许 偏 差　　　　　　　　　表 6-5

序 号	项　　目	允 许 偏 差（mm）			
		≤500	>500~1200	>1200~3000	>3000
1	同一组内相邻两孔间	±0.7			
2	同一组内任意两孔间	±1.0	±1.2		
3	相邻两组的端孔间	±1.2	±1.5	±2.0	±3.0

在两相邻节点或接头间的连接孔为一组，但不包括上述的孔。

5）制孔后应用磨光机清除孔边毛刺，并不得损伤母材。

7. 组装

（1）组装的零件、部件应经检查合格，连接件和沿焊缝边缘约50mm范围内的铁锈、毛刺、污垢、冰雪、油迹等应清除干净。

（2）钢材的拼接应在组装前进行。构件的组装应在部件组装、部件焊接、部件矫正后进行。

1）焊接后的变形矫正：部件或构件焊接后，均因焊接而产生大弯曲、头部弯曲及局部变形等。其允许偏差见表6-6，不符合者，需矫正。

焊接接头组装的允许偏差　　　　　　　　表 6-6

序号	项　　目	允许偏差	示　意　图
1	根部间隙（b）	±1.0mm	
	错边量（S） 4<t≤8mm 8<t≤20mm t>20mm	1.0mm 2.0mm t/10mm 3.0mm	
	坡口角度（α） 钝边（P）	±5.0° ±1.0mm	
2	搭接长度（L） 间　隙（e）	±5mm 1.0mm	

矫正方法有冷矫正法（压力机矫正、辊式矫正）和热矫正法（线状加热法、楔形加热法）。

2）防止变形的几条经验：虽然无法避免气割、焊接加热及冷却所产生的变形，但是，减少变形的程度是可能的。有以下几条经验：

（A）当由大块板材切割成长且细条的杆件时，要边气割，边水冷后方的切割线。

（B）利用二个火口同时平行切割板材。

（C）从切割线的中途开始气割，待冷却后再切掉端部。

（D）对 T 型钢等一类非对称的构件，可搞成对称的 H 型加工，最后在腹板中心处分割开来。

（E）预先使之反变形后，再进行拼装和焊接。

（F）让二个构件或部件背靠背以约束变形。

（G）坡口角度及焊缝根部间隔不要大于要求值。

（H）要采用尽量减少焊接变形的焊接顺序。

（I）各工序中所产生的变形，要在该工序中予以矫正。

（3）组装可采用胎夹具方法。当在平台上组装时，平台的平面高低差不得超过 4mm。构件的组装应根据结构形式、焊接方法和焊接顺序等因素，确定合理的组装顺序。

（4）组装的质量要求：除工艺要求外零件组装的间隙不得大于 1.0mm。对顶紧接触面应有 75％以上面积紧贴，用 0.3mm 塞尺检查，其塞入面积不得大于 25％，边缘最大间隙不得大于 0.8mm。金属接触部分的精加工可用龙门铣床、卧式镗床、牛头刨床、斜面切削机等来进行。

板叠上所有螺栓孔等应采用量规检查，其通过率为用比孔的直径小 1.0mm 量规检查，应通过每组孔数的 85％；用比螺栓公称直径大 0.2～0.3mm 的量规检查应全部通过。量规不能通过的孔，应经施工图编制单位同意后，方可扩钻或补焊后重新钻孔。扩孔后的孔径不得大于原设计孔径 2.0mm；补孔应制定焊补工艺方案，不得用钢块填塞，处理后做好记录。

部件组装的允许偏差不得超过表 6-7。

部件组装的允许偏差 表 6-7

序号	项　　目	允许偏差（mm）	示　意　图
1	接头间隙（b）	1.0	
2	H 型钢： 高度（h） 宽度（b） 偏心（e） 翼缘倾斜（△）	±2.0 b/100 不大于 2.0 ±2.0 b/100 不大于 2.0	

序号	项　目	允许偏差（mm）	示　意　图
3	型钢组合错位（Δ） 连接处 其他处	1.0 2.0	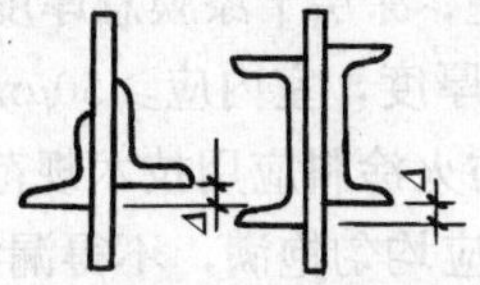
4	型钢组合缀板 间距（L）	±5.0	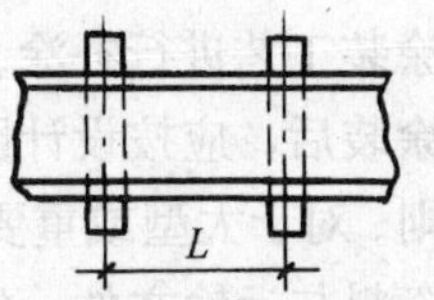
5	箱形结构： 翼缘倾斜（Δ） 组装高度（h） 宽度（b）	Δ＜b/100 2.0 ±2.0 ±2.0	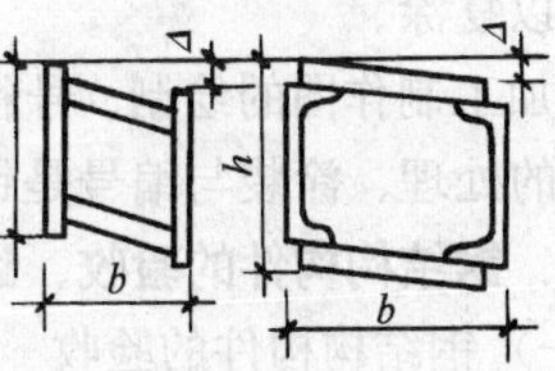

组装定位焊应符合焊缝厚度，不宜超过设计的焊缝厚度的 2/3，且不宜大于 8mm；焊缝长度不宜小于 25mm；应在焊道内，定位焊不得有裂纹、气孔等缺陷。在拆除夹具时不得损伤母材，并应对残留的焊疤进行打磨修整。

组装的隐蔽部位应在焊接和涂装检查合格后方可封闭。

8. 焊接

焊接是钢结构加工制作中的关键步骤，将在下一节中详细阐述。

9. 摩擦面的处理

高强度螺栓摩擦面处理后的抗滑移系数值应符合设计的要求。采用砂轮打磨处理摩擦面时，打磨范围不应小于螺栓孔径的 4 倍，打磨方向宜与构件受力方向垂直。高强度螺栓的摩擦连接面不得涂装，高强度螺栓安装完后，应将连接板周围封闭，再进行涂装。

10. 涂装、编号

涂装环境温度应符合涂料产品说明书的规定，无规定时，环境温度应在 5～35℃ 之间，相对湿度不应大于 85%，构件表面没有结露和油污等，涂装后 4h 内不得淋雨。

钢构件表面的除锈方法和除锈等级应符合表 6-8 的规定，其质量要求应符合国家标准《涂装前钢材表面锈蚀等级和除锈等级》的规定。构件表面除锈方法和除锈等级应与设计采用的涂料相适应。

除 锈 质 量 等 级　　　　　　　　　　表 6-8

除锈方法	喷射或抛射除锈			手工和动力工具除锈	
除锈等级	Sa2	Sa2 $\frac{1}{2}$	Sa3	St2	St3

施工图中注明不涂装的部位和安装焊缝处的 30～50mm 宽范围内以及高强度螺栓摩

擦连接面不得涂装。

涂料、涂装遍数、涂层厚度均应符合设计的要求。当设计对涂层厚度无要求时，宜涂装 $4\sim5$ 遍；涂层干漆膜总厚度：室外应为 $150\mu m$，室内应为 $125\mu m$，其允许偏差为 $25\mu m$。底漆漆膜厚度，室内应 $\geq50\mu m$，室外应 $\geq75\mu m$。当喷涂防火涂料时，应符合国家现行的《钢结构防火涂料应用技术规范》（CECS24）的规定。

涂层应均匀饱满，不得漏涂、误涂，表面不应有起泡、脱皮和返锈，无明显起皱、流挂等缺陷，附着良好。前一涂层干燥后方可涂下一道涂层。当漆膜局部损伤时，应认真清理，按原涂装工艺进行补涂。

构件涂装后，应按设计图纸进行编号，编号的位置应符合便于堆放、便于安装、便于检查的原则。对于大型或重要的构件还应标注重量、重心、吊装位置和定位标记等记号。编号的汇总资料与运输文件、施工组织设计的文件、质检文件等统一起来，编号可在竣工验收后加以复涂。

从加工制作图的绘制、号料、放线、切割、坡口加工、开孔、组装（包括矫正）、焊接、摩擦面的处理、涂装与编号是钢结构加工制作的主要工艺。

二、钢结构构件的验收、运输、堆放

（一）钢结构构件的验收

钢构件加工制作完成后，应按照施工图和国标《钢结构工程施工及验收规范》（GB50205—95）的规定进行验收，有的还分工厂验收、工地验收，因工地验收还增加了运输的因素，钢构件出厂时，应提供下列资料：

（1）产品合格证。

（2）施工图的设计变更文件。

（3）制作中技术问题处理的协议文件。

（4）钢材、连接材料、涂装材料的质量证明或试验报告。

（5）焊接工艺评定报告。

（6）高强度螺栓摩擦面抗滑移系数试验报告，焊缝无损检验报告及涂层检测资料。

（7）主要构件检验记录。

（8）预拼装记录：由于受运输、吊装条件的限制，另外设计的复杂性，有时构件要分二段或若干段出厂，为了保证工地安装的顺利进行，在出厂前进行预拼装。

工厂预拼装的允许偏差见表6-9。

（9）构件发运和包装清单。

（二）构件的运输

构件预拼装的允许偏差（mm） 表6-9

构件类型	项　目	允　许　偏　差
多节柱	预拼装单元总长	±5.0
	预拼装单元弯曲矢高	$l/1500$ 且不大于 10.0
	接口错边	2.0
	预拼装单元柱身扭曲	$h/200$ 且不大于 5.0
	顶紧面至任一牛腿距离	±2.0

构件类型	项 目		允 许 偏 差
梁、桁架	跨度最外端两安装孔或两端支承面最外测距离		+5.0 -10.0
	接口截面错位		2.0
	拱 度	设计要求起拱	$\pm l/5000$
		设计未要求起拱	$l/2000$ 0
	节点处杆件轴线错位		3.0
管构件	预拼装单元总长		± 5.0
	预拼装单元弯曲矢高		$l/1500$ 且不大于 10.0
	对口错边		$t/10$ 且不大于 3.0
	坡口间隙		+2.0 -1.0

(1) 发运的构件，单件超过 3t 的，宜在易见部位用油漆标上重量及重心位置的标志，以免在装、卸车和起吊过程中损坏构件；节点板、高强度螺栓连接面等重要部分要有适当的保护措施，零星的部件等都要按同一类别用螺栓和铁丝紧固成束或包装发运。

(2) 大型或重型构件的运输应根据行车路线、运输车辆的性能、码头状况、运输船只来编制运输方案。在运输方案中要着重考虑吊装工程的堆放条件、工期要求来编制构件的运输顺序。

(3) 运输构件时，应根据构件的长度、重量断面形状选用车辆；构件在运输车辆上的支点、两端伸长的长度及绑扎方法均应保证构件不产生永久变形、不损伤涂层。构件起吊必须按设计吊点起吊，不得随意。

（三）构件的堆放

(1) 构件一般要堆放在工厂的堆放场和现场的堆放场。构件堆放场地应平整坚实，无水坑、冰层，并应排水通畅，有较好的排水设施，同时有车辆进出的回路。

(2) 构件应按种类、型号、安装顺序划分区域，插竖标志牌。构件底层垫块要有足够的支承面，不允许垫块有大的沉降量，堆放的高度应有计算依据，以最下面的构件不产生永久变形为准，不得随意堆高。

(3) 在堆放中，发现有变形不合格的构件，则严格检查，进行矫正，然后再堆放。不得把不合格的变形构件堆放在合格的构件中，否则会大大地影响安装进度。

(4) 对于已堆放好的构件，要派专人汇总资料，建立完善的进出厂的动态管理，严禁乱翻、乱移。同时对已堆放好的构件进行适当保护，避免风吹雨打、日晒夜露。

第二节　钢结构构件的焊接

一、钢结构构件常用的焊接方法

（一）焊接方法概述

焊接是借助于能源，使两个分离的物体产生原子（分子）间结合而连接成整体的过程。

用焊接方法不仅可以连接金属材料，如钢材、铝、铜、钛等；还能连接非金属，如塑料、陶瓷；甚至还可以解决金属和非金属之间的连接，我们统称为工程焊接。用焊接方法制造的结构称为焊接结构，又称工程焊接结构。根据对象和用途大致可分为建筑焊接结构、贮罐和容器焊接结构、管道焊接结构、导电性焊接结构四类，我们所称的钢结构包含了这四类焊接结构。选用的结构材料是钢材，而且大多为普通碳素钢和低合金结构钢，常用的钢号有 Q235、16Mn、16Mnq、15MnV、15MnVq 等；主要的焊接方法有手工电弧焊、气体保护焊、自保护电弧焊、埋弧焊、熔嘴电渣焊、窄间隙坡口焊、螺柱焊、点焊等。

（二）手工电弧焊

依靠电弧的热量进行焊接的方法称为电弧焊，手工电弧焊是用手工操作焊条进行焊接的一种电弧焊，是钢结构焊接中最常用的方法。

手工电弧焊的原理见图 6-1。焊条和焊件就是两个电极，产生电弧，电弧产生大量的热量，熔化焊条和焊件。焊条端部熔化形成熔滴，过渡到熔化的焊件的母材上融合，形成熔池并进行一系列复杂的物理——冶金反应。随着电弧的移动，液态熔

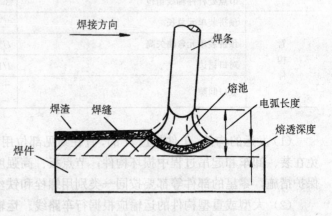

图 6-1　手工电弧焊原理

池逐步冷却、结晶，形成焊缝。在高温作用下，冷敷于电焊条钢芯上的药皮熔融成熔渣，覆盖在熔池金属表面，它不仅能保护高温的熔池金属不与空气中有害的氧、氮发生化学反应，并且还能参与熔池的化学反应和渗入合金等；在冷却凝固的金属表面，形成保护渣壳。

（三）气体保护电弧焊

又称为熔化极气体电弧焊，以焊丝和焊件作为两个极，两极之间产生电弧热来溶化焊丝和焊件母材，同时向焊接区域送入保护气体，使电弧、熔化的焊丝、熔池及附近的母材与周围的空气隔开，焊丝自动送进，在电弧作用下不断熔化，与熔化的母材一起融合，形成焊缝金属。其原理见图 6-2。

这种焊接法简称 GMAW（Gas Metal Arc Welding）由于保护气体的不同，又可分为 CO_2 气体保护电弧焊，是目前最广泛使用的焊接法，特点是使用大电流和细焊丝，所焊接速度快、熔深大、作业效率高；MIG（Metal-Inert-Gas）电弧焊，是将 CO_2 气体保护焊的保护气体变成 Ar 或 He 等惰性气体；MAG（Metal-Active-Gas）电

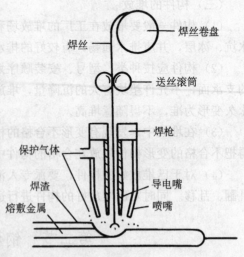

图 6-2　气体保护电弧焊接法简图

弧焊，使用 CO_2 和 Ar 的混合气体作为保护气体（80％Ar＋20％CO_2），这种方法既经济又有 MIG 的好性能。

（四）自保护电弧焊

自保护电弧焊曾称为无气体保护电弧焊。与气体保护电弧焊相比抗风性好，风速达10m/s 时仍能得到无气孔而且力学性能优越的焊缝。由于自动焊接，因此焊接效率极高。焊枪轻，不用气瓶，因此操作十分方便，但焊丝价格比 CO_2 保护焊的要高。在海洋平台、目前美国的超高层建筑钢结构广泛使用这种方法。

自保护电弧焊用焊丝是药芯焊丝，使用的焊机为比交流电源更稳定焊接的直流平特性电源，自保护电弧焊机的组成见图 6-3。

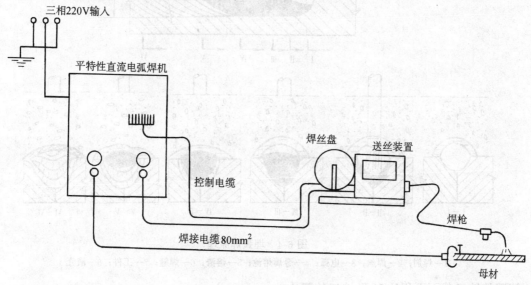

图 6-3   自保护电弧焊机的组成

（五）埋弧焊

埋弧焊是电弧在可熔化的颗粒状焊剂覆盖下燃烧的一种电弧焊。其焊接原理见图 6-4。

向熔池连续不断送进的裸焊丝，既是金属电极，也是填充材料，电弧在焊剂层下燃烧，将焊丝、母材熔化而形成熔池。熔融的焊剂成为熔渣，覆盖在液态金属熔池的表面，使高温熔池金属与空气隔开。焊剂形成熔渣除了起保护作用外，还与熔化金属参与冶金反应，从而影响焊缝金属的化学成分。

（六）熔嘴电渣焊（CES 焊接）

是一种立向位置的自动焊接方法，见图 6-5。在钢制滑块围起的焊接区，中间安置熔嘴，通过熔嘴连续供给焊丝，以通过熔化渣的电流产生的电阻热为热源，在熔化焊丝和焊嘴的同时，待连接的母材坡口也熔化而进行焊接的方法。

图 6-6 表示了箱形柱的隔板焊接施工步骤，在该方案施工中 CO_2 焊接和 CES 焊接交叉部存在局部的不焊接部位，其大小为 5～25mm，比结构上设置的焊接交叉区的弧形缺口的尺寸小。

上述隔板的四周也都是用 CES 焊接的。

（七）窄间隙焊接

本方法是利用已有的气体保护焊的特别技术，具有焊接接头的坡口截面面积比手工电弧焊或气体保护焊的坡口截面面积小，这是本方法的特点，详见图 6-7，就一目了然了。窄

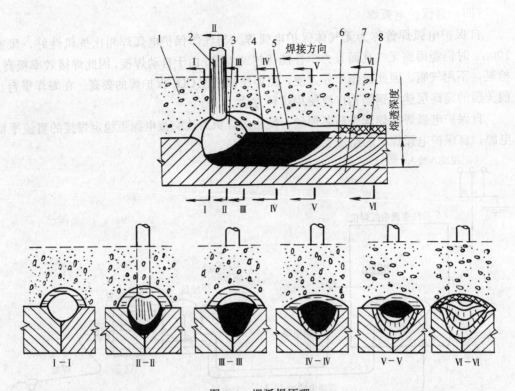

图 6-4 埋弧焊原理

1—焊剂；2—焊丝；3—电弧；4—金属熔池；5—熔渣；6—焊缝；7—工件；8—渣壳

间隙的坡口截面面积比 V 形坡口的要小得多，因此导致熔敷金属量最少，因而焊接变形小，热影响区的性能比誉为高效率焊接方法的埋弧焊或电渣焊优越。节省焊接材料和缩短焊接作业时间等优点，从上图中可看出，板厚越厚，这些优点就越大，但是这种方法存在着焊缝根部未熔合等焊接缺陷的危险；而量板越厚，则返修的时间就越多，因此使用本方法必须充分有把握，首先必须充分落实不引起施工错误的组装精度、工艺的稳定性、施焊工厂的技术水平、质量检查及检验方法等，确有把握方可施焊。窄间隙焊接可以在平焊、横焊和立焊位置进行，横焊适合工程现场的柱接头，平焊和立焊分别适合于工厂内箱形柱的角接头和柱与梁的焊接。

（八）螺柱焊接

螺柱焊接是在螺柱与母材之间通以

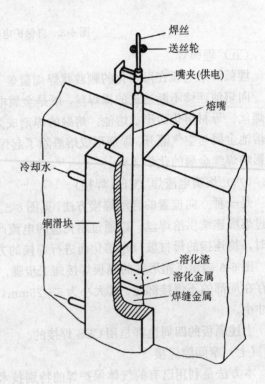

图 6-5 熔嘴电渣焊

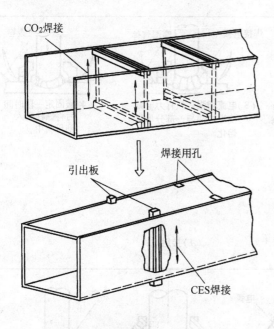

图 6-6　箱形柱的隔板焊接施工步骤

材之间的接触面的电阻发热接合的焊接。

螺柱埋弧焊：该焊接有二种热源，一种是利用螺柱与母材间电弧发热，另一种是利用流经熔融渣的电流由电阻发热。

（九）点焊

首先这里指的点焊不同于钢结构构件组装中的点焊，是一种电阻焊，在焊接区直接通电，利用其电阻发热局部提高被焊部位的温度，在压力作用下接合的方法。当在电阻 R（Ω）的材料上通以 I（A）电流 ts 时间所产生的热量 Q（cal）用公式 $Q=0.24I^2Rt$ 表示，显而易见局部电阻很小，时间 t 不能持续很长，否则热量会很快发散，只有加大 I 即电流才能产生巨大的 Q，此时电流达到数千乃至数万安培。点焊在汽车工业、家用电器中常用，钢结构中复杂接头也有采用点焊的。

焊接电流，便相互接触的局部加热并接合的方法，主要用于抗剪连接件及混凝土锚栓等的焊接，另外还广泛用于安装隔热材料和隔音材料的连接件。按接合之热源的种类分为：

电弧螺柱焊：使焊接的螺柱与母材接触，用称之为电弧罩的筒状保护筒围住螺栓周围，在其中产生电弧，使螺柱及母材熔融，形成熔池，将螺柱压入熔池使之结合的焊接口。其过程见图 6-8。

贮能式冲击焊接方式：又称之为 CDC（Capacitor Discharge）焊接或称电容器放电焊接，特点是交流电流向大容量的电容器群中充电的电能在螺柱与母材之间瞬间放电，令螺栓及母材一小部分熔融接合的焊接。

电阻焊焊接：这是一种利用螺柱与母

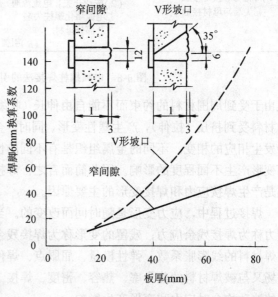

图 6-7　焊接量的比较

二、焊接应力和焊接变形

（一）焊接应力及变形产生的原因

焊接过程中，焊接热源对焊件进行局部加热，产生了不均匀的温度场，导致材料热胀冷缩的不均匀：处于高温区域的材料在加热（冷却）过程中应该有较大的伸长（收缩）量，

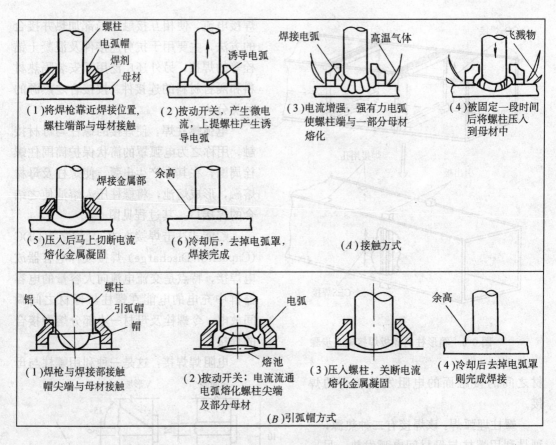

图 6-8　电弧螺柱焊接法的引弧方式及焊接顺序

但由于受到周围材料的约束而不能自由伸长（收缩）。于是在焊件中产生内应力，使高温区的材料受到挤压（拉伸），产生塑性变形。同时，金属材料在焊接过程中随着温度的变化还会发生相应的相变。不同的金属组织是有不同的性能，也会引起体积的变化，对焊接应力及变形产生不同程度的影响。因此简而言之：焊接过程对焊件进行了局部的、不均匀的加热是产生焊接应力和焊接变形的主要原因。

　　焊接过程中，应力变形是随时间而改变的。当焊件温度降至常温时，残存于焊件中的应力称为焊接残余应力；残留的变形称为焊接残余变形。焊接应力及变形的分布和大小与被焊材料的线膨胀系数、弹性模量、屈服点、焊件尺寸、形状和温度场等因素有关，而温度场又与被焊材料的热导率、热容、密度、焊接工艺参数，环境条件等密切相关。任何因素的波动均会对应力和变形产生影响。

　　（二）焊接变形的种类

　　焊接变形可分为线性缩短、角变形、弯曲变形、扭曲变形、波浪形失稳变形等，见图6-9。

　　线性缩短：是指焊件收缩引起的长度缩短和宽度变窄的变形，有纵向缩短和横向缩短之分。

　　线性缩短的规律：

　　（1）线膨胀系数大的材料焊后焊缝收缩量大。

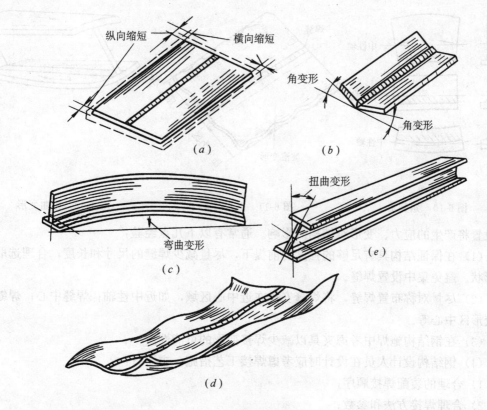

图 6-9　焊接变形的种类

（2）焊缝长度长的收缩量大。

（3）一般对接焊缝的纵向收缩量为 0.15～0.3mm/m；角焊缝的纵向收缩量为 0.2～0.4mm/m；断续角焊缝为 0～0.1mm/m。

（4）横向收缩量随着焊缝宽度的增加而增加，同一条焊缝的横向收缩量约相当于 2～4m 长的焊缝的纵向收缩量，也就是说焊缝的横向收缩是主要的。角焊缝的横向收缩比对接焊缝的横向收缩小；断续角焊缝比连续角焊缝小。

（5）多层焊时，第一层最大，第二层约为第一层的 20%，第三层为第一层的 5%～10%，最后几层更少。

（6）在刚性固定条件下焊接收缩量大约能减 40%～70%；但焊后有较大的焊接残余应力。

角变形：是由于焊缝截面形状在厚度方向上不对称所引起的，在厚度方向上产生的变形见图 6-10。

波浪变形：见图 6-11，大面积薄板拼焊时，在内应力作用下产生失稳而成为波浪形变形。

扭曲变形：见图 6-12，扭曲变形一旦产生则难以矫正。主要由于装配质量不好，工件搁置不正，焊接顺序和方向安排不当造成的，在施工中特别要引起注意。

（三）焊接残余应力和变形的控制

在钢结构设计和施工时，不仅要考虑到强度、稳定性、经济性，而且必须要考虑焊缝

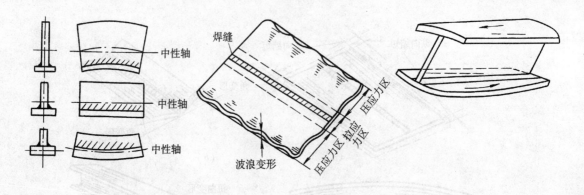

图 6-10　角变形　　　　　　　图 6-11　波浪变形　　　　　　图 6-12　扭曲变形

的设置将产生的应力、变形对结构的影响。通常有以下几点经验：

（1）在保证结构具有足够的强度的前提下，尽量减少焊缝的尺寸和长度，合理选取坡口形状。避免集中设置焊缝。

（2）尽量对称布置焊缝，将焊缝安排在近中心区域，如近中性轴；焊缝中心；焊缝塑性变形区中心等。

（3）在钢结构施焊中考虑夹具以减少焊接变形的可能性。

（4）钢结构设计人员在设计时应考虑焊接工艺措施。主要有：

1）合理的装配焊接顺序；

2）合理焊接方法和参数；

3）反变位法；

4）刚性固定性；

5）锤击法；

6）强迫冷却法；

7）预热和焊后热处理。

三、常见焊接缺陷的产生原因和防止与修补方法

（一）焊接的主要缺陷

国标《金属熔化焊焊缝缺陷分类及说明》（GB6417—86）将焊缝缺陷分为六类：裂纹、孔穴、固体夹杂，未熔合和未焊透、形状缺陷和上述以外的其他缺陷。每一缺陷大类用一个三位阿拉伯数字标记，每一缺陷小类用一个四位阿拉伯数字标记，同时采用国际焊接学会（ⅠⅣ）"参考射线底片汇编"中字母代号来对缺陷进行简化标记。如：E100 为裂纹缺陷，属于一大类的缺陷；又如 1001 为微观裂纹，是一缺陷小类。

（二）裂纹缺陷的产生原因和防止与修补方法

裂纹缺陷有热裂纺、冷裂纹、再热裂纹。

1. 热裂纹

热裂纹是由于焊缝金属结晶时造成严重偏析，存在低熔点杂质，另外是由于焊接拉伸应力的作用而产生的。防止措施有：

（1）选择偏析元素和有害杂质含量低的钢材和焊接材料，控制碳、硫、磷等含量。

（2）提高焊缝金属塑性。

（3）采用收弧板逐渐断弧。衰减焊接电流导，填满弧坑，防止弧坑裂纹。

（4）避免产生应力集中的焊接缺陷，如未焊透、夹渣等。

（5）可采用预热和后热等。

2. 冷裂纹

冷裂纹是由于接头中存在淬硬组织，扩散氢的存在和浓集，同时有较大的拉伸应力。防止的办法是焊前烘烤，彻底清理坡口和焊丝表面的油、水、锈、污等减少扩散氢含量。焊前预热、焊后缓冷，进行焊后热处理。采取降低焊接应力的工艺措施。

3. 再热裂纹

再热裂纹是由于过饱和固溶的碳化物在再次加热时析出，造成晶内强化，另外是由焊接残余应力造成的。因此，焊前预热、焊后缓冷等是很重要的措施，另外选用强度等级稍低于母材的焊接材料。

4. 裂纹缺陷的修补办法

用渗透探伤试验或磁粉探伤试验等手段确认裂缝长度，并且从裂纹两端起至少要铲除50mm 以上的富余部分，见图6-13。

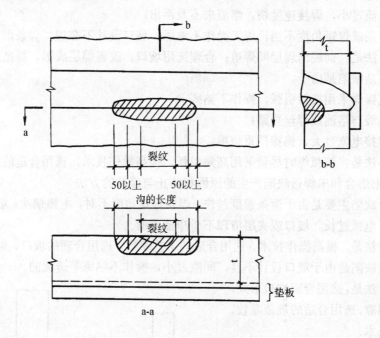

图 6-13

当无法确认缺陷长度时，要沿其焊缝全长铲除搞成船底形的沟状，作适当预热修补焊接，焊后再次检查。

（三）孔穴缺陷产生原因和防止与修补方法

孔穴缺陷分为气孔和弧坑缩孔两种。气孔造成的主要原因：

（1）焊条、焊剂潮湿，药皮剥落；

（2）坡口表面有油、水、锈污等未清理干净；

（3）电弧过长，熔池面积过大；

（4）保护气体流量小，纯度低；

（5）焊矩摆动大，焊丝搅拌熔池不充分；

（6）焊接环境湿度大，焊工操作不熟练。

防止措施：

（1）不得使用药皮剥落、开裂、变质、偏心和焊芯锈蚀的焊条，对焊条和焊剂要进行烘烤。

（2）认真处理坡口。

（3）控制焊接电流和电弧长度。

（4）提高操作技术，改善焊接环境。

弧坑缩孔是由于焊接电流过大，灭弧时间短而造成的，因此要选用合适的焊接参数，焊接时填满弧坑或采用电流衰减灭弧。利用超声波探伤，搞清缺陷的位置后，用碳弧气刨等完全铲除焊缝，搞成船底形的沟再进行补焊，焊后再次检查。

（四）固体夹杂缺陷产生原因和防止与修补方法

固体夹杂缺陷有夹渣和金属夹杂两种缺陷。造成夹渣的原因有：

（1）多道焊层清理不干净；

（2）电流过小，焊接速度快，熔渣来不及浮出；

（3）焊条或焊矩角度不当，焊工操作不熟练，坡口设计不合理，焊条形状不良。

防止办法是：彻底清理层间焊道；合理选用坡口，改善焊层成形，提高操作技术。

金属夹杂缺陷是由于：

（1）氩弧焊采用接触引弧，操作不熟练；

（2）钨级与熔池或焊丝短路；

（3）焊接电流过大，钨棒严重烧损。

防止办法是：氩弧焊时尽量采用高频引弧，提高操作技术，选用合适的焊接工艺。

（五）未熔合和未焊透缺陷产生的原因和防止与修补的方法

未熔合缺陷主要是由于运条速度过快，焊条焊矩角度不对，电弧偏吹；坡口设计不良，电流过小，电弧过长，坡口或夹层清理不干净造成的。

防止方法是：提高操作技术，选用合适的工艺参数，选用合理的坡口，彻底清理焊件。

未焊透缺陷是由于坡口设计不良，间隙过小，操作不熟练等造成的。

防止方法是：选用合理坡口形式，保证组对间隙，选用合适的规范参数，提高操作技术。

（六）形状缺陷产生的原因和防止与修补方法

形状缺陷分为咬边、焊瘤、下塌、根部收缩、错边，角度偏差，焊缝超高，表面不规则等。

咬边缺陷是由于电流过大或电弧过长，埋弧焊时电压过低，焊条和焊丝

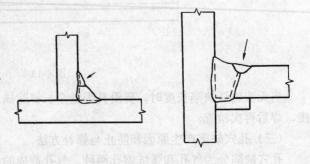

图 6-14　咬边

的角度不合适等原因造成的。对咬边部分需用直径 3.2～4.0mm 的焊丝进行修补焊接，见图 6-14，箭头为修补位置。

焊瘤是由电流偏大或火焰率过大造成的，另外焊工技术差也是主要原因。对于重要的对接焊部分的焊瘤要用砂轮等除去，见图 6-15。

下塌缺陷又称为压坑缺陷，是由于焊接电流过大，速度过慢，因此熔池金属温度过高而造成的。用碳弧气刨进行铲除，然后修补焊接，见图 6-16。

根部收缩缺陷主要是焊接电流过大或火焰率过大，使熔池体积过大造成的，因此要选合适的工艺参数。

错边缺陷主要是组对不好，因此要求组对时严格要求。其补救办法见图

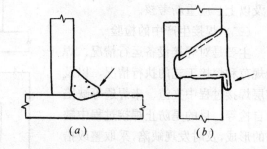

图 6-15　焊瘤

6-17。从背面进行补焊，也可使用背衬焊剂垫进行底层焊接，希望焊成倾斜度为 1/2.5。

角度偏差缺陷主要由于组对不好，焊接变形等造成的，因此要求组对好，采用控制变形的措施才能防止发生。

焊缝超高、焊脚不对称、焊缝宽度不齐、表面不规则等缺陷产生的主要原因是：

焊接层次布置不好，焊工技术差，护目镜颜色过深，影响了观察熔池情况。

焊缝超高可用图 6-18 中的 (c) 和 (d) 的办法，磨成适当的高度，另外也可用 (a)、(b) 的办法作修补焊接，在焊缝两侧修补成比较整齐的形状。

（七）其他缺陷

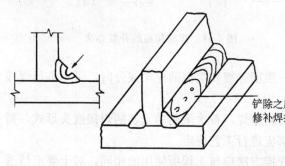

图 6-16　下塌

其他缺陷主要有电弧擦伤、飞溅、表面撕裂等。

电弧擦伤是由于焊把与工件无意接触，焊接

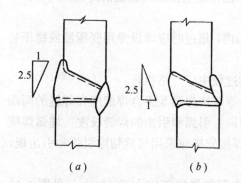

图 6-17　错边

电缆破损；未在坡口内引弧，而是在母材上任意引弧而造成的。因此，启动电焊机前，检查焊接，严禁与工件短路；包裹绝缘带，必须在坡口内引弧，严肃工艺纪律。

飞溅是由于焊接电流过大，或没有采取防护措施，也有因 CO_2 气体保护焊焊接回路电感量不合适造成的。可采用涂白垩粉调整 CO_2 气体保护焊焊接回路的电感。

四、焊接的质量检验

焊接质量检验包括焊前检验、焊接生产中检验和成品检验。着重讲述后两种检验。

（一）焊前检验

检验技术文件（图纸、标准、工艺规程等）是否齐备。焊接材料（焊条、焊丝、焊剂、气体等）和钢材原材料的质量检验，构件装配和焊接件边缘质量检验、焊接设备（焊机和

专用胎、模具等)是否完善。焊工应经过考试取得合格证，停焊时间达 6 个月及以上，应重新考核。

（二）焊接生产中的检验

主要是对焊接设备运行情况、焊接规范和焊接工艺的执行情况，以及多层焊接过程中夹渣、未焊透等缺陷的自检等，目的是防止焊接过程中缺陷的形成，及时发现缺陷，采取整改措施，特别是为了提高焊工对产品质量的高度责任心和认真执行焊接工艺的严明的纪律性。

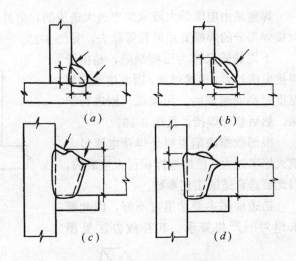

图 6-18　焊缝超高的补救办法

1. 焊接工艺评定

首次使用的钢材应进行工艺评定，但当该钢材与已评定过的钢材具有同一强度等级和类似的化学成分时，可不进行焊接工艺评定。

首次采用的焊接方法，采用新的焊接材料施焊，首次采用的重要的焊接接头形式，需要进行预热、后热或焊后热处理的构件，都应进行工艺评定。

进行工艺评定用的钢材、焊接材料和焊接方法应与工程所使用的相同；对于要求熔透的 T 形接头焊接试件，应与工程实物相当。焊接工艺评定应由较高技能的焊工施焊。

2. 焊接工艺

（1）施焊电源的网路电压波动值应在±5％范围内，超过时应增设专用变压器或稳压装置。

（2）根据焊接工艺评定编制工艺指导书，焊接过程中应严格执行。

（3）对接接头、T 形接头、角接接头、十字接头等对接焊缝及组合焊缝应在焊缝的两端设置引弧和引出板；其材料和坡口形式应与焊件相同。引弧和引出的焊缝长度：埋弧焊应大于 50mm，手弧焊及气体保护焊应大于 20mm。焊接完毕应采用气割切除引弧和引出板，不得用锤击落，并修磨平整。

（4）角焊缝转角处宜连续绕角施焊，起落弧点距焊缝端部宜大于 10mm，见图 6-19（a）；角焊缝端部不设引弧和引出板的连续焊缝，起落弧点距焊缝端部宜大于 10mm，见图 6-19（b），弧坑应填满。

（5）下雪或下雨时不得露天施焊，构件焊区表面潮湿或冰雪没有清除前不得施焊，风速超过或等于 8m/s（CO_2 保护焊风速＞2m/s），应采取挡风措施，定位焊工应有焊工合格证。

（6）不得在焊道以外的母材表面引弧、熄弧。在吊车梁、吊车桁架及设计上有特殊要求的重要受力构件其承受拉应力区域内，不得焊接临时支架、卡具及吊环等。

（7）多层焊接宜连续施焊，每一层焊道焊完后应及时清理并检查，如发现焊接缺陷应清除后再施焊，焊道层间接头应平缓过渡并错开。

（8）焊缝同一部位返修次数，不宜超过两次，超过二次时，应经焊接技术负责人核准

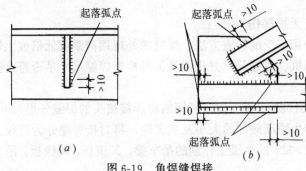

图 6-19 角焊缝焊接

(9) 焊缝坡口和间隙超差时，不得采用填加金属块或焊条的方法处理。

(10) 对接和 T 形接头要求熔透的组合焊缝，当采用手弧焊封底，自动焊盖面时，反面应进行清根。

(11) T 形接头要求熔透的组合焊缝，应采用船形埋弧焊或双丝埋弧自动焊，宜选用直流电流；厚度 $t \leqslant 8$mm 的薄壁构件宜采用二氧化碳气体保护焊。厚度 $t > 5$mm 板的对接立焊缝宜采用电渣焊。

(12) 栓钉焊接前应用角向磨光机对焊接部位进行打磨，焊后，焊接处未完全冷却之前，不得打碎瓷环。栓钉的穿透焊，应使压型钢板与钢梁上翼缘紧密相贴其间隙不得 $>$1mm。

(13) 轨道间采用手弧焊焊接时应符合下列规定：轨道焊接宜采用厚度 $\geqslant$12mm，宽度 $\geqslant$100mm 的紫铜板弯制成与轨道外形相吻合的垫模；焊接的顺序由下向上，先焊轨底，后焊轨腰、轨头，最后修补四周；施焊轨底的第一层焊道时电流应稍大些以保证焊透和便于排渣。每层焊完后要清理，前后两层焊道的施焊方向应相反；采取预热、保温和缓冷措施，预热温度为 $200 \sim 300$℃，保温可采用石棉灰等。焊条选用氢型焊条。

(14) 当压轨器的轨板与吊车梁采用焊接时，应采用小直径焊条，小电流跳焊法施焊。

(15) 柱与柱，柱与梁的焊接接头，当采用大间隙加垫板的接头形式时，第一层焊道应熔透。

(16) 焊接前预热及层间温度控制，宜采用测温器具测量（点温计、热电偶温度计等）。预热区在焊道两侧，其宽度应各为焊件厚度的 2 倍以上，且不少于 100mm，环境温度低于 0℃时，预（后）热温度应通过工艺试验确定。

(17) 焊接 H 型钢，其翼缘板和腹板应采用半自动或自动气割机进行切割，翼缘板只允许在长度方向拼接；腹板在长度和宽度方向均可拼接，拼接缝可为"十"字形或"T"形，翼缘板的拼接缝与腹板的错开 200mm 以上，拼接焊接应在 H 型钢组装前进行。

(18) 对需要进行后热处理的焊缝，应焊接后钢材没有完全冷却时立即进行，后热温度为 $200 \sim 300$℃，保温时间可按板厚每 30mmh 计，但不得少于 2h。

(19) 手弧焊的焊接电流应符合表 6-10 的规定。

焊条直径与电流匹配参照 表 6-10

焊条直径 (mm)	ϕ1.6	ϕ2.0	ϕ2.5	ϕ3.2	ϕ4	ϕ5	ϕ5.8
电流 (A)	25～40	40～60	50～80	100～130	160～210	200～270	260～300

注：立、横、仰焊电流应比平焊电流小 10% 左右，低氢型焊条电流比普通焊条电流大 10% 左右。

（三）焊接检验

全部焊接工作结束，焊缝清理干净后进行成品检验。检验的方法有很多种，通常可分为无损检验和破坏性检验两大类。

1. 无损检验

可分为外观检查、致密性检验、无损探伤。

（1）外观检查：是一种简单而应用广泛的检查方法，焊缝的外观用肉眼或低倍放大镜进行检查表面气孔、夹渣、裂纹、弧坑、焊瘤等，并用测量工具检查焊缝尺寸是否符合要求。

国标《钢结构焊缝外形尺寸》（GB10854—89）规定了钢结构焊接接头的焊缝外形尺寸。根据结构件承受荷载的特点，产生脆断倾向的大小及危害性，将对接焊缝分为三级。

一级焊缝：重级工作制和起重量＞50t的中级工作制的吊车梁，其腹板、翼缘板、吊车桁架的上下弦杆的拼接焊缝。

母材板厚Q235钢 t ＞38mm，16Mn钢 t ＞30mm，16Mnq、15Mnq钢 t ＞25mm，且要求熔敷金属在−20℃的冲击功 Akv ≥27J，承受动载或静载结构的全焊透对接焊缝。

二级焊缝：除上述之外的其他全焊透对接焊缝及吊车梁腹板和翼缘板间组合焊缝为二级焊缝。

三级焊缝：非承载的不要求焊透或部分焊透的对接焊缝、组合焊缝以及角焊缝为三级焊缝。

（2）致密性检验：主要用水（气）压试验、煤油渗漏、渗氨试验、真空试验、氦气探漏等方法，这些方法对于管道工程、压力容器等是很重要的方法。

（3）无损探伤：主要有磁粉探伤、涡流探伤、渗透探伤、射线探伤、超声波探伤等，所谓无损探伤就是利用放射线、超声波、电磁辐射、磁性、涡流、渗透性等物理现象，在不损伤被检产品的情况下，发现和检查内部或表面缺陷的方法。

磁粉探伤（MT）：是利用焊件在磁化后，在缺陷的上部会产生不规则的磁力线这一现象来判断焊缝中缺陷位置。可分为干粉法、湿粉法、萤光法等几种。

涡流探伤（ET）：将焊件处于交流磁场的作用下，由于电磁感应的结果会在焊件中产生涡流。涡流产生的磁场将削弱主磁场，形成叠加磁场。焊件中的缺陷会使涡流发生变化，也会使叠加磁场发生变化，探伤仪将通过测量线圈发现缺陷。

渗透探伤（PT）：是依靠液体的渗透性能来检查和发现焊件表面的开口缺陷，一般有着色法和萤光法。

射线探伤（RT）：是检验焊缝内部缺陷的准确而可靠的方法。当射线透过焊件时，焊缝内的缺陷对射线的衰减和吸收能力与密实材料不同，使射线作用在胶片上，由于射线强度不同，胶片冲洗后深浅影像不同，而判断出内部缺陷。

超声波探伤（UT）：是利用频率超过20kHz的超声波在渗入金属材料内部遇到异质界面时会产生反射的原理来发现缺陷。

2. 破坏性检验

焊接质量的破坏性检验包括焊接接头的机械性能试验、焊缝化学成分分析、金相组织测定、扩散含量测定、接头的耐腐蚀性能试验等，主要用于测定接头或焊缝性能是否能满足使用要求。

（1）机械性能试验：包括测定焊接接头的强度、延伸率、断面收缩率、拉伸试验、冷弯试验、冲击试验等，国标《焊接接头机械性能试验取样方法》（GB2649—89）规定了取样方法，国标《焊接接头拉伸试验方法》（GB2651—89）规定了金属材料焊接接头横向拉伸试验和点焊接头的剪切试验方法；国标《金属拉伸试验方法》（GB228）和国标《金属高温拉伸 试验方法》（GB4338）规定了拉伸试验的方法；国标《焊接接头弯曲及压扁试验方法》（GB2653—89）规定了焊接接头正弯及背弯试验，横向侧弯试验，纵向正弯及背弯试验，管材压扁试验等的方法；国标《焊接接头冲击试验方法》（GB2650—89）规定了焊接接头的夏比冲击试验方法，以测定试样的冲击吸收功。

（2）化学成分分析：是对焊缝的化学成分分析，是测定熔敷金属化学成分，我国的焊条标准中对此做出了专门的规定。

（3）金相组织测定：是为了了解焊接接头各区域的组织，晶粒度大小和氧化物夹杂，氢白点等缺陷的分布情况，通常有宏观和微观方法之分。

（4）扩散氢测定，国标《电焊条熔敷金属中扩散氢测定方法》（GB3965—83）适用于手工电弧焊药皮焊条熔敷金属中扩散氢含量的测定。

（5）耐腐蚀试验方法：国标《不锈钢耐腐蚀试验方法》（GB4334.1～4334.9—84）等规定不同腐蚀试验方法，不同的原理和评定判断法。

第三节　钢结构构件的安装

一、钢结构构件安装前的准备工作

（1）钢结构安装前，应按构件明细表核对进场的构件，核查质量证明书，设计变更文件、加工制作图、设计文件、构件交工时所提交的技术资料。

（2）进一步落实和深化施工组织设计，对起吊设备、安装工艺，对稳定性较差的物件，起吊前应进行稳定性验算，必要时应进行临时加固。大型构件和细长构件的吊点位置和吊环构造应符合设计或施工组织设计的要求，对大型或特殊的构件吊装前应进行试吊，确认无误后方可起正式起吊。确定现场焊接的保护措施。

（3）应掌握安装前后外界环境，如风力、温度、风雪、日照等资料，做到胸中有数。

（4）钢结构安装前，应对下列图纸进行自审和会审：

1）钢结构设计图；

2）钢结构加工制作图；

3）基础图；

4）钢结构施工详图；

5）其他必要的图纸和技术文件。

应使项目管理组的主要成、质保体系的主要人员、监理公司的主要人员，都熟悉图纸，掌握设计内容，发现和解决设计文件中影响构件安装的问题，同时提出与土建和其他专业工程的配合要求。特别要十分有把握地确认：土建基础轴线，预埋件位置标高、楼房、檐口标高和钢结构施工图中的轴线、标高、檐高要一致。按照目前市场的惯例，钢结构柱与基础的预埋件是由钢结构安装单位来制作、安装、监督、浇筑混凝土的。因此，十分重视这项工作，一方面吃透图纸制作好预埋件，同时委派将来进行构件安装的技术负责人到现场指挥安放预埋件，至少做到二点：

安装的埋件在浇筑混凝土时不会由于碰撞而跑动，我们可以向土建施工的单位提出要求，但不要存在任何幻想。外锚栓的外露部分，用设计要求的钢夹板夹固，这是一个省力省功的好措施。

(5) 基础验收

1) 基础混凝土强度达到设计强度的 75% 以上。

2) 基础周围回填完毕，同时有较好的密实性，吊车行走不会塌陷。

3) 基础的轴线、标高、编号等都以设计图标注在基础面上。

4) 基础顶面平整，如不平，要事先修补，预留孔应清洁，地脚螺栓应完好，二次浇灌处的基础表面应凿毛。基础顶面标高应低于柱底面安装标高 40~60mm。

5) 锚栓、地脚螺栓预留孔的允许偏差应符合表 6-11 和表 6-12。

预埋地脚螺栓和螺栓锚板的允许偏差 表 6-11

序 号	项 目	允许偏差（mm）	
		预埋地脚螺栓	螺栓锚板
1	螺栓中心至基础中心距离偏移	±2	±5
2	螺栓露长	+20~+50	
3	螺栓的螺纹长度	+20~+50	

地脚螺栓预留孔的允许偏差 表 6-12

序 号	项 目	允许偏差（mm）
1	预留孔中心偏差	±10
2	预留孔壁垂直度	$L/100$
3	预留孔深度较螺栓埋入长度	+50

注：L 为预留孔深度。

(6) 垫板的设置

钢结构吊装中垫板的设置是一项很重要的工作，必须十分重视，垫板设置见图 6-20。其原则为：

1) 垫板要进行加工，有一定的精度。

2) 垫板应设置在靠近地脚螺栓（锚栓）的柱脚底板加劲板或柱肢下，每根地脚螺栓（锚栓）侧应设 1~2 组垫板。

3) 垫板与基础面接触应平整、紧密。二次浇灌混凝土前垫板组间应点焊固定。

4) 每组垫板板叠不宜超过 5 块，同时宜外露出柱底板 10~30mm。

5) 垫板与基础面应紧贴、平稳，其面积大小应根据基础的抗压强度和柱脚底板二次浇灌前，柱底承受的荷载及地脚螺栓（锚栓）的紧固手拉力计算确定。

6) 每块垫板间应贴合紧密，每组垫板都应承受压力，使用成对斜垫板时，两块垫板斜度应相同，且重合长度不应少于垫板长度的 2/3。

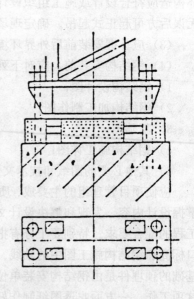

图 6-20 垫板设置

7）采用座浆垫板应符合表6-13的要求。灌筑的砂浆应采用无收缩的微膨胀砂浆，一定要作砂浆试块，强度应高于基础混凝土强度一个等级。

座浆垫板的允许偏差　　　　　　　　　　　表 6-13

序　号	项　目	允许偏差（mm）
1	顶面标高	0 −3.0
2	水平度	$L/1000$
3	位　移	20.0

注：L 为垫板长度。

二、钢柱子安装

（1）柱子安装前应设置标高观测点和中心线标志，并且与土建工程相一致。标高观测点的设置应与牛腿（肩梁）支承面为基准，设在柱的便于观测处，无牛腿（肩梁）柱，应以柱顶端与桁架连接的最后一个安装孔中心为基准。

（2）中心线标志的设置应符合下列规定：

1）在柱底板的上表面行线方向设一个中心标志，列线方向两侧各设一个中心标志。

2）在柱身表面的行线和列线方向各设一个中心线，每条中心线在柱底部、中部（牛腿或肩梁部）和顶部各设一处中心标志。

3）双牛腿（肩梁）柱在行线方向两个柱身表面分别设中心标志。

（3）多节柱安装时，宜将柱组装后再整体吊装。

（4）钢柱安装就位后需要调整，校正应符合下列规定：

1）应排除阳光侧面照射所引起的偏差。

2）应根据气温（季节）控制柱垂直度偏差：气温接近当地年平均气温时（春、秋季），柱垂直偏差应控制在"0"附近。气温高于或低于当地平均气温时，应以每个伸缩段（两伸缩缝间）设柱间支撑的柱子为基准，垂直度校正至接近"0"，行线方向连跨应以与屋架刚性连接的两柱为基准；此时，当气温高于平均气温（夏季）时，其他柱应倾向基准点相反方向；气温低于平均气温（冬季）时，其他柱应倾向基准点方向。柱的倾斜值应根据施工时气温和构件跨度与基准点的距离而定。

（5）柱子安装的允许偏差应符合表6-14。

（6）屋架、吊车梁安装后，进行总体调整，然后固定连接。固定连接后尚应进行复测，超差的应进行调整。

（7）对长细比较大的柱子，吊装后应增加临时固定措施。

（8）柱子支撑的安装应在柱子找正后进行，只有确保柱子垂直度的情况下，才可安装柱间支撑，支撑不得弯曲。

三、吊车梁安装

（1）吊车梁的安装应在柱子第一次校正和柱间支撑安装后进行。安装顺序应从有柱间支撑的跨间开始，吊装后的吊车梁应进行临时固定。

（2）吊车梁的校正应在屋面系统构件安装并永久连接后进行，其允许偏差应符合表6-15。

钢柱安装的允许偏差 表 6-14

序 号	项 目	允许偏差（mm）	示 意 图
1	柱脚底座中心线对定位轴线的偏移（Δ）	5.0	
2	柱子基准点标高（Δ）： (1) 有吊车梁的柱 (2) 无吊车梁的柱	+3.0 −5.0 +5.0 −8.0	基准点
3	柱的挠曲矢高	$H/1000$ 15.0	
4	柱轴线垂直度（Δ）： (1) 单层柱 $H<10m$ $H>10m$ (2) 多节柱 底层柱 柱全高	10.0 $H/1000$ 25.0 10.0 35.0	

吊车梁安装的允许偏差 表 6-15

序 号	项 目	允许偏差（mm）	示 意 图
1	梁跨中垂直度	$h/500$	
2	侧弯	$L/1000$ 10.0	
3	在房屋跨间同一截面内 吊车梁顶面高差： (1) 支座处； (2) 其他处	10.0 15.0	

序　号	项　　目	允许偏差（mm）	示　意　图
4	在相邻两柱间内，吊车梁顶面高差（Δ）	$L/1500$ 10.0	
5	两端支座中心位移： （1）安装在钢柱上，对牛腿中心的偏移（Δ）； （2）安装在混凝土柱上，对定位轴线偏移（Δ）； （3）加劲板中心偏移	5.0 5.0 $t/2$	
6	吊车梁拱度	不得下挠	
7	同跨间任一截面的吊车梁中心跨距	±10.0	
8	相邻两吊车梁接头部位： （1）中心错位； （2）顶面高差	3.0 1.0	

（3）吊车梁吊面标高的校正可通过调整柱底板下垫板厚度；调整吊车梁与柱牛腿支承面间的垫板厚度，调整后垫板应焊接牢固。

（4）吊车梁下翼缘与柱牛腿连接应符合：吊车梁是靠制动桁架传给柱子制动力的简支梁（梁的两端留有空隙，下翼缘的一端为长螺栓连接孔）连接螺栓不应拧紧，所留间隙应符合设计要求，并应将螺母与螺栓焊固。纵向制动由吊车梁和辅助桁架共同传给柱的吊车梁，连接螺栓应拧紧后将螺母焊固。

（5）吊车梁与辅助桁架的安装宜采用拼装后整体吊装。其侧向弯曲，扭曲和垂直度应符合表 6-15。

拼装吊车梁结构其他尺寸的允许偏差应符合表 6-16。

（6）当制动板与吊车梁为高强螺栓连接，与辅助桁架为焊接连接时按以下顺序安装：

1）安装制动板与吊车梁应用冲钉和临时安装螺栓，制动板与辅助桁架用点焊临时固定。

2）经检查各部尺寸，并确认符合有关规程后，焊接制动板之间的拼接缝。

3）安装并紧固制动板与吊车梁连接的高强度螺栓（高强度螺栓是钢结构安装中的一个重要的手段，将在后面详述）。

（7）焊接制动板与辅助桁架的连接焊缝，安装吊车梁时，中部宜弯向辅助桁架，并应采取防止产生变形的焊接工艺施焊。

四、吊车轨道安装

（1）吊车轨道的安装应在吊车梁安装符合规定后进行。

（2）吊车轨道的规格和技术条件应符合设计要求和国家现行有关标准的规定，如有变形应经矫正后方可安装。

拼装吊车梁结构其他尺寸的允许偏差   表 6-16

序　号	拼装形式	检查项目	允许偏差（mm）	示　意　图
1	吊车梁与辅助桁架或吊车梁与吊车梁拼装	中心距（a）	12.0	
2		平面对角线（L_1、L_2）	5.0	
3		端立面对角线（t_1、t_2）	2.0	

（3）在吊车梁顶面上弹放墨线的安装基准线，也可在吊车梁顶面上拉设钢线，作为轨道安装基准线。

（4）轨道接头　采用鱼尾板连接时，要做到：

1）轨道接头应顶紧，间隙不应大于 3mm。接头错位，不应大于 1mm。

2）伸缩缝应符合设计要求，其允许偏差为 ±3mm。

轨道采用压轨器与吊车梁连接时，要做到：

1）压轨器与吊车梁上翼应密贴，其间隙不得大于 0.5mm，有间隙的长度不得大于压轨器长度的 1/2。

2）压轨器固定螺栓紧固后螺纹露长不应少于 2 倍螺距。

3）当设计要求压轨器底座焊接在吊车梁上翼缘时，应采取适当焊接工艺，以减少吊车梁的焊接变形。

当设计要求压轨器由螺栓连接在吊车梁上翼缘时，特别垫圈安装应符合设计要求。

（5）轨道端头与车挡之间的间隙应符合设计要求，当设计无要求时，应根据温度留出轨道自由膨胀的间隙。两车挡应与起重机缓冲器同时接触。

（6）轨道安装的允许偏差见表 6-17。

五、屋面系统结构安装

（1）屋架的安装应在柱子校正符合规定后进行。

（2）对分段出厂的大型桁架，现场组装时应符合：

1）现场组装的平台，支点间距为 L，支点的高度差不应大于 L/1000，且不超过 10mm。

2）构件组装应按制作单位的编号和顺序进行，不得随意调换。

3）桁架组装，应先用临时螺栓和冲钉固定，腹杆应同时连接，经检查达到规定后，方可进行节点的永久连接。

（3）屋面系统结构可采用扩大组合拼装后吊装，扩大组合拼装单元宜成为具有一定刚度的空间结构，也可进行局部加固达到此目的。扩大拼装后结构的允许偏差见表 6-18。

吊车梁轨道安装的允许偏差　　　　　　　　　　　表 6-17

序　号	项　　目	允许偏差（mm）	示　意　图
1	轨道中心对吊车梁腹板轴线的偏差（t 为腹板厚度）	$t/2$ 10.0	
2	在房屋跨间的同一横截面的跨距	±5.0	
3	轨道中心线的不平直度（但不允许有折线）	3.0	
4	用鱼尾板接头的轨道，轨道接头缝隙： 安装时 其他时间	0 3.0	
5	轨道端部两相邻连接的高度差和平面偏差	1.0	高差 平面差

扩大拼装后结构的允许偏差　　　　　　　　　　　表 6-18

序　号	项　　目	允许偏差（mm）	示　意　图
1	单元结构 几何尺寸 　　L 　　h_1 　　h_2	±10.0 ±7.0 ±3.0	
2	单元结构 　　a_1 　　a_2 　　a_3	≤7.0 ≤10.0 ≤5.0	

（4）每跨第一、第二榀屋架及构件形成的结构单元，是其他结构安装的基准。安全网、脚手架，临时栏杆等可在吊装前装设在构件上。垂直支撑、水平支撑、檩条和屋架角撑的安装应在屋架找正后进行，角撑安装应在屋架两侧对称进行，并应自由对位。

（5）有托架且上部为重屋盖的屋面结构，应将一个柱间的全部屋面结构构件安装完，并且连接固定后再吊装其他部分。

（6）天窗架可组装在屋架上一起起吊。

（7）安装屋面天沟应保证排水坡度，当天沟侧壁是屋面板的支承点时，则侧壁板顶面标高与屋面板其他支承点的标高相匹配。

（8）屋面系统结构安装允许偏差应符合表 6-19。

屋面系统结构安装的允许偏差   表 6-19

序　号	项　　　目	允许偏差（mm）	示　意　图
1	跨中的垂直度（Δ）	$h/250$ 15.0	
2	桁架及其受压弦杆的侧向弯曲矢高（f）	$L/1000$ 10.0	
3	天窗架垂直度 （H 为天窗高度）	$H/250$ 15.0	
4	天窗架结构侧向弯曲 （L 为天窗架长度）	$L/750$ ± 10.0	
5	檩条间距	± 5.0	
6	檩条的弯曲 （两个方向） （L 为檩条长度）	$L/750$ 20.0	
7	当安装在混凝土柱上时，支座中心对定位轴线偏移	10.0	
8	桁架间距（采用大型混凝土屋面板时）	10.0	

六、维护系统结构安装

墙面檩条等构件安装应在主体结构调整定位后进行。可用拉杆螺栓调整墙面檩条的平直度，其允许偏差符合表 6-20 的规定。

七、平台、梯子及栏杆的安装

（1）钢平台、钢梯、栏杆安装应符合国标《固定式钢直梯》（GB4053.1）、《固定式钢平台》（GB4053.4）、《固定式防护栏杆》（GB4053.3）的规定。

墙面系统钢结构安装的允许偏差　　　　　　　　　　　　　　表 6-20

序　号	项　　目	允许偏差（mm）
1	墙柱垂直度 （H 为立柱高度）	$H/500$ 35.0
2	立柱侧向弯曲 （H 为立柱高度）	$H/750$ 15.0
3	桁架垂直度 （H 为桁架高度）	$H/250$ 15.0
4	墙面檩条间距	±5.0
5	墙筋、檩条侧向弯曲 （两个方向）	$L/750$ 15.0

（2）平台钢板应铺设平整，与支承梁密贴，表面有防滑措施，栏杆安装牢固可靠，扶手转角应光滑。平台、梯子和栏杆安装的允许偏差见表 6-21。

钢平台、钢梯、栏杆安装的允许偏差　　　　　　　　　　　　表 6-21

序　号	项　　目	允许偏差（mm）
1	平台标高	±10.0
2	平台支柱垂直度 （H 为支柱高度）	$H/1000$ 15.0
3	平台梁水平度 （L 为梁长度）	$L/1000$ 15.0
4	承重平台梁侧向弯曲 （L 为梁长度）	$L/1000$ 10.0
5	承重平台梁垂直度 （h 为平台梁高度）	$h/250$ 15.0
6	平台表面平直度 （1m 范围内）	6.0
7	直梯垂直度 （H 为直梯高度）	$H/1000$ 15.0
8	栏杆高度	±10.0
9	栏杆立柱间距	±10.0

八、高层钢结构的安装

（1）柱安装时，每节柱的定位轴线应从地面控制轴线直接引上，不得从下层柱的轴线引上。

（2）柱、梁、支撑等构件的长度应包括焊接收缩余量，荷载使柱产生压缩变形值。

（3）楼层标高可采用相对标高或设计标高进行控制。当采用设计标高进行控制时，应以每节柱为单位进行柱标高的调整，使每节柱的标高符合设计要求。建筑物总高度的允许偏差和同一层内各节柱的柱顶高度差应符合表 6-22。

（4）高层钢结构安装的主要节点有柱-柱连接，柱-梁连接，梁-梁连接等。在每层的柱

221

与梁调整到符合安装标准后方可终拧高强螺栓，方可施焊。

高层钢结构安装的允许偏差（mm） 表 6-22

项　　目	允许偏差	图　　例
钢结构定位轴线	±l/20000 ±3.0	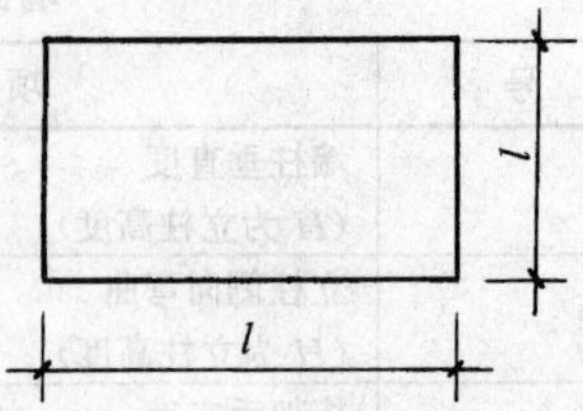
柱子定位轴线	1.0	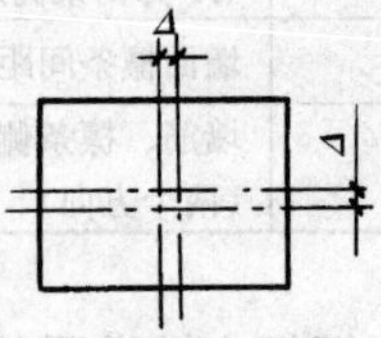
地脚螺栓偏移	2.0	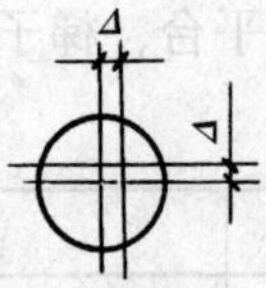
底层柱柱底轴线对定位轴线偏移	3.0	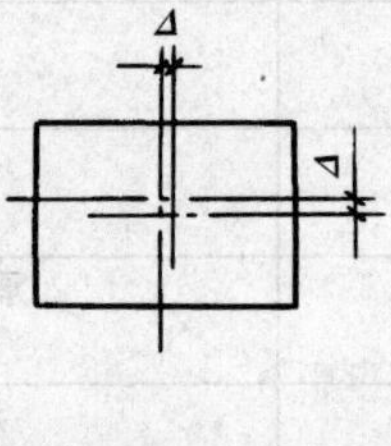
底层柱基准点标高	±2.0	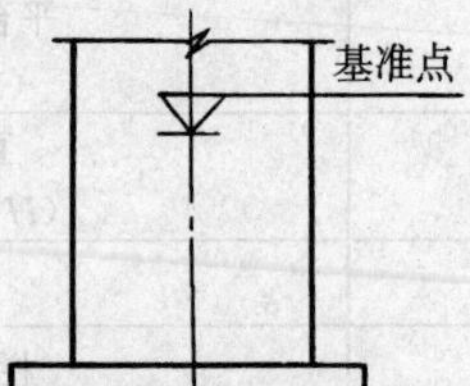
上、下柱连接处的错口	3.0	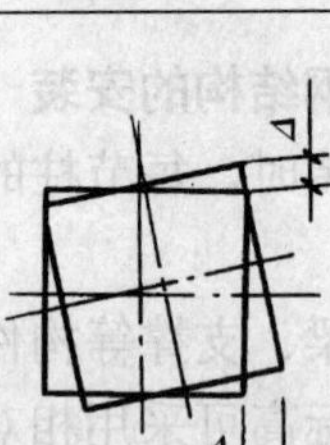

222

项　　目	允许偏差	图　　例
单节柱的垂直度	$H/1000$ 10.0	
同一层柱的各柱顶高度差	5.0	
同一根梁两端顶面高差	$l/1000$ 10.0	
主梁与次梁表面高差	±2.0	
压型钢板在钢梁上相邻列的错位	10.0	
主体结构整体垂直度	（由各节柱的倾斜算出） $H/2500+10.0$ 50.0	

项　目	允许偏差	图　例
主体结构整体平面弯曲	（由各层产生的偏差算出） $l/1500$ 25.0	
主体结构总高度　用相对标高控制安装	$\pm\sum\limits_1^n(\Delta_h+\Delta_z+\Delta_w)$	
主体结构总高度　用设计标高控制安装	$\pm H/1000$ ±30.0	

注：Δ_h 为柱子长度的制造允许偏差；

　　Δ_z 为柱子长度受荷载后的压缩值；

　　Δ_w 为柱子接头焊缝的收缩值；

　　n 为柱子节数。

（5）安装使用的塔式起重机与主体结构相连时，其连接装置必须进行计算，并应根据施工荷载对主体结构的影响，采取相应的措施。

（6）楼面压型钢板的安装有二种：一种为简支；另一种为连续。简支时在钢梁上表面打上定位线，先进行螺钉焊，清理干净后安装压型钢板，其端部的波形槽口应对正。连续时，压型钢板与钢梁表面要贴紧，做好螺钉穿透焊是关键。

（7）安装时，必须控制楼面的施工荷载，严禁在楼面堆放构件，严禁施工荷载（包括冰雪荷载）超过梁和楼板的承载能力。

（8）同一流水作业段，同一安装高度的一节柱，当各柱的全部构件安装、校正、连接完毕并中间验收合格后，方可从地面引放上一节柱的定位轴线。

九、螺栓连接

（1）安装使用的临时螺栓和冲钉，在每个节点上穿入的数量，应根据安装过程所承受的荷载计算确定，并应符合下列规定：不应少于安装孔总数的1/3；临时螺栓不应少于2个；冲钉不宜多于临时螺栓的30%；扩钻后的A、B级螺栓孔不得使用冲钉。

（2）永久性的普通螺栓连接应符合下列规定：每个螺栓一端不得垫2个及以上的垫圈，并不得采用大螺母代替垫圈。螺栓拧紧后，外露螺纹不应少于2个螺距。螺栓孔不得采用气割扩孔。

十、高强度螺栓的连接

（一）概况

在钢结构的连接中，一种是前面我们讲过的焊接，另一类是机械式连接，主要有铆钉连接、普通螺栓连接、高强度螺栓连接。目前，铆钉连接已经完全不用了。高强度螺栓连接具有施工方便，拆除灵活，承载能力高，受力性能好，耐疲劳，自锁性能好，具有安全性能高等优点，因此已发展成为钢结构制作及安装工程中的主要连接手段。

高强度螺栓的连接分类，按其受力状态，可分为摩擦型连接、张拉型连接、承压型连接三种类型，其中摩擦型连接是目前世界各国广泛采用的主要连接形式。

（二）高强度螺栓连接副

高强度螺栓连接副简称高强度螺栓。规格及技术条件应符合设计要求和现行国家标准的规定，生产厂应出具质量证明书。螺栓存放应防潮、防雨、防粉尘，并按类型和规格分类存放。使用时应轻拿轻放，防止撞击，不得损伤螺纹。螺栓应在使用时方可打开包装箱，并按当天使用的数量领取，剩余的应当天回收，螺栓的发放和回收应做记录。不得使用由于保管不善造成螺栓生锈及沾染油污脏物的螺栓，除非清理后，重新测定，得到技术负责人允许后方可使用。

（三）高强度螺栓连接的构件

高强度螺栓连接构件的孔径、孔距应符合设计要求，其制作允许偏差应符合表6-23的规定。

高强度螺栓和铆钉制孔的允许偏差 表6-23

序 号	名 称		公称直径及允许偏差（mm）						
1	螺栓	公称直径	12	16	20	(22)	24	(27)	30
		允许偏差	+0.43		+0.52			+0.84	
1	螺栓孔	直　径	13.5	17.5	22	(24)	26	(30)	33
		允许偏差	+1 0						
2	铆钉	公称直径	16		20	(22)	24	30	
		允许偏差	±0.30				0.35		
	铆钉孔	直　径	17		21	(23)	25	31	
		允许偏差	+0.5 −0.2				+0.6 −0.2		
3	圆　度 （最大和最小直径之差）		1.00			1.50			
4	垂　直　度		不得大于0.03t 且不大于2.0 多层板叠组合不得大于3.0						

高强度螺栓连接的板叠接触面应平整，当接触有间隙时，小于1.0mm的间隙可不处理；1.0～3.0mm的间隙，应将高出的一侧磨成1∶10的斜面，打磨方向应与受力方向垂直，大于3.0mm的间隙应加垫板，垫板两面的处理方法应与构件相同。

（四）高强度螺栓连接的现场试验

在施工前必须进行摩擦面的抗滑

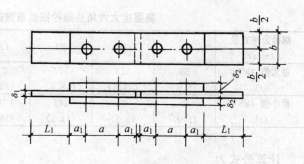

图6-21　抗滑移系数试件

注：L_1长度由试验机夹具而定。

225

移系数试（复）验，扭矩系数试（复）验或螺栓预拉力复验。

高强度螺栓连接面的抗滑移系数试验要求符合：

（1）在每个单位工程中，制作和安装前，应按每种钢号及表面处理工艺的实际组合作试件，进行连接面的抗滑移系数试验和复验；

（2）每次试（复）验各为3组试件，应在构件制作的同时制备，宜采用双盖板双螺栓直线排列的试件，见图6-21。

（3）试验在拉力试验机上进行，应按下式计算抗滑移系数：

$$\mu = \frac{F}{n_f \cdot \Sigma Pt}$$

式中　F——试件开始滑动时的拉力荷载（kN）；

　　　n_f——摩擦面数，当采用标准试件时（$n_f = 2$）；

　　　ΣPt——试件滑移侧螺栓预拉力之和（kN）。

抗滑移试件规格见表6-24。

抗滑移试件规格（单位：mm）　　　　　　　　表 6-24

螺栓规格	芯　板	侧　板	板　宽	边　距	孔　距
d	δ_1	δ_2	b	a_1	a
16	16	8	75	40	60
20	20	10	100	50	70
22	22	12	105	55	80
24	25	14	110	60	90

（4）3组试件抗滑移系数值均应大于或等于设计值。试验合格的试件的摩擦面应作为工程实际高强度螺栓摩擦面的质量控制的样板。

（5）试验不合格的构件，其摩擦面应重新进行处理，也就是确定新的摩擦面处理的工艺，并用钢号与构件相同、表面经过重新处理的试件再进行抗滑移系数的试验。

高强度大六角头螺栓扭矩系数试验应符合：

（1）在同一批高强度螺栓连接副中，随机抽样8个；

（2）逐个在轴力上使用扭矩扳手紧固螺栓，当轴力计显示出的螺栓预拉力在表6-25范围内，记录扭矩 M 和螺栓预拉力 P；

高强度大六角头螺栓扭矩系数试验轴力范围　　　　　　　表 6-25

螺栓公称直径（mm）	12	16	20	(22)	24	(27)	30
最大值（kN）	59	113	177	216	250	324	397
（t）	6.0	(11.5)	(18.0)	(22.0)	(25.5)	(33.0)	(40.5)
最小值（kN）	49	93	142	177	206	265	329
（t）	(5.0)	(9.5)	(14.5)	(18.0)	(21.0)	(27.0)	(33.9)

计算公式为：

$$K = \frac{T}{P \cdot d}$$

式中 T——施拧（即终拧）扭矩（N·m）；

d——螺栓的螺纹规格（mm）；

P——螺栓预拉力（kN）。

同批螺栓连接副的扭矩系数平均值应在0.11～0.15范围内，标准偏差（σ）不应大于0.01。扭剪型高强度螺栓连接副的预拉力复验应符合：

（1）在同一批高强度螺栓连接副中随机抽样5个；

（2）逐个在轴力计上使用专用终拧扳手紧固，直至将螺栓的梅花卡头拧掉，记录预拉力值P。

（3）计算螺栓预拉力平均值P和变异系数$\lambda=\sigma/P$。试验结果应符合表6-26的规定不合格的螺栓，应交螺栓制造厂处理。对因螺栓长度短而不能进行预拉力复验的螺栓，可用强度或硬度试验代替。

高强度扭剪型螺栓预拉力标准 表6-26

公称直径（mm）		16	20	(22)	24
每批紧固轴力的平均值（kN）（t）	公　称	109 (11.1)	169.5 (17.4)	211 (21.5)	245 (25)
	最　大	119.5 (12.2)	186 (19)	231 (23.6)	269.5 (27.5)
	最　小	99 (10.1)	154 (15.7)	191 (19.5)	222.5 (22.5)
紧固轴力变异系数（λ）				$\leqslant 10\%$	

（五）高强度螺栓的安装

（1）高强度螺栓的长度应按下式计算：

$$L = L' + ns + m + 3p$$

式中 L'——被连接的板叠厚度（mm）；

n——垫圈梁，扭剪型螺栓$n=1$；大六角头螺栓$n=2$；

m——螺母公称厚度（mm）；

p——螺纹螺距（mm），详见表6-27。

螺纹螺距P 表6-27

螺栓公称直径（mm）	12	16	20	(22)	24	(27)	30
螺距（mm）	1.75	2	2.5	2.5	3	3	3.5

板叠间隙处理按表6-28进行。

经计算螺栓长度$L<100$mm时,对个位数按2舍3进的原则取5的整数;当$L>100$mm时, 按4舍5进的原则取10的整倍数。

（2）当对结构进行组装和校正时，应采用临时螺栓和冲钉作临时连接，每个节点所需用的临时螺栓和冲钉数量应按安装时可能产生的荷载计算确定。而且必须符合以下规定：

1）所用临时螺栓与冲钉之和不应少于节点螺栓总数的1/3；

2）临时用螺栓不应少于 2 颗；

3）所用冲钉不宜多于临时螺栓的 30%。

（3）高强度螺栓的安装要符合下列规定：

1）螺栓穿入方向应力求一致，并便于操作；

2）螺栓连接副安装时：螺母凸台一侧应与垫圈有倒角的一面接触，大六角头螺栓的第二个垫圈有倒角的一面应朝向螺栓头。

板叠间隙处理   表 6-28

序　号	示　意　图	处　理　方　法
1		$d<1.0mm$ 不处理
2	 磨斜面	$1.0mm<d<3.0mm$ 将厚板一侧磨成 $1:10$ 的缓坡，使间隙小于 $1.0mm$
3	 垫板	$d>3.0mm$ 加垫板，垫板上下摩擦面的处理应与构件相同

3）螺栓应自由穿入螺栓孔，对不能自由穿入的螺栓孔，应用铰刀或锉刀进行修整，不得将螺栓强行装入或用火焰切割。修整后的螺栓孔最大直径不得大于 $1.2D$（D 为螺栓孔的公称直径），修孔时应将周围螺栓全部拧紧，使板叠密贴，防止切屑落入板叠间。

4）不得在雨（雪）中安装高强度螺栓。

（4）若节点是焊接和高强度螺栓连接并用，当设计无要求时，按先栓后焊原则施工。

（六）高强度螺栓的紧固

（1）紧固高强度螺栓的扭矩扳手，应进行核对，误差大于 5% 的要更换或重新标定。

（2）紧固应分初拧和终拧两次进行，对大型节点还应进行复拧，直到板叠密贴方可进行终拧。

（3）大六角头高强度螺栓的初拧和复拧值宜为终拧值的 50%；终拧扭矩应按下式计算：

$$T_c = K \cdot P_c \cdot d$$

$$P_c = P + \Delta P$$

式中　T_c——终拧扭矩（N·m）

P_c——螺栓施工预拉力（kN），大六角头螺栓施工预拉力应符合表 6-29 的规定。

P——高强度螺栓设计预拉力（kN），符合表 6-30 的规定。

大六角头螺栓施工（标准）预拉力（kN）   表 6-29

螺栓的性能等级	螺栓公称直径（mm）						
	M12	M16	M20	M22	M24	M27	M30
8.8s	50	75	120	150	170	225	275
10.9s	60	110	170	210	250	320	390

ΔP——预拉力损失值（kN），一般取10%的P；

K——高强度螺栓连接副扭矩系数；

d——螺栓公称直径（mm）。

（4）扭剪型高强度螺栓的初拧扭矩值宜按下列公式计算：

$$T_0 = 0.065 P_c \cdot d$$
$$P_c = P + \Delta P$$

式中　T_0——初拧扭矩（N·m）

其他符号同上。

高强度螺栓设计预拉力（kN）　　　　　表6-30

螺栓的性能等级	螺栓公称直径（mm）						
	M12	M16	M20	M22	M24	M27	M30
8.8s	45	70	110	135	155	205	250
10.9s	55	100	155	190	220	290	355

（5）应在螺母上施加扭矩，其紧固顺序一般应由接头中心顺序向外侧进行（三个方向），参照图6-22。初拧、复拧和终拧螺栓应用不同颜色的涂料在螺母上做出标记。

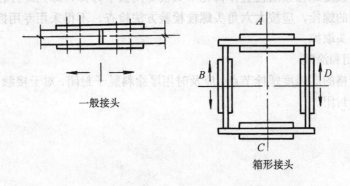

一般接头　　　　　箱形接头

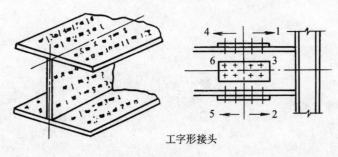

工字形接头

图6-22　接头紧固顺序

（6）经初拧和复拧后的扭剪型高强度螺栓应采用专用扳手终拧，直至梅花卡头被拧掉。对不能使用专用扳手进行终拧的扭剪型高强度螺栓，应采用扭矩法紧固，并在尾部梅花卡头上做标记。

（七）高强度螺栓连接的检查验收

（1）高强度螺栓连接的检查应提供下列必要的资料：高强度螺栓质量保证书、高强度螺栓连接面抗滑移系数试验报告、高强度大六角头螺栓扭矩系数试（复）验报告、扭剪型高强度螺栓预拉力复验报告、扭矩扳手标定记录、高强度螺栓施工记录、高强度螺栓连接工程质量检验评定表。

（2）高强度大六角头螺栓紧固检查应符合下列规定：用 0.3～0.5kg 的小锤逐个敲击，检查其紧固程度，防止螺栓漏拧；紧固扭矩检查：每个节点螺栓数 10%，但不少于 1 个应进行扭矩抽验。测得的扭矩应在 $0.9T_{ch}$～$1.1T_{ch}$ 范围内。

$$T_{ch} = K \cdot P \cdot d$$

式中　T_{ch}——检查扭矩（N·m）；

　　　　K——高强度螺栓连接副扭矩系数；

　　　　P——高强度螺栓设计预应力（kN）；

　　　　d——螺栓公称直径（mm）。

对扭矩扳手班前班后必须进行校核，其误差不得大于 3%。

如有不符合上述规定的节点，则扩大 10% 进行抽检，如仍有不符合者，则整个节点应重新紧固并检查；对扭矩低于下限值的螺栓应进行补拧，对超过上限值的应更换螺栓。

扭矩检查应在终拧 1h 后进行，并应在 24h 内检查完毕。

扭剪型高强度螺栓紧固检查：梅花卡头被专用扳手拧掉，即判终拧合格，对不能采用专用扳手紧固的螺栓，应按大六角头螺栓检验方法检查，不得采用专用扳手以外的方法将螺栓的梅花卡头取掉。

（八）封闭和涂装

经检查合格的高强度螺栓节点，应及时用厚涂料腻子封闭，对于接触腐蚀介质的接头，应用防腐腻子封闭。

第七章 空 间 结 构

第一节 空间结构的基本概念和特点

一、什么是空间结构

空间结构是 20 世纪初出现的一种新型结构，主要用在大、中跨度建筑物的屋盖上。平时我们见到的薄壳、网架或悬索结构都称之为空间结构。为什么叫做"空间结构"呢？这是对"平面结构"相对而言，主要是因为设计分析时的假设不同。在施工中常用到梁、桁架、拱等，这些都属于平面结构。在计算时假定它们所承受的荷载以及由此而产生的内力和变形都是两个方向的（力学上称为"二维"），即在一个平面之内。空间结构则不然，它们的荷载与内力、变形都是作用在三个方向（三维），即在一个空间中。在分析时也要考虑空间作用，用一般二维的假设就无法得到准确的解答，计算上也要复杂得多。

现在我们通过以下简单的例子来说明空间结构的概念。譬如说，在一个方形平面的建筑物上需要设计屋盖结构，图 7-1 表示了两种不同的做法：(a) 是在屋盖上布置了一组平面桁架，每榀桁架独自承受各自的荷载，并传到两端的柱子上，为了保证屋盖的整体稳定，在桁架之间还要设置檩条和支撑系统。(b) 则是将桁架互相间垂直地布置，形成了两向正交正放的网架结构。这时，两个方向的桁架就不是单独受力，而是作为网架整体共同承受屋面荷载，并将之传到周边的柱子上。由于荷载可以由两个方向的杆件共同分担，网架杆件中的内力一般要比平面桁架中的内力小些，高度也可以降低，从而使用材更省也更经济一些。

再以一个圆形平面的建筑物为例，需要设计向上拱起的穹顶屋盖，这也有两种做法。图 7-2 (a) 的穹顶是由圆拱、主梁、次梁、檩条等构件组成，这些构件可以在各自的平面内单独受力。图 7-2 (b) 的穹顶则是由一系列经向、纬向与斜向的杆件组成，也就是空间结构中的一种网壳。这些杆件只有靠互相支撑形成一个整体才能受力。

现在再来分析一下由屋面荷载产生的力在屋盖结构中是如何传递的，就能看出平面结构和空间结构之间的差别。在平面结构中，力是经过次要构件传到主要构件，逐步地有顺序地传到基础。象在图 7-2 (a) 中，荷载是逐步地由檩条、次梁、主梁传到拱上，最后通过拱传到地面。每一步。荷载都是由较轻一级的构件，传到较重一级的构件。随着这样的顺序，被传递的荷载在逐步增加，构件中的力也在增大，跨度也随着增大。因此，在平面结构中各种构件的最大特点就是具有一定的"级别"，这不但可以从它们的截面，也可以从它们所承担的荷载大小看出来。与此相反，空间结构就不存在荷载的传递顺序，按照结构的三维几何状态，所有的构件共同分担屋面上的荷载。图 7-2 (b) 中的网壳杆件是共同受力的，没有主次之分，荷载一旦作用在屋面的一点，所产生的力就扩散到周围的杆件中去。因此，组成空间结构的构件（或杆件）不具有如同平面结构那样的"级别"。

由于有以上的特点，空间结构比平面结构显得更美观、经济和高效，因此它问世以来

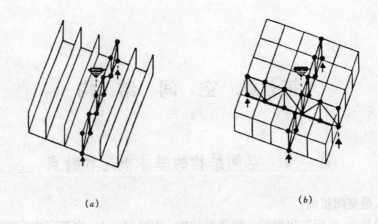

(a)   (b)

图 7-1   方形平面屋盖结构的不同做法
(a) 平面结构；(b) 空间结构

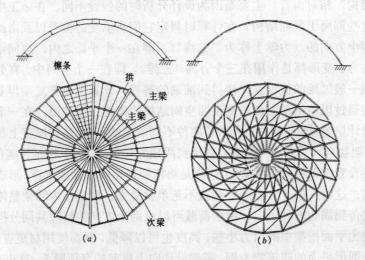

(a)   (b)

图 7-2   圆形平面屋盖结构的不同做法
(a) 平面结构；(b) 空间结构

深受人们的喜爱，成为屋盖结构中一种重要的形式。

二、空间结构和曲面

空间结构往往具有某种曲面，正是由于曲面所形成的几何外形，使空间结构比平面结构得到了更大的承载能力。

现在从曲面的形成方法来讨论屋盖上所常用的曲面。第一种方法是以一根直线或曲线作为"母线"，在空间沿一根轴旋转，这样就得到了"旋转曲面"。如果母线是直线，等距离地沿轴旋转就形成圆柱面（图 7-3a）；同样的直线按一个角度旋转则形成圆锥面（图 7-3b）；如果母线是圆弧线，沿轴旋转就得到了圆球面（图 7-3c）。从这些曲面中截取一部分就可以构成如图 7-4 所示的各种屋顶。从它们的受力特性来看，在曲面的中间部分大多是受压，而靠近边缘的地方会有拉力出现。

另一种方法是以一根"母线"在空间沿着另外两根"导线"移动而形成曲面，母线和导线都可以采用直线或曲线。如果将圆弧线作为母线，沿着两根直线平行地移动，同样也

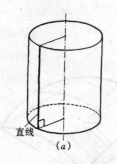

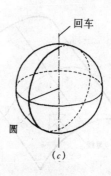

图 7-3　旋转曲面

(a) 圆柱面；(b) 圆锥面；(c) 圆球面

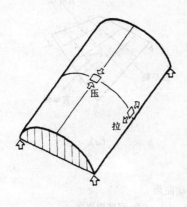
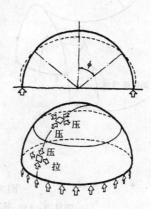

图 7-4　旋转曲面构成的屋顶

可以得到圆柱面（图 7-5a）。如果将抛物线作为母线，沿着两根向上凸的抛物线（导线）平行地移动，就可形成椭圆抛物面（图 7-5b）。在薄壳屋盖中，经常用到这种曲面，由于抛物线的矢高一般都比较小，通常称之为双曲扁壳。同样的抛物线母线，如果沿着两根向下凹的抛物线平移，则形成双曲抛物面（图 7-5c）。由于这种曲面的外形象个马鞍，在壳体中也叫做马鞍形壳。双曲抛物面也可以一根直线（母线）沿着两根相互倾斜但又不相交的直线（导线）移动而形成（图 7-5d）。这种曲面有一个特点，就是可以在其中找出直线来，圆柱面也有这种特点。凡是能以直线构成的曲面统称为"直纹曲面"，这种特点对于施工是很有利的。象图 7-5 (d) 的曲面，也可以把它想象作将一个正方形平面扭曲而成，因此在壳体中，有时也叫做扭壳。椭圆抛物面的受力特性近似于圆球面，中间部分以及近四角处都是受压。双曲抛物面则不同，即使在中间部分，也是一个方向受压，而另一个方向则受拉。

三、空间结构的优缺点

空间结构具有很多优点，其中主要的是：

1. 自重轻

这是空间结构最主要的优点。由于它所用的材料是在空间分布，荷载的传递基本上是通过轴向的拉力或压力。因而杆件中的材料都能被充分利用，截面的尺寸也可以设计得小一些。另外，如前面所提到的，空间结构中象网架或网壳的杆件是没有"级别"的。它们

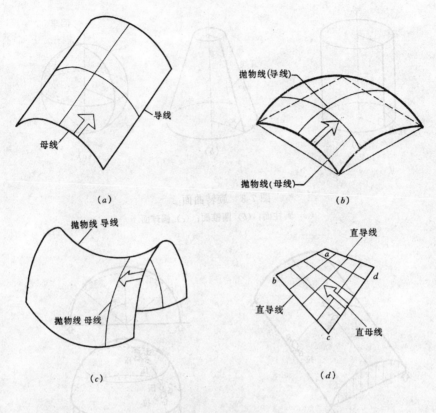

图 7-5　移动曲面

(a) 圆柱面；(b) 椭圆抛物面；(c)、(d) 双曲抛物面

互相支撑可以防止单独杆件在受压时失稳,这样就省去了平面结构所需要的那种支撑体系。

此外,空间结构所用的材料大多是高强轻质的,如网架、网壳的杆件采用钢或铝、悬索采用高强钢丝或钢铰线、膜材采用很轻的织物,这些都能大大降低结构的自重。减轻自重对大跨度结构说来显得尤其重要,因为结构自重在全部荷载中占了很大一部分。如果屋盖重量减轻了,就可减少支承结构和基础的负荷,从而整个结构的自重也得以减轻,这对于降低建筑总造价也是个有利的因素。

2. 便于工业化生产

因为空间结构的构件或杆件都可以在工厂中制作,形成标准化的产品。象网架的杆件和节点都比较单一,适合在工厂中成批生产,对加工精度与质量都有保证。这就是为什么在国内和国外都有不少专门从事生产网架的企业。工厂预制的杆件与节点,尺寸不大,重量也轻,便于贮存和运输。运到工地上就可以很快地安装起来而不需要很复杂的技术。空间结构正是符合了向工业化生产发展的大方向。

3. 刚度好

这是由于空间结构的三维特性以及所有构件充分受力的特点而形成的。空间结构的杆件彼此互相约束,因而整体性强、稳定性好,能有效地承受不对称荷载、集中荷载或动力荷载。在地震区,象网架结构具有较强的水平刚度,不需要另设支撑就可以抵抗水平地震作用。此外,当地基条件不好使支座出现不均匀沉降,或是在整体吊装时由于提升不同步在提升点形成高差，这都可能引起结构内力的变异，空间结构就能较好地适应这种变化。

4. 造型美观

为了满足建筑上的需要，空间结构可以提供许多不寻常的形式。就平面形状来说，除了一般的方形、矩形与圆形外，象三角形、多边形、扇形等平面都可以用空间结构来实现。就立面来说，象网壳或悬索结构也能形成高低起伏、形体各异的外形。近来建筑艺术上有一种趋势，就是将结构构件外露，作为建筑的一种直观表达形式，空间结构恰好能满足这样的要求。象网架或网壳的外露杆件形成了规则的几何图形，就很富有表现力。

事物都是一分为二的，空间结构虽然有许多优点，但也带来一些问题。这些问题有的已经解决，有的正在研究解决，不论在设计或施工都需要注意。

首先，空间结构的计算分析相当复杂，不象平面结构，有时用手算就能解决。对于空间结构的分析，有不少简化计算方法或者图表可以采用，但精确的分析还得依靠电子计算机。当前网架和网壳的计算机程序在微机上应用已相当普遍，有的程序不但能进行设计，而且还能画出施工图。计算机的出现对提高空间结构的计算精度和缩短设计时间都起了很大的作用。然而大部分设计人员对所用的计算机程序是"知其然而不知其所以然"有时由于条件假设的错误或是程序本身的问题会得到不符合实际的结果。因此，作为设计者，他万万不能盲目相信计算机，而应该对空间结构的基本概念有所了解，并掌握如何分析、判断计算结果的正确性。

一般说来，空间结构的受力性能是比较好的，也被认为具有较高的安全储备，但是过去出现的倒塌事故表明空间结构并不是万无一失的。1963 年 1 月，罗马尼亚有一个直径93.5m 的圆球形网壳在大雪后全部倒塌。原来是一个凸起的穹顶，塌陷成象一个锅底。经过调查研究发现，事故的原因是由于屋顶上有局部积雪过重，引起了网壳丧失稳定而破坏，而一般设计都是按满布的均匀荷载考虑的，没有考虑荷载分布的不均匀性。因此，单层网壳的总体与局部稳定问题至今仍是研究的课题。1978 年在美国哈特福市有一个四柱支承的大跨度网架在雨雪交加之夜全部倒塌。分析表明，网架的倒塌是由于少数几根杆件的失稳而引起的。人们发现，在某种情况下，网架会产生一种"连续性倒塌"现象，在局部的杆件开始破坏后，就象多米诺骨牌一样，激发了附近杆件的破坏，这样一直延续到整个网架破坏。这种网架破坏的机理是值得重视的。

在施工安装方面，空间结构也有它特殊的问题。如前所述，平面结构中的各种构件具有"级别"，这就给施工带来了方便，可以按级别的高低逐步进行安装。在安装的每一个阶段，都可以将级别较高的构件放好，并且以此为支架，放置级别较低的构件。例如象图 7-2 的圆形穹顶，平面结构就可以按圆拱、主梁、次梁、檩条的次序逐步安装，而不需要任何脚手架。然而，由于空间结构的构件或杆件没有主次之分，就不能象平面结构那样顺序安装。一般情况下只有采用满堂脚手架在高空进行拼装，这种办法不但增加了施工费用，也难以保证施工质量与安全。为了解决这个问题，可以将空间结构放在地面拼装，然后将整个结构，或是分成几片，采用提升或顶升的办法到屋顶上就位。这在网架施工中已有成熟的经验，特别在中国已经创造了用小型机具吊装大跨度结构的施工方法，取得了很好的效果。由此可见，在设计的方案阶段，空间结构的选型就应该和施工工艺紧密地结合起来。

第二节 空间结构的形式及其适用范围

一、薄壳与折板

壳体结构是以连续的曲面所形成的空间薄壁体系，由于壳体的厚度与其长、宽、曲率等尺寸相比要小得多，就象贝壳一样，因此通常都称为薄壳结构。绝大部分薄壳所采用的材料是钢筋混凝土。

薄壳与传统的梁板结构相比，在承受外荷载时传力路线直接，具有更好的受力性能，同时壳体主要受压，也可以更合理地利用混凝土材料。此外，它除了承重之外还起围护作用，使两种功能融合为一，从而更节省材料；在防火性能和便于维护方面也优于一般钢结构。然而，通过多年的实践，薄壳在应用中最主要的问题是施工复杂。薄壳的曲线形模板制作就比较困难，耗用的劳动量也大，另外，薄壳在高空进行浇筑或拼装也耗工耗时。这些因素往往增加了造价而影响薄壳的推广应用。因此在采用薄壳时，首先要注意解决施工安装问题。

我国在 1966 年颁发了《钢筋混凝土薄壳顶盖及楼盖设计计算规程》(BJG61—65)，这个规程仍是目前设计薄壳的指导性文件，1994～1997 年进行了修订。

用于屋盖的薄壳，常见的形式有以下四种：

1. 圆柱面壳

由旋转或平移所得到的圆柱面可以用作壳板，在实际应用时还要加上边梁和横隔（图7-6a）之类的边缘构件。边缘构件能增加壳体的承载力，是薄壳不可缺少的组成部分。正如单个的圆柱形铁板，受压后很容易弯曲，而在两端加上封板后，象半个罐头筒那样，就不那么容易弯曲了。沿壳体纵向，横隔之间的距离是圆柱面壳的跨度，而沿壳体横向、边梁之间的距离则是圆柱面壳的波长。当跨度与波长的比值为 1.5～2.5 时称为长壳；当这个比值为 0.5 或更小时称为短壳。圆柱面壳适宜用作矩形建筑物的屋盖，其跨度一般不宜超过30m。在实际工程中，长壳往往如图 7-6 (b) 所示以多波相连，用来覆盖长条形的建筑。如果将壳体斜搁，还可以形成如图 7-6 (c) 所示的带锯齿形天窗的屋盖。

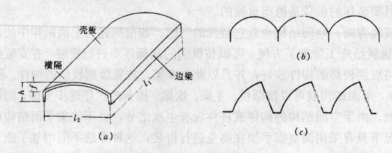

图 7-6 圆柱面长壳
(a) 组成部分；(b) 多波长壳；(c) 锯齿形壳

2. 圆球壳

由旋转所得的圆球面和外环可以组成圆球壳，也叫做穹顶（图7-7a）。外环是圆球壳的边缘构件，对壳体起箍的作用。有时由于通风、采光等要求，需要在壳体中央开圆孔，这时可沿孔周围设置内环。圆球壳适于覆盖圆形建筑物，其直径一般为30～100m，目前世界上最大直径的圆球壳已达201m。因此它是薄壳中最适合用于大跨度屋盖的一种形式。为了建筑上的需要，也可以将圆球壳的边缘加以切割，形成多边形、方形、三角形等平面，这时在边缘处要设置类似拱或桁架的边缘构件（图7-7b）。

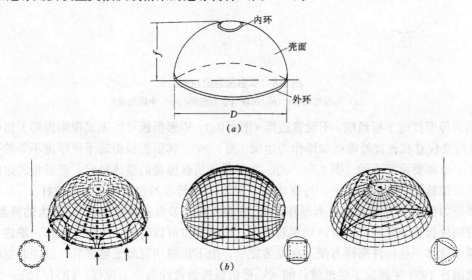

图 7-7　圆球壳

(a) 组成部分；(b) 切割成多边形、方形、三角形

3. 双曲扁壳

平移所得的椭圆抛物面往往用来作为双曲扁壳的壳面。此外，也可以如上面所说的将圆球面切割四周而形成，但它们共同的特点是其顶点处的矢高与底面短边之比不超过1/5。壳面的四周应设置边缘构件，当跨度较小时可采用变截面的薄腹梁，跨度较大或多跨时则采用带拉杆拱或拱形桁架。双曲扁壳适于覆盖跨度为20～50m的方形或矩形建筑物。当平面为矩形时，长边与短边之比不宜超过2。双曲扁壳也可以做成多波相连，用于多跨的大面积工业厂房或仓库中。

4. 双曲抛物面扭壳

一种马鞍形壳板就是双曲抛物面作为屋面板的具体应用（图7-8a），一般跨度在10～20m左右。沿直纹方向截取的正方形双曲抛物面，可以用它来进行组合成不同形状的屋盖，如图7-8(b)就是一种四块组合型扭壳，它既适用于覆盖方形的建筑物，最大跨度可达50m；也可用于多跨的大面积屋盖，跨度一般为12～30m。图7-8(c)是扭壳的另一种组合方式，称为伞形扭壳。它适用于小跨度、中间有柱子的建筑物。双曲抛物面的单元有时也可采用矩形，但其长边与短边之比不宜超过2。四块组合型扭壳的边缘构件可采用三角形桁架或带拉杆的人字架，而马鞍形壳板或伞形扭壳往往采用加厚壳板或加肋的办法作为边缘构件。

折板可以看作是圆柱形长壳的一种特殊形式，它是由若干块平板以一定角度相交连成折线性的空间薄壁结构。折板的跨度不宜超过30m，适宜于覆盖长条形的建筑物，这时两端应有通长的墙或圈梁作为折板的支点。

折板常用的形式有V形、梯形等。在我国广泛应用的有预应力混凝土V形折板，它就

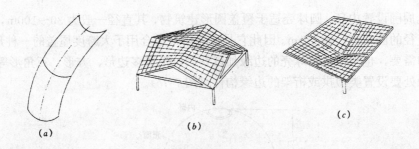

图 7-8　双曲抛物面扭壳

(a) 马鞍形壳板；(b) 四块组合型扭壳；(c) 伞形扭壳

是由两块等厚度的平板组成，不设置边梁（图 7-9a）。V 形折板可以做成带锯齿形天窗的屋盖，这时要注意在连接处将板加厚作为边梁（图 7-9b）。梯形折板由若干块厚度不等的平板组成，一般都要设置边梁（图 7-9c、d）。为了保证折板屋盖的整体稳定，在折板的边波一定要采取措施使它本身形成一不可变体系，例如 V 形折板的边波就应加设拉杆。

预应力混凝土 V 形折板具有制作简单、安装方便与节省材料等优点。它最大的特点是：制作时两块板是分开的，仅有横向钢筋相连，连接部位可以转折。因而在制作、堆放与运输过程中就如平板构件那样方便。在安装完毕，上下折缝用混凝土灌缝后，就能起空间作用。我国在 1994 年颁发了经过修订的《V 形折板屋盖设计与施工规程》（JGJ/T21—93）。

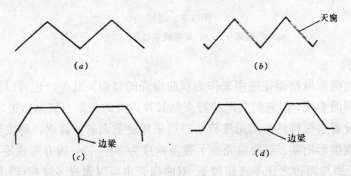

图 7-9　折板

(a) V 形折板；(b) 锯齿形天窗折板；(c)、(d) 梯形折板

二、网架结构

网架结构是由许多根杆件按照一定规律布置，通过节点连接而成的网格状杆系结构。它改变了一般平面桁架的受力状态，具有空间受力的性能。由于它的外形象一块平板，因此也称为平板形网架。

网架结构的整体性能很好，能有效地承受各种非对称荷载、集中荷载和动力荷载。由于组成网架的杆件和节点可以定型化，适于在工厂成批生产，制作完成后运到现场拼装，从而使网架的施工做到进度快、精度高、便于保证质量。网架结构的平面布置灵活，不论是方形、矩形、圆形、多边形、甚至不规则的建筑平面都可以采用。它既可用于超过 60m、甚至 100m 的大跨度建筑，也可以用在中、小跨度建筑中。因此网架结构在中国和世界各国都得到了迅猛的发展，在各类空间结构中的采用量位居首位。

在设计网架结构时，首先应考虑选用合适的网架形式，这就要根据建筑的平面形状、使用要求和受力情况进行选型。同时选什么形式的网架与施工方法也有关系,在一开始设计时就应考虑采用什么样的网架安装方案。此外,网架杆件和节点的规格种类也要进行恰当的配置。过多的规格会增加制作与安装的工作量,过少又会造成材料的浪费。

我国在1991年颁发了经过修订的《网架结构设计与施工规程》(JGJ7—91),与之配套还颁发了《网架结构工程质量检验与评定标准》(JGJ78—91),因此网架结构工程从设计、施工到质量检验评定都有了技术文件作为指导。

网架结构既然象一块平板,形式的变化就不在于外形,而是网格的构成有多种不同的方案。按照网架的组成方式基本上可分为三大类:

(1) 由平面桁架系组成。这类网架由一系列上下弦平行的平面桁架相互交叉地连成整体。属于这一类的有:两向正交正放网架、两向正交斜放网架、两向斜交斜放网架、三向网架、单向折线形网架。

(2) 由四角锥体组成。这类网架的上下弦平面均为正方形网格,上下弦网格相互错开半格,使下弦平面正方形的四个顶点对应于上弦平面正方形的中心,并以斜腹杆连接上下弦节点。属于这一类的有:正放四角锥网架、正放抽空四角锥网架、棋盘形四角锥网架、斜放四角锥网架、星形四角锥网架。

(3) 由三角锥体组成。这类网架的上弦杆就是三角锥锥底正三角形的三边,斜腹杆是三角锥的棱。属于这一类的有:三角锥网架、抽空三角锥网架、蜂窝形三角锥网架。

网架的杆件与节点布置,表面上看来似乎相当复杂,实际上还是有章可循的,只要掌握了这些"章",就不难识别网架的形式。首先从网架的名称上看,要注意三个字,即向、交、放。"向"是指上弦杆件布置的方向,通常有两个或三个方向。"交"是指上弦杆件彼此相交的角度,正交是两向杆件按90°垂直相交;斜交则是两向杆件按某个角度相交;三向必然以60°相交就不言而喻了。"放"是指上弦杆件或锥体与周边的关系,正放时杆件或锥体与周边垂直或平行,斜放时则与周边成45°相交。因此,两向正交斜放网架就是两个方向的平面桁架彼此垂直相交,而与边界则成45°夹角。

其次,不论是平面桁架或是角锥体,它们组成网架的方式也是有规律性的。下面以四角锥体为例来说明如何组成三种不同形式的网架,其他形式也就可以依此类推了。

图7-10 (a) 所示的正放四角锥网架是由四角锥体组成网架的最基本形式。它是以锥尖向下的倒四角锥单元组成,锥的底边相连成为上弦,锥尖相连成为下弦,锥棱就是腹杆,上下弦杆都与相应的边界平行。当腹杆与下弦的平面夹角为45°时,所有的上、下弦杆和腹杆长度均相等,因此不少工厂制造的网架体系都以四角锥体作为预制单元。

如果把正放四角锥网架有规律地每隔一个网格抽掉四角锥体中的腹杆和下弦杆,就得到正放抽空四角锥网架 (图7-10b),它的下弦网格尺寸要比上弦网格大一倍。对于任何一种抽空的网架,周边的网格都保持不动、不能抽空。如果换一种方式抽空网架,其图形象国际象棋棋盘那样,就得到棋盘形四角锥网架 (图7-10c)。它的下弦改为正交斜放,下弦网格尺寸是上弦网格的 $\sqrt{2}$ 倍。

众多形式的网架,究竟采用哪一种好?这主要取决于建筑的平面形状。下面按网架的不同支承方式来进行讨论。

(1) 周边支承。这是网架屋盖最普遍采用的支承方式,平面可以采用任何形状。网架的支座既可以直接搁置在柱子上,也可搁置在由柱子或外墙支承的圈梁上。

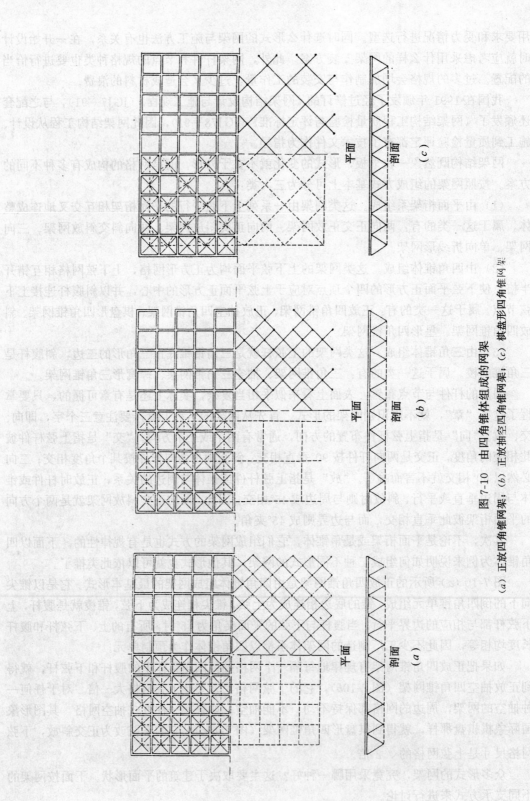

图 7-10 由四角锥体组成的网架

(a) 正放四角锥网架；(b) 正放抽空四角锥网架；(c) 棋盘形四角锥网架

对于平面形状为矩形的网架，影响其技术经济指标的主要因素是建筑平面的边长比（长边/短边）。如果边长比小于或等于1.5、即平面形状为方形或接近方形的网架，通过对一系列网架的优化设计以及耗钢量对比计算，最合适的是：斜放四角锥、棋盘形四角锥和正放抽空四角锥网架。这几种形式网架的共同特点是杆件受力合理、耗钢量较低。由于其四角锥体单元独特的布置方式，形成受压的上弦网格小、杆件短、材料的有效利用率高，而受拉的网格大，杆件和节点数量就相应减小。如果边长比大于1.5、即平面形状比较狭长的矩形网架，则情况有所不同。随着边长比的增加，象上面所说的斜放四角锥一类的网架，其耗钢量上升较快，挠度也逐渐增大，这时就不如采用两向正交正放网架、正放四角锥网架了。如果边长比大于2.5、即狭长的矩形平面，这在一些工业厂房或库房中时会遇到，这时最好采用单向折线形网架，其受力基本上是单向的，但仍具有网架构造上的优点。

平面形状为圆形和多边形的网架在大中型的公共建筑中应用较为广泛。所谓多边形，一般指六边形或八边形。而圆形则是在正六边形的基础上再补上六个弧形部分，因此圆形网架的选型与六边形相同，这一类网架由于其几何形状可以由三角形组成，因而适宜选用三向网架、三角锥网架或抽空三角锥网架，对中小跨度，也可选用蜂窝形三角锥网架。

（2）多点支承。对单跨的大跨度建筑，如体育馆，可以采用四根柱子支承的网架（图5-11a）。对大面积的工业厂房，一般可采用多跨多列的柱子支承网架（图5-11b）。这时选用两向正交正放网架或正放四角锥网架为好，在屋盖较轻时也可选用抽空四角锥网架。这种正放布置的网架在点支承时，受力传递路线短、空间作用好，在网架的四周最好增加适当的悬挑网格，其长度一般可取跨度的1/4～1/3，这样就能进一步降低跨中的杆件内力和挠度。此外，工业厂房也可采用多点支承与周边支承相结合的方式（图7-11c），除了上述的几种形式外，还可选用两向正交斜放网架或斜放四角锥网架。

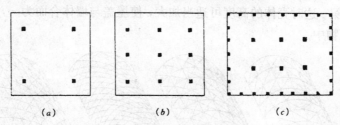

图 7-11　网架的多点支承方式

（3）三边支承、一边自由。在矩形平面的建筑中，由于使用上的要求需要在一边开口，例如飞机库、影剧院观众厅以及有扩建可能的工业厂房等。通过计算分析发现，各类网架的技术经济指标的优劣顺序与周边支承情况基本相同。因此，三边支承网架的选型，可参照上述周边支承网架的规定。

对于三边支承的网架，需要注意对开口边的处理。这时在开口处不需要另外加设托架，而可采用以下两种方法：一是将整个网架的高度适当增高，开口边网架杆件截面也加大；二是在开口边附近几个网格增加网架的层数，形成三层网架（通常称为加反梁）。这样都能增强开口处网架的刚度。

关于网架的节点构造和施工安装都有一些特点，在下面两节中还要详细讨论。

三、网壳结构

如果把前面提到的薄壳结构的壳板代之以直线形的杆件,即曲面由网格状的杆件组成;或者把平板形的网架做成曲线形状,都可演化成网壳结构。因此,网壳结构既具有网架的一系列优点,又能构成象壳体那样的优美造型,近年来发展很快,几乎取代了钢筋混凝土薄壳。网壳的杆件、节点构造与安装方法都可借鉴网架结构成熟的经验。两者相比,网壳的设计、构造和施工都要比网架复杂一点,钢材消耗量虽然少一些,但总的造价还是大体相等,它主要以外形多样见长。

网壳结构由于本身具有曲面,刚度较大,因而有可能做成单层,这是它不同于网架结构的一个特点。从构造上来说,网壳可分为单层与双层两大类,其外形虽然相似,但受力特点却截然不同,因而两者的计算分析和节点构造也不一样。双层网壳,如同网架那样,是铰接杆件体系,即节点上只能传递轴向力,不能承受弯矩;而单层网壳则是刚接杆件体系,节点还需要能承受弯矩,杆件除了承受轴向力之外,也能受弯和受扭。由于单层网壳有失稳的问题,跨度不宜过大,根据当前国内外的实践经验,最好把单层网壳的跨度控制在 40m 以下。

网壳结构的常见曲面形式有圆柱面、圆球面和双曲抛物面。其外形与钢筋混凝土薄壳完全相同,但其网格布置具有一定的特点,下面分别作一些介绍。

1. 圆柱面网壳

单层网壳按其杆件排列方式可以采用以下几种网格(图 7-12):(a) 单向斜杆正交正放网格;(b) 交叉斜杆正交正放网格;(c) 联方网格;(d) 三向网格。双层网壳则可参照平板形网架的形式分别用平面桁架或四角锥组成不同类型的网格。钢网壳一般都做成长壳,两端的横隔可采用钢桁架或拱。圆柱面网壳也可做成落地式,即沿跨度方向直接支承在基础上,并可取消边梁。这时壳体的高度可适当加大,使屋盖与墙体合而为一,用在飞机库、健身房之类的建筑物中。

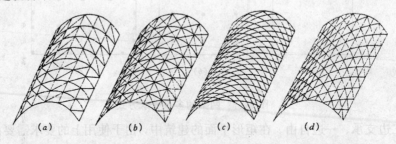

(a)　　　(b)　　　(c)　　　(d)

图 7-12　单层圆柱面网壳

2. 圆球网壳

常用的网格布置有以下几种形式:

(1) 肋型(图 7-13a)。这是由一系列辐射状的弧形梁或桁架汇交于顶部受压环,并以若干同心的环向肋相连,形成梯形网格。底部是受拉外环,可以用钢或钢筋混凝土制作。

(2) 施威德勒型(图 7-13b)。这是根据发明人命名的,一般都是单层,由经向肋和水平环向肋组成梯形网格,并以斜杆划分为两个三角形,这样就使网壳得到加劲,有利于承受不对称荷载。斜杆有时也采用交叉形。

(3) 三向型(图 7-13c)。杆件按三向布置构成三角形网格,适用于单层及双层网壳。

242

（4）联方网格型。这是一种应用最广泛的圆球网壳，它的网格由两向斜交杆系构成，基本单元是菱形。联方网格又可分为平行与曲线两种。前者将圆形平面划分为若干个扇形后，再以平行肋分成相等的菱形网格（图7-13d）。后者则是按放射状曲线分成大小不等的菱形（图7-13e）。有时为了在屋面上放檩条而设置环肋，这样就构成了三角形网格。

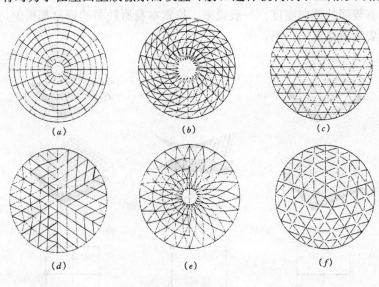

图 7-13　圆球网壳

（5）短程线型（图7-13f）。这是将圆球面划分为20个等边三角形，再将每一个三角形的边平分并画出中线，分成6个小三角形。这样就能在圆球面上形成15个大圆。从理论上来说，这种在球面上划出的弧线是两点间的最短线，因此称为短程线。

3. 双曲抛物面网壳

这种网壳的基本单元是如图7-5（d）所示的四边形双曲抛物面。利用这种单元本身或者加以组合就可以形成多种多样的屋盖形式（图7-14）。其支承方式可以采用1、2或4个柱子。单柱（图7-14a）和双柱（图7-14b、c）支承的适用于小跨度的方形或接近于方形的平面，而四柱支承的可以是单块（图7-14d）或是四块组合（图7-14e、f），后者可以用到五六十米的大跨度屋盖上。双曲抛物面网壳最大的优点是它固有的直纹曲面，因而单层网壳可采用直梁，双层网壳可采用直线桁架，两向正交而形成曲面，这对于施工来说是非常方便的。

四、悬索结构

悬索结构是以受拉钢索作为主要承重构件的结构体系，这些索按一定规律组成各种不同形式的屋盖。钢索一般采用高强度的钢丝束、钢铰线或钢丝绳，它的强度大约是普通钢材的6倍，因而钢索的截面相对说来也就小得多。

悬索结构最突出的优点是它所用的钢索只承受拉力，充分发挥了高强度钢材的优越性，这样就能减轻屋盖的自重，有效地覆盖大跨度建筑物，跨度做到一二百米是不成什么问题的。另一个优点是施工比较方便，安装时不需搭设脚手架，利用架设好的钢索就可在上面施工，有利于加快施工进度、降低工程造价。此外，悬索结构也能适用于多种多样的平面与立体的几何外形，充分满足建筑造型的需要。

由于钢索的抗弯刚度很小，悬索结构的变形要比一般结构大一些。它对于集中荷载、不均匀分布荷载，以及风、地震等作用都比较敏感，在设计时应注意采取措施使屋盖具有一定的抗弯刚度。此外，悬索结构都设有边缘构件并支承在下部结构上，如果拉索支点的变形过大会引起拉索内力的变化。支承结构除了承受竖向力外，还有拉索传来的横向力，因此也要求它具有较强的侧向刚度。一般说来，拉索本身所耗费的钢材都很少，而边缘构件与支承结构却要耗量更多的材料。

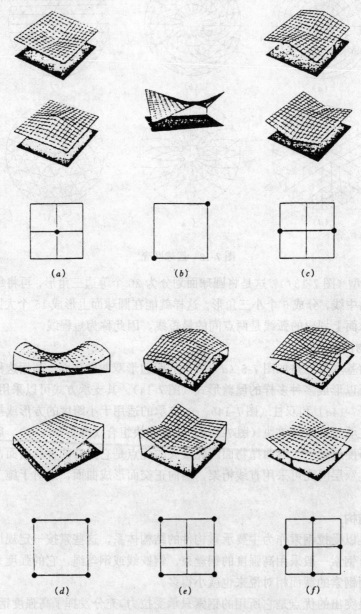

图 7-14　双曲抛物面网壳

我国在1994～1997年进行了《悬索结构技术规程》的编制工作，该规程经批准颁发后，是指导悬索结构设计与施工的技术文件。

244

在屋盖上常用的悬索结构按其构成的方式有以下几种形式：单层索系、双层索系、横向加劲索系和索网。

1. 单层索系

当平面为矩形或多边形时，单层索系由许多平行的拉索构成，形成单曲下凹屋面（图7-15a）。拉索的端部悬挂在柱子或水平刚度很大的框架横梁上，也可通过锚索支承在基础上。当平面为圆形时，拉索按辐射状布置，形成中间下凹的碟形屋面。拉索在周边支承在受压圈梁上，在中心设置受拉环（图7-15b）。如果在中心允许设置柱子时，同样辐射状布置的拉索就形成了一种象伞一样的屋面（图7-15c），因此称为伞形悬索。拉索中的拉力与跨中的垂度大小成反比。垂度小则曲面扁平，索中拉力大；垂度大则拉力减小，但支承结构的高度也随之增大。这种单层索系构造简单，但是屋面的整体性较差，不利于抵抗风吸力或振动，因此往往要采取增大屋面自重等措施加以改进。

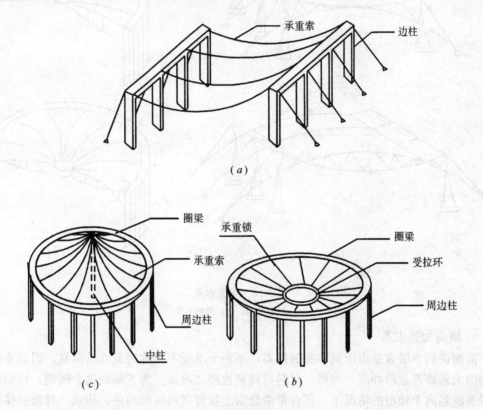

图 7-15　单层索系

2. 双层索系

如果对单层拉索（承重索）增加曲率与之相反的稳定索，构成了双层索系，屋面的整体性就大大得到改善。它同样可用于矩形、多边形或圆形平面，拉索分别平行或按辐射状布置（图7-16）。对于圆形双层悬索，中心同样也要设置受拉环，在周边则视拉索的布置方式设一道或二道圈梁。这种双层索系可以将承重索与稳定索采用不同的组合方式构成上凸、下凹或凹凸形的屋面，这时两索之间可分别以受压撑杆或拉索相联系，其主要优点是可以对上、下索施加预应力，从而提高了整个屋盖的刚度。

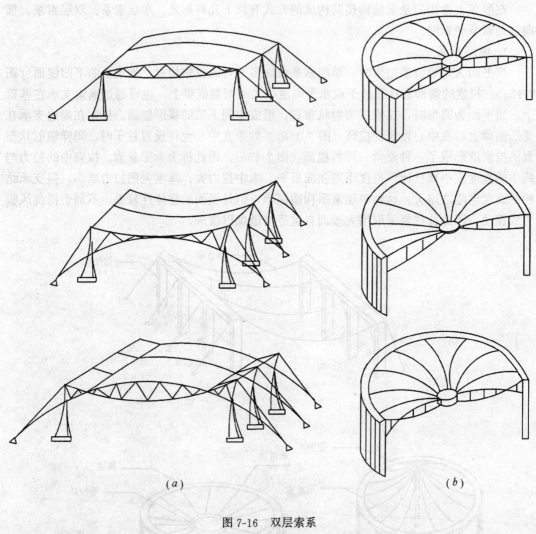

图 7-16 双层索系

(a) 矩形平面；(b) 圆形平面

3. 横向加劲索系

前面讲到单层索系由于其本身的缺点，不利于承受不对称荷载或动荷载，因而不得不采用加大屋面自重的办法，当然，材料消耗量也随之增加。为了解决这个问题，特别是屋面越来越趋向于轻型的情况下，可在单曲悬索上设置横向加劲构件，构成一种新的横向加劲索系。这种加劲构件，跨度较大时可以用桁架，跨度小时可以用梁。如图 7-17 所示，横向加劲构件与索垂直相交，在开始时浮搁在索上，两端支座与下面的支承柱空开一些距离。然后将支座下压而产生强迫位移，这样就在索中建立了预应力，横向加劲构件和索形成整体，共同受力。在外荷载没有加上之前，横向加劲构件呈反拱状态，承受负弯矩。随着荷载的增加，跨中的挠度也逐步增大，横向加劲构件也从承受负弯矩转变为承受正弯矩。因此，横向构件不但能施加预应力，而且起加劲作用，从而大大地增加了屋盖的刚度，尤其是在承受不均匀分布荷载时，横向加劲构件能有效地分担并传递荷载，此外，横向加劲构件与索共同作用也可减少索的拉力和索端支承的负担。当建筑物平面为矩形或接近矩形，纵向两端支承结构的水平刚度较大，而横向两端支承结构较弱时，采用横向加劲索系就最为合适。

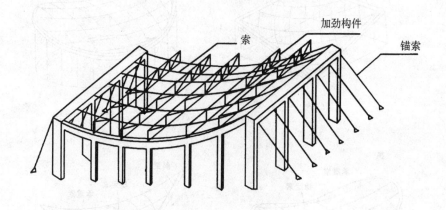

图 7-17　横向加劲索系

4. 索网

这是由两组正交的、曲率相反的拉索直接交叠组成，其中下凹的一组是承重索，上凸的一组是稳定索。通常对稳定索施加预应力，从而使承重索张紧，提高了屋盖刚度。索网的曲面大都采用双曲抛物面，因此也称为鞍形悬索，它最大的优点是能适应各种形状的建筑平面，如矩形、圆形、椭圆形、菱形等（图 7-18）。有时为了减小屋盖跨度或者满足建筑功能及造型的需要，往往设置大梁、刚架或拱之类的承重构件将屋面分成几个索网，使建筑外形更为富于起伏变化。为了锚固索网，沿屋盖周边应设置强大的边缘构件，如圈梁、拱、斜梁、桁架等，来承受由拉索而引起的压力和弯矩。

悬索结构在设计和构造上需要注意两个问题：一是增强屋盖的刚度；二是有效地传递索的拉力。

图 7-19 归纳了增强屋盖刚度的一些措施。对于重屋面，最简单的方法是增加屋面自重，象在钢筋混凝土预制板上铺上现浇层，但其经济效果较差。一种改进的办法是在单层索系中对钢筋混凝土屋面施加预应力。通常采用的施工方法是：在钢索上安放预制屋面板之后，再在板上施加额外的临时荷载，这样就使索伸长而板缝增大，然后进行灌缝。待缝中的混凝土凝结后，卸去临时荷载，索和屋面板内就产生了预应力，整个屋面形成了一个圆柱形薄壳。对于轻屋面，可以采用稳定索与承重索相结合，构成上面谈到的双层索系或索网，这样就能使索中建立预应力或形成曲面，增强了屋盖刚度。

为了传递索拉力，应该将悬索结构的边缘构件、支承结构与拉索的布置共同考虑。图7-20 表示了传递索力的几种方法：（a）采用柱子与锚索，使柱子倾斜可减小柱与锚索中的力；（b）悬臂柱，柱子要承受很大的弯矩；（c）、（d）利用建筑物的边框界或看台；（e）设置强大的水平边梁，将索拉力传至两侧的纵墙或框架，并通过特设的纵向受压构件形成一封闭体系。

五、膜结构

钢筋混凝土薄壳既能承重又能起围护作用，这方面还是有很大优点的。但是钢筋混凝土毕竟太重，浇筑也费时费工，能不能找到一种又轻又便于施工的结构呢？本世纪70年代

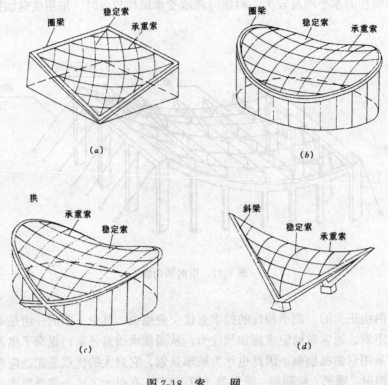

图 7-18 索　　网

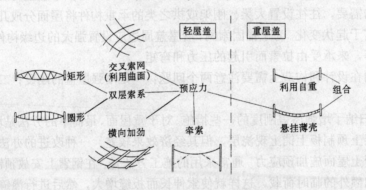

图 7-19　增加悬索屋盖刚度的措施

开始出现的膜结构为解决这个问题开辟了一条新的途径。

其实膜结构由来已久,早在远古时代,人们利用兽皮建造的帐篷便是最原始的膜结构。以后在一些临时性的建筑物中,如野营帐篷、马戏大棚、仓库等也不断采用象帆布一类的材料建成膜结构。然而,现代的新型膜结构却与此有着本质性的差别,首先是材料不同,它是专门为覆盖建筑物而开发的"建筑织物"不但厚度极薄,但却具有相当高的强度,而且还有满足建筑上使用功能的一系列优点。其次是受力情况不同,当今膜结构的膜材在施工完毕后或是受力时都是绷紧的,即要承受相当大的拉力。在这方面,膜与悬索一样都是以受拉为主的结构。目前国外已经有一些 200m 以上跨度的体育场都采用了膜结构,因此膜结构就再也不能被看作是帐篷一类的临时性建筑,而是登堂入室,跻身于永久性建筑的行列。

采用膜结构的关键问题在于材料。目前的膜材以高强的织物和涂层构成的复合材料为

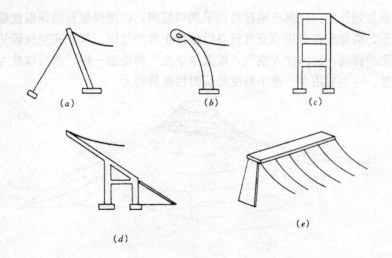

图 7-20　传递索力的方法

主。这是以抗拉强度高的人造纤维丝平织成的织物作为基材，然后在织物表面涂敷防护性能好的涂层，使膜材具有良好的耐久、防火、气密等特性。当前在国际上最常用的膜材有两种，以聚酯织物为基材、聚氯乙烯树脂为涂层的膜材在膜结构发展早期应用得较多，属于中档材料。它具有一定的抗拉强度与阻燃性，但弹性模量较低、耐久性也较差，使用寿命一般在 5～10 年。由于价格便宜，加工制作容易，多用于中、小跨度的临时或半临时的建筑中。另外一种高档材料是以玻璃纤维织物为基材，涂敷以化学稳定性很好的聚四氟乙烯。这种膜材不仅强度高，而且防火性能可达到不燃。在满足使用条件上，也具有很好的透光性、自洁性和耐久性，使用寿命达 25 年。它是在永久性膜结构中应用得最广泛的一种膜材。用在建筑上的膜材，厚度一般为 0.5～0.8mm，重量约为 0.5～2.0kg/m²，仅此薄薄一层就代替了传统的钢筋混凝土屋面板或压型钢板屋面，其重量只有一般屋盖的1/10～1/30，这在屋盖的构造上是一个飞跃。

图 7-21　气承式空气膜结构

　　膜结构按其支承方式的不同，可分为空气膜结构、悬挂膜结构、骨架支承膜结构和复合膜结构几种不同的形式。

　　1. 空气膜结构

　　这是向气密性好的膜材所覆盖的空间输送空气，利用内外空气压力差，使膜材处于受拉状态，结构就具有一定的刚度来承受外荷载，因此也叫充气结构。空气膜结构又可分为气承式和气胀式两种。跨度较大时可采用气承式，平面多为方形、矩形、圆形或椭圆形（图 7-21）。屋面的拱度一般都做得比较低，以减小风压，但也有将外墙和屋顶连成一体做成一个半圆筒。大跨度的气承式空气膜结构往往要在建筑平面的对角线方向布置交叉的钢索，对膜面起加劲作用。在寒冷地区可以采用双层膜，以增强屋盖的保温性能。为了保证空气膜的外形，需要配备专用的充气设备以维持正常的气压。气胀式空气膜结构则是将膜材做成半圆形的圆筒，对内注入空气，就象半个充气的轮胎一样，然后以此为单元组成各种形状的屋盖。它主要用在一些小跨度的临时性建筑物上。

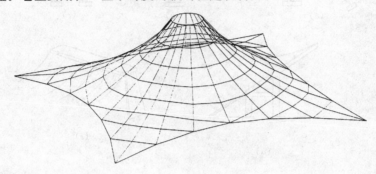

图 7-22　悬挂膜结构

2.悬挂膜结构

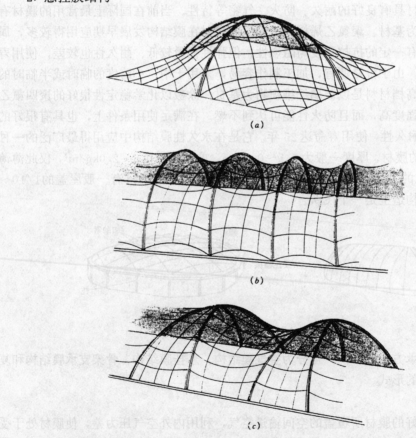

(a)

(b)

(c)

图 7-23　骨架支承膜结构

(a) 方形或矩形平面；(b) 长条形平面、平行拱；(c) 长条形平面、交叉拱

这是从原始帐篷最直接的演绎，一般采用独立的桅杆或拱作为支承结构将钢索与膜材

张挂起来，跨度大时钢索还起加劲作用。然后利用钢索向膜面施加张力将膜绷紧，这样就形成了一个稳定的结构（图7-22）。

3. 骨架支承膜结构

利用拱或者网壳等结构作为支承点，将膜材放在上面并绷紧，就可得到另一种膜结构（图7-23）。这实际上是以钢骨架代替了空气膜结构中的空气，对于平面为方形、圆形或矩形的大跨度建筑都很适宜。耗钢量虽然要比空气膜结构多一些，但日常的运行费用却要少多了。

4. 复合膜结构

这是近年来发展的一种新型结构体系，适合用于圆形或椭圆形平面的建筑上。由于它是由钢索与膜材共同组成，也叫做索穹顶。这个体系包括连续的拉索和不连续的压杆，在荷载作用下，力从中心受拉环或桁架通过放射状的径向脊索、谷索、环向拉索、斜拉索传向周边的受压环梁。扇形的膜面从中心环向外环方向展开，由钢索施加拉力而绷紧，固定在压杆与索接合处的节点上（图7-24）。在国外已有好几座100m到200多米的体育馆采用了这种复合膜结构。

由于目前国内还不能生产专用的建筑织物，膜结构真正用的还不多，但从长远来看，这是一种很有发展前途的空间结构。

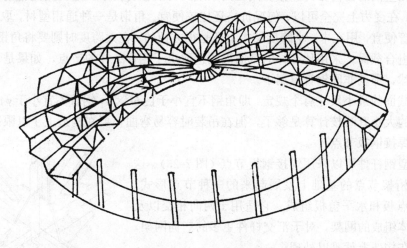

图 7-24　复合膜结构

第三节　空间网格结构的材料与节点构造

网架与网壳都是以杆件通过某种节点连接组成网格状的结构，因此统称为空间网格结构。它们是空间结构中最广泛采用的类型，在选材与节点构造上也有一些专门的问题，因而在这一节中加以讨论。

空间网格结构节点和一般平面桁架的差别是在节点上汇交的杆件很多，一般也有10根左右，而且是在空间各个方向汇集而来。因此，节点形式和构造是否合理，对结构的受力性能、制作安装和耗钢量都有很大的影响。节点的耗钢量，一般要占整个结构的20%～30%。在设计上要注意各杆件的截面重心线在节点上应对中汇于一点，不能偏心。偏心会在节点上引起附加弯矩，对结构受力是不利的。此外，杆件和节点的规格种类也要选择恰当，过多的规格将增加制作和安装的复杂性，过少又会造成材料的浪费。象小跨度的网架或网壳，以两种规格的节点、三四种杆件为宜，跨度更大时可适当再增加规格。

一、钢材与截面的选用

目前网架与网壳的杆件在国内主要采用 Q235 号钢与 16Mn 钢。Q235 号钢过去叫 3 号钢，由于其屈服强度是 $235N/mm^2$，因而改为现在的命名。这种钢材已使用了多年，价格适中，供应比较充足，在一般钢结构中也大量采用。16Mn 钢的强度是 Q235 号的 1.5 倍，可以节省钢材，但价格要贵一些，可焊性也差些。目前市场上的钢材比较杂，不论哪一种钢材都必需有出厂合格证，如果没有则必需按规定进行机械性能试验和化学分析，经证明符合标准和设计要求方可使用。

焊接钢板和焊接空心球节点所用的钢材应与杆件一致。螺栓球节点的零部件则要用一些特殊的钢材，如钢球用优质碳素结构钢 45 号；螺栓、销子用合金结构钢 40Gr、40B 或 20MnTiB 等。

杆件截面形式主要有角钢和圆钢管两种。圆钢管的特点是能采用比较薄的管壁，在相同的面积时比角钢能承受更大的压力，一般情况下可节约 20% 的钢材，同时圆形没有方向性，适宜在空间的任何方向连接。用在网架或网壳的管材，不一定要用无缝钢管，用高频电焊钢管，在受力上完全可以，何况价格还比较便宜。角钢是一种通用型材，取材容易，价格也比钢管便宜，用在中、小跨度结构上还是很方便的。在大跨度时则要将角钢拼成方形、十字形的组合截面。采用什么样的截面形式也取决于用什么样的节点，如果是焊接空心球或是螺栓球，那就非圆钢管莫属了。

杆件截面的最小尺寸有个规定，即角钢不宜小于 ∟50×3，钢管不宜小于 φ48×2。这是因为截面的大小有时按计算是够了，但在吊装时容易弯曲，要在构造上予以限制。

二、焊接钢板节点

连接型钢杆件可以采用焊接钢板节点（图 7-25）。这是在平面桁架节点的基础上发展起来的一种节点形式，由十字节点板和水平盖板组成。它适用于两向相交以及由四角锥体组成的网架，对于汇交杆件更多的三向网架，这种节点在构造上就难以处理。

十字节点板可以用两块带企口的钢板对插焊成（图7-26a）；也可由三块钢板焊成（图7-26b）。对于小跨度网架的受拉节点，为简化构造、节省钢材，可以不设置盖板，而仅由十字节点板传力。但是十字节点板在多向杆件力的作用下，受力较为复杂，焊缝集中使局部应力也较大，此外，节点在水平方向的刚度也

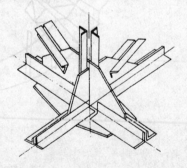

图 7-25　焊接钢板节点

较差，特别是在杆件力较大时，单靠增大十字节点板的尺寸来增加焊缝长度是不可取的。因此，在网架跨度和荷载较大时，应该设置水平盖板，使弦杆与盖板和十字节点板共同连接，共同受力。

杆件与节点板一般均采用高强度螺栓或角焊缝连接，也可以两者相结合。采用多少个螺栓或者多长的焊缝都要根据连接杆件的内力通过计算确定，采用焊接时，还应注意杆件与节点焊缝的分布，应使焊缝截面的重心与杆件重心重合，不产生偏心。

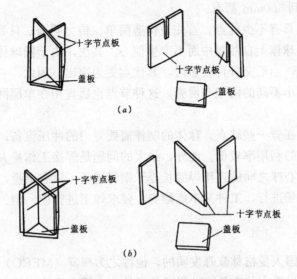

(a)

(b)

图 7-26 十字节点板的做法

焊接钢板节点的主要优点是取材现成、用钢量较少、造价也较低。它的构造比较简单，制作不需要大量机械加工，是一种便于就地制作的节点形式。连接最好采用高强度螺栓，如果用焊接，不但现场工作量大，而且仰焊、立焊占有一定比例，需要采取措施来控制焊接变形。

三、焊接空心球节点

焊接空心球是将两块圆钢板经热压或冷压成两个半球后对焊而成（图 7-27）。当球径等于或大于 300mm，且杆件内力较大需要提高承载力时，可在球体内加环肋，与两个半球焊成一体。加环肋之后，节点的承载力一般可提高 15%～30%。

这种节点是用来连接圆钢管的。钢管与空心球之间也采用焊接。这时钢管端面应开坡口，并在钢管与空心球之间留有一定缝隙予以焊透，这样才能实现焊缝与钢管等强。为了保证焊接质量，最好在钢管端头加套管与空心球焊接。（图 7-28）。

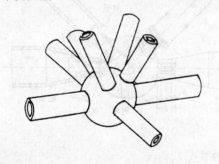

图 7-27 焊接空心球节点

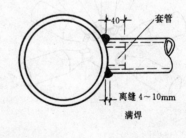

图 7-28 钢管与空心球加套管连接

焊接空心球节点最早是 50 年代在德国开始应用的，但近年来已很少采用，因为制造时需要大量的焊接，并要求较高的技术水平，而国外的焊接费用是相当高的。这种节点被引进中国后，却得到了大量的推广应用，因为相对说来，我国的焊接费用比较便宜，并且有不少熟练的焊工。目前，已颁发了焊接球节点的行业标准（JGJ75.2—91），其规格已系列化，直径自 160mm 到 500mm 都有。

焊接空心球节点具有不少优点，首先是构造简单、传力明确，只要切割面垂直杆件轴线，杆件就能在空心球体上自然对中而不产生偏心。其次，由于圆球体没有方向性，可与任意方向杆件相连接，当汇交杆件较多时，其优点更为突出。因此，它的适应性强，可用于各种形式、跨度大小不同的网架与网壳。这种节点也适宜用在单层网壳上，因为它可以承受一定的弯矩。

空心球节点也存在着一些缺点。球体的制作需要专门的冲压设备；球体下料时要将钢板切割成圆形，钢材的利用率较低。此外，最大的问题是焊接工作量大、质量要求高、难度也大。象钢管与空心球之间的连接焊缝长等于钢管周长，没有余量，而焊缝要求与钢管等强。这种焊接在现场进行，工件又不能翻身，要求焊工进行俯、侧、仰焊，其难度是可想而知的。

四、螺栓球节点

螺栓球节点是德国人曼格林豪森发明的，他称之为梅罗（MERO）节点。自从空间网格结构出现以来，全世界大约有几百种形式各异的节点用来连接杆件，经过竞争淘汰，目前在国际上站得住脚的节点体系还不到 10 种，而梅罗节点是其中的佼佼者，其应用的范围与数量都居首位。螺栓球节点的连接构造十分巧妙，是通过高强度螺栓将钢管与钢球连接起来。节点包括钢球、螺栓、套筒和锥头（或封板），如图 7-29 所示。其中钢球是锻压的实心球，按照连接的需要钻有螺孔，其数量最多可达 18 个。套筒通过一个螺钉与螺栓相连，锥头则是焊在钢管的两端。安装时可将高强度螺栓初步拧入钢球，即用扳手扳动套筒，套筒旋转时通过螺钉带动螺栓旋转向钢球拧紧。这时要注意必须把套筒拧紧，并施加一定的预紧力，这样钢管杆件就和钢球连在一起，共同受力了。网架承受荷载后，对于拉杆，内力是通过螺栓传递的；对于压杆，则通过套筒传递内力。这种节点属于铰接体系，即不能承受弯矩。对于单层网壳，可以采用加大套筒直径以增加与钢球的接触面，这样就可以承受少量的弯矩，因此对于跨度与内力不大的单层网壳，也可以采用螺栓球节点。

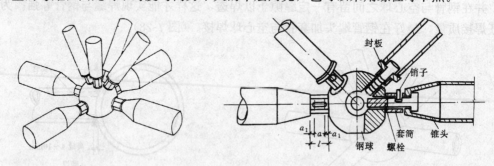

图 7-29　螺栓球节点

螺栓球节点在生产上是工业化程度最高的节点体系，所有的零部件都可以在工厂生产，这对于保证几何尺寸与提高安装质量是十分有利的。目前，我国已颁发了螺栓球节点的行业标准（JGJ75.1—91），钢球的直径自 100mm 至 260mm 共计有 18 种规格，使生产走上了序列化、商品化道路。它的安装也很方便，现场不需要焊接，也不要求太高的技术，一般工人都能掌握，此外，这种节点可以用来建造临时性设施，便于拆卸。另一方面，螺栓球节点的零部件多，所用钢号不一，机械加工量比起其他几种节点来都要多些，精度也要求较高，增加了制造成本。如果用在网壳上，因为要形成曲面，钢球上螺孔的角度更加复杂，就得求助于计算机来进行设计与制作。目前我国高强度螺栓的最大直径只能用到 M64，所能承受的拉力在 8t 左右，最大的跨度也只有七八十米。1995～1996 年，我国制定了《钢网架螺栓球节点用高强度螺栓》国家标准，对这种专用螺栓的规格，性能等级及试验室等问题作了规定。由于更大直径的螺栓在生产质量上还难以保证，因此在大跨度或者荷载很大的情况下，还不能采用螺栓球节点。

由于圆钢管杆件的连接既可以采用焊接空心球，又可以采用螺栓球，往往会产生选用哪一种节点的问题，现在将这两种节点的对比列如表 7-1 以供参考。

螺栓球与焊接空心球对比

表 7-1

	螺　　栓　　球	焊　　接　　球
构造	简单、无方向性，但需预先规定螺孔角度	简单、无方向性，可与任意方向杆件相连
制作	球与杆件加工全部在工厂内进行，便于机械化生产，质量易保证	球体制作需要冲压设备，拼成球时焊接工作量大
钢材 加工	加工钢材品种多，球体与各种零件钢号不一 要求较高	品种单一，球体下料时钢材利用率低 要求一般
精度		
安装 质检	方便，不需复杂的技术 主要在厂内进行，便于控制	比较复杂，现场焊接工作量大，不易操作 部分检测需在现场进行
运输	方便，球体与杆件可装箱，体积较小	体积较大
应用	国内外大量应用，不断改进	国外已基本上不用，国内仍大量应用
跨度	受螺栓直径限制，跨度不能太大	大跨度均能用

第四节　大跨度屋盖结构的施工方法

本章第一节中曾谈到空间结构的一个特点就是组成的构件或杆件没有主次之分，施工时不能象平面结构那样顺序安装。因此，如何把一个空间结构架设到设计位置上去就成为一个关键问题，在大跨度时这个问题显得更为突出。

空间结构的施工安装基本上分为两大类，即高空拼装和地面拼装后起吊。前一类方法的主要问题是如何在高空进行有效的施工，而后一类方法则是应采用什么样机具与工艺。在这方面，我国已积累了不少成熟的经验，下面结合大跨度网架结构的施工进行讨论，其中有不少原理也可以用在其他类型的空间结构上。

在网架的施工上有一个问题需要注意，即大部分网架厂不但能生产，而且能安装，因此可以按两种方式进行。一种是单位购买网架，由土建施工单位自行安装。如果是螺栓球节点，则应定购包括杆件（已焊上锥头或封板）在内的全部零部件。如果是焊接球节点，则可仅定购空心球，杆件可自行切割加工。在网架运到现场后，必须按标准检查其出厂合格证及试验报告等，特别是有关钢材性能的证明，有怀疑时应抽样复查。另一种是将网架工程分包给网架厂，由网架厂进行制作与安装，这时土建施工单位应该和网架厂充分合作以保证工程的质量，如柱顶或圈梁上的网架支座板位置必须满足设计与施工所要求的精度，必要时提供安装所需要的脚手架等。

一、高空散装

将网架的全部杆件和节点拿到高空一次拼装完成，这是最直接了当的办法，也不需要大型的起重设备。另一方面，它需要搭设大量的支架，有时甚至是满堂脚手架，这对于大跨度结构说来是相当费力的。另外，它在现场与高空作业的工作量很大，不易保证质量和安全。这种方法适用于螺栓球节点以及用高强度螺栓连接的各类网架，对于焊接连接的网架，如果下面是竹、木的脚手架，要特别注意防火。

作为一种改进，可以将网架在地面上预先制作成锥体或平面桁架形式的小拼单元，将小拼单元吊到高空拼装，就可减少高空作业量。另外小拼单元也可用来进行悬挑法施工，这就是使单元吊装拼接后成为一个几何不变的稳定体系，即可利用它来承受自重和施工荷载而不设或少设支架。将小拼单元按规定的顺序逐步延伸，最后就能拼装成整体。象圆球网壳采用悬挑法施工是很理想的，它可以采用小拼单元由外圈逐步向圆心拼装。在拼装过程中，可作为一个开口的圆球壳承受荷载，拼装完成后就是一个闭口的圆球壳了。

搭设拼装支架不能掉以轻心，因为在施工过程中全部屋盖的重量以及施工荷载全靠它支承。支架上支撑点的位置应设在下弦节点处。支架应通过结构计算以保证有足够的强度和稳定性，千万不能凭估计来设置支架。支架的支柱下面也要注意不能让支座下沉，因为一下沉，网架中的内力就全变了。虽然施工时还没有达到全部设计荷载，但是支座下沉可能引起网架中有些杆件内力变号，对受力就很不利。

当网架拼装完毕后，拆除支架也有讲究，网架下弦节点的各支承点必须按合理的顺序拆除，以防个别支撑点集中受力。对于大跨度网架要根据各支撑点的自重挠度值，分区分阶段按比例下降。

二、分条或分块安装

为了进一步减少高空作业的工作量，可以把网架从平面分割成几个条状或块状单元。每个单元先在地面上拼装好，再用起重机吊装到高空就位后连成整体。这样拼装支架就大大减少了，只需在单元连接处设置一些。不过这种施工方法也要求更大的起重设备，条块的大小取决于起重设备的能力，它比较适合于在分割后网架的刚度和受力情况改变较小的网架，跨度也不宜过大。

条状单元是沿网架的长向跨度分割，其宽度为1～3个网格，其长度一定是网架的短向跨度。块状单元是沿网架纵横方向分割成几个矩形或正方形单元。单元之间的连接有几种方法。如果单元互相靠紧，采用型钢网架时，可在下弦用双角钢分在两个单元上（图7-30a），采用圆钢管网架时，下弦的焊接空心球可做成两个带法兰盘的半圆球，拼装时用螺栓连接，这种方法一般用在正放四角锥网架上。另外也可将上述的剖分式节点设在上弦（图7-30b），主要用于斜放四角锥网架。如果在单元之间空出一个网格，在各个单元吊装后在高空拼接为整体（图7-30c），虽然增加了一些高空作业，但免除了剖分节点的麻烦，这种方法可用在两向正交正放或斜放四角锥网架上。

分条和分块后的网架单元，本身应该具有足够的刚度，否则要采取临时加固措施。这对于正放类网架问题不大，因为它们分割后还是一个几何不变体系，可以承受自重和施工荷载。而斜放类网架在分割后，其上（下）弦形成了菱形的几何可变体系，这时就应在网格的对角线方向加设临时的加固杆件。因此，分条或分块安装法还是用在正放类的网架比较适宜。

三、高空滑移

网架在高空滑移进行拼装是网架施工的一大创新，它既可在高空施工，又免除了搭设

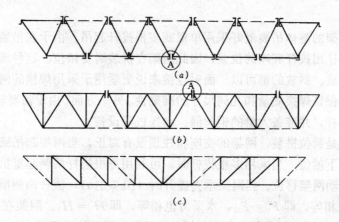

图 7-30　网架单元的连接方式

注：A 表示剖分或安装节点。

支架，比高空散装要方便得多。这种方法是将网架分成条状单元，使其支承在建筑物两边钢筋混凝土梁上的滑轨上，通过牵引使条状单元逐条从建筑物的一端滑移到另一端，就位后拼成整体。高空滑移法要求在建筑物端部设立一个拼装平台，这最好是利用已建的端部建筑物，象剧院的舞台屋顶等。如果没有，则可在一端设置宽度约大于两个节间的拼装平台。有了这样的平台，条状单元可以在地面拼成后用起重机吊到平台上来进行滑移，也可以用散件或小拼单元在拼装平台上拼成条状单元后滑移。

滑移可以采用以下两种方法：

（1）单条滑移去。将条状单元逐条地从一端滑移就位，各条单元之间分别在高空再进行连接，也就是逐条滑移、逐条连成整体。这种方法摩擦阻力小，不需要很大的牵引设备，但每条单元就位拼接时需要活动脚手架支撑。

（2）逐条积累滑移法，将条状单元滑移一段距离后，连接上第二条单元，两条单元一起滑移一般距离后再接上第三条单元，这三条单元作为一个整体再进行滑移，如此进行下去直到拼装好为止。这种方法随着单元的积累，牵引力也逐渐增大，需要采用卷扬机或手扳葫芦的牵引工具。在滑移时要注意防止条状单元在拼接时造成的尺寸误差积累。

在拼装过程中网架的条状单元相当于两端支承的空间桁架。由于网架的高度一般要比平面桁架小，滑移时虽然仅承受自重，但其挠度值仍会超过形成整体后的网架自重的挠度，因此在网架跨度较大时，可在建筑物中部增设一道支承平台，以调整滑移过程中网架的中点挠度。中间支承平台可设置滑轨或千斤顶。

如同上面所讨论的分条安装一样，高空滑移法也比较适用于正放类的网架。这种施工方法的最大优点是网架的安装可以和下面的土建工程平行作业，而使总工期缩短。此外，它也不需要大型的起重设备，特别是在场地狭小，起重机无法进入时更为合适。

四、地面拼装整体吊装

网架如果能在地面拼装，那是最方便的了，比起高空拼装有很多好处，但问题是如何将有几百吨或上千吨的网架吊装到设计位置。我国技术人员创造的一种方法就是利用起重设备将其整体起吊，对于中、小跨度的网架，往往可以在建筑现场外面拼装，然后由几台拔杆或履带吊、汽车吊进行抬吊，但对于大跨度网架，由于吊车的起重力有限，就不易做到。

大跨度网架的整体吊装最好采用单根或多根拔杆起吊。由于在吊装前，网架的支柱已经立好并且要让出拔杆底座的位置，因此网架在拼装时要错位。这种施工方法不受网架形式的限制，正放、斜放的都可以。而对连接来说更适用于采用焊接的网架，因为在地面上操作能更好地保证焊接质量和几何尺寸的准确性。另一方面，由于需要较大的起重能力，就要专门制造拔杆，并准备大量的钢丝绳、卷扬机等设备。

由于网架是错位拼装，网架的支座和柱顶没有对正，当网架起吊到柱顶以上后，要在空中移位再放下就位。当采用多根拔杆时，可利用每根拔杆两侧起重机滑轮组产生不等的水平分力而推动网架移位。当网架垂直提升时（图 7-31a），拔杆两侧滑轮组夹角相等，两侧滑轮组受力相等，即 $F_{t1} = F_{t2}$，水平力也相等，即 $H_1 = H_2$。网架在空中移位时（图 7-31b），每根拔杆的同一侧滑轮组钢丝绳放松，而另一侧滑轮组不动，这时右侧钢丝绳因松弛而拉力 F_{t2} 变小，左侧钢丝绳由于网架重力作用而相应增大，导致水平分力 H_1 大于 H_2，网架就向右移动。等到网架达到所需位置，就停止放松滑轮组，钢丝绳重新处于拉紧状态，移动也即停止（图 7-31c）。

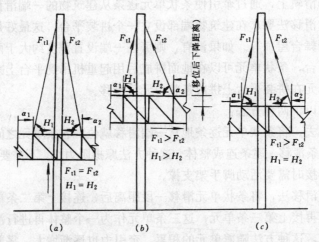

图 7-31　网架的空中移位

(a) 提升阶段；(b) 移位阶段；(c) 就位阶段

在网架整体吊装时，应保证各吊点起升及下降的同步性，相邻吊点间的允许高差为吊点间距离的 1/400，且不大于 100mm。控制同步性最简单的办法就是在网架吊升一段距离后就停歇检查，调平后再吊升一段距离，直到设计标高。

五、地面拼装整体提升

网架在地面拼好后，另一种就位的方法是整体提升，即将起重设备设在网架的上面，通过吊杆与网架的支座相连，然后逐步提升到设计标高。这时可以利用建筑物的柱子作为提升网架的临时支承结构，提升设备可以采用通用的千斤顶或升板机等，提升点最好设在网架支座处或者附近。这种施工方法同样可用于各种形式的周边支承及多点支承网架，它可以充分利用现有的结构作为施工用，不需要制作象拔杆之类的支承结构，所采用的设备也是一般常规的，因此可以节省安装设施的费用。

由于支承网架的柱子大多是钢筋混凝土的，而许多施工单位都掌握了滑模施工的技术。

我国首先创造了在利用滑模浇制柱子的同时提升网架。这时网架可作为滑模的操作平台，而滑模用的穿心式液压千斤顶也是提升网架的设备。当柱子用滑模施工到设计标高时，网架也随着提升到位。

在提升过程中，由于设备本身的差别，施工荷载不均匀以及操作方面等原因，会出现升差。当升差超过某一限值时，会对网架杆件产生过大的内力，甚至使杆件内力变化，还会使网架产生偏移。因此，必须严格控制网架两相邻提升点以及最高与最低点的升差。当用升板机时，相邻两点的允许升差值应为其距离的 1/400，并不大于 15mm，最高点与最低点的允许升差值为 35mm。当采用滑模施工时，相邻两点的允许升差值为其距离的 1/250，并不大于 25mm，最高点与最低点的允许升差值为 50mm。

六、地面拼装整体顶升

与整体提升不同，顶升则是将起重设备直接设在网架支座的下面。起重设备一般都用大吨位的千斤顶，并尽量利用网架的支承柱作为顶升时的支承结构。根据结构类型和施工条件，支承柱可选用四肢钢柱或劲性钢筋混凝土柱，也可采用预制钢筋混凝土柱块逐段接高的分段柱。

这种施工方法适用于 4 点或 6 点支承网架，因而每个柱子在顶升过程中都集中了很大的荷载，千斤顶也承担了很大的负荷。为安全起见，施工时应将额定负荷能力乘以折减系数，它的优点是可以把屋面板、檩条、天棚以及通风、电气设备等在网架顶升前全部安好，然后随着网架一起顶升到设计标高，从而节省了施工费用。

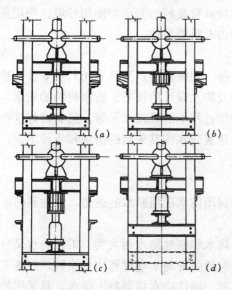

图 7-32　网架顶升过程

顶升时各顶升点的升差值也要加以控制，其允许值为相邻两个顶升支承结构间距的 1/1000，且不大于 30mm；当一个顶升支承结构有两个或两个以上千斤顶时，允许升差值为千斤顶间距的 1/200，且不大于 10mm。此外，网架在顶升过程中的偏移也有限制，即网架支座中心线对柱基轴线的水平偏移值不得大于柱截面短边尺寸的 1/50 及柱高的 1/500。从上面的规定可以看出，顶升法的允许升差值比提升法还严，这是因为顶升时的升差值不仅会引起网架杆件内力的变化，更严重的是会引起整个网架的偏移，一旦偏移较大就很难纠正过来。因此，对顶升法不但要控制升差，也要控制偏移。

图 7-32 以一个简单的例子来说明网架的顶升过程。支承结构是一双肢柱，上下设缀板，中间有一个千斤顶。首先顶升一段相当于方形垫块高度的距离，并在两侧垫上垫块（图 7-32a），随即千斤顶回油，垫上中间的圆垫块（图 7-32b）。如此重复一个循环，就可垫上两块垫块，千斤顶再顶升一个冲程，安装两侧的上缀板（图 7-32c）。然后千斤顶回油，将下缀法升上一级（图 7-32d）。随着上下缀板的交替上升，网架就被提升到位。

第八章 防 水 工 程

第一节 建筑防水的分类与等级

建筑防水主要指房屋建筑物的防水。建筑防水的作用是，为防止雨水、地下水、工业与民用给排水、腐蚀性液体以及空气中的湿气、蒸汽等，对建筑物某些部位的渗透侵入，而从建筑材料上和构造上所采取的措施。建筑物需要进行防水处理的部位主要是：屋面、外墙面、厕浴间楼地面和地下室。这些部位易于出现渗漏与其所处的环境与条件有关，因而出现渗漏的程度不尽相同。从渗漏的程度区分，"渗"指建筑物的某一部位在一定面积范围内被水渗入并扩散，出现水印或处于潮湿状态；"漏"则指建筑物的某一部位在一定面积范围内或局部区域内被较多水量渗入，并从孔、缝中滴出，形成线漏、滴漏，甚至出现冒水、涌水现象。

建筑防水的功能要求是，采用有效、可靠的防水材料和技术措施，保证建筑物某些部位免受水的侵入和不出现渗漏水现象，保护建筑物具有良好、安全的使用环境、使用条件和使用年限。因此，建筑防水技术在建筑工程中占有重要地位。

一、建筑防水分类

建筑防水在整个建筑工程中虽属分部分项工程，但按其特点又具有相对独立性。建筑防水技术是一项综合技术性很强的系统工程，涉及防水设计的技巧、防水材料的质量、防水施工技术的高低，以及防水工程全过程包括使用过程中的管理水平等。只有做好这些环节，才能确保建筑防水工程的质量和耐用年限。建筑防水按其采取的措施和手段不同，分为材料防水和构造防水两大类，其分类见表8-1。

1. 材料防水

材料防水是依靠防水材料经过施工形成整体封闭防水层阻断水的通路，以达到防水的目的或增强抗渗漏水的能力。

材料防水按采用防水材料的不同，分为柔性防水和刚性防水两大类。柔性防水又分卷材防水和涂膜防水，均采用柔性防水材料，主要包括各种防水卷材和防水涂料，经施工将其铺贴或涂布在防水工程的迎水面，达到防水目的。刚性防水指混凝土防水，其采用的材料主要有普通细石混凝土、补偿收缩混凝土和块体刚性材料等。混凝土防水是依靠增强混凝土的密实性及采取构造措施达到防水目的。

2. 构造防水

构造防水是采取正确与合适的构造形式阻断水的通路和防止水侵入室内的统称。如对各类接缝，各种部位、构件之间设置的温度缝、变形缝，以及节点细部构造的防水处理均属构造防水。构造防水有以下一些基本做法。

平屋面工程采用混凝土防水或块体刚性防水时，除依靠基面坡度排水外，防水面层设置分格缝，在所有节点构造部位设置变形缝，并在所有缝间嵌填密封材料和铺设柔性防水材料进行处理，可适应由于基层结构应力和温度应力产生结构层变形出现开裂引起的渗漏。

大型墙板的板缝采用空腔防水是防水处理的一种形式。空腔防水有垂直缝、滴水水平缝和企口平缝等构造形式。它可使板缝内部的空腔利用垂直和水平减压的作用，借助水的重力，切断板缝的毛细管通路，以排出雨水。

地下室变形缝的防水处理，通常视水压的高低、有无受侵蚀和经受高温的条件，选用各种填缝材料、嵌缝材料，以及橡胶、塑料、紫铜板和不锈钢板制成的止水带，组成能适应沉降、伸缩的构造，以达到防水的目的。

建筑防水分类

表 8-1

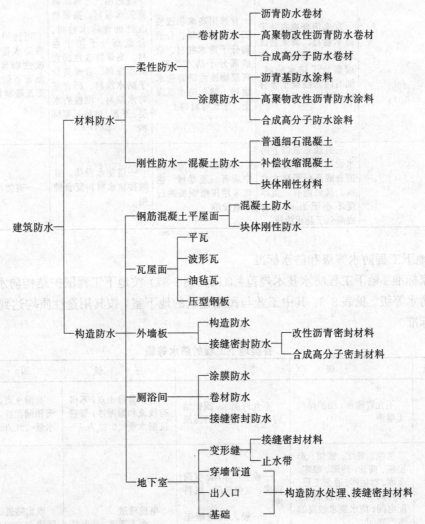

注：1. 在大多数防水工程中，材料防水和构造防水结合使用；
　　2. 表中材料防水和构造防水分类所用的材料仅在一处表示。

二、建筑防水等级

1. 屋面防水等级和设防要求

国家标准《屋面工程技术规范》(GB 50207—94) 按建筑物类别，将屋面防水的设防要求分为 4 个等级，见表 8-2。

屋面防水等级和设防要求 表 8-2

项 目	屋 面 防 水 等 级			
	Ⅰ	Ⅱ	Ⅲ	Ⅳ
建筑物类别	特别重要的民用建筑和对防水有特殊要求的工业建筑	重要的工业与民用建筑、高层建筑	一般的工业与民用建筑	非永久性的建筑
防水层耐用年限	25 年	15 年	10 年	5 年
防水层选用材料	宜选用合成高分子防水卷材、高聚物改性沥青防水卷材、合成高分子防水涂料、细石防水混凝土等材料	宜选用高聚物改性沥青防水卷材、合成高分子防水卷材、合成高分子防水涂料、高聚物改性沥青防水涂料、细石防水混凝土、平瓦等材料	应选用三毡四油沥青防水卷材、高聚物改性沥青防水卷材、高聚物改性沥青防水涂料、合成高分子防水涂料、沥青基防水涂料、刚性防水层、平瓦、油毡瓦等材料	可选用二毡三油沥青防水卷材、高聚物改性沥青防水涂料、沥青基防水涂料、波形瓦等材料
设防要求	三道或三道以上防水设防，其中应有一道合成高分子防水卷材，且只能有一道厚度不小于 2mm 的合成高分子防水涂膜	二道防水设防，其中应有一道卷材。也可采用压型钢板进行一道设防	一道防水设防，或两种防水材料复合使用	一道防水设防

2. 地下工程防水等级和防水标准

国家标准《地下工程防水技术规范》(GBJ108—87) 按地下工程围护结构防水要求，分为 4 个防水等级，见表 8-3。其中工业与民用建筑的地下室，按其用途性质均达到一级或二级防水标准。

各类地下工程的防水等级 表 8-3

防水等级	一 级	二 级	三 级	四 级
标准	不允许渗水，围护结构无湿渍	不允许漏水，围护结构有少量、偶见的湿渍	有少量漏水点，不得有线流和漏泥沙，每昼夜漏水量<0.5L/m²	有漏水点，不得有线流和漏泥沙，每昼夜漏水量<2L/m²
工程名称	医院、餐厅、旅馆、影剧院、商场、冷库、粮库、金库、档案库、通信工程、计算机房、电站控制室、配电间、防水要求较高的生产车间 指挥工程、武器弹药库，防水要求较高的人员掩蔽部 铁路旅客站台、行李房、地下铁道车站、城市人行地道	一般生产车间、空调机房、发电机房、燃料库 一般人员掩蔽工程 电气化铁路隧道、寒冷地区铁路隧道、地铁运行区间隧道、城市公路隧道、水泵房	电缆隧道 水下隧道、非电气化铁路隧道、一般公路隧道	取水隧道、污水排放隧道 人防疏散干道 涵洞

第二节 防 水 材 料

一、防水卷材

按原材料性质分类的防水卷材主要有：沥青防水卷材、高聚物改性沥青防水卷材和合成高分子防水卷材三大类。其分类和常用的品种见表8-4。

防水卷材的分类和常用品种　　　　　　　　　　　　　表 8-4

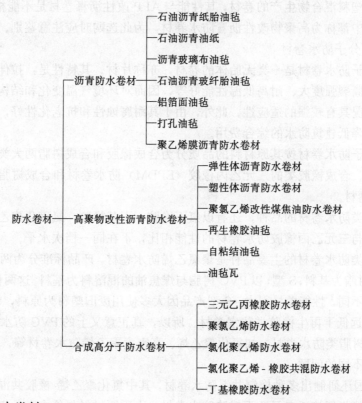

防水卷材

沥青防水卷材
- 石油沥青纸胎油毡
- 石油沥青油纸
- 沥青玻璃布油毡
- 石油沥青玻纤胎油毡
- 铝箔面油毡
- 打孔油毡
- 聚乙烯膜沥青防水卷材

高聚物改性沥青防水卷材
- 弹性体沥青防水卷材
- 塑性体沥青防水卷材
- 聚氯乙烯改性煤焦油防水卷材
- 再生橡胶油毡
- 自粘结油毡
- 油毡瓦

合成高分子防水卷材
- 三元乙丙橡胶防水卷材
- 聚氯乙烯防水卷材
- 氯化聚乙烯防水卷材
- 氯化聚乙烯 - 橡胶共混防水卷材
- 丁基橡胶防水卷材

1. 沥青防水卷材

沥青防水卷材的传统产品是石油沥青纸胎油毡。按油毡胎体单位面积重量分为200号、350号、500号三种规格；按物理性能不同分为优等品、一等品与合格品三个等级。其中350号油毡的合格品是我国纸胎油毡中产量最大、应用最多的一个品种。这种油毡由于沥青和胎体材料性能的限制，低温柔度只有18℃，拉力强度低，难以适应基层结构与温度的伸缩变形。为改善其物理性能，一些企业已使用玻纤胎体浸涂催化氧化沥青生产石油沥青玻纤胎油毡，替代石油沥青纸胎油毡。

2. 高聚物改性沥青防水卷材

该卷材使用的高聚物改性沥青，指在石油沥青中添加聚合物，以改善沥青的感温性差、低温易脆裂、高温易流淌等不足。用于沥青改性的聚合物较多，有以SBS（苯乙烯-丁二烯-苯乙烯合成橡胶）为代表的弹性体聚合物和以APP（无规聚丙烯合成树脂）为代表的塑性体聚合物两大类。卷材的胎体主要使用玻纤毡和聚酯毡等高强材料。主要品种有：SBS改性沥青防水卷材和 APP 改性沥青防水卷材两种。

SBS 防水卷材的特点是,低温柔性好、弹性和延伸率大、纵横向强度均匀性好,不仅可以在低寒、高温气候条件下使用,并在一定程度上可以避免结构层由于伸缩开裂对防水层构成的威胁。APP 防水卷材的特点则是,耐热度高、热熔性好,适合热熔法施工,因而更适用于高温气候或有强烈太阳辐射地区的建筑屋面防水。由于高聚物在沥青中的掺量有严格规定,在选用这两种防水卷材时,必须按行业标准对其物理性能进行检验。

在合成橡胶改性沥青卷材品种中,还有以再生橡胶、丁苯橡胶、丁基橡胶改性沥青的卷材,其性能差于 SBS 改性沥青卷材;在合成树脂改性沥青卷材品种中,有掺用性能较差的树脂或废旧塑料混合物生产的卷材,其性能与 APP 改性沥青卷材是不能相比的。但是这些卷材在销售中都称为高聚物改性沥青防水卷材,为此选购时应注意鉴别。

3. 合成高分子防水卷材

合成高分子防水卷材是一类无胎体的卷材,亦称片材。其特性是:拉伸强度大、断裂伸长率高、抗撕裂强度大、耐高低温性能好等,因而对环境气温变化和结构基层伸缩、变形、开裂等状况具有较强的适应性。此外,由于其耐腐蚀性和抗老化性好,可以延长卷材的使用寿命,降低建筑防水的综合费用。

合成高分子防水卷材按其原材料的品质分为合成橡胶和合成树脂两大类。当前最具代表性的产品是:合成橡胶类的三元乙丙橡胶(EPDM)防水卷材和合成树脂类的聚氯乙烯(PVC)防水卷材。

合成橡胶类防水卷材的品种,还有以氯丁橡胶、丁基橡胶、氯磺化聚乙烯等为原料生产的卷材,但与三元乙丙橡胶防水卷材的性能相比,不在同一档次水平。

合成树脂类防水卷材的主要品种是聚氯乙烯防水卷材,产品标准分为两种型号:P 型,以增塑 PVC 树脂为基料;S 型,以 PVC 树脂与煤焦油的混溶料为基料。这两种型号的卷材,因原材料品质不同,性能差异很大。S 型产品因大多使用废旧塑料为原料,成分极不稳定,性能指标甚至远低于再生橡胶类防水卷材。所以,真正意义上的 PVC 防水卷材是 P 型产品。其它合成树脂类防水卷材,如氯化聚乙烯、高密度聚乙烯防水卷材等,也存在与 PVC 防水卷材档次不同的问题。

此外,我国还研制出多种橡塑共混防水卷材,其中氯化聚乙烯-橡胶共混防水卷材具有代表性,其性能指标接近三元乙丙橡胶防水卷材。由于原材料与价格有一定优势,推广应用量正逐步扩大。

二、防水涂料

建筑防水涂料是一类在常温下呈无定形液态,经涂布,如喷涂、刮涂、滚涂或涂刷作业,能在基层表面固化,形成具有一定弹性的防水膜物质。

建筑防水涂料的种类与品种较多,其分类和常用的品种见表 8-5。

1. 沥青防水涂料

该类涂料的主要成膜物质是以乳化剂配制的乳化沥青和填料组成。在 Ⅲ 级防水屋面上单独使用时的厚度不应小于 8mm,每 m² 的涂布量约需 8kg,因而需多遍涂抹。由于这类涂料的沥青用量大、含固量低、弹性和强度等综合性能较差,已越来越少用于防水工程。

2. 高聚物改性沥青防水涂料

该类涂料的品种有以化学乳化剂配制的乳化沥青为基料,掺加氯丁橡胶或再生橡胶水乳液的防水涂料;有众多的溶剂型改性沥青涂料,如氯丁橡胶沥青涂料、SBS 橡胶沥青涂料、丁基橡胶沥青涂料等。

　　从这类防水涂料的性能来看,无论是水乳型的,还是溶剂型的,涂料的物理性能差异不大,基本上都属于中低档次水平。由于一些生产企业经常将改性材料的掺加量随意变动,造成产品性能不稳定或下降,而在涂料外观上很难察觉,因此对进场的涂料必须按标准严格检验。

防水涂料的分类和常用品种 表 8-5

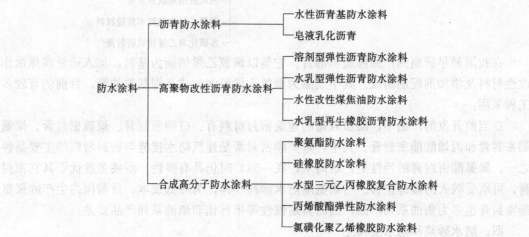

3. 合成高分子防水涂料

　　该类涂料有:水乳型、溶剂型和反应型三种。其中综合性能较好的品种是反应型的聚氨酯防水涂料。

　　聚氨酯防水涂料是以甲组份（聚氨酯预聚体）与乙组份（固化剂）按一定比例混合的双组份涂料。我国生产的品种有:聚氨酯防水涂料（不掺加焦油）和焦油聚氨酯防水涂料两种。聚氨酯防水涂料大多为彩色,固体含量高,具有橡胶状弹性,延伸性好,拉伸强度和抗撕裂强度高,耐油、耐磨、耐海水侵蚀,使用温度范围宽,涂膜反应速度易于调整,因而是一种综合性能好的高档防水涂料,但其价格也较高。焦油聚氨酯防水涂料为黑色,有较大臭感,反应速度不易调整,性能易出现波动。由于焦油对人体有害,故这种涂料不能用于冷库内壁和饮水工程;室内施工时应采取通风措施。

　　在合成高分子防水涂料品种中,还有硅橡胶防水涂料和丙烯酸酯防水涂料,也属于性能较好、档次较高的产品。

三、接缝密封材料

　　接缝密封材料是与防水层配套使用的一类防水材料,主要用于防水工程嵌填各种变形缝、分格缝、墙板板缝,密封细部构造及卷材搭接缝等部位。

　　接缝密封材料有:改性沥青接缝材料和合成高分子接缝密封材料两种,其分类和常用的品种见表 8-6。

1. 改性沥青接缝材料

　　该接缝材料是以石油沥青为基料,掺加废橡胶、废塑料作改性材料及填料等制成。因其综合性能较差,已逐渐被合成高分子类接缝密封材料所替代。

2. 合成高分子接缝密封材料

接缝密封材料的分类和常用品种　　　　　　　　　　　　　表 8-6

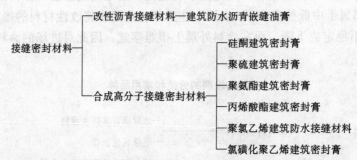

接缝密封材料
- 改性沥青接缝材料——建筑防水沥青嵌缝油膏
- 合成高分子接缝密封材料
  - 硅酮建筑密封膏
  - 聚硫建筑密封膏
  - 聚氨酯建筑密封膏
  - 丙烯酸酯建筑密封膏
  - 聚氯乙烯建筑防水接缝材料
  - 氯磺化聚乙烯建筑密封膏

在我国最早研制的产品称塑料油膏。它是以聚氯乙烯树脂为基料，加入适量煤焦油作改性材料及添加剂配制而成。其半成品为聚氯乙烯胶泥，成品即塑料油膏，目前仍有较多工程采用。

在当前开发的产品中，品质较高的建筑密封材料有：硅酮密封膏、聚硫密封膏、聚氨酯密封膏和丙烯酸酯密封膏。其中，聚氨酯密封膏是建筑防水接缝与密封材料的主要品种之一。聚氨酯密封膏的特性是：耐高寒，在 $-54℃$ 时仍具有弹性；耐疲劳性优于其它密封膏，可承受较大的接缝位移。与聚氨酯防水涂料一样，为降低成本，目前国内生产的聚氨酯密封膏也多为焦油系列产品，因而其耐候性等指标比非焦油系列产品要差。

四、防水砂浆和防水混凝土

防水砂浆和防水混凝土的作用是，通过掺入少量外加剂或高聚物，并调整配合比，抑制孔隙率，改善孔结构，增加原材料之间界面的密实性；或通过补偿收缩，提高抗裂能力等方法，达到防水与抗渗的目的。

使用各类防水剂等外加剂配制防水砂浆和防水混凝土的常用品种，见表 8-7。由于这两种材料大都在现场配制，其使用要求及施工方法详见本章第三节三、屋面刚性防水施工和第五节一、地下室外加剂防水混凝土施工。

防水砂浆和防水混凝土的常用品种　　　　　　　　　　　　表 8-7

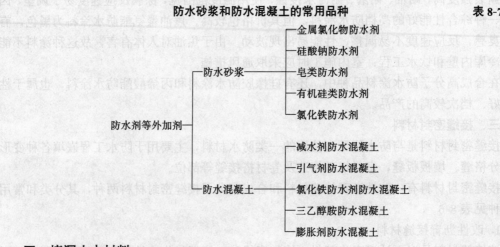

防水剂等外加剂
- 防水砂浆
  - 金属氯化物防水剂
  - 硅酸钠防水剂
  - 皂类防水剂
  - 有机硅类防水剂
  - 氯化铁防水剂
- 防水混凝土
  - 减水剂防水混凝土
  - 引气剂防水混凝土
  - 氯化铁防水剂防水混凝土
  - 三乙醇胺防水混凝土
  - 膨胀剂防水混凝土

五、堵漏止水材料

堵漏止水类材料主要用于地下工程防水，分为防水剂类堵漏材料、堵漏浆液灌浆材料、止水带和遇水膨胀橡胶止水材料三类，见表 8-8。

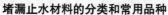

堵漏止水材料的分类和常用品种　　　　　　　　　　　　　　　表 8-8

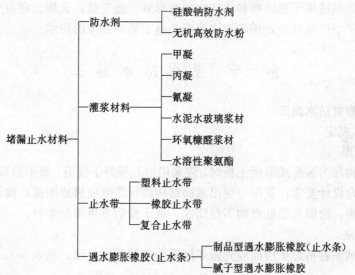

1. 堵漏材料

堵漏材料的品种有：以硅酸钠（水玻璃）为基料的硅酸钠防水剂和快燥精；以水硬性无机胶凝材料为基料的无机高效防水粉；以及水泥类的石膏-水泥堵漏材料、水泥-防水浆堵漏材料等。

目前，无机高效防水粉的市场品种较多，但这些产品的性能差异较大，表现在初凝时间相对较长，为 30min～2h50min，终凝在 2.5～6h 之间，不能进行快速堵漏，与硅酸钠类防水剂的速凝性能相比，较适用于水压不大的渗漏部位。

2. 灌浆材料

早期使用的灌浆材料品种有：甲凝（甲基丙烯酸甲酯堵漏浆液）、丙凝（丙烯酰胺堵漏浆液）、氰凝（异氰酸酯堵漏浆液）、环氧糠醛浆材等。近期开发使用较多的是聚氨酯浆材。

聚氨酯灌浆材料分水溶性和弹性两种。水溶性聚氨酯浆材的特点是具有良好的延伸性、弹性及耐低温性等，对使用一般堵漏材料或方法难以奏效的地下工程大流量涌水和漏水有较好的止水效果。弹性聚氨酯浆材是一种弹性好、强度高、粘结力强、室温固化的弹性体浆液，是我国目前众多灌浆材料中性能最为理想的品种之一，主要适用于地下工程变形缝和在反复变形情况下的混凝土裂缝防水。

3. 止水材料

止水材料主要用于地下建筑物或构筑物的变形缝、沉降缝等部位的防水。目前常用的有止水带和遇水膨胀橡胶止水条等。

止水带有：橡胶止水带、塑料止水带、复合止水带等多种。其中，橡胶止水带的特点是：具有较好的弹性、耐磨性和耐撕裂性；适应变形能力强，伸长率、脆性温度、稳定性等均优于塑料止水带，但硬度、强度、耐久性等不如塑料止水带；在主体结构温度超过 50℃、受强烈氧化作用，及在油类物质与有机溶剂环境下不得使用。复合止水带多用于大型工程的接缝，如地下工程的变形缝、结构接缝和管道接头部位的防水密封。这种接缝是由可伸缩的橡胶型材和两侧结构立面配置的镀锌钢带组成，最大能适应 90mm 的特大变形量。

遇水膨胀橡胶的特点是：具有一般橡胶的弹性、延伸性和抗压缩变形能力；遇水后能膨胀，膨胀率可在100％～500％之间调节，且不受水质影响；耐水性好，膨胀后仍能保持弹性。制品型产品适用于建筑物和构筑物的变形缝、施工缝；金属、混凝土等预制构件的接缝防水。腻子型产品则主要用于现浇混凝土施工缝等部位的防水。

第三节 屋面防水施工

一、屋面卷材防水施工

（一）基本规定

1. 基层处理

屋面的结构层为装配式混凝土板时，应采用细石混凝土灌缝；找平层表面应压实平整，排水坡度应符合设计要求；基层与突出屋面结构的转角处应做成圆弧；铺设隔汽层前，基层必须干净干燥；涂刷基层处理剂不得露底，待干燥后方可铺贴卷材。

2. 细部做法

在大面积铺贴卷材防水层前应先做好细部构造的防水处理，见表8-9。

卷材防水屋面细部构造防水措施 表8-9

构造部位	细部构造	防水措施说明
天沟、檐沟	天沟、檐沟	天沟、檐沟应增铺卷材附加层或采用防水涂膜增强层。屋面与天沟、檐沟交接处和双天沟上部的附加层宜采用空铺法，空铺宽度应为200mm
	天沟、檐沟卷材收头	天沟、檐沟卷材收头应固定，并使用密封膏密封
檐 口	无组织排水檐口	在檐口800mm范围内卷材应采用满粘法，卷材收头应固定密封
泛水收头	卷材泛水收头	墙体为砖墙时，卷材收头直接铺压在女儿墙压顶下，压顶做防水处理。泛水处铺贴的卷材应采用满粘法，并采取隔热防晒措施
	砖墙卷材泛水收头	卷材嵌入砖墙预留的凹槽内并固定密封。凹槽距屋面找平层不应小于250mm
	混凝土墙卷材泛水收头	泛水收头采用金属压条钉压，并用密封材料封固
变形缝	变形缝	采用卷材封盖立墙顶部，并加扣混凝土或金属盖板
	高低跨变形缝	高低跨内排水天沟与立墙交接处应做足够适应变形的密封处理
水落口	直式、横式水落口	水落口处应增铺附加层，周围直径500mm范围内坡度不小于5％；并用厚度不小于2mm的防水涂料或密封材料涂刷。水落口杯与基层接触处应留宽、深各20mm的凹槽，嵌填密封材料
立 墙	女儿墙、山墙	应做各种压顶和封顶防水处理
反 梁	反梁过水孔	留置的过水孔高度不应小于150mm、宽度不应小于250mm，用防水涂料、密封材料防水；如采用预埋管，其管径不得小于75mm，周围留槽用密封材料封严
管 道	伸出屋面管道	管道周围的找平层应做成圆锥台，管道与找平层间应留凹槽，嵌填密封膏。防水层收头处应用金属箍箍紧、密封材料封严
出入口	屋面垂直出入口	防水层收头应压在混凝土压顶圈下
	屋面水平出入口	防水层收头应压在混凝土踏步下 防水层的泛水应设护墙
屋面设施基座	设备基座、拉线座	设施基座与结构层相连时，基座根部周围应用细石混凝土做成圆弧形，并与找平层一次完成。防水层宜包裹设施基座的上部，并在地脚螺栓周围做密封处理；在防水层上放置设施时，设施下部的防水层应做附加增强层，必要时应在其上浇筑细石混凝土，其厚度应大于50mm

卷材防水屋面细部防水构造应遵守规范规定：檐沟，见图8-1；无组织排水檐口，见图8-2；各种类型泛水收头，见图8-3、图8-4、图8-5；变形缝，见图8-6；高低跨变形缝，见图8-7；伸出屋面管道防水构造，见图8-8；直式、横式水落口，图8-9、图8-10；垂直、水平出入口防水构造，见图8-11、图8-12。

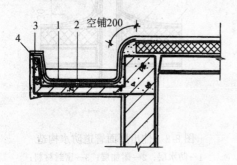

图8-1 檐沟
1—防水层；2—附加层；3—水泥钉；4—密封材料

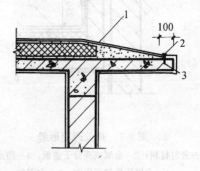

图8-2 无组织排水檐口
1—防水层；2—密封材料；3—水泥钉

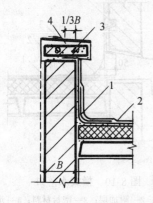

图8-3 卷材泛水收头
1—附加层；2—防水层；3—压顶；
4—防水处理

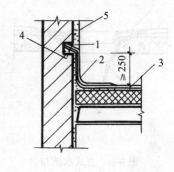

图8-4 砖墙卷材泛水收头
1—密封材料；2—附加层；3—防水层；
4—水泥钉；5—防水处理

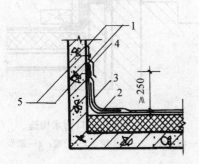

图8-5 混凝土墙卷材泛水收头
1—密封材料；2—附加层；3—防水层；
4—金属、合成高分子盖板；5—水泥钉

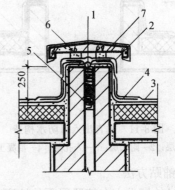

图8-6 变形缝防水构造
1—衬垫材料；2—卷材封盖；3—防水层；4—附加层；
5—沥青麻丝；6—水泥砂浆；7—混凝土盖板

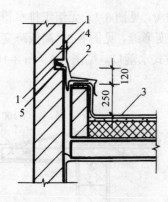

图 8-7　高低跨变形缝

1—密封材料；2—金属或高分子盖板；3—防水层；

4—金属压条钉子固定；5—水泥钉

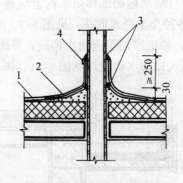

图 8-8　伸出屋面管道防水构造

1—防水层；2—附加层；3—密封材料；

4—金属箍

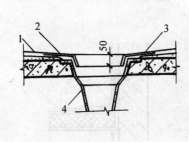

图 8-9　直式水落口

1—防水层；2—附加层；3—密封材料；4—水落口杯

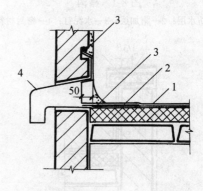

图 8-10　横式水落口

1—防水层；2—附加层；3—密封材料；4—水落口

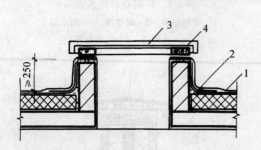

图 8-11　垂直出入口防水构造

1—防水层；2—附加层；3—人孔盖；4—混凝土压顶圈

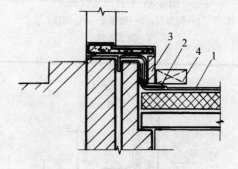

图 8-12　水平出入口防水构造

1—防水层；2—附加层；3—护墙；4—踏步

3. 铺贴方法

卷材的铺设方向按照屋面的坡度确定：当坡度小于3％时，宜平行屋脊铺贴；坡度在3％～15％之间时，可平行或垂直屋脊铺贴。坡度大于15％或屋面有受震动情况，沥青防水卷材应垂直屋脊铺贴；高聚物改性沥青防水卷材和合成高分子防水卷材可平行或垂直屋脊铺贴。不论采用何种卷材，叠层卷材防水层的上下层卷材不得相互垂直铺贴，以避免卷材间重叠缝较多产生不平整，造成渗漏隐患。铺贴卷材应采用搭接法，相邻两幅卷材和上下层卷材的搭接缝应错开。平行于屋脊的搭接缝应顺流水方向搭接；垂直于屋脊的搭接缝应顺年最大频率风向搭接。搭接宽度应符合规范规定。

防水卷材采用满粘法施工时，找平层应做分格缝。在无保温层的装配式屋面上，为避免结构层变形将卷材防水层拉裂，应沿屋面板的端缝空铺一层卷材附加层或单边点粘一层卷材，然后铺贴大面积卷材防水层，卷材的空铺宽度宜为 200～300mm。

4. 保护层

为延长防水卷材的使用年限，各类卷材防水层的表面均应做保护层。易积灰的屋面宜采用刚性保护层。当卷材本身无保护层时，可采用与卷材材性相容、粘结力强和耐风化的浅色涂料涂刷或粘贴铝箔等作保护层。沥青防水卷材的保护层应采用绿豆砂或选用带有云母粉、页岩保护层的 500 号石油沥青油毡作防水层的面层。架空隔热屋面和倒置式屋面的卷材防水层可不做保护层。

（二）沥青防水卷材施工。

使用热玛瑞脂铺贴沥青防水卷材的工艺流程如图 8-13 所示。

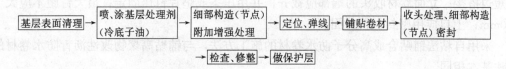

图 8-13 沥青防水卷材施工工艺流程图

在有保温层的屋面，当保温层和找平层干燥有困难时，宜采用排汽屋面。在铺贴卷材防水层前，排汽道应纵横贯通，不得堵塞；铺贴卷材时应避免玛瑞脂流入排汽道。

（三）高聚物改性沥青防水卷材施工

根据高聚物改性沥青防水卷材的特性，其施工方法有热熔法、冷粘法和自粘法三种。目前，使用最多的是热熔法。

热熔法施工是采用火焰加热器熔化热熔型防水卷材底面的热熔胶进行粘结的施工方法。操作时，火焰喷嘴与卷材底面的距离应适中；幅宽内加热应均匀，以卷材底面沥青熔融至光亮黑色为度，不得过份加热或烧穿卷材；卷材底面热熔后应立即滚铺，并进行排汽、辊压粘结、刮封接口等工序。采用条粘法施工，每幅卷材两边的粘贴宽度不应小于 150mm。

以使用热熔法施工为主的 SBS 和 APP 两种改性沥青防水卷材，由于其改性材料分子结构的不同，对施工要求有严格限制。SBS 改性沥青当被高温热熔、温度超过 250℃时，其弹性网状体结构就会遭到破坏，影响卷材特性，而喷灯熔化改性沥青的温度往往超过这一限值，因而必须选用具有足够厚度（4mm）的卷材。否则，宜使用材质相容的热玛瑞脂以热铺法粘贴。APP 改性沥青由于其热稳定性好，卷材使用热熔法铺贴不会因受短时间高温而造成损坏。

冷粘法（冷施工）是采用胶粘剂或冷玛瑞脂进行卷材与基层、卷材与卷材的粘结，而不需要加热施工的方法。采用冷粘法施工，根据胶粘剂的性能，应控制胶粘剂涂刷与卷材铺贴的间隔时间。铺贴卷材时，应排除卷材下面的空气，并辊压粘贴牢固。搭接部位的接缝应满涂胶粘剂，辊压粘结牢固，溢出的胶粘剂随即刮平封口；也可采用热熔法接缝。接缝口应用密封材料封严，宽度不应小于 10mm。

自粘法是采用带有自粘胶的防水卷材，不用热施工，也不需涂刷胶结材料而进行粘结的施工方法。采用自粘法施工，基层表面应均匀涂刷基层处理剂；铺贴卷材时，应将自粘胶底面隔离纸完全撕净；排除卷材下面的空气，并辊压粘结牢固。搭接部位宜采用热风焊枪加热，加热后随即粘贴牢固，并在接缝口用密封材料封严。铺贴立面、大坡面卷材时，应加热后粘贴牢固。

（四）合成高分子防水卷材施工

合成高分子防水卷材的铺贴方法有：冷粘法、自粘法和热风焊接法。目前国内采用最多的是冷粘法。

采用冷粘法施工，不同品种的卷材和不同的粘结部位，应使用与卷材材质配套的胶粘剂和接缝专用胶粘剂。铺贴卷材前，基层表面应涂刷基层处理剂；铺贴卷材时，胶粘剂可涂刷在基层或卷材的底面，并应根据胶粘剂的特性，控制涂层厚度及涂刷胶粘剂与铺贴卷材的间隔时间。铺贴卷材不得皱折，也不得用力拉伸卷材，并应排除卷材下面的空气，辊压粘结牢固。接缝口应采用密封材料封严。铺贴大坡面和立面卷材应采用满粘法，并宜减少短边搭接。立面卷材收头的端部应裁齐，并用压条或垫片钉压固定；最大钉距不应大于 900mm；上口应用密封材料封固。

采用自粘法铺贴合成高分子防水卷材的施工方法，与铺贴高聚物改性沥青防水卷材的方法基本相同。

采用热风焊接法铺设合成高分子防水卷材，焊接前，卷材铺放应平整顺直，搭接尺寸准确。焊接缝的结合面应清扫干净。焊接顺序应先焊长边搭接缝，后焊短边搭接缝。

二、屋面涂膜防水施工

（一）基本规定

按规范规定，涂膜防水屋面主要适用于防水等级为Ⅲ级、Ⅳ级的屋面防水，也可用作Ⅰ级、Ⅱ级屋面多道防水设防中的一道防水层。

涂膜防水屋面施工的工艺流程见图 8-14。

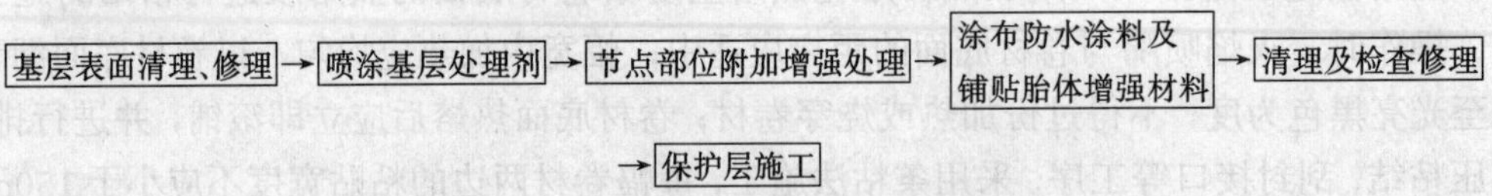

基层表面清理、修理 → 喷涂基层处理剂 → 节点部位附加增强处理 → 涂布防水涂料及铺贴胎体增强材料 → 清理及检查修理

→ 保护层施工

图 8-14 涂膜防水屋面施工工艺流程图

涂膜防水屋面基层如为预制屋面板时，其端缝应进行柔性密封处理。非保温屋面的板缝应预留凹槽，嵌填密封材料，并应增设带有胎体增强材料的附加层。

涂膜防水屋面细部构造的防水措施见表 8-10。

为避免基层变形导致涂膜防水层开裂，涂膜层应加铺胎体增强材料，如玻纤网布、化纤或聚酯无纺布等，与涂料形成一布二涂、二布三涂或多布多涂的防水层。

防水涂膜施工应分层分遍涂布。待先涂的涂层干燥成膜后，方可涂布后一遍涂料。铺设胎体增强材料，屋面坡度小于 15％时可平行屋脊铺设；坡度大于 15％时应垂直屋脊铺设，并由屋面最低处向上操作。胎体的搭接宽度，长边不得小于 50mm；短边不得小于 70mm。采用二层或以上胎体增强材料时，上下层不得互相垂直铺设，搭接缝应错开，其间距不应小于幅宽的 1/3。涂膜防水层的收头应用防水涂料多遍涂刷或用密封材料封严。

涂膜防水屋面细部构造防水措施   表 8-10

细部构造	防 水 措 施 说 明
屋面易开裂、渗水部位	应留凹槽嵌填密封材料，并应增设一层或一层以上带有胎体增强材料的附加层
防水层的找平层	应设缝宽为 20mm 的分格缝，在缝内嵌填密封材料；并应沿分格缝增设带胎体增强材料的空铺附加层，其宽度宜为 200～300mm
天沟、檐沟	天沟、檐沟与屋面交接处的附加层宜空铺，空铺宽度宜为 200～300mm；檐口处涂膜防水层的收头，应用防水涂料多遍涂刷或用密封材料封严
泛水	泛水处的涂膜防水层应涂刷至女儿墙的压顶下；收头处理应用防水涂料多遍涂刷封严。压顶应做防水处理。铺设带有胎体增强材料的附加层，在屋面上的长度和立墙上的高度均应大于 250mm
变形缝	缝内应填充泡沫塑料或沥青麻丝，其上填放衬垫材料，并用卷材封盖；顶部加扣混凝土或金属盖板
水落口	水落口处的防水构造与卷材防水屋面的做法相同

涂膜防水屋面应做保护层。保护层采用水泥砂浆或块材时，应在涂膜层与保护层之间设置隔离层。

防水涂膜严禁在雨天、雪天施工；五级风及其以上时或预计涂膜固化前有雨时不得施工；气温低于 5℃或高于 35℃时不宜施工。

（二）合成高分子防水涂膜施工

合成高分子防水涂料是现有各类防水涂料中综合性能指标最好、质量较为可靠、值得提倡推广应用的一类防水涂料。

合成高分子防水涂膜的厚度不应小于 2mm，在Ⅲ级防水屋面上复合使用时，不宜小于 1mm。可采用刮涂或喷涂施工。当采用刮涂施工时，每遍刮涂的推进方向宜与前一遍相互垂直。多组份涂料应按配合比准确计量，搅拌均匀，及时使用。配料时可加入适量的缓凝剂或促凝剂调节固化时间，但不得混入已固化的涂料。

在涂层中夹铺胎体增强材料时，位于胎体下面的涂层厚度不宜小于 1mm；涂刷最上层的涂层不应少于两遍。

三、屋面刚性防水施工

刚性防水屋面主要适用于防水等级为Ⅲ级的屋面防水，也可用作Ⅰ级、Ⅱ级屋面多道防水设防中的一道防水层；不适用于设有松散材料保温层的屋面以及受较大震动或冲击的建筑屋面。

（一）基本规定

刚性防水屋面的结构层宜为整体现浇钢筋混凝土。当采用预制混凝土屋面板时，应用细石混凝土灌缝，其强度等级不应小于 C20，并宜掺微膨胀剂。当屋面板板缝宽度大于 40mm 或上窄下宽时，板缝内应设置构造钢筋；板端缝应进行密封处理。

刚性防水层与山墙、女儿墙以及与突出屋面结构的交接处，均应做柔性密封处理。刚性防水屋面细部构造的防水措施，见表 8-11。

细部构造	防 水 措 施 说 明
防水层的分格缝	普通细石混凝土和补偿收缩混凝土防水层的分格缝分为平缝和双坡缝(高出防水层表面50～70mm) 两种，缝宽宜为 20～40mm；缝内应嵌填密封材料，上部铺贴防水卷材条封盖
天沟、檐沟	混凝土防水层应铺筑至天沟、檐沟一侧的顶部，并在交接处留凹槽，用密封材料封严
防水层与山墙、女儿墙交接处	刚性防水层离墙应留出宽度为 30mm 的缝隙，用密封材料嵌填；泛水部位应铺设卷材或涂膜附加层；收头做法宜将卷材或涂膜做至墙的压顶下，或将卷材嵌入墙的凹槽内并用密封材料封固
变形缝	刚性防水层与变形缝两侧墙体交接处应留出宽度为 30mm 的缝隙，并用密封材料嵌填；泛水处应铺设卷材或涂膜附加层。变形缝内填充泡沫塑料或沥青麻丝，其上填放衬垫材料，并用卷材封盖，顶部加扣混凝土或金属盖板
伸出屋面管道	伸出屋面管道与刚性防水层交接处应留设缝隙，用密封材料嵌填，并在四周铺设柔性防水附加层；收头处应固定密封

　　刚性防水屋面细部构造应遵守规范规定：分格缝构造，见图 8-15、图 8-16；檐沟，见图 8-17；泛水构造，见图 8-18；变形缝构造，见图 8-19；伸出屋面管道防水构造，见图 8-20。

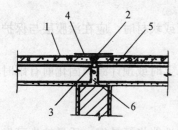

图 8-15　分格缝构造

1—刚性防水层；2—密封材料；3—背衬材料；
4—防水卷材；5—隔离层；6—细石混凝土

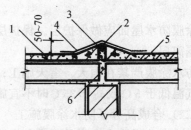

图 8-16　分格缝构造

1—刚性防水层；2—密封材料；3—背衬材料；
4—防水卷材；5—隔离层；6—细石混凝土

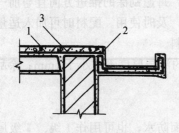

图 8-17　檐沟

1—刚性防水层；2—密封材料；3—隔离层

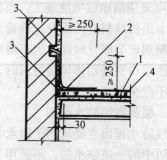

图 8-18　泛水构造

1—刚性防水层；2—防水卷材或涂膜；
3—密封材料；4—隔离层

　　细石混凝土防水层与基层之间宜设置隔离层，隔离层可采用纸筋灰、麻刀灰、低强度等级砂浆、干铺卷材等。

　　防水层的细石混凝土宜用普通硅酸盐水泥或硅酸盐水泥；当采用矿渣硅酸盐水泥时应采取减小泌水性的措施；水泥标号不宜低于 425 号，并不得使用火山灰质水泥。防水层的

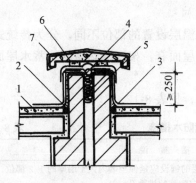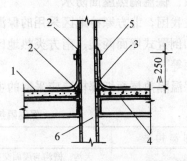

图 8-19　变形缝构造　　　　　图 8-20　伸出屋面管道防水构造

1—刚性防水层；2—密封材料；3—防水卷材；4—衬垫　　　1—刚性防水层；2—密封材料；3—卷材（涂膜）

材料；5—沥青麻丝；6—水泥砂浆；7—混凝土盖板　　　防水层；4—隔离层；5—金属箍；6—管道

细石混凝土宜掺膨胀剂、减水剂、防水剂等外加剂，并应用机械搅拌，机械振捣。防水层内严禁埋设管线。

普通细石混凝土和补偿收缩混凝土防水层应设置分格缝，其纵横间距不宜大于 6m，分格缝内应嵌填密封材料。

刚性防水屋面的坡度宜为 2%～3%，并应采用结构找坡。细石混凝土防水层的厚度不应小于 40mm，并应配置直径为 $\phi4\sim\phi6$mm，间距为 100～200mm 的双向钢筋网片（宜采用冷拔低碳钢丝）。钢筋网片在分格缝处应断开，其保护层厚度不应小于 10mm。

（二）普通细石混凝土防水施工

混凝土水灰比不应大于 0.55；每立方米混凝土的水泥最小用量不应小于 330kg；含砂率宜为 35%～40%；灰砂比应为 1:2～1:2.5，粗骨料的最大粒径不宜大于 15mm。

防水层中的钢筋网片，施工时应放置在混凝土中的上部。分格缝截面宜做成上宽下窄，分格条在起条时不得损坏分格缝边缘处的混凝土。

混凝土中掺入减水剂或防水剂应准确计量，投料顺序得当，搅拌均匀；混凝土搅拌时间不应少于 2min；混凝土运输过程中应防止漏浆和离析；每个分格板块的混凝土应一次浇筑完成，不得留施工缝；抹压时不得在表面洒水、加水泥浆或撒干水泥；混凝土收水后应进行二次压光；混凝土浇筑 12～24h 后应进行养护，养护时间不应少于 14d，养护初期屋面不得上人。

（三）块体刚性防水施工

块体刚性防水层是由底层防水砂浆、块材和面层砂浆组成。水泥砂浆中防水剂的掺量应准确，并应用机械搅拌。

铺抹底层水泥砂浆防水层时应均匀连续，不得留施工缝。当块材为粘土砖时，铺砌前应浸水湿透；铺砌宜连续进行；缝内挤浆高度宜为块材厚度的 1/2～1/3。当铺砌必须间断时，块材侧面的残浆应清除干净。铺砌粘土砖应直行平砌并与基层板缝垂直，不得采用人字形铺设。块材铺设后，在铺砌砂浆终凝前不得上人踩踏。

面层施工时，块材之间的缝隙应用水泥砂浆灌满填实；面层水泥砂浆应二次压光，抹平压实；面层施工完成后 12～24h 应进行养护，养护时间不少于 7d。养护初期屋面不得上人。

四、保温隔热屋面防水

在我国，北方寒冷地区采用的保温屋面，按保温层设置的部位不同，分为传统式保温屋面和倒置式屋面两类；南方炎热地区采用的隔热屋面有：架空隔热屋面、蓄水屋面和种植屋面等。

保温隔热屋面细部构造应采取的主要防水措施，见表 8-12。

保温隔热屋面细部构造防水措施 表 8-12

细部构造	防 水 措 施 说 明
天沟、檐沟	天沟、檐沟与屋面交接处，屋面保温层的铺设应延伸至墙内大于墙厚的 1/2 部位。设有排汽道的屋面应在保温层一端部设置一定数量的排汽孔
排汽出口构造	排汽出口除设在檐口部位外，在屋面上的排汽出口应埋设排汽管。排汽管分直管（顶部带雨帽）和弯管（上部管半圆弧形下弯）两种，应设置在结构层上，穿过保温层的管壁四周应有排汽孔
倒置式屋面保护层	保温层上可采用混凝土等板材、水泥砂浆或卵石做保护层。在做保护层前，应在保温层上先铺设隔离层（合成纤维织物、塑料薄膜、沥青油纸等）。板状保护层可干铺、砂浆铺砌或架空铺设
架空隔热屋面构造	架空隔热层高度宜为 100～300mm；架空板与女儿墙之间的距离宜大于 250mm
蓄水屋面分仓缝构造	溢水口的设置高度应距分仓墙顶面 100mm；过水孔应设在分仓墙底部；排水管应与水落管连通；分仓墙的缝内应嵌填沥青麻丝，上部用卷材封盖，并加扣混凝土板
种植屋面构造	在种植介质四周应设挡墙；挡墙下部应设泄水孔

（一）保温屋面

1. 传统式保温屋面

传统式保温屋面的构造层次为：现浇或预制钢筋混凝土结构层、隔汽层、保温层、找平层、防水层、保护层。这类屋面由于构造层次间存在制约因素较多，易发生屋面渗漏和保温层失效等问题。由于保温层大多采用松散保温材料或与水性胶结材料拌合铺设，并使用水泥砂浆找平层，从而使不能得到充分干燥的保温层和找平层内的剩余水份在隔汽层和防水层的封闭下蒸发不出去，不但影响保温效果，并在防水层受到暴晒后就会导致防水层产生膨胀、鼓泡、开裂，最后出现渗漏。防水层一旦渗漏，又会导致保温层蓄水而丧失保温功能。因此，规范规定保温层的含水率：封闭式保温层的含水率应相当于该材料在当地自然风干状态下的平衡含水率；当采用有机胶结材料时，不得超过 5%；当采用无机胶结材料时，不得超过 20%。由于松散材料保温层和整体现浇保温层的吸湿性与吸水率都较高，以及施工不简便等原因，保温层宜采用吸水率低、憎水性好、表观密度和导热系数较小，并有一定强度的板状保温材料。

2. 倒置式屋面

倒置式屋面的构造层次依次为：结构层、找平层、防水层、保温层、隔离层、保护层。即在构造层次上将传统式保温屋面的防水层与保温层的设置部位互相倒置，故称倒置式屋面。倒置式屋面的构造示意，见图 8-21、图 8-22。

倒置式屋面目前在我国还较少应用，而在发达国家已有 20～30 年的应用历史，可以较好克服传统式保温屋面存在的诸多问题，其主要优点是：由于防水层置于保温层之下，可以保护防水层免受阳光紫外线的直接照射，大幅度降低防水层和结构层的热应力，避免防

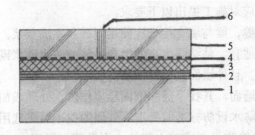

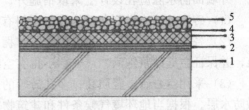

图 8-21　现浇混凝土保护层的
倒置式屋面构造

1—结构层；2—防水层；3—保温层；4—隔离材料；

5—现浇混凝土；6—嵌缝材料

图 8-22　卵石保护层的倒置式屋面构造

1—结构层；2—防水层；3—保温层；

4—隔离材料；5—卵石层

水层产生由温差变形引起的裂纹或裂缝，防止防水层早期破坏，从而有效地提高防水层的耐久性；有利于发挥屋面的绝热效能和节能效果。当然，从施工角度看，这类屋面做法对防水层的施工质量特别是细部构造防水的要求很高，必须确保不出现渗漏，否则维修较为困难。

倒置式屋面采用的保温材料必须具有良好的憎水性或高抗湿性，最常用的是发泡聚苯乙烯板。使用板状保温材料制品施工非常简便，可采用干铺，亦可采用与防水层材性相容的胶粘剂进行点粘。板材的厚度应通过热工计算决定，在寒冷地区使用，其厚度一般在50mm 左右即可。

（二）隔热屋面

屋面隔热是指在炎热地区防止夏季室外热量通过屋面传入室内的措施。为解决炎热季节室内温度过高问题，我国南方地区大多采用以架空屋面为主要形式的隔热屋面。鉴于这种屋面和其它隔热屋面，如蓄水屋面、种植屋面，在不同地区采用的隔热、防水方法有很大差别，因此这类屋面的设计与施工应根据地区条件和当地经验，以及规范规定进行。

第四节　外墙面防水施工

一、砌体外墙面防水施工

外墙采用传统优质的实心粘土砖砌筑的清水墙具有抗渗作用，不需进行防水处理。从六七十年代开始，随着墙体材料革新与建筑节能的要求，各类新型墙体材料有了较大发展与应用，且品种十分繁多。除各种墙板外，在砌体材料方面有各种空心砖、轻质砖、多孔砖，以及混凝土空心砌块、加气混凝土砌块等，其中多数墙面需做饰面处理。这些材料与制品在早期应用中都未发生过墙体渗漏问题。但近年来一些地区特别是南方一些省、市，采用新型墙体材料的外墙面在使用不久后即发生不同程度的渗漏，且日趋严重。分析其原因主要有：非承重墙体的设计厚度不足，构造措施"不周密"；砌块主缝的砌筑砂浆不饱满、不密实；受强台风侵袭、多雨潮湿期长、温差变化大等引起墙面抹灰层、饰面层产生裂缝、空鼓、脱落；以及屋面女儿墙泛水开裂和门窗框安装不严密等。这些问题大部分与新材料的应用技术没有过关或设计、施工不周有关。因而治理外墙渗漏已成为一个新问题，引起了有关部门的重视与关注。

外墙面防水除应在设计上采取措施外,还应对施工提出以下要求:

(1) 砖砌外墙应做到灰缝饱满,不得有空缝,梁与墙交接处应使用斜砖和塞满灰浆。

(2) 各类砌块外墙应采用专门配制、稠度适宜、粘结强度高的混合砂浆或防水砂浆砌筑,并保证主缝砂浆饱满、严密,不得有空缝。且外墙面宜做饰面层。

(3) 采用空心砖、轻质砖、多孔砖等的外墙面,其找平层和饰面层应作防水处理或加做防水层。根据当地环境气候条件和建筑物对防水设防标准的要求,外墙的找平层应选用不掺粘土类的混合砂浆、掺纤维的水泥砂浆和掺防水剂或减水剂的水泥砂浆(厚度10~20mm);防水层应选用聚合物水泥砂浆(厚度5~7mm)、聚合物水泥基复合防水涂料(厚度2~3mm)或其它防水砂浆;饰面砖的胶结料也应选用以上防水材料。外墙面不平整超过20mm时,应做找平层,其表面的孔洞、缺口应先行堵塞;外墙面较平整时,找平层可与防水层合二为一,一次施工。

(4) 找平层施工前,应先安装门窗框的预埋铁件,填补、堵塞墙面孔洞和门窗框、窗顶、窗台与墙体间的缝隙,并修整凸出部分。

(5) 找平层和防水层的基面在施工前应充分湿润,但不得有明水。找平层和防水层应分层抹压,防水砂浆的每层厚度不应大于10mm;聚合物水泥砂浆宜采用压力喷涂施工,每遍厚度宜为3mm,采用抹压法的每层厚度不应大于5mm,待前一层抹压凝结后方可抹后一层;聚合物水泥基复合防水涂料的厚度不应小于2mm,应分2~3遍涂刷。找平层和防水层应坚实、毛糙,施工完成后应及时淋水养护,养护时间不应少于3d。

(6) 找平层和防水层抹面时,门窗边角、挑出板、檐、线条交角处不得留接缝。

(7) 防水层和饰面层宜设分格缝,上下对齐。分格缝的纵横间距不应大于3m,缝宽宜为8~10mm,并嵌填高弹性合成高分子密封材料。分格缝施工时基面应干燥、干净,并刷基层处理剂。嵌填的密封材料表面应平整、光滑。

(8) 在防水层上施工饰面砖时,应先扫一遍聚合物水泥浆。基面要求干净、平直,并在贴砖前一天浇水湿透,饰面砖在铺贴前要浸水30min以上。粘贴饰面砖时,胶结料要均匀、饱满,并控制好稠度。饰面砖勾缝时,应先清理缝内疙瘩并湿润,勾缝应用专用工具,使缝面达到平整、光滑、无砂眼与裂缝。勾缝后应及时淋水养护。

(9) 屋面女儿墙泛水和外墙雨水斗、水落口等部位要做增强防水处理,并与屋面防水层相连。

(10) 外墙板的防水施工,见本节二、外墙板防水施工。

二、外墙板防水施工

外墙板的品种主要有:普通混凝土墙板、保温夹心混凝土墙板、加气混凝土墙板,以及金属压型墙板等。其中混凝土类外墙板的板面均需做找平层(或防水层)。在做找平层前,应对板面的外观质量进行检查,当有裂缝、蜂窝、空洞等缺陷时,须先进行补强。混凝土外墙板(或较难粘结找平层的外墙面)抹找平层(或防水层)时,应在基面上扫一遍聚合物水泥浆作粘结层,厚度宜为1mm。其它施工方法和施工要求与砌体外墙面防水施工相同。

采用墙板的外墙体还必须重点解决好板缝、接缝和构造节点部位的防水处理。以普通混凝土墙板接缝防水为例,早期主要采用空腔构造防水,但由于设计与施工质量都不够可靠,在使用3~5年后大多出现局部渗漏或大面积渗漏现象,因此最近已不多采用,而主要采取构造措施和柔性材料密封相结合的防水方法。

三、外墙板防水施工工艺

1. 作业准备

普通混凝土墙板一般带有外饰面，其接缝边缘宜采取斜面或留边做法，宽度宜为 10mm，以防止墙板在运输堆放过程中遭受破坏，确保板缝密封质量。安装后墙板间的板缝宽度以 15～30mm 为宜。若接缝过窄，应在安装时适当调整；如接缝过宽或有蜂窝、麻面等缺陷，应使用胶泥或聚合物水泥砂浆修补。密封作业前必须将接缝两侧混凝土表面的尘土、杂物、砂浆疙瘩等清扫干净。

2. 填塞聚乙烯泡沫塑料衬垫棒材

选用直径比板缝宽度大 4～6mm 的棒材，填塞至缝内，并在外部预留出嵌填密封膏的缝隙深度等于或大于缝隙宽度的 1/2。

3. 粘贴防污护面胶粘带

为防止嵌填密封膏污染墙板，需在板缝正面两侧边缘部位各粘贴宽度约为 15～25mm 的防污护面胶粘带。

4. 涂刷基层处理剂。

应先使用高压吹风机把缝内残存的灰尘、杂质等喷吹干净，然后用油漆刷蘸取基层处理剂均匀涂刷缝隙两侧的混凝土表面。

5. 嵌填密封膏

待基层处理剂表干后，即可嵌填密封膏。密封膏宜采用高弹性合成高分子材料类的简装产品，操作时应按板缝宽度大小，剪开筒装密封膏的塑料锥体嘴口，灌填预留的缝隙。

6. 修整密封膏表面

墙板缝隙填满密封膏后，应立即用蘸过二甲苯等有机溶剂的开刀，把密封膏表面压实、刮平与修整，并将防污护面胶粘带撕去。

第五节 地下室防水施工

一、地下室外加剂防水混凝土施工

外加剂防水混凝土是靠掺入少量有机或无机物外加剂改善混凝土的和易性，提高密实性和抗渗性，以适应工程需要的防水混凝土。按所掺外加剂种类不同可分为：减水剂防水混凝土、加气剂防水混凝土、三乙醇胺防水混凝土和氯化铁防水混凝土等。

现举例介绍减水剂防水混凝土的应用技术。使用不同减水剂的混凝土抗渗性能不同，详见表 8-13、表 8-14。

用于防水混凝土的几种减水剂   表 8-13

种　　类	优　　点	缺　　点	适用范围
木质素磺酸钙（简称木钙）	1. 有增塑及引气作用，提高抗渗性能最为显著 2. 有缓凝作用，可推迟水化热峰出现 3. 可减水 10%～15% 或增强 10%～20% 4. 价格低，货源充足	1. 分散作用不及 NNO、MF、JN 等高效减水剂 2. 温度较低时，强度发展缓慢，须与早强剂复合使用	一般防水工程均可使用

种 类		优 点	缺 点	适用范围
多环芳香族磺酸钠	NNO	1. 均为高效减水剂，减水 12%～20%，增强 15%～20%	货源少、价较贵	防水混凝土工程均可使用，冬期气温低时，使用更为适宜
	MF	2. 可显著改善和易性，提高抗渗性 3. MF、JN 有引气作用，抗冻性、抗渗性较 NNO 好	生成气泡较大，需用高频振动器排除气泡，以保证混凝土质量	
	JN FDN ONF	4. JN 减水剂在同类减水剂中价格最低，仅为 NNO 的 40%左右		
糖密		1. 分散作用及其它性能均同木质素磺酸钙 2. 掺量少，经济效果显著 3. 有缓凝作用	由于可以从中提取酒精、丙酮等副产品，因而货源日趋减少	宜于就地取材，配制防水混凝土

减水剂防水混凝土抗渗性能　　　　　　　表 8-14

减水剂		水 泥		水灰比	坍落度（mm）	抗 渗 性	
品 种	掺量（%）	品 种	用量（kg/m³）			等级	渗透高度（cm）
一	0	425 号矿	380	0.54	52	S6	
木 钙	0.25	渣水泥	380	0.48	56	S30	
一	0	425 号矿	350	0.57	35	S8	
MF	0.5		350	0.49	80	S16	
木钙	0.25	渣水泥	350	0.51	35	>S20	10.5
MF	0.5	425 号普通	390	0.42	100～120	S30	4.2
MF	0.5	硅酸盐水泥	410	0.42	100～120	S30	2.2
一	0	325 号矿	300	0.626	10	S8	
JN	0.5	渣水泥	300	0.55	13	>S20	3.2

减水剂防水混凝土的配制及施工要点

1. 减水剂防水混凝土的配合比

以通用的 MF 减水剂为例，MF 减水剂防水混凝土的配合比见表 8-15。

MF 减水剂防水混凝土配合比　　　　　　　表 8-15

混凝土标号	配合比		水灰比	砂率（%）	坍落度（cm）	单方材料用量（kg/m³）			MF 掺量（%）
	水泥∶砂∶石					水泥	砂子	石子	
300*	1∶1.25∶3.08		0.426	37	10～12	390	710	1200	0.5
350*	1∶1.57∶3.05		0.405	34	10～12	410	645	1250	0.5

2. MF 水溶液的配制

将 MF 减水剂和热水按 1∶3 的比例（重量比）配合，搅拌至完全溶解后，贮存待用。MF（干粉）的掺量一般为水泥用量的 0.5%，如每盘混凝土的水泥用量为 100kg 时，掺入 1∶3MF 水溶液为 1.81L 或 2.0kg。

3. 减水剂防水混凝土的搅拌

MF 减水剂防水混凝土的配合比必须经过准确秤量，并用强制式搅拌机搅拌，搅拌时间一般要求不少于 1.5min，也不要超过 2min，同时对混凝土坍落度要经常抽查检验，并严格控制在规定范围内。

4. 防水混凝土施工缝的处理

遇水膨胀橡胶止水条是带有自粘性能的条状物，其截面为 20mm×30mm。该材料在静水中浸泡 15min 左右，体积可膨胀 50% 以上，能堵塞 1.5MPa 压力水的渗透，可有效地解决施工缝的抗渗防水。施工时，只要将包装膨胀橡胶止水条的隔离纸撕掉，直接粘贴在平整和清理干净的施工缝处，压紧粘牢；必要时还须每隔 1m 左右加钉一个水泥钢钉，固定后即可浇灌下一作业面的防水混凝土。

5. 减水剂防水混凝土的保护

对在常温条件下和暴露在空气中的防水混凝土，应覆盖塑料薄膜或草帘子进行潮湿保水养护 7d 以上。因为在潮湿条件下可使水泥充分水化，水化生成物可将毛细孔堵塞，切断水的通道，从而提高水泥面的致密性和防水抗渗功能。如为冬季施工，减水剂防水混凝土可采用蓄热法养护。

6. 回填灰土

整个防水工程经检查验收合格后，即可分层回填二八灰土，并分层夯实，使其形成混凝土结构外围防水的另一道防线。

二、地下室防水层施工

防水层有水泥砂浆防水层、卷材防水层、涂膜防水层、金属防水层等，宜设在围护结构外侧的迎水面或复合衬砌之间。

1. 水泥砂浆防水层

水泥砂浆防水层所用的材料及其配合比应符合规范规定。水泥砂浆防水层是由水泥砂浆层和水泥浆层交替铺抹而成，一般需做 4～5 层，其总厚度为 15～20mm。施工时分层铺抹或喷射，水泥砂浆每层厚度宜为 5～10mm，铺抹后应压实，表面提浆压光；水泥浆每层厚度宜为 2mm。防水层各层间应紧密结合，并宜连续施工。如必须留设施工缝时，平面留槎采用阶梯坡形槎，接槎位置一般宜留在地面上；亦可留在墙面上，但须离开阴阳角处 200mm。

2. 卷材防水层

地下室卷材防水层的施工方法基本上有以下两种：外防外贴法和外防内贴法。

外防外贴法，即待围护结构墙施工完成后，将立面卷材防水层直接铺贴在围护结构的外表面，最后采取保护措施的方法。铺贴卷材防水层应符合下列规定。

（1）铺贴卷材应先铺贴平面，后铺贴立面，交接处应交叉搭接。平面防水卷材的施工方法宜采用空铺法、点粘法或条粘法，不宜采用满粘法。

（2）临时性保护墙应采用石灰砂浆砌筑，其内表面亦应采用石灰砂浆做找平层，并刷石灰浆。如采用模板时，应在其上涂刷隔离剂。各层卷材铺好后，其顶端应临时固定。

（3）从平面折向立面的卷材与永久性保护墙的接触面，应采用胶结料紧密贴严；与临时性保护墙的接触面，应临时贴附在该墙上或模板上。

（4）围护结构完成在拆除临时性保护墙后，即可铺贴立墙卷材。铺贴立墙卷材之前，应先将临时性保护墙区段内各层卷材的接槎揭开，并将其表面清理干净。如卷材有局部损伤，应进行修补后方可继续施工。多层卷材应错槎接缝，上层卷材应盖过下层卷材。铺贴立墙防水层必须采用满粘法施工。

外防外贴法施工临时性保护墙铺设卷材应遵守规范规定，见图 8-23；立墙卷材防水层错槎接缝方法，见图8-24。

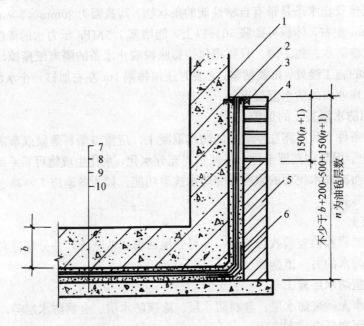

图 8-23　临时性保护墙铺设卷材示意图

1—围护结构；2—永久性木条；3—临时性木条；4—临时性保护墙；5—永久性保护墙；
6—卷材附加层；7—保护层；8—卷材防水层；9—找平层；10—混凝土垫层

当施工条件受到限制时，可采用外防内贴法铺贴卷材防水层。

外防内贴法是在浇筑混凝土垫层后，在垫层上将永久性保护墙全部砌好，再将卷材铺贴在永久性保护墙和垫层上的方法。待防水层全部做好，最后浇筑围护结构混凝土。采用这一方法，保护墙内表面应抹1：3砂浆找平层。卷材宜先铺立面，后铺平面。铺贴立面时，应先铺转角，后铺大面。

防水层采用沥青防水卷材的层数宜为 3~4 层；采用高聚物改性沥青防水卷材的层数宜为 2~3 层；采用合成高分子防水卷材的层数宜为 1~2 层。

粘结卷材的找平层表面应使用与卷材材性相容的基层处理剂或底料涂刷均匀，以增强卷材与找平层的粘结力。卷材防水层基层的所有阴阳角处均应做成圆弧。对沥青类卷材，圆弧半径应大于 150mm。在立面与平面的转角处，卷材的接缝应留在平面上，距立面不应小于 600mm；在转角处和易产生变形或渗水的部位，应增铺 1~2 层相同的卷材或选用材性内容、柔性好、拉伸强度较高的卷材作附加防水层。

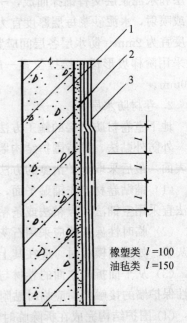

橡塑类 $l=100$
油毡类 $l=150$

图 8-24　立墙卷材防水层错槎
接缝示意图

1—围护结构；2—找平层；3—卷材防水层

3. 涂膜防水层

涂膜防水层使用油溶性或非湿固性涂料时，基层应保持干燥；在潮湿基面上应选用湿固性涂料、含有吸水能力组份的涂料、水性涂料。涂料的涂刷或喷涂，不得少于两遍，后一层涂料的施工必须待前一层涂料结膜后方可进行；后一层涂料的涂刷方向，应与前一层涂料相垂直。为增强防水效果，涂料宜与玻璃布、玻纤毡、土工布等材料复合使用。

随着科技发展和实践表明，地下室的防水层宜选用合成高分子防水涂料（如聚氨酯涂料）和耐久性较好、搭接合缝可靠的防水卷材（如高聚物改性沥青防水卷材和合成高分子防水卷材）。在涂膜防水中，不宜选用水乳型涂料。

4. 保护层

地下室底板防水层的保护层，一般做1：2水泥砂浆，厚30mm；也可做细石混凝土，厚40mm。保护层与防水层之间可不做隔离层。

地下室侧墙防水层，当采用外防外贴卷材或涂膜防水，在回填土时应防止打夯机碰撞防水层。因此，侧墙防水层应做保护层，如采用高发泡聚乙烯塑料毡、发泡聚苯乙烯板（厚30mm）或铺抹水泥砂浆（厚10mm，配合比1：4）等。尽可能不采用砖砌保护墙。

三、地下室细部构造防水施工

地下室工程常因细部构造防水处理不当出现渗漏。地下室工程的细部构造主要有：变形缝、后浇缝（施工缝）、穿墙管（盒）、埋设件、预留孔洞、孔口等。为保证防水质量，对这些部位的设计与施工应遵守《地下工程防水技术规范》的规定，采取加强措施。

1. 变形缝

变形缝应满足密封防水、适应变形、施工方便、检查容易等要求，其宽度宜为20～30mm。变形缝的构造形式和材料，应根据工程特点、地基或结构变形情况，以及水压、水质和防水等级确定。

需要增强变形缝的防水能力时，可采用两道埋入式止水带，或采取嵌缝式、粘贴式、附贴式、埋入式等方法复合使用。其中埋入式止水带的接缝位置不得设在结构转角处。

对水压小于0.03MPa，变形量小于10mm的变形缝可用弹性密封材料嵌填密实或粘贴橡胶片，见图8-25、图8-26。

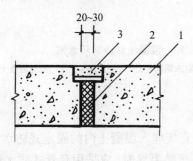

图8-25 嵌缝式变形缝

1—围护结构；2—填缝材料；3—嵌缝材料

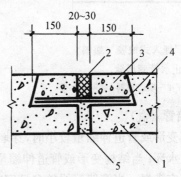

图8-26 粘贴式变形缝

1—围护结构；2—填缝材料；3—细石混凝土；

4—橡胶片；5—嵌缝材料

对水压小于0.03MPa，变形量为20～30mm的变形缝，宜用附贴式止水带，见图8-27、

图 8-28。

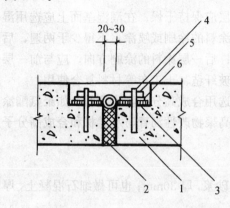 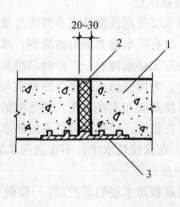

图 8-27　附贴式止水带变形缝

1—围护结构；2—填缝材料；3—止水带；

4—螺栓；5—螺母；6—压铁

图 8-28　附贴式止水带变形缝

1—围护结构；2—填缝材料；3—止水带

对水压大于 0.03MPa，变形量为 20～30mm 的变形缝，应采用埋入式橡胶或塑料止水带，见图 8-29。

2. 后浇缝（施工缝）

后浇缝应设在受力和变形较小的部位，宽度以 1m 为宜，可做平直缝或阶梯缝。在后浇混凝土区段应设附加钢筋，与主钢筋连结；采用补偿收缩混凝土浇筑，强度应不低于两侧混凝土。并在后浇缝结构断面中部附近安设遇水膨胀橡胶腻子条。混凝土后浇缝示意，见图 8-30。

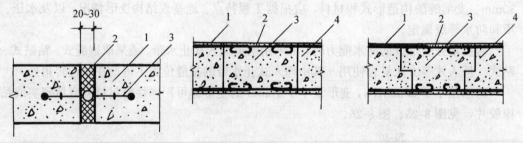

图 8-29　埋入式橡胶（塑料）
止水带变形缝

1—围护结构；2—填缝材料；3—止水带

图 8-30　混凝土后浇缝示意图

1—主钢筋；2—附加钢筋；3—后浇混凝土；4—先浇混凝土

3. 穿墙管（盒）

当结构变形或管道伸缩量较小时，穿墙管可采用直接埋入混凝土内的固定式防水法，主管应满焊止水环；当结构变形或管道伸缩量较大或有更换要求时，应采用套管式防水法，套管与止水环应满焊；当穿墙管线较多且密时，宜相对集中，采用穿墙盒法。盒的封口钢板应与墙上的预埋角钢焊严，并从钢板上的浇注孔注入密封材料。

穿过地下室外墙的水、暖、电缆管，管周应填塞膨胀橡胶泥，并与外墙防水层联接。

固定式穿墙管、套管式穿墙管、穿墙盒的施工方法，分别见图 8-31、图 8-32、图 8-33。

4. 埋设件

埋设件端部或预留孔（槽）底部的混凝土厚度不得小于 200mm，当厚度小于 200mm 时，必须局部加厚或采取其它防水措施。预留孔（槽）内的防水层，应与孔（槽）外的结构附加防水层保持连续。

5. 预留孔洞、孔口

地下室通向地面的各种孔洞、孔口应采取防止地面水倒灌的措施，出入口应高出地面不小于 300mm。窗井的底部在最高地下水位以上时，窗井的底板和墙宜与主体结构断开；窗井或窗井的一部分在最高地下水位以下时，窗井应与主体结构连成整体，其采用的附加防水层也应连成整体。窗井内的底板必须比窗下缘低 200～300mm。窗井墙高出地面不得小于 300mm。窗井外的地面应作散水。通风口应与窗井同样处理。

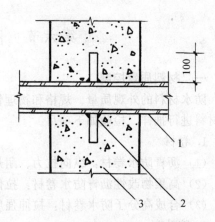

图 8-31 固定式穿墙管
1—主管；2—止水环；3—围护结构

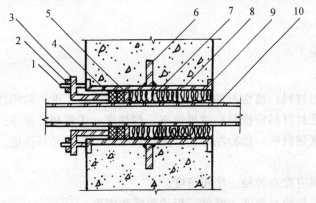

图 8-32 套管式穿墙管
1—双头螺栓；2—螺母；3—压紧法兰；4—橡胶圈；5—挡圈；
6—止水环；7—嵌填材料；8—套管；9—翼环；10—主管

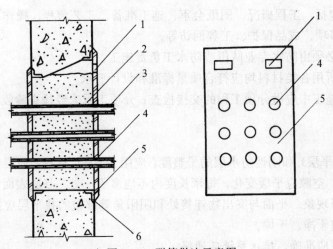

图 8-33 群管做法示意图
1—浇注孔；2—柔性材料；3—穿墙管；4—穿管预留孔；5—封口钢板；6—固定角钢

285

第六节　防水工程质量控制

一、材料质量控制

防水材料的外观质量、规格和物理性能均应符合标准、规范的规定要求。并应对进场的材料进行抽样，检验如下项目。

1.卷材

(1) 沥青防水卷材：纵向拉力、耐热度、柔性和不透水性。

(2) 高聚物改性沥青防水卷材：拉伸性能、耐热度、柔性和不透水性。

(3) 合成高分子防水卷材：拉伸强度、断裂伸长率、低温弯折性和不透水性。

2.胶粘剂

(1) 改性沥青胶粘剂：粘结剥离强度。

(2) 合成高分子胶粘剂：粘结剥离强度和粘结剥离强度浸水后保持率。

3.防水涂料

检验固体含量、耐热度、柔性、不透水性和延伸性。合成高分子防水涂料还需检验拉伸强度和断裂延伸率。

4.胎体增强材料

检验拉力和延伸率。

5.密封材料

(1) 改性沥青密封材料：改性石油沥青密封材料应检验施工度、粘结性、耐热度和柔性；改性煤焦油沥青密封材料应检验粘结延伸率、耐热度、柔性和回弹率。

(2) 合成高分子密封材料：检验粘结性、柔性和拉伸一压缩循环性能。

6.保温材料

(1) 松散保温材料应检查粒径、堆积密度。

(2) 板状保温材料应检查密度、厚度、板的形状和强度。

二、施工过程质量控制

1.编制防水工程施工方案

主要内容应包括：工程概况、图纸会审、施工准备、工艺流程、操作要点、工程质量验收、安全注意事项、成品保护、工程回访等。

2.防水工程必须由防水专业队伍或防水工负责施工。

3.防水工程所用各类材料均应符合质量标准和设计要求。

4.防水工程施工中应做分项工程的交接检查；分项工程未经检查验收，不得进行后续施工。

5.基层要求

(1) 基层（找平层）和刚性防水层的平整度，应用 2m 直尺检查；面层与直尺间最大空隙不应大于 5mm；空隙应平缓变化，每米长度内不应多于一处。基层表面不得有酥松、起砂、起皮、空鼓等现象。平面与突出物连接处和阴阳角等部位的找平层应抹成圆弧。防水层作业前，基层应干净、干燥。

(2) 屋面坡度应准确，排水系统应通畅。

6. 细部构造要求

各细部构造防水处理应达到规范规定和设计要求。

7. 卷材防水层要求

铺贴工艺应符合标准、规范规定和设计要求，卷材搭接宽度准确，接缝严密。平立面卷材及搭接部位卷材铺贴后表面应平整，无皱折、鼓泡、翘边，接缝牢固严密。

8. 涂膜防水层要求

（1）涂膜厚度必须达到标准、规范规定和设计要求。

（2）涂膜防水层不应有裂纹、脱皮、起鼓、薄厚不匀或堆积、露底、露胎以及皱皮等现象。

9. 密封处理要求

密封部位的材料应紧密粘结基层。密封处理必须达到设计要求，嵌填密实，表面光滑、平直。不出现开裂、翘边，无鼓泡、龟裂等现象。

10. 刚性防水层要求

（1）除防水混凝土和防水砂浆所用材料应符合标准规定外，外加剂及预埋件等均应符合有关标准和设计要求。

（2）防水混凝土必须密实，其强度和抗渗等级必须符合设计要求和有关标准规定。

（3）刚性防水层的厚度应符合设计要求，其表面应平整，不起砂，不出现裂缝。细石混凝土防水层内的钢筋位置应准确。分格缝做到平直，位置正确。

（4）施工缝、变形缝的止水片（带），穿墙管件，支模铁件等设置和构造部位必须符合设计要求和有关规范规定。

11. 屋面保温层要求

（1）保温材料的强度、表观密度、导热系数、吸水率以及配合比，均应符合规范规定和设计要求。

（2）松散保温材料，应分层铺设，压实适当，表面平整，找坡正确。

（3）板状保温材料，应粘贴紧密，铺平垫稳，找坡正确，错缝铺设并嵌填密实。

（4）整体现浇保温层，应拌合均匀，分层铺设，压实适当，表面平整，找坡正确。

12. 成品保护

防水工程完工后强调成品保护。工程验收前应把施工用的物品搬走，杂物清扫干净，经闭水试验和验收后，方可做屋面保护层。要求现场作业人员不穿钉子鞋，避免破坏防水层。水暖工、架子工操作后要进行检查，对破损的防水层应及时修理好，避免后患。

13. 保护层要求

（1）松散材料保护层和涂料保护层应覆盖均匀，粘结牢固。

（2）块体保护层应铺砌平整，勾缝严密。分格缝的留设应正确。

（3）刚性保护层与防水层之间应设置隔离层，分格缝的留设应正确。

三、防水功能质量检验

（1）防水层施工中，每一道防水层完成后，应由专人进行检查，合格后方可进行下一道防水层的施工。

（2）检验屋面有无渗漏水、积水，排水系统是否畅通，可在雨后或持续淋水 2h 以后进行。有可能做蓄水检验时，蓄水时间为 24h。厕浴间蓄水检验亦为 24h。

（3）各类防水工程的细部构造处理，各种接缝，保护层等均应做外观检验。

（4）涂膜防水层的涂膜厚度检查，可用针刺法或仪器检测。每100m² 防水层面积不应少于一处，每项工程至少检测三处。

（5）各种密封防水处理部位和地下防水工程，经检查合格后方可隐蔽。

（6）工程完工在经过一个雨季后，就要进行回访，发现渗漏及时修补。

第九章 装 饰 工 程

第一节 装 饰 工 程 概 述

装饰工程包括抹灰、饰面、裱糊、涂料、刷浆、隔断、吊顶、门窗、玻璃、罩面板和花饰安装等内容。它不仅能增加建筑物的美观和艺术形象，而且能改善清洁卫生条件，美化城市和居住环境，有隔热、隔声、防腐、防潮的功能；还可保护结构构件免受大自然的侵蚀，提高维护结构的耐久性。

装饰工程项目繁多，涉及面广，工程量大，施工工期长，耗用的劳动量多。如在一般民用建筑中，平均每平方米的建筑面积就有 $3\sim5m^2$ 的内抹灰，有 $0.15\sim1.3m^2$ 的外抹灰；劳动量占总劳动量的 $15\%\sim30\%$；工期占总工期的 $30\%\sim40\%$；造价占总造价的 30% 左右，对一些装饰要求房的建筑，装饰部分的工期和造价均占整个建筑物总工期和总造价的 50% 以上。因此，为了加快工程进度，降低工程成本，满足装饰功能，增强装饰效果，装饰工程的发展方向是：必须不断地提高装饰工程工业化施工水平；实现结构与装饰合一；大力发展新型装饰材料；尽可能采用干法施工；广泛地应用胶粘剂和涂料，以及喷涂、滚涂和弹涂等新工艺。

结构和饰面合一，就是利用浇筑结构模板的不同造型，对结构混凝土表面进行饰面处理，使结构和饰面一次完成。如我国采用"正打"、"反打"工艺成型墙板时，使墙板表面形成仿蘑菇石、仿竹纹、仿面砖，或带有装饰性的凸肋、漏花、线角、纹理、图案和浮雕等质感，或使墙板表面露石、露渣，也可直接作成干粘石、水刷石等饰面层。这样，既可充分利用和体现混凝土的内在素质与独特的建筑效果，使结构的功能、耐久性与装饰相互统一；又可省工省料，减轻自重，减少现场装修作业，缩短施工工期。

大力发展新型装饰材料的制品，是实现装饰工程工业化施工和干法施工的前提。所以，我国在"建筑材料与制品技术政策"中明文规定：要大力发展内外墙涂料和贴墙材料；优先发展弹性发泡塑料铺地材料和塑料地毯；加强吊顶材料的开发与研究，推广应用各类顶棚涂料；积极发展钢塑门窗及室内塑料装饰制品（如扶手、踢脚板、挂镜线、窗帘盒等），以及塑料模具（模壳、模板），积极发展多品种建筑胶粘剂系列产品及配套的施工技术和机具；积极发展满足建筑节能和其它物理功能要求的新品种建筑玻璃、中空玻璃、彩色玻璃、钢化玻璃等）；改革提高传统的饰面砖、地面砖、马赛克等产品，开发新花色和新品种的饰面材料。

随着干法施工、裱糊工艺、喷涂、滚涂、弹涂工艺的发展，胶粘剂和涂料已成为装饰工程中必不可少的材料。其用途甚广，功能多样，可美化饰面；可防水、防渗、耐磨、抗冻；可提高饰面层的粘结力和强度，防开裂、脱落、掉面；可用以粘结各种墙板、饰面板、饰面构件和裱糊墙纸；亦可保护饰面；减少污染。尤其是以涂料作饰面，施工简便，色彩鲜艳，艺术感强，工期短，工效高，便于维修更新；因此，在国内外建筑装饰中得到广泛应用。

<h1 style="text-align:center">第二节 抹 灰 工 程</h1>

抹灰工程的种类如图9-1所示，按使用材料和装饰效果不同，可分为一般抹灰和装饰抹灰两大类；按工程部位不同，则又可分为墙面抹灰、顶棚抹灰和地面抹灰三种。

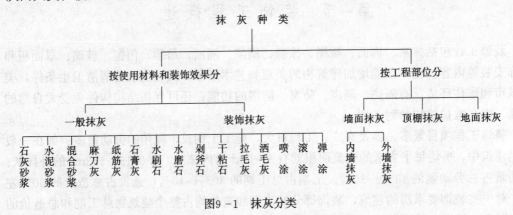

图9-1 抹灰分类

一、一般抹灰

一般抹灰系将灰浆涂抹在基层的表面，按使用要求、质量标准和操作工序不同，分普通抹灰、中级抹灰和高级抹灰三级。普通抹灰为一底层、一面层，两遍成活，分层赶平、修整；中级抹灰为一底层、一中层、一面层，三遍成活，需做标筋，分层赶平、修整，表面压光；高级抹灰为一底层、几遍中层、一面层，多遍成活，需作标筋，角棱找方，分层赶平、修整，表面压光。

抹灰层的组成如图9-2所示，对各层的要求如下：

1. 基层

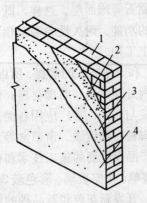

图9-2 抹灰层的组成
1—基层；2—底层；
3—中层；4—面层

抹灰前必须对基层予以处理，如砖墙灰缝剔成凹槽，混凝土墙面凿毛或刮107胶水泥腻子，板条间应有8～10mm间隙（图9-3）；并应清除基层表面的灰尘、污垢；填平脚手孔洞、管线沟槽、门窗框缝隙和洒水湿润。在不同结构基层的交接处（如砖墙、板条墙或混凝土墙的连接）应先铺钉一层金属网（图9-4），其与相交基层的搭接宽度应各不小于100mm，以防抹灰层因基层温度变化胀缩不一而产生裂缝。在门口、墙、柱易受碰撞的阳角处，宜用1：3的水泥砂浆抹出不低于1.5m高的护角（图9-5）。对于砖砌体的基层，应待砌体充分沉降后，方能进行底层抹灰，以防砌体沉降拉裂抹灰层。

为了控制抹灰层的厚度和平整度，在抹灰前还必须先找好规矩，即四角规方，横线找平，竖线吊直，弹出准线和墙裙、踢脚板线，并在墙面做出标志（灰饼）和标筋（冲筋），以便找平。图9-6所示为抹灰操作中灰饼与冲筋的作法。

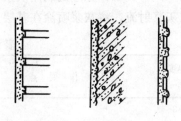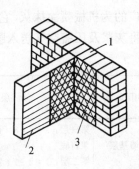

图 9-3 抹灰基层处理 　　　　　　图 9-4 不同基层接缝处理
(a) 砖基层；(b) 混凝土基层；(c) 板条基层 　　1—砖墙；2—板条墙；3—钢丝网

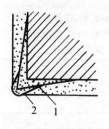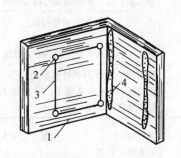

图 9-5 墙柱阳角包角抹灰 　　　　图 9-6 抹灰操作中灰饼与冲筋作法
1—1∶1∶4水泥白灰砂浆；2—1∶2水泥砂浆 　　1—基层；2—灰饼；3—引线；4—冲筋

2. 底层

底层厚度为5~9mm，其作用是使抹灰层能与基层牢固结合，并对基层进行初步找平。底层涂抹后，应间隔一定时间，让其干燥和水分蒸发，然后再涂抹中层或罩面灰。

3. 中层

中层主要起找平作用，厚度为5~12mm，根据质量要求不同，可一次或分次涂抹。中层涂抹之后，在灰浆凝固之前应每隔一定距离交叉刻痕，以使与面层能更好的粘结。待中层干至五、六成时，即可涂抹面层。

4. 面层

面层亦称罩面，厚度为2~5mm，主要起装饰作用，必须仔细操作，确保表面平整、光滑、无裂痕。

抹灰层的总厚度为15~20mm，最厚不得超过25mm，所用材料、配比及施工要点视基层和使用要求不同而异，表9-1、表9-2所列为墙面、顶棚抹灰的一般做法；表9-3、表9-4所列为墙面、顶棚抹灰常见的质量通病原因和防治的措施。

抹灰工程的施工一般应遵循先外墙后内墙，先上后下，先顶棚、墙面后地面的顺序。外墙由屋檐开始自上而下，先抹阳角线、台口线，后抹窗台和墙面，再抹勒脚、散水坡和明沟。内墙和顶棚抹灰，应待屋面防水完工后，并在不致被后续工程损坏和沾污的情况下进行，一般应按先房间，后走廊，再楼梯和门厅等顺序施工。

二、机械喷涂抹灰

机械化抹灰可提高工效，减轻劳动强度和保证工程质量，是抹灰施工的发展方向。目前应用较广的为机械喷涂抹灰,它的工艺流程如图 9-7 所示,其工作原理是利用灰浆泵和空气压缩机将灰浆及压缩空气送入喷枪,在喷嘴前造成灰浆射流,将灰浆喷涂在基层上。

墙面一般抹灰做法　　　　　　　　表 9-1

名称	适用范围	分 层 做 法	厚度 (mm)	操 作 要 点
石灰砂浆抹灰	砖墙基层	第一层:1:2:8(石灰膏:砂:粘土)砂浆打底	13	
		第二层:1:2~1:2.5 石灰砂浆面层压光	6	
	砖墙基层	第一层:1:3 石灰砂浆或 1:2.5 石灰炉渣打底	13	1. 刮石灰膏后 2h,未干前再压实抹光 1 遍 2. 如以石屑代砂,以 0.3~0.5mm 粒径为宜
		第二层:在底层还潮湿时刮石灰膏	1	
		第一层:1:3 石灰砂浆打底	12	1. 锯末屑过 5mm 孔筛,使用前石灰膏与木屑拌和均匀,经钙化 24h,使木屑纤维软化
		第二层:石灰木屑(或谷壳)抹面	10	2. 适用于有吸声要求的房间
		第一层:1:3 石灰砂浆打底	13	
		第二层:待底子稍干,用 1:1 石灰砂浆随抹随搓平压光		
混合砂浆抹灰	砖墙基层	第一层:1:1:3:5(水泥:石灰膏:砂子:木屑)打底	15~18	1. 适用于有吸声要求的房间 2. 锯末屑过 5mm 孔筛,使用前石灰膏与木屑拌和均匀,经钙化 24h 时,使木屑纤维软化
		第二层:1:1:3.5 混合砂浆罩面,分 2 遍成活,木抹搓平		
	用于做油漆墙面抹灰	第一层:1:0.3:3 水泥石灰砂浆打底	13	
		第二层:1:0.3:3 水泥石灰砂浆罩面	5~8	
水泥砂浆抹灰	用于潮湿基层如墙裙、踢脚线	第一层:1:3 水泥砂浆打底	13	1. 底子分 2 遍成活,头遍要压实,表面扫毛 2. 待 5~6 成干时抹第 2 遍
		第二层:1:2.5 水泥砂浆罩面压光	5~8	
	水池窗台	第一层:1:2.5 水泥砂浆打底	13	水池抹灰要找出泛水
		第二层:1:2 水泥砂浆罩面	5	
	加气混凝土基层	第一层:1:5(107 胶:水)溶液涂刷基层		1. 抹灰前将墙面浇水湿润 2.107 胶溶液要涂刷均匀
		第二层:1:3 水泥砂浆打底	5	3. 先薄薄刮 1 遍底灰后,再抹底子灰
		第三层:1:2.5 水泥砂浆罩面	5	4. 打底后隔 2d 罩面
纸筋灰(或麻刀灰玻璃丝灰)抹灰	砖墙基层	第一层:1:3 石灰砂浆或 1:2.5 水泥炉渣砂浆、1:3 水泥石屑浆打底	13	1. 石屑粒径以 0.3~0.5mm 为宜 2. 高级装饰宜分 2 遍成活,第二遍用沥浆灰
		第二层:纸筋灰,或麻刀灰、玻璃丝灰罩面	2	
	混凝土基层	第一层:1:3:9 水泥石灰砂浆打底	13	1. 刷素水泥浆后应随即抹底子灰 2. 底子灰分 2 遍成活,头遍要压实,待 5~6 成干时抹第 2 遍灰
		第二层:纸筋灰罩面	2	

名　称	适用范围	分 层 做 法	厚度 (mm)	操 作 要 点
纸筋灰（或麻刀灰玻璃丝灰）抹灰	加气混凝土基层	第一层：1∶3∶9 水泥石灰砂浆打底 第二层：1∶3 石灰砂浆找平 第三层：纸筋灰罩面	3 13 2	1. 抹灰时应将加气板（块）面浮粉扫净，并提前 2d 多次浇水湿透
		第一层：1∶0.2∶3 水泥石灰砂浆小拉毛 第二层：1∶0.5∶4 水泥石灰砂浆找平，或机械喷涂 第三层：纸筋灰罩面	8~5 8~10 2	2. 小拉毛完后，宜用喷雾气喷水养护 2~3d 3. 待找平层 6~7 成干时，喷水湿润后进行罩面
	板条、苇箔基层	第一层：麻刀灰掺 10% 水泥打底 第二层：1∶2.5 石灰砂浆紧压入底子灰中（本身无厚度） 第三层：1∶2.5 石灰砂浆找平层 第四层：纸筋灰罩面	3 6 13 2	1. 板条抹灰时，底子灰要横着板条方向抹，并挤入缝隙 2. 苇箔抹灰时，底子灰要顺着苇箔方向抹，并挤入缝隙 3. 在第 2 遍灰 6~7 成干时，抹第 3 遍灰，在第 3 遍 6~7 成干时，抹第 4 遍灰
水砂面层抹灰	适用于高级建筑内墙面	第一层：1∶2~1∶3 麻刀灰砂浆打底，分 2 遍成活，要求表面平整垂直	13	1. 使用材料 水砂：即沿海地区的细砂，平均粒径 0.15mm
		第二层：水砂抹面，分 2 遍抹成，应在第 1 遍砂浆略有收水时即进行第 2 遍，第 1 遍竖向抹，第 2 遍横向抹	2~3	石灰：洁白块灰，氧化钙含量不少于 75% 水：饮用水 2. 水砂砂浆拌制
		第三层：水砂抹完后，用钢皮抹子压光 2 遍，最后用钢皮抹子先横向后竖向溜光，至表面密实光滑为止		将淘洗清洁的砂和沥灰浆进行拌和，拌和后水砂呈淡灰色为宜，稠度 12.5cm，其质量配合比：热灰浆∶水砂=1∶0.75，每 1m³ 水砂砂浆约用水砂 750kg，块灰 300kg 3. 使用热灰浆的目的在于使砂内盐分尽快蒸发，防止墙面产生龟裂，水砂拌和后置于池内进行硝化，3~7d 后方可使用

顶棚抹灰一般做法　　　　　　　　　　　　　　　　　　表 9-2

名　称	分 层 做 法	厚度 (mm)	操 作 要 求
现浇混凝土楼板顶棚抹灰	第一层：1∶0.5∶1 水泥石灰砂浆打底 第二层：1∶3∶9 水泥石灰砂浆找平 第三层：纸筋灰罩面	2~3 6~9 2	1. 抹头道灰时必须与模板木纹的方向垂直，用钢皮抹子用力抹实，越薄越好 2. 底子灰抹完后紧跟抹第 2 遍找平层 3. 待 6~7 成干时即应罩面
	第一层：1∶2∶4 水泥纸筋灰砂浆打底 第二层：1∶2 纸筋灰砂浆找平 第三层：纸筋灰罩面	2~3 10 2	
	第一层：1∶0.5∶4 水泥石灰砂浆打底 第二层：纸筋灰罩面	8 2	**底灰应连续操作**

名　称	分　层　做　法	厚度(mm)	操　作　要　求
预制混凝土楼板顶棚抹灰	第一层：1：1：6水泥纸筋灰砂浆打底 第二层：1：1：6水泥细纸筋灰砂浆罩面压光	7 5	适用机械喷涂抹灰用
	第一层：1：1水泥砂（加2％醋酸乙烯乳液）浆打底 第二层：1：3：9水泥石灰砂浆找平 第三层：纸筋灰罩面	2 6 2	1. 适用于高级装饰抹灰 2. 底子灰需养护2～3d再做找平层
板条、苇箔顶棚抹灰	第一层：麻刀灰掺10％水泥打底 第二层：1：2.5石灰砂浆紧跟压入底灰中（本身无厚度） 第三层：1：2.5石灰砂浆找平层 第四层：纸筋灰罩面	3 6 2	在较大面积的板条顶棚抹灰时要加麻筋，即抹灰前用25cm长的麻丝拴在钉子上，钉在吊底的小龙骨上，每30cm一颗，每2根龙骨钉错开15cm，在抹底子灰时将麻筋分开成燕尾形抹入
板条钢板网顶棚抹灰	第一层：1：2：1水泥石灰砂浆（略掺麻刀）打底，灰浆要挤入网眼中 第二层：1：0.5：4水泥石灰砂浆紧跟压入第1遍灰中（本身无厚度） 第三层：1：3：9水泥石灰砂浆找平 第四层：纸筋灰罩面	3 6 2	1. 板条之间应离缝30～40mm，端头离缝5mm钉钢板网 2. 找平层6～7成干时即进行罩面
钢板网顶棚抹灰	第一层：1：1.5～1：2石灰砂浆打底，灰浆要挤入网眼中 第二层：挂麻筋，将小束麻丝每隔30cm左右挂在钢板网网眼上，两端纤维垂下长25cm 第三层：1：2.5石灰砂浆分2遍成活，每遍将悬挂的麻筋向四周散开1/2抹入灰浆中 第四层：纸筋灰罩面	3 3 2	1. 钢板吊顶龙骨以40cm×40cm方格为宜 2. 为避免木龙骨收缩变形，影响抹灰层开裂，可使用φ6钢筋，间距20cm，拉直钉在木龙骨上，然后用铅丝把钢板网撑紧，绑在钢筋上 3. 适用于大面积厅、堂等高级装饰工程
高级装饰顶棚抹灰（石膏灰抹灰）	第一层：1：2～1：3麻刀灰砂浆打底抹平（分2遍成活），要求表面平整垂直 第二层：13：6：4（石膏粉：水：石灰膏）罩面，分2遍成活，在第1遍收水时即进行第2遍抹灰，随即用铁抹子修补压光2遍，最后用铁抹子溜光至表面密实光滑为止		1. 底子灰为麻刀灰，应在20d前化好备用，其麻刀为白麻丝，石灰宜用2：8块灰，配合比（质量比）：麻丝：石灰=7.5：1300 2. 石膏一般宜用2级建筑石膏，结硬时间为5min左右，0.08mm筛孔筛余量不大于10％ 3. 罩面石膏浆配制时，先将石灰膏作缓凝剂加水搅拌均匀，随后按比例加入石膏粉，随加随拌和稠度为10～12cm，即可使用 4. 抹灰前，基层表面应清扫并浇水润湿 5. 石膏浆应随拌随抹，随抹，墙面抹灰要1次成活，不得留接槎 6. 基层不宜用水泥砂浆或混合砂浆打底，亦不得掺用氯盐，以防泛潮，面层脱落
	第一层：1：2：9水泥石灰混合砂浆打底 第二层：6：4或5：5石膏石灰膏灰浆罩面，也可用石膏掺水胶		

质量通病	原 因 分 析	防 治 措 施
墙面空鼓、裂缝	1. 基层处理不好，清扫不干净，浇水润湿不透、不均 2. 原材料的质量不符合要求，砂浆配合比不当 3. 一次抹灰层过厚，各层灰之间间隔时间太短 4. 不同材料的基层交接处抹灰层干缩不一 5. 墙面浇水湿润不足，灰砂抹后浆中的水分易于被吸收，影响粘结力 6. 门窗框边塞缝不严密，预埋木砖间距太大，或埋设不牢，由于门扇经常开启振动 7. 夏季施工砂浆失水过快，或抹灰后没有适当浇水养护	1. 抹灰前认真做好基层处理 (1) 不同基层材料相接处，应铺钉金属网，两边搭接宽度不小于 100mm (2) 将基层表面清扫干净，脚手架孔洞填塞堵严，墙表面突出部分要事先剔平刷净 (3) 加气混凝土基层，宜先刷 1∶4107 胶水溶液一道，再用 1∶1∶6 混合砂浆修补抹平 2. 基层墙面应在施工前 1d 浇水，要浇透浇匀 3. 采取措施使抹灰砂浆具有良好的施工和易性和一定的粘结强度 (1) 掺石灰膏、粉煤灰、加气剂或塑化剂，提高砂浆保水性 (2) 掺入乳胶、107 胶等，提高粘结力 4. 底层与中层砂浆配合比应基本相同，以免在层间产生较强的收缩应力 5. 门窗框边要认真塞缝，要采取措施以保证与墙体连接牢固
墙面接槎有明显抹纹,色泽不匀	1. 墙面没有分格或分格太大，抹灰留槎位置不当 2. 没有统一配料，砂浆原材料不一致 3. 基层或底层浇水不均，罩面灰压光操作不当	1. 抹面层时应把接槎位置留在分格条处或阴阳角、水落管处，并注意接槎部位操作，避免发生高低不平、色泽不一等现象，阳角抹灰应用反贴八字尺的方法操作 2. 室外抹灰稍有抹纹，在阳光下观看就很明显，影响墙面外观效果，因此室外抹水泥砂浆墙面应做成毛面，用木抹刀槎毛面时，要做到轻重一致，先以圆圈形槎抹，然后上下抽拉，方向要一致，以免表面出现色泽深浅不一，起毛纹等问题
雨水污染墙面	在窗台、阳台、压顶、突出腰线等部位没有做好流水坡度和滴水线、槽时，易发生雨水顺墙流淌，污染外墙饰面，甚至造成墙体渗漏	1. 在墙面突出部位（阳台、窗台、压线等）抹灰时，应做好流水坡度和滴水线、槽。其做法：深 10mm，上宽 7mm，下宽 10mm，距离外表面不小于 20mm 2. 外墙窗台抹灰前，窗框下缝隙必须用水泥砂浆填实，防止雨水渗漏；抹灰面应缩进木窗框下 1～2cm，慢弯抹出泛水。当安装钢窗时，窗台抹灰应不低于钢窗框下 1cm，窗框与窗台交接处必须做好流水坡度
窗台、阳台、雨篷等抹灰饰面在水平和垂直方向不一致	1. 在结构施工中，现浇混凝土和构件安装偏差过大，抹灰时不易纠正 2. 抹灰前上下、左右未拉平和垂直通线，施工误差较大所致	1. 在施工中，现浇混凝土和构件安装都应在垂直和水平两个方向拉通线，找平找直，减少结构施工偏差 2. 安窗框前应根据窗口间距找出各窗口的中心线和窗台的水平通线，按中心线和水平线立窗框 3. 抹灰前应在阳台、阳台分户隔墙板、雨篷、柱垛、窗台等处，在水平和垂直方向拉通线找平找正，每步架起灰饼，再进行抹灰

质量通病	原 因 分 析	防 治 措 施
分格缝不直不平，缺棱错缝	1. 没有拉通线，或没有在底灰上统一弹水平和垂直分格线 2. 木分格条浸水不透，使用时变形 3. 粘贴分格条和起条时操作不当造成缝口两边错缝或缺棱	1. 柱子等短向分格缝，对每根柱子要统一找标高，拉通线弹出水平分格线，柱子侧面要用水平尺引过去，保证平整度；窗心墙竖向分格缝，几个层段应统一吊线分块 2. 分格条使用前要在水中浸透，水平分格条一般应粘在水平线下边，竖向分格条一般应粘在垂直线左侧，以便于检查其准确度，防止发生错缝、不平等现象 3. 分格条两侧抹八字形水泥砂浆作固定时，在水平线处应抹下侧一面，当天抹罩面灰压光后就可起分格条，两则可抹成45°，如当天不罩面的应抹60°坡，须待面层水泥砂浆达到一定强度后才能起分格条 4. 面层压光时，应将分格条上水泥砂浆清刷干净，以免起条时损坏墙面

顶棚抹灰常见质量通病、原因及防治　　　　　　　　表9-4

质 量 通 病	原 因 分 析	防 治 措 施
混凝土现浇板板底抹灰，往往在顶棚边角产生不规则裂缝，中部产生通长裂缝，预制楼板则沿板缝产生纵向裂缝和空鼓	1. 基层处理不干净，抹灰前浇水不透或砂浆配合比不当，底层砂浆与楼板粘结不牢，产生空鼓、裂缝 2. 预制混凝土楼板板底安装不平，相邻板底高低偏大，造成板底抹灰厚薄不均，产生空鼓、裂缝 3. 楼板安装排缝不均，灌浆不密实，在挠曲变形情况下，板缝方向出现通长裂缝	严格按照施工要点及操作方法，精心组织施工，即可克服空鼓、开裂
板条顶棚抹灰出现空鼓、开裂	1. 板条顶棚基层龙骨、板条等木料的材质不好，含水率过大，龙骨截面尺寸不够，接头不严，起拱不准，抹灰后产生较大挠度 2. 板条钉得不牢，板条间缝太大或太小，板条两端接缝无分段错槎，未留缝隙，造成板条吸水膨胀和干缩应力集中，基层表面凹凸偏差过大，抹灰层厚薄不均而导致与板条粘结不良，引起与板条方向平行的裂缝或板条接头裂缝，甚至空鼓脱落 3. 灰浆配合比和操作不当，各层抹灰时间掌握不好	1. 应按照施工要点和操作方法施工 2. 对仅开裂而两边不空鼓的裂缝，可在裂缝表面用乳胶贴上一条2～3cm宽的薄尼龙纱布修补，再刮腻子喷浆，就不易再产生裂缝 3. 对两边空鼓的裂缝，应将空鼓部位铲掉，基层清理干净，湿润基层后重新用相同配合比的灰浆修补，但必须分遍进行，一般修补抹灰应3遍以上。最后1遍时，在接缝处应留1cm左右的抹灰厚度，待以前修补抹灰不再出现裂缝后，接缝两边搓粗，最后上灰用钢抹刀抹平压光

质 量 通 病	原 因 分 析	防 治 措 施
金属网顶棚抹灰发生空鼓、开裂	1. 打底混合砂浆中水泥比例较大时，如果养护不好，会增加砂浆的收缩率，因而出现裂缝。如找平层同样采用水泥比例较大的纸筋混合砂浆，也会因收缩出现裂缝，并且往往与底层裂缝贯穿；当湿度较大时，潮气通过贯穿裂缝，使顶棚基层受潮变形或金属网锈蚀，引起抹灰层脱落。如果找平层采用纸筋石灰砂浆，很少有明显的变形和裂缝，但底层的水泥混合砂浆在空气中硬化，不断地收缩变形，破坏了它同石灰砂浆找平层之间的粘结力，发展到一定程度，两层之间便会产生空鼓裂缝，甚至抹灰层脱落 2. 金属网顶棚有弹性，抹灰后发生挠曲变形，使各抹灰层间产生剪力，引起抹灰层开裂、脱壳 3. 施工操作不当，顶棚吊筋木材含水率过高，接头不紧密，起拱不准等都会影响顶棚表面平整，造成抹灰层厚度不均，抹灰层较厚部位容易发生空鼓裂缝	按照施工要点及操作方法精心施工，即可克服空鼓、开裂的毛病

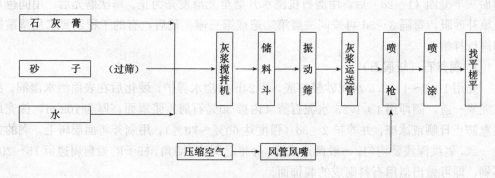

图 9-7　机械喷涂抹灰工艺流程

　　喷嘴的构造如图 9-8 所示，其口径一般为 16、19、25mm，喷嘴距墙面控制在 100～300mm 范围内，当喷涂干燥、吸水性强、冲筋较厚的墙面时，为 100～150mm 左右，并与墙面成 90°角，喷枪移动速度应稍慢，压缩空气量宜小些；对潮湿、吸水性差，冲筋较薄的墙面，喷嘴离墙面为 150～300mm，并与墙面成 65°角，喷枪移动可稍快些，空气量宜大些，这样喷射面大，灰层较薄，灰浆不易流淌。喷射压力可控制在 0.15～0.2MPa 之间，压力过大，射出速度快，会使砂子弹回；压力过小，冲击力不足，会影响粘结力，造成砂浆流淌。

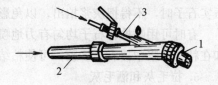

图 9-8　喷枪的构造
1—可调换的喷嘴；2—输浆管；3—送气阀

喷涂抹灰所用砂浆稠度为 90～110mm，其配合比：石灰砂浆为 1：3～1：3.5；水泥石灰混合砂浆为 1：1：4 最为宜。喷涂必须分层连续进行，喷涂前应先进行运转，疏通和清洗管路，然后压入石灰膏润滑管道，避免堵塞；每次喷涂完毕，亦应将石灰膏输入管道，把残留的砂浆带出，再压送清水冲洗，最后送入气压为 0.4MPa 的压缩空气吹刷数分钟，以防砂浆在管路中结块，影响下次使用。

目前机械喷涂抹灰仅适用于底层和中层，而喷涂后的找平、搓毛、罩面等工序仍需用手工操作，要实现抹灰工程的全面机械化，还有待于进一步研究解决。

三、装饰抹灰

装饰抹灰的种类很多，但底层的做法基本相同（均为 1：3 水泥砂浆打底），仅面层的做法不同。现将常用装饰抹灰面层的做法简述于下：

1. 水刷石

先将 1：3 水泥砂浆底层湿润，再薄刮厚为 1mm 水泥浆一层，随即用厚为 8～12mm、稠度为 50～70mm、配合比为 1：1.25 的水泥石渣浆抹平压实，待其达到一定强度（用手指按无陷痕印）时，用刷子蘸水刷掉面层水泥浆，使石子表面全部外露，然后用水冲洗干净。

2. 水磨石

在 1：3 水泥砂浆底层上洒水湿润，刮水泥浆一层（厚 1～1.5mm）作为粘结层，找平后按设计要求布置并固定分格嵌条（铜条、铝条、玻璃条），随后将不同色彩的水泥石子浆（水泥：石子＝1：1～1.25）填入分格中，厚为 8mm（比嵌条高出 1～2mm），抹平压实。待罩面灰半凝固（1～2d）后，用磨石机浇水开磨至光滑发亮为止。每次磨光后，用同色水泥浆填补砂眼，每隔 3～5d 再按同法磨第二遍或第三遍。最后，有的工程还要求用草酸擦洗和进行打蜡。

3. 剁斧石（斩假石）

先用 1：2～1：2.5 水泥砂浆打底，待 24h 后浇水养护，硬化后在表面洒水湿润，刮素水泥浆一道，随即用 1：1.25 水泥石渣（内掺 30％石屑）浆罩面，厚为 10mm，抹完后要注意防止日晒或冰冻，并养护 2～3d（强度达 60％～70％），用剁斧将面层斩毛，剁的方向要一致，剁纹深浅要均匀，一般两遍成活，分格缝周边、墙角、柱子的棱角周边留 15～20mm不剁，即可做出似用石料砌成的装饰面。

4. 干粘石

先在已经硬化的厚为 12mm 的 1：3 水泥砂浆底层上浇水湿润，再抹上一层厚为 6mm的 1：2～2.5 的水泥砂浆中层，随即紧跟抹厚为 2mm 的 1：0.5 水泥石灰膏浆粘结层，同时将配有不同颜色的（或同色的）小八厘石碴略掺石屑后甩粘拍平压实在粘结层上。拍平压实石子时，不得把灰浆拍出，以免影响美观，待有一定强度后洒水养护。

有时可用喷枪将石子均匀有力地喷射于粘结层上，用铁抹子轻轻压一遍，使表面搓平。如在粘结砂浆中掺入 107 胶，可使粘结层砂浆抹得更薄，石子粘得更牢。

5. 拉毛灰和洒毛灰

拉毛灰是将底层用水湿透，抹上 1：（0.05～0.3）：（0.5～1）水泥石灰罩面砂浆，随即用硬棕刷或铁抹子进行拉毛。棕刷拉毛时，用刷蘸砂浆往墙上连续垂直拍拉，拉出毛头。铁抹子拉毛时，则不蘸砂浆，只用抹子粘结在墙面随即抽回，要做到快慢一致，拉的均匀整齐，色泽一致，不露底，在一个平面上要一次成活，避免中断留槎。

洒毛灰（又称撒云片）是用茅草小帚蘸 1∶1 水泥砂浆或 1∶1∶4 水泥石灰砂浆，由上往下洒在湿润的底层上，洒出的云朵须错乱多变、大小相称、空隙均匀。亦可在未干的底层上刷上颜色，然后不均匀地洒上罩面灰，并用抹子轻轻压平，使其部分地露出带色的底子灰，使洒出的云朵具有浮动感。

6. 喷涂饰面

喷涂饰面是用喷枪将聚合物砂浆均匀喷涂在底层上，此种砂浆由于加入了 107 胶或二元乳液等聚合物，具有良好的抗冻性及和易性，能提高装饰面层的表面强度与粘结强度。通过调整砂浆的稠度和喷射压力的大小，可喷成砂浆饱满、波纹起伏的"波面"；或表面不出浆而满布细碎颗粒的"粒状"；亦可在表面涂层上再喷以不同色调的砂浆点，形成"花点套色"。

喷涂饰面砂浆参考配合比（重量比）　　　　　　表 9-5

饰面做法	水　泥	颜　料	细骨料	甲基硅醇钠	木钙粉	107 胶	石灰膏	砂浆稠度（mm）
波　面	100	适　量	200	4～6	0.3	10～15		13～14
波　面	100	适　量	400	4～6	0.3	20	100	13～14
粒　状	100	适　量	200	4～6	0.3	10		10～11
粒　状	100	适　量	400	4～6	0.3	20	100	10～11

表 9-5 所示为喷涂饰面所用砂浆的配合比。其分层做法为：①10～13mm 厚 1∶3 水泥砂浆打底，木抹搓平。采用滑升、大模板工艺的混凝土墙体，可以不抹底层砂浆，只作局部找平，但表面必须平整。在喷涂前，先喷刷 1∶3（胶∶水）107 胶水溶液一道，以保证涂层粘结牢固。②3～4mm 厚喷涂饰面层，要求三遍成活。③饰面层收水后，在分格缝处用铁皮刮子沿着靠尺刮去面层，露出基层，做成分格缝，缝内可涂刷聚合物水泥浆。④面层干燥后，喷罩甲基硅醇纳憎水剂，以提高涂层的耐久性和减少墙面的污染。

近年来还广泛采用塑料涂料（如水性或油性丙烯树脂、聚氨脂等）作喷涂的饰面材料。实践证明，外墙喷塑是今后建筑装饰的一个发展方向，它具有防水、防潮、耐酸、耐碱的性能，面层色彩可任意选定，对气候的适应性强，施工方便，工期短等优点。

7. 滚涂饰面

滚涂饰面是将带颜色的聚合物砂浆均匀涂抹在底层上，随即用平面或带有拉毛、刻有花纹的橡胶、泡沫塑料滚子，滚出所需的图案和花纹。其分层作法为：①10～13mm 厚水泥砂浆打底，木抹搓平；②粘贴分格条（施工前在分格处先刮一层聚合物水泥浆，滚涂前将涂有 107 胶水溶液的电工胶布贴上，等饰面砂浆收水后揭下胶布）；③3mm 厚色浆罩面，随抹随用辊子滚出各种花纹；④待面层干燥后，喷涂有机硅水溶液。滚涂饰面砂浆配合比可参见表 9-6。

滚涂饰面砂浆参考配合比（重量比）　　　　　　表 9-6

种　类	白水泥	水　泥	砂　子	107 胶	水	颜　料
灰　色	100	10	110	22	33	
绿　色	100	—	100	20	33	氧化铬绿
绿　色	—	100	100	20	33	氧化铬绿

8. 弹涂饰面

彩色弹涂饰面是用电动弹力器将水泥色浆弹到墙面上，形成 1～3mm 左右的圆状色点。由于色浆一般由 2～3 种颜色组成，不同色点在墙面上相互交错、相互衬托，犹如水刷石、干粘石；亦可做成单色光面、细麻面、小拉毛拍平等多种形式。实践证明，这种工艺可在墙面上做底灰，再作弹涂饰面；也可直接弹涂在基层较平整的混凝土板、加气板、石膏板、水泥石棉板等板材上。其施工流程为：基层找平修正或做砂浆底灰→调配色浆刷底色→弹力器做头道色点→弹力器做二道色点→弹力器局部找均匀→树脂罩面防护层。弹涂所用材料配合比可参考表 9-7。

弹涂饰面色浆配合比（重量比）　表 9-7

项　　目	水　　泥		颜　　料	水	107 胶
刷底色浆	普通硅酸盐水泥	100	适　　量	90	20
刷底色浆	白水泥	100	适　　量	80	10
弹花点	普通硅酸盐水泥	100	适　　量	55	14
弹花点	白水泥	100	适　　量	45	10

第三节　饰面板（砖）工程

饰面板（砖）工程，就是将预制的饰面板（砖）缺贴或安装在基层上的一种装饰方法。饰面板（砖）的种类繁多，常用的有天然石饰面板、人造石饰面板、金属饰面板、塑料饰面板、有色有机玻璃饰面板、饰面混凝土墙板和饰面砖（如瓷砖、面砖、陶瓷锦砖）等。随着科学技术的发展，新型装饰材料的不断出现，更进一步丰富了装饰工程的内容。

一、饰面板（砖）材料及要求

1. 天然石饰面板

常用的天然石饰面板有大理石和花岗石饰面板。要求棱角方正、表面平整、石质细密、光泽度好，不得有裂纹、色斑、风化等隐伤。选材时应使饰面色调和谐，纹理自然、对称、均匀，做到浑然一体；且要把纹理、色彩最好的饰面板用于主要的部位，以提高装饰效果。

2. 人造石饰面板

人造石饰面板主要有预制水磨石、人造大理石饰面板，要求几何尺寸准确，表面平整光滑、石粒均匀、色彩协调，无气孔、裂纹、刻痕和露筋等缺陷。

3. 金属饰面板

金属饰面板有铝合金板、镀塑板、镀锌板、彩色压型钢板和不锈钢板等多种。金属板饰面具有典雅庄重，质感丰富的特点，尤其是铝合金板墙面是一种高档次的建筑装饰，装饰效果别具一格，应用较广。究其原因，主要是价格便宜，易于加工成型，具有高强、轻质，经久耐用，便于运输和施工，表面光亮，可反射太阳光及防火、防潮、耐腐蚀的特点。同时，当表面经阳极氧化或喷漆处理后，便可获得所需的各种不同色彩，更可达到"蓬荜增辉"的装饰效果。

4. 塑料饰面板

塑料板饰面，新颖美观，品种繁多，常用的有聚氯乙烯塑料板（PVC）、三聚氰胺塑料板、塑料贴面复合板、玻璃钢装饰板、有机玻璃饰面板等。其特点是：板面光滑、色彩鲜艳，有多种花纹图案，质轻、耐磨、防水耐腐蚀，硬度大，吸水性小，应用范围广。

5. 饰面墙板

随着建筑工业化的发展，结构与装饰合一也是装饰工程的发展方向。饰面墙板就是将墙板制作与饰面结合，一次成型，从而进一步扩大了装饰工程的内容，加速了装饰工程的进度。

饰面墙板按其生产方式有以下四种：

（1）露石混凝土饰面板 当墙板采用平模生产时，在混凝土浇筑后，尚未凝固前，可采用水冲法或酸洗法除去表面的水泥浆，使骨料外露而形成饰面层。为了获得色彩丰富、多样化的饰面层，可选择具有不同颜色的骨料，亦可在未凝固的混凝土表面直接嵌卵石或用带色的石子嵌成各种花纹图案。

（2）正打印花或压花混凝土饰面板 墙板的正打印花饰面，是将带有图案的模型板铺在欲做的砂浆层上，然后用抹子拍打、抹压，使砂浆从模型板花饰的孔洞中挤出，抹光后揭模即成。压花饰面，则是先在墙板上铺上模型板，随即倒上砂浆，摊开抹匀，砂浆即从花孔处漏下，抹光揭去模型板即成。

（3）模塑混凝土饰面板 这是采取"反打"工艺的一种饰面做法，即将墙板的外表利用衬模塑造成平滑面、花纹面、浮雕面等质感很强的、具有不同图案的饰面层。

（4）饰面板（砖）预制墙板 墙板预制时，根据建筑装饰要求，要将天然大理石、人造美术石、陶瓷锦砖、瓷板、面砖等饰面材料直接粘贴在混凝土墙板表面。粘贴方式可采用"正打"或"反打"工艺，但无论采用何种方法，均应防止饰面板（砖）位置错动，并应保证外表的整洁。

6. 饰面砖

常用的饰面砖有釉面瓷砖、面砖和陶瓷锦砖等。要求表面光洁、色彩一致，不得有暗痕和裂纹，吸水率不得大于 18%。

釉面瓷砖有白色、彩色、印花图案等多样品种，常用于卫生间、厨房、游泳池等饰面。面砖有毛面和釉面两种，颜色有米黄、深黄、乳白、淡蓝等多种。广泛用于外墙、柱、窗间墙和门窗套等饰面。

陶瓷锦砖（马赛克）的形状有正方形、长方形、六角形等多种，由于尺寸小，产品系先按各种图案组合反贴在纸上，每张大小约 300mm 见方，称作一联；每 40 联为一箱，约 3.7m²。常用于室内浴厕、地坪和外墙装饰。

二、饰面板（砖）的施工

饰面板（砖）可采用胶粘法施工和常规法施工，胶粘法施工是今后发展方向，现分别阐述于后。

（一）饰面板（砖）的胶粘法施工

饰面板（砖）的施工现已逐步采用胶粘剂固结技术，即利用胶粘剂将饰面板（砖）直接粘贴于基层上。此种施工方法具有工艺简单、操作方便、粘结力强、耐久性好、施工速度快等优点，是实现装饰工程干法施工的有效措施。现就饰面板（砖）施工中常用的几种胶粘剂及施工要点简介于下。

1. AH-03 大理石胶粘剂

此种胶粘剂系由环氧树脂等多种高分子合成材料组成基材，增加适量的增稠剂、乳化剂、增粘剂、防腐剂、交联剂及填料配制成单组分膏状的胶粘剂，具有粘结强度高、耐水、耐气候等特点。适用于大理石、花岗石、马赛克、面砖、瓷砖等与水泥基层的粘结。

施工时，要求基层坚实、平整、无浮灰及污物，大理石等饰面材料应干净、无灰尘、污垢；先用带锯齿形的刮板将胶粘剂均匀涂刷于基层上，厚度不宜大于 3mm；粘贴时用手轻轻推拉饰面板，使气泡排出，并用橡皮锤敲实；由下往上逐层粘贴，最后应用湿布将饰面表面的胶擦净。

2. SG-8407 内墙瓷砖粘结剂

适用于在水泥砂浆、混凝土基层上粘贴瓷砖、面砖和马赛克。其施工方法是：

（1）基层处理：必须洁净、干燥、无油污、灰尘。可用喷砂、钢丝刷或以 3：1（水：工业盐酸）的稀酸进行酸蚀处理，20min 后将酸洗净，干燥。

（2）料浆制备：将通过 ϕ2.5mm 筛孔的干砂和 325 或 425 号普通硅酸盐水泥以 1～2：1 干拌均匀，加入 SG-8407 胶液拌合至适宜施工的稠度，不允许加水；当粘结层厚度小于 3mm 时，不加砂，仅用纯水泥与 SG-8407 调配。

（3）粘贴：铺贴瓷砖、马赛克时，先在基层上涂刷浆料，立即将瓷砖、马赛克敲打入浆料中，24h 后即可将马赛克纸面撕下。瓷砖如吸水率大时，在使用前应浸水。

3. TAM 型通用瓷砖胶粘剂

此种胶粘剂系以水泥为基料，聚合物改性的粉末，使用时只需加水搅拌，便获得粘稠的胶浆。具有耐水、耐久性良好的特点。适用于在混凝土、砂浆墙面、地面和石膏板等表面粘贴瓷砖、马赛克、天然大理石、人造大理石等饰面。施工时，基层表面应洁净、平整、坚实、无灰尘；胶浆按水：胶粉=1：3.5（重量比）配制，经搅拌均匀静置 10min 后，再一次充分拌合即可使用；先用抹子将胶浆涂抹在基层上，随即铺贴饰面板，应在 30min 内粘贴完毕，24h 后便可勾缝。

4. TAS 型高强度耐水瓷砖胶粘剂

此种胶粘剂为双组分的高强度耐水瓷砖胶，具有耐水、耐候、耐各种化学物质侵蚀等特点。适用于在混凝土、钢铁、玻璃、木材等表面粘贴瓷砖、墙面砖、地面砖；尤其适用于长期受水浸泡或其它化学物浸蚀的部位。胶料配制与粘贴方法同 TAM 型胶粘剂。

5. YJ—Ⅲ型建筑胶粘剂

系双组分水乳型高分子胶粘剂，具有粘结力强、耐水、耐湿热、耐腐蚀、低毒、低污染等特点，适用于混凝土、大理石、瓷砖、玻璃马赛克、木材、钙塑板等的粘结，胶料按甲组分为 100，乙组分为 240～300，填料为 800～1200 的比例配制，先将甲、乙组分胶料称量混合均匀，然后加入填料拌匀即可。填料可用细度为 60～120 目的石英粉；为加速硬化，也可采用石英、石膏混合粉料，一般石膏粉用量为填料总量的 1/5～1/2；如需用砂浆，则以石英粉、石英砂（0.5～2mm）各一半为填料，填料比例也应适当增加。其施工要求为：

（1）基层处理应平整、洁净、干燥、无浮灰、油污。

（2）在墙面粘贴大理石、花岗石块材时，先在基层上涂刷胶粘剂，然后铺贴块材，揉挤定位，静置待干即可，勿需钻孔、挂钩。

（3）在石膏板上粘贴瓷砖时，先用抹子将胶料涂敷于石膏板上（厚1～2mm），再用梳形泥刀梳刮胶料，然后铺贴瓷砖。

（4）在墙面粘贴玻璃马赛克时，可在基层涂敷一层薄薄的胶料，即可进行粘贴（擦缝用素水泥浆）。

（5）施工及养护温度应在5℃以上，以15～20℃为佳。施工完毕，自然养护7d，便可交付使用。

（二）饰面板（砖）常规法施工

1. 小规格天然石、人造石饰面板的施工

小规格的饰面板一般采用镶贴法施工，即先用1：3水泥砂浆打底划毛，待底子灰凝固后，找规距，厚约12mm，弹出分格线，按镶贴顺序，将已湿润的板材背面抹上厚度为2～3mm的素水泥浆进行粘贴，然后用木锤轻敲，并随时用靠尺找平找直。

2. 大规格天然石、人造石饰面板施工

大规格的饰面板（边长＞400mm），则多采用安装法施工。安装的工艺有湿法工艺、干法工艺和G·P·C工艺。

（1）湿法工艺。是按设计要求在饰面板的四周侧面钻好绑扎钢丝或铅丝用的圆孔，以便将板材与基层表面的钢筋骨架绑扎固定（图9-9）。安装前墙面应先抄好水平，进行预排。安装时从中间开始往左右两边进行，或从一边依次拼贴，离墙面留20～50mm的空隙，上下口的四角用石膏临时固定，确保板面平整。然后用1：2的水泥砂浆（稠度80～120mm）分层灌缝，每层约为100～200mm，待下层终凝后再灌上层，直到离板材水平接缝以下5.0～100mm为止，待安装好上一行板材后再继续灌缝处理，依次逐行往上操作。安装后的饰面板，其接缝处应用与饰面相同颜色的水泥浆或油腻子填抹，并将饰面清理干净，如饰面层光泽受到影响，可以重新打蜡出光。

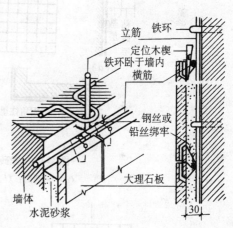

图9-9　湿法工艺

（2）干法工艺。是直接在板上打孔，然后用不锈钢连接器与埋在混凝土墙体内的膨胀螺栓相连，板与墙体间形成80～90mm空气层（图9-10）。此种工艺一般多用于30m以下的钢筋混凝结构，不适用砖墙或加气混凝土基层。

（3）G·P·C工艺。是干法工艺的发展，它是以钢筋混凝土作衬板，用不锈钢连接环与饰面板连接后而浇筑成整体的复合板，通过连接器悬挂到钢筋混凝土结构或钢结构上的作法（图9-11）。衬板与结构连接的部位厚度加大。这种柔性节点可用于超高层建筑，以满足抗震要求。

3. 面砖或釉面瓷砖的镶贴

面砖或釉面瓷砖镶贴前应经挑选、预排，如图9-12、图9-13、图9-14所示。使规格、颜色一致，灰缝均匀。基层应扫净，浇水湿润，用1：3水泥砂浆打底，厚7～10mm，找平划毛，打底后养护1～2d方可镶贴。镶贴前应找好规矩，按砖实际尺寸弹出横竖控制线，定出水平标准和皮数。接缝宽度应符合设计要求，一般宽约为1～1.5mm。然后用废瓷砖按粘

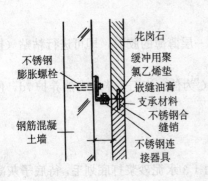

图9-10 干法工艺

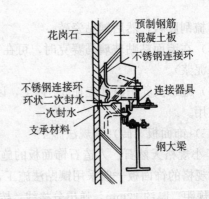

图9-11 G·P·C工艺

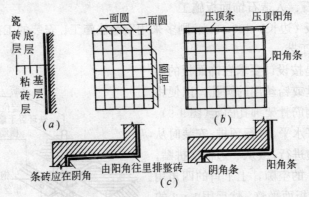

(a) 纵剖面; (b) 平面; (c) 横剖面

图9-12 瓷砖墙面排砖示意图

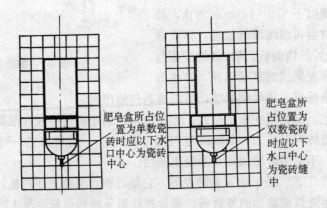

图9-13 洗脸盆、镜箱和肥皂盒部位瓷砖排列示意图

结层厚度用混合砂浆贴灰饼,找出标准,灰饼间距一般为1.5～1.6m。阳角处要两面挂直。镶贴时先浇水湿润底层,根据弹线稳好平尺板,作为镶贴第一皮瓷砖的依据。贴时一般从阳角开始,由下往上逐层粘贴,使不成整块的留在阴角。如有水池、镜框者,应以水池、镜框为中心往两面分贴,总之,先贴阳角大面,后贴阴角、凹槽等难度较大的部位。如墙面有突出的管线、灯具、卫生器具支承物,应用整砖套割吻合,不得用非整砖拼凑镶贴。

除采用掺107胶的水泥浆作粘结层可以抹一行（或数行）贴一行（或数行）外，其他均应将粘结砂浆均匀刮抹在瓷砖背面，逐块进行粘贴。107胶水泥浆要随调随用，在15℃环境下操作时，从涂抹水泥浆到镶贴瓷砖和修整缝隙，全部工作宜在3h内完成，并注意随时用棉丝或干布将缝子中挤出的浆液擦净。

镶贴后的每块瓷砖，当采用混合砂浆粘结层时，可用小铲把轻轻敲击；当采用107胶水泥浆粘结层时，可用手轻压，并用橡皮捶轻轻敲击，使其与基层粘结密实牢固。并要用靠尺随时检查平直方正情况，修正缝隙。凡遇缺灰、粘结不密实等情况时，应取下瓷砖重新粘贴，不得在砖口处塞灰，以防止空鼓。

室外接缝应用水泥浆或水泥砂浆嵌缝；室内接缝，宜用与釉面瓷砖相同颜色的石灰膏（非潮湿房间）或水泥浆嵌缝。待整个墙面与嵌缝材料硬化后，根据不同污染情况，用棉丝、砂纸清理或用稀盐酸刷洗，然后用清水冲洗干净。

4. 陶瓷锦砖的镶贴

陶瓷锦砖镶贴前，应按照设计图案要求及图纸尺寸，核实墙面的实际尺寸，根据排砖模数和分格要求，绘制出施工大样图，加工好分格条，并对陶瓷锦砖统一编号，便于镶贴时对号入座。

基层上用12～15mm厚1:3水泥砂浆打底，找平划毛，洒水养护。镶贴前弹出水平、垂直分格线，找好规矩。然后在湿润的底层上刷素水泥浆一道，再抹一层2～3mm厚1:0.3水泥纸筋灰或3mm厚1:1水泥砂浆（掺2%乳胶）粘结层，用靠尺刮平，抹子抹平。同时将锦砖底面朝上铺在木垫板上，缝里撒灌1:2干水泥砂，并用软毛刷子刷净底面浮砂，薄薄涂上一层粘结灰浆（图9-15）然后逐张拿起，清理四边余灰，按平尺板上口沿线由下往上对齐接缝粘贴于墙上。粘贴时应仔细拍实，使其表面平整。待水泥砂浆初凝后，用软毛刷将护纸刷水润湿，约半小时后揭纸，并检查缝的平直大小，校正拨直。粘贴48h后，除了取出米厘条后留下的大缝用1:1水泥砂浆嵌缝外，其它小缝均用素水泥浆嵌平。待嵌缝材料硬化后，用稀盐酸溶液刷洗，并随即用清水冲洗干净。

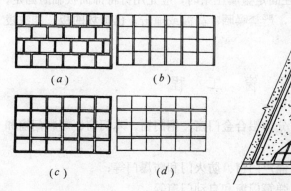

图9-14　外墙面砖排缝示意图

(a)错缝；(b)通缝；(c)竖通缝；(d)横通缝

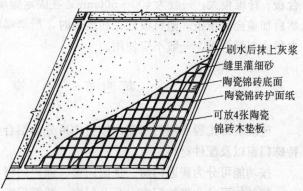

刷水后抹上灰浆
缝里灌细砂
陶瓷锦砖底面
陶瓷锦砖护面纸
可放4张陶瓷锦砖木垫板

图9-15　陶瓷锦砖镶贴

三、铝合金饰面板的施工

铝合金饰面板常用的固定方法有两大类，一类是将饰面板用螺钉拧到型钢或木骨架上；

另一类是将饰面板卡在特制的龙骨上。其施工工艺是：施线→固定骨架的连接件→固定骨架→安装铝合金板→收口构造处理。

（1）放线：就是将骨架的位置弹到基层上，以保证骨架施工的准确性。放线最好一次放完，如有差错，可随时进行调整。

（2）固定骨架的连接件：骨架的横竖杆件是通过连接件与基层固定，而连接件可与基层结构的预埋件焊接，亦可打设膨胀螺栓，要求连接件固定牢固，位置准确，不易锈蚀。

（3）固定骨架：骨架应预先进行防腐处理，安装位置要准确，结合要牢固，横杆标高一致，骨架表面要平整。

（4）安装铝合金饰面板：板的安装要牢固、平整无翘起、卷边等现象。板与板之间的间隙一般为 10～20mm，用橡胶条或密封胶等弹性材料处理。安装完毕后，在易于被污染的部位，要用塑料薄膜覆盖保护；易被碰撞的部位，应设安全栏杆保护。

（5）收口构造处理：系指饰面板安装后对水平部位的压顶，端部的收口，伸缩缝、沉降缝的处理，以及两种不同材料交接处的处理。因这些部位往往是饰面施工的重点，直接影响美观和功能，所以必须用特制的铝合金成型板进行妥善处理。

四、塑料饰面板的施工

塑料饰面板品种繁多，现仅就聚氯乙烯塑料板的饰面施工简介如下：

（1）基层处理：基层必须垂直、平整、坚硬，整洁，不宜过光，不应有水泥浮浆；如有磨面，应先用乳胶腻子修补平整，再用乳胶水溶液涂刷一遍，以增强粘结力。

（2）粘贴方法：粘贴前，基层表面应按分块尺寸弹线预排。胶粘剂宜用脲醛、聚醋酸乙烯、环氧树脂等粘贴，也可用氯丁胶粘剂，以保证粘贴强度。涂胶时应同时在基层表面和饰面板背面涂刷，胶液不宜太稀或太稠，应涂刷均匀，无砂粒等杂物。涂胶后，当用手触试胶液，感到粘性较大时，即可进行粘贴。粘贴时要挤压密实，以防空鼓、翘边；粘贴后应采取临时措施固定，同时将挤压在板缝中多余的胶液刮除，否则胶干结后难以清除。对硬厚型的硬聚氯乙烯饰面板，当用木螺钉和垫圈或金属压条固定时，木螺丝的钉距应比胶合板、纤维板大，一般为 400～500mm。在固定金属压条时，应先用钉将饰面板临时固定，然后加盖金属压条。塑料板贮存和运输时，严禁曝晒、高温或撞击，已损坏的板，如缺棱少角或裂缝严重，一般不应使用。

第四节 门 窗 工 程

建筑装饰工程所用的门窗，按材质可分为铝合金门窗、钢门窗、木门窗、塑料门窗和特殊门窗以及配件材料；

按功能可分为普通门窗、保温门窗、隔声门窗、防火门和防爆门等；

按结构可分为推拉门窗、平开门窗、弹簧门窗和自动门窗等。

门窗安装前，应根据设计和厂方提供的门窗节点图和结构图进行检查，核对品种、规格与开启形式是否符合设计要求，零、附件、组合杆件是否齐全，是否有合格证等。

门窗在运输和存放中，应防损伤和变形；塑料门窗不能平堆码放，金属门窗应防酸、碱腐蚀；安装时，必须采用预留洞口后安装的方法，严禁采用边安装边砌口或先安装后砌口的做法。

门窗固定可采用焊接、脚胀螺栓或射钉等方法，但砖墙不能用射钉。对粘附在门窗表面的水泥砂浆或密封膏液，应及时用擦布或棉丝清除。

现就铝合金门窗、塑料门窗和钢门窗的安装要点简叙于后。

一、铝合金门窗安装

铝合金门窗的特点是质量轻、性能好、耐腐蚀、色泽美观、坚固耐用。其安装要点如下：

1. 安门窗框

在抹灰前将门窗框立于洞口处，吊直、卡方，一般与外墙边线水平、与墙内预埋件对正，然后用木楔将三边固定，经检验门窗框水平、垂直、无扭曲后，即用射钉打入墙或柱、梁中，将连接件与框固定于上。门框的下部则应埋入地下 30～150mm。

2. 塞缝

门窗框与门洞四周的缝隙，应按设计要求处理，一般用泡沫塑料条、泡沫聚氨酯条、矿棉毡条和玻璃丝毡条等分层填实，外表留 5～8mm 深的槽口用密封膏密封，其目的是为了防止门窗框四周产生结露现象，影响建筑防寒、防风隔声、保温的功能，避免门窗框与混凝土、水泥砂浆接触遭受腐蚀。门框埋入地下部分四周缝隙亦应用 1：2 水泥砂浆分层填实，抹平表面。

3. 装扇

门窗扇的安装要做到周边密封、开闭灵活。对内外平开门窗应在上框钻孔伸入门窗轴。下部则应埋设地脚螺栓，装置门窗轴，弹簧门上部做法同平开门，门框中安放门轴，下部埋设地弹簧，地弹簧埋设后要与地面平齐。推拉门窗要在上框设导轨和滑轮，也有在下面设导轨，在门窗扇下冒头安滑轮的。自动门的控制装置，若系脚踏式，应装于地面上；若为光电感应式，则装于上框上。

二、塑料门窗安装

塑料门窗造型美观，表面光滑，具有良好的装饰性、隔热性、密封性和耐腐蚀性。它是以聚氯乙烯、改性聚氯乙烯或其它树脂为主要原料，轻质碳酸钙为填料，添加适量助剂和改性剂，经挤压成型不同截面的空腹门窗异型材，再根据门窗的类型选用不同截面的异型材组装而成。由于塑料变形大，刚度差，一般在空腔内加入木条或型钢，以增强抗弯变形的能力。

塑料门窗的安装程序为：

1. 抄平放线

为了保证门窗安装位置准确，外观整齐，安装时应先拉水平线，多层楼层以顶层洞口找中，吊垂线弹窗中线。

2. 定位

安装前应将镀锌固定铁根据铰链位置，按 500mm 间距嵌入窗框处槽内；找好塑料窗本身的中线，放入洞口，与洞口内水平弹线按中线对正找平后，用对称木楔内外夹紧，固定后拉对角线，调整窗的位置。

3. 取扇固定

门窗定位后，可取下扇做好标志存放备用。在墙上打眼装入中号塑料膨胀螺丝，用木螺丝将镀锌铁固定在膨胀螺丝上，使铁件与门窗框和墙保持牢固连接。

4. 塞缝抹口

在框上与洞口之间应塞入油毡条或浸油麻丝，以保证窗框有伸缩余地，抹灰时灰口应包住塑料窗框。

5. 安装玻璃扇

内外墙面完成后，将玻璃用压条装在扇上，按原有的标记位置将扇安在框上。

三、钢门窗安装

钢门窗通常分为空腹和实腹两种。空腹门窗耗钢量少，刚度也较好，但由于芯部空间表面不便于涂刷涂料，因而耐腐蚀性较差。为此，宜对空腹门窗进行磷化处理，以提高其抗腐蚀的能力。

钢门窗的缺点是气密性、水密性较差，热损耗亦较多，只适用于一般建筑，不宜用于标准较高的建筑，特别是有空调设备的建筑。

钢门窗的施工要点为：

1. 铁脚与洞口的建筑

钢门窗安装一般采用预留门窗洞口，后装门窗的方法。每一钢门窗在其侧边应安装铁脚，将铁脚埋入洞口侧壁预留孔中或与其预埋铁焊接，使门窗固定于洞口墙体上。

2. 横档、竖梃与洞口和窗框连接

当窗口较大时，往往通过横档和竖梃与洞口连接，并将数个窗组合在一起。此时，可将横档和竖梃分别埋入洞口墙体预留孔洞中，或与柱和过梁上的预埋件焊接。

3. 零附件安装

零附件安装应在室内外墙面装饰完工后进行。先检查门窗安装是否牢固，启闭是否灵活和严密；然后按零附件安装示意图试装无误后，方可进行正式安装。要求零附件的位置正确，螺丝拧紧，密封条压实粘牢，四个角的密封条应裁切成斜坡，使其接缝严密。

密封条应在门窗最后一遍涂料干燥后再进行安装，以免密封条和粘结剂遭受溶胀或溶解，致使粘结不牢或损坏。

零附件装好后方能安装玻璃。门窗四角用插接件插接，玻璃与门窗交接处及门窗框与扇之间的缝隙，应全部用密封条或沥清胶密封。

第五节 裱 糊 工 程

一、裱糊材料及要求

裱糊工程就是将壁纸、墙布用胶粘剂裱糊在结构基层的表面上。由于壁纸、墙布图案、花纹丰富，色彩鲜艳夺目，更显得室内装饰豪华、美观、艺术、雅致。

裱糊工程中常用的材料有普通壁纸、塑料壁纸、玻璃纤维墙布、无纺墙布及胶粘剂。

普通壁纸系纸面纸基，透气性好，价格便宜，但不耐水，易断裂，已很少采用。塑料壁纸是以纸为基层，用高分子乳液涂布面层，再进行印花、压纹等工艺制成。玻璃纤维布是以玻璃纤维布为基层，表面涂上耐磨的树脂，印压成彩色的图案、花纹或浮雕。无纺墙布是采用棉、麻等天然纤维或涤、腈等合成纤维，经过无纺成型、上树脂、印压彩色花纹、图案而成的一种高级装饰墙布。

塑料壁纸、玻璃纤维布和无纺墙布是应用较广的内墙装饰材料，具有可擦洗、耐光、耐老化、颜色稳定、无毒、施工简单等特点，且花纹图案丰富多彩，富有质感，适用于粘贴在抹灰层、混凝土基层、纤维板、石膏板和胶合板表面。

对壁纸和墙布的质量要求如下：

外观是壁纸装饰效果的具体表现，要求颜色均匀，图案清晰，无色差，折印和明显污痕，印花壁纸的套色偏差不大于 1mm，且无漏印；压花壁纸的压花深浅一致，不允许出现光面。此外，其褪色性、耐磨性、湿强度、施工性均应符合现行材料标准的有关规定。材料进场后经检验合格方可使用。

壁纸、墙布在运输和贮存时，压延壁纸和墙布应平放，发泡壁纸和复合壁纸应竖放，而且均不得受阳光直晒和雨淋，也不要放在潮湿处，以免产生变色和发霉。

胶粘剂应按壁纸和墙布的品种选配，应具有防腐、防霉和耐久等性能，其配合比见表9-8。

裱糊工程用胶粘剂配合比　　　　　表9-8

胶粘剂用途	配　合　比　（重量比）
裱糊普通壁纸	(1) 面粉∶明矾（或甲醛）＝100∶10（0.2） (2) 面粉∶酚（或硼酸）＝100∶0.2（0.2）
裱糊塑料壁纸	(1) 聚乙烯醇缩甲醛胶（含甲醛45%）∶羧甲基纤维素（2.5%溶液）∶水＝100∶30∶50 (2) 聚乙烯醇缩甲醛胶∶水＝1∶1
裱糊玻纤墙布	聚醋酸乙烯酯乳胶∶羧甲基纤维素（2.5%溶液）＝60∶40

二、裱糊施工

裱糊工程应在顶棚喷浆、门窗油漆和地面已经做完，电气和其他设备已安装，影响裱糊操作的机具已撤除的情况下进行。装饰要求高的裱糊工程应先作样板间，鉴定合格后，方可大面积施工。

（一）塑料壁纸的裱糊

1. 基层处理

裱糊前，应将基层表面的灰砂、污垢、灰疙瘩和尘土清除干净，有磕碰、麻面和缝隙的部位应用腻子抹平抹光，再用橡皮刮板在墙面上满刮腻子一遍，干后用砂纸磨平磨光，并将灰尘清扫干净。涂刷后的腻子要坚实牢固，不得粉化、起皮和裂缝。常用腻子为乙烯乳胶腻子。石膏板基层的接缝处和不同材料的基层相接处应糊条盖缝。

为防止基层吸水过快而影响壁纸与基层的粘结效果，用排笔或喷枪在基层表面先涂刷1～2 遍1∶1的107胶水溶液做底胶进行封闭处理，要求薄而均匀，不得漏刷和流坠。

2. 弹垂直线

为使壁纸粘贴的花纹、图案、线条纵横连贯，在底胶干后，根据房间大小、门窗位置、壁纸宽度和花纹图案进行弹线，从墙的阴角开始，以壁纸宽度弹垂直线，作为裱糊时的操作准线。

3. 裁纸、闷水和刷胶

壁纸粘贴前应进行预拼试贴，以决定裁纸尺寸和对好花纹，做到接缝效果良好。裁纸应根据弹线的实际尺寸统筹规划，并编号按顺序粘贴，一般以墙面高度进行分幅拼花裁切，并注意留有 20～30mm 的余量。裁切时要用尺子压紧壁纸，刀刃紧贴尺边，一气呵成，使壁纸边缘平直整齐，不得有纸毛和飞刺现象。

塑料壁纸有遇水膨胀、干后自行收缩的特性，因此，应将裁好的壁纸放入水槽中浸泡3～5min，取出后把明水抖掉，静置10min左右，使纸充分吸湿伸胀，然后在墙面和纸背同时刷胶进行裱糊。

胶粘剂要求涂刷均匀、不漏刷。胶粘剂的配合比见表9-8。在基层表面涂刷胶粘剂应比壁纸刷宽20～30mm，涂刷一段，裱糊一张，不宜涂刷过厚。如用背面带胶的壁纸，则只需在基层表面涂刷胶粘剂。

4. 裱糊壁纸

以阴角处事先弹好的垂直线作为裱糊第一幅壁纸的基准，第二幅开始，先上后下对缝裱糊，对缝必须严密，不显接槎，花纹图案的对缝必须端正吻合。拼缝对齐后，再用刮板由上向下抹压平整，挤出的多余胶粘剂用湿棉丝及时揩擦干净，不得有气泡和斑污，上下边多出的壁纸用刀切削整齐。每次裱糊2～3幅后，要吊线检查垂直度，以防造成累积误差，不足一幅的应裱糊在较暗或不显眼的部位。对裁纸的一边可在阴角处搭接，搭接宽5～10mm，要压实，无张嘴现象。阳角处只能包角压实，不能对接和搭接，所以施工时对阳角的垂直度和平整度要严格控制。大厅明柱应在侧面或不显眼处对缝。裱糊到电灯开关、插座等处应剪口做标记，以后再安装纸面上的照明设备或附件。壁纸与挂镜线、贴脸板和踢脚板等部位的连接也应吻合，不得有缝隙，以便接缝严密美观。

5. 清理修整

整个房间贴好后，应进行全面细致的检查，对未贴好的局部进行清理修整，要求修整后不留痕迹，然后将房间封闭予以保护。

（二）玻纤维布和无纺墙布的裱糊

玻纤墙布和无纺墙布的裱糊工艺与塑料壁纸的裱糊工艺基本相同，但应注意以下几点：

1. 基层处理

玻纤墙布和无纺墙布布料较薄，盖底力较差，故应注意基层颜色的深浅和均匀程度，防止裱糊后色彩不一，影响装饰效果。若基层表面颜色较深或相邻基层颜色不同时，应满刮石膏腻子，或在胶粘剂中掺入适量白色涂料（如白色乳胶漆等）。

2. 裁剪

裁剪前应根据墙面尺寸进行分幅，并在墙面上弹出分幅线，然后确定需要粘贴的长度，并应适当放长100～150mm，再按墙布的花色图案及深浅选布剪裁，以便同幅墙面色彩一致，图案完整。裁布场所要清洁宽敞，用剪刀剪成段时，裁边应顺直，剪裁后应卷拢，横放储存备用，切勿直立，以免沾污和碰毛布边，影响美观。

3. 刷胶粘剂

胶粘剂的配合比参见表9-8，其中羧甲基纤维素应先用水溶化，经10h左右用细眼纱过滤，除去杂质，再与其它材料调配并搅拌均匀。调配量以当天用完为限。

玻纤墙布和无纺墙布无吸水膨胀现象，故裱糊前勿需用水润湿，墙布润水后会起皱，反而不易平伏。粘贴时墙布背面不用刷胶，否则胶粘剂容易渗透到墙布表面影响美观。

4. 裱糊墙布

在基层上用排笔刷好胶粘剂后，把裁好成卷的墙布自上而下按对花要求缓慢放下，墙布上边应留出50mm左右，然后用湿毛巾将墙布抹平贴实，再用活动裁纸刀割去上下多余布料。阴阳角、线角以及偏斜过多的部位，可以裁开拼接，也可搭接，对花要求可适当放宽，但切忌将墙布横拉斜扯，以免造成整块墙布歪斜变形甚至脱落。

三、裱糊工程的质量标准和检验方法

裱糊工程的质量标准及检验方法，可参见表 9-9。

裱糊工程质量标准及检验方法

表 9-9

保证项目	质 量 要 求				检验方法
	壁纸、墙布必须粘结牢固，无空鼓、翘边、皱折等缺陷				观察或用手轻触检查
基本项目	项次	项 目	等级	质 量 要 求	检验方法
	1	裱糊表面	合格	色泽一致，无斑污	观察检查
			优良	色泽一致，无斑污，无胶痕	
	2	各幅拼接	合格	横平竖直，图案端正，拼缝处图案、花纹基本吻合，阳角处无接缝	
			优良	横平竖直，图案端正，拼缝处图案花纹吻合，距墙 1.5m 处正视不显拼缝，阴角处搭接顺光，阳角处无接缝	
	3	裱糊与挂镜线、踢脚板交接	合格	交接紧密，无漏贴，不糊盖需拆卸的活动件	
			优良	交接紧密，无缝隙，无漏贴和补贴，不糊盖需拆卸的活动件	

注：检查数量，按有代表性的自然间抽查 10%，过道按 10 延长米，厂房、礼堂等大间按两轴线为一间，但不少于 3 间。

第六节　涂　料　工　程

涂料工程包括油漆涂饰和涂料涂饰，它是将胶体的溶液涂敷在物体表面、使之与基层粘结，并形成一层完整而坚韧的薄膜，借此以达到装饰、美化和保护基层免受外界侵蚀的目的。

一、油漆涂饰

（一）建筑工程中常用的油漆

建筑工程中常用油漆的种类及其主要特性如下：

1. 清油（鱼油、熟油）

清油又称鱼油、熟油，干燥后漆膜柔软，易发粘。多用于调稀厚漆和红丹防锈漆，也可单独涂刷于金属、木材表面或打底及调配腻子。

2. 厚漆（铅油）

厚漆又称铅油，有红、白、黄、绿、灰、黑等色。使用时需加清油、松香水等稀释。漆膜柔软，与面漆粘结性好，但干燥慢，光亮度、坚硬性较差。可用于各种涂层打底或单独作表面涂层，亦可用来调配色油和腻子。

3. 调和漆（调和漆）

调和漆分油性和磁性两类。油性调和漆的漆膜附着力强，有较高的弹性，不易粉化、脱落及龟裂，经久耐用，但漆膜较软，干燥缓慢，光泽差，适用于室外面层涂刷。磁性调和

漆常用的有脂胶调和漆和酚醛调和漆等，漆膜较硬，颜色鲜明，光亮平滑，能耐水洗，但耐气候性差，易失光、龟裂和粉化，故仅用于室内面层涂刷。调和漆有大红、奶油、白、绿、灰、黑等色，不需调配，使用时只需调匀或配色，稠度过大时可用松节油或200号溶剂汽油稀释。

4. 清漆

清漆分油质清漆和挥发性清漆两类。油质清漆又称凡立水，常用的有酯胶清漆、酚醛清漆、钙酯清漆和醇酸清漆等。漆膜干燥快，透明光泽，适用于木门窗、板壁及金属表面罩光。挥发性清漆又称泡立水，常用的有漆片，漆膜干燥快、坚硬光亮，但耐水、耐热、耐气候性差，易失光，多用于室内木材面层的油漆或家具罩面。

5. 聚醋酸乙烯乳胶漆

这是一种性能良好的新型涂料和墙漆，适用于作高级建筑室内抹灰面、木材面的面层涂刷，亦可用于室外抹灰面。其优点是漆膜坚硬平整、附着力强、干燥快、耐曝晒和水洗，新墙面稍经干燥即可涂刷。

此外，还有磁漆、大漆、硝基纤维漆（即蜡克）、耐热漆、耐火漆、防锈漆及防腐漆等。

（二）油漆涂饰施工

油漆工程施工包括基层处理、打底子、抹腻子和涂刷油漆等工序。

1. 基层处理

为了使油漆和基层表面粘结牢固，节省材料，必须对涂刷在木料、金属、抹灰层和混凝土基层的表面进行处理。

木材基层表面油漆前，要求将表面的灰尘、污垢清除干净，表面上的缝隙、毛刺、节疤和脂囊修整后，用腻子填补。抹腻子时对于宽缝、深洞要深入压实，抹平刮光。磨砂纸时要打磨光滑，不能磨穿油底，不可磨损棱角。

金属基层表面油漆前，应将表面除去锈斑、尘土、油渍、焊渣等杂物。

抹灰层和混凝土基层表面油漆前，要求表面干燥、洁净，不得有起皮和松散处等，粗糙的表面应磨光，缝隙和小孔应用腻子刮平。

2. 打底子

在处理好的基层表面上刷底子油一遍（可适当加色），并使其厚薄均匀一致，以保证整个油漆面色泽均匀。

3. 抹腻子

腻子是由油料加上填料（石膏粉、大白粉）、水或松香水拌制成的膏状物。抹腻子的目的是使表面平整。对于高级油漆施工，需在基层上全部抹一层腻子，待其干后用砂纸打磨，然后再抹腻子，再打磨，直到表面平整光滑为止，有时，还要和涂刷油漆交替进行。腻子磨光后，清理干净表面，再涂刷一道清油，以便节约油漆。

4. 涂刷油漆

油漆施工按质量要求不同分为普通油漆、中级油漆和高级油漆三种（表9-10）。一般松软木材面、金属面以采用普通或中级油漆较多；硬质木材面、抹灰面则采用中级或高级油漆。涂饰的方法有刷涂、喷涂、擦涂、揩涂及滚涂等多种。

刷涂是用棕刷蘸油漆涂刷在物件的表面上。其优点是设备简单，操作方便，用油省，不受物件形状大小的限制；但工效低，不适于快干性和扩散性不良的油漆施工。

基层种类	油漆名称	油 漆 等 级		
		普　通	中　级	高　级
木材面	混色油漆	底层：干性油 面层：一遍厚漆	底层：干性油 面层：一遍厚漆 　　　一遍调和漆	底层：干性油 面层：一遍厚漆 　　　一遍调和漆 　　　一遍树脂漆
	清　漆		底层：酯胶清漆 面层：酯胶清漆	底层：酚醛清漆 面层：酚醛清漆
金属面	混色油漆	底层：防锈漆 面层：防锈漆	底层：防锈漆 面层：一遍厚漆 　　　一遍调和漆	
抹灰面	混色油漆		底层：干性油 面层：一遍厚漆 　　　一遍调和漆	底层：干性油 面层：一遍厚漆 　　　一遍调和漆 　　　一遍无光油

喷涂是用喷雾器或喷浆机将油漆喷射在物体表面上，喷射时每层往复进行，纵横交错，一次不能喷得过厚，需分几次喷涂，以达到厚而不流。要求喷嘴均匀移动，离物面距离控制在 $250\sim350mm$，速度为 $10\sim18m/min$，气压为 $0.3\sim0.4MPa$，用大喷枪时应为 $0.5\sim0.7MPa$。此法优点是工效高，漆膜分散均匀，平整光滑，干燥快。缺点是油漆消耗量大，需要喷枪、空气压缩机等设备，施工时还应有通风、防火、防爆等安全措施。

擦涂是用棉花团包布蘸油漆在物面上擦涂几遍，待漆膜稍干后再连续转圈揩擦多遍，直到均匀擦亮为止。此法漆膜光亮、质量好，但费工、效率低。

揩涂仅用于生漆的施工，它是用布或丝团浸油漆在物件表面上来回左右滚动，反复搓揩，以达到漆膜均匀一致。

滚涂系用羊皮、橡皮或其它吸附材料制成的滚筒滚上油漆后，再滚涂于物面上。此法漆膜均匀，可使用较稠的油料，适用于墙面滚花涂饰。

在整个涂刷油漆的过程中，油漆不得任意稀释，最后一遍油漆不宜加催干剂。涂刷中，应待前一遍油漆干燥后方可涂刷后一遍油漆。

（三）油漆涂饰的质量要求

油漆工程质量验收应待漆面结成牢固的漆膜后进行，表 9-11 和表 9-12 所列，即为涂刷混色油漆和清漆的质量要求。

混色油漆表面质量要求 　　　　表 9-11

项次	项　　目	普通油漆	中级油漆	高级油漆
1	脱皮、漏刷、反锈	不允许	不允许	不允许
2	透底、流坠、皱皮	大面不允许	大面和小面明显处不允许	不允许
3	光亮和光滑	光亮均匀一致	光亮、光滑均匀一致	光亮足，光滑无挡手感

项次	项　目	普通油漆	中级油漆	高级油漆
4	分色裹棱	大面不允许,小面允许偏差3mm	大面不允许,小面允许偏差2mm	不允许
5	装饰线,分色找平直(拉5m线检查,不足5m拉通线)	偏差不大于3mm	偏差不大于2mm	偏差不大于1mm
6	颜色、刷纹	颜色一致	颜色一致、刷纹通顺	颜色一致、无刷纹
7	五金、玻璃等	洁净	洁净	洁净

注：1. 大面系指门、窗关闭后的里、外面；

　　2. 小面明显处是指门窗开启后,除大面外,视线所能见到的地方；

　　3. 设备、管道喷刷银粉漆,漆膜应均匀一致,光亮足。

清漆表面质量要求　　　　　　　　　　　　　表 9-12

项次	项　目	中　级　油　漆	高　级　油　漆
1	漏刷、脱皮、斑迹	不允许	不允许
2	木纹	棕眼刮平,木纹清楚	棕眼刮平,木纹清楚
3	光滑和光亮	光亮足,光滑	光亮柔和,光滑无挡手感
4	裹棱、流坠、皱皮	大面不允许,小面明显处不允许	不允许
5	颜色、刷纹	颜色基本一致,无刷纹	颜色一致,无刷纹
6	五金、玻璃等	洁净	洁净

油漆工程常见质量通病及其消除方法见表 9-13。

油漆质量通病及消除方法　　　　　　　　　　表 9-13

项次	病态	原因分析	消除方法	项次	病态	原因分析	消除方法
1	流淌（漆液下垂）	漆的粘度大,涂层厚;油刷毛长而软,掺入的稀释剂干性慢	做到少蘸油、勤蘸油,刷均匀	4	露底（露底色）	漆料的颜料用量不足,掺入过量的稀释剂;漆料沉淀未经搅拌就使用	选遮盖力好的漆料,稀释剂要适量
2	皱纹（失去光彩）	漆膜过厚或刷油不均;干性快和干性慢的漆掺合使用,或是催干剂加得过多,产生外干里湿;刷油后遇高温、曝晒或骤冷	加强操作控制;避免高温曝晒,适量加入催干剂	5	脱皮	油料质量低劣;漆内松香成分太多或稀释过薄,物面粘有油质、蜡质或基层未干透,物面太光滑一水泥基层腻子、油质被吸去	物面清洗干净,干后再刷漆;水泥基层先刷清油一遍
3	发粘（漆膜干后发粘或夏天发粘）	底层处理不当,物面粘有油、碱等残迹,底漆未干透便涂面漆或油漆过稠、涂刷过厚;加入松香油或催干剂过多,物面过潮;气温过低等	将基层杂质去净或用漆片封闭,并保持干燥,漆面避免水煤气作用	6	发皱（部分收缩成锯齿圆珠针孔状）	底漆内掺有不干性稀释剂(煤油、柴油)底层沾有油污;刷后受烟熏;物面太光滑;底漆光泽太大或没有打磨好;施工潮湿	在涂刷中发生时,应用汽油或松香水擦净物面或用布包石灰粉面擦物

项次	病态	原因分析	消除方法	项次	病态	原因分析	消除方法
7	起泡	基层未干，腻子或底漆未干即刷二遍漆；刷漆遇雨或油漆内有水分；漆膜过厚；稀释剂来不及挥发	基层干燥，防止在潮湿环境中施工	12	褪色	墙漆内有碱或油漆内颜料起化学变化	抹灰面要干燥
8	花纹	漆纹未干时遇水、煤、冷气等作用	避免水、煤气的作用	13	倒光（表面无光泽或光泽不足）	物面吸油或物面不平；底漆未刷透；面漆有较强的溶剂易使底层回软；面漆掺了较多的溶剂或施工时遇煤气、烟熏	可再涂一度面漆；稀释剂不超过8%～10%，施工避免烟、煤气
9	粗糙（手摸有颗粒感）	基层处理不彻底；颜料过粗；漆中有污物未过滤；漆刷不干净；施工时灰尘粘在漆面上	漆要用细钢筛过滤，施工工具环境要清洁	14	粉化（脱粉掉粉）	油漆中稀释剂或颜料、填充料过多，油分少，漆膜过薄，高温下施工；油漆质量差，两种混用	油漆配合比要好；选用质量好的油漆
10	渗色（底漆颜色渗到面漆上来）	底漆未干或太稀，漆膜未牢固就涂上溶解性强（漆内含香蕉水）的面漆；底漆未清除干净；节疤没有用漆片封闭；在红色的底漆上刷浅色面漆	木材面可涂一遍洋干漆封闭；金属漆可用洋干面或铝粉漆封闭	15	龟裂（裂缝）	油料质量不好，面漆性能比底漆差；涂刷过厚，底漆未干；旧漆膜已有裂缝；受较强紫外线照射	选用油质相同的油漆，旧漆膜裂缝要铲除
11	泛白（发生浑浊或中乳色）	施工现场潮湿；物面上沾有酸性植物胶吸收水分；洋干漆中酒精含量多	喷漆可加防潮剂再喷一度，洋干漆可用酒精擦除再涂洋干漆和硝基漆施工温度宜在15～20℃	16	起霜（清漆面层多见）	施工环境中有烟、煤气、潮气、醇酸漆中加入含钴催干剂	施工要防潮；避免使用钴催干剂

（四）油漆工程的安全技术

油漆材料、所用设备必须有专人保管，且设置在专用库房内，各类储油原料的桶必须要有封盖。

在油漆材料库房内，严禁吸烟，且应有消防设备，其周围有火源时，应按防火安全规定，隔绝火源。

油漆原料间照明，应有防爆装置，且开关应设在门外。

使用喷灯，加油不得加满，打气不应过足，使用时间不宜过长，点火时，灯嘴不准对人。

操作者应做好人体保护工作，坚持穿戴安全防护用具。

使用溶剂时（如甲苯等有毒物质时），应防护好眼睛、皮肤等，且随时注意中毒现象。

熬胶、烧油桶应离开建筑物10m以外，熬炼桐油时，应距建筑物30～50m。

在喷涂硝基漆或其他挥发性、易燃性溶剂稀释的涂料时不准使用明火。

为了避免静电集聚引起事故，对罐体涂漆应安接地线装置。

二、涂料涂饰

建筑涂料从化学组成上可分为有机高分子涂料、无机高分子涂料以及有机无机复合高分子涂料；按涂膜层状态分为薄质型涂料（如苯-丙乳胶漆）、厚质型涂料（如乙-丙乳液厚涂料）、砂壁状涂层涂料（如彩砂苯-丙外墙涂料、彩色复层凹凸花纹涂料）等；按自身的特殊性能分为防火涂料、防水涂料、防霉涂料、防结露涂料等；按使用部位分为内墙涂料、外墙涂料、地面涂料、顶棚涂料、门窗涂料及屋面防水涂料等。

（一）新型外墙涂料

1. JDL-82A 着色砂丙烯酸系建筑涂料

该涂料由丙烯酸系乳液、人工着色石英砂及各种助剂混合而成。其特点是结膜快、耐污染、耐褪色性能良好，而且色彩鲜艳、质感丰富、粘结力强，适用于混凝土、水泥砂浆、石棉水泥板、纸面石膏板、砖墙等基层。其施工工序和要求如下：

（1）基层处理　要清除墙面的油污、铁锈、油迹，要求墙面有一定的强度，无粉化、起砂和空鼓现象。墙面如有缺棱掉角处，应用砂浆修补，有孔洞应用水泥：107 胶＝100：20 加适量水配成的腻子处理。

（2）喷涂前将涂料搅拌均匀，加水量不得超过涂料重量的 5%，喷涂厚度要均匀，待第一道干燥后再喷第二道。

（3）喷涂机具采用喷嘴孔径为 5～7mm 的喷斗，喷斗距离墙面 300～400mm，空气压缩机的压力为 0.5～0.7MPa。涂料最低施工温度为 5℃，贮存温度为 5～40℃。该涂料由 25kg/方铁筒和 25kg/塑料筒包装，施工用量为 3.5～4kg/m²。

2. JH80—1 无机高分子外墙涂料

该涂料为碱金属硅酸盐系无机涂料，以硅酸钾为胶结剂，掺入固化剂、填充料、分散剂、着色剂等制成的水溶性涂料，可在常温和低温（0℃）条件下成膜，耐水、耐酸碱、耐污染、耐冻融、附着力好、遮盖力强，适用于混凝土预制板、水泥砂浆石棉板，也可用于内装饰。

（1）基层处理　水泥砂浆及混凝土基层必须养护 7d 以上，含水率为 10% 以下，否则易出现颜色不均（即"花脸"）等现象。基层必须有足够的强度，表面杂物应清除干净，缺棱掉角处应用聚合物水泥腻子或砂浆补平，腻子配合比为水泥：乳胶（或 107 胶）＝100：20 加适量水调制，砂浆配合比为水泥：砂：水＝1：2～2.5：适量。

（2）涂料使用前应搅拌均匀，使用中不得随意加水。施工方法可刷涂和喷涂。

刷涂前必须用清水洗墙面，无明水时即可刷涂。由于涂料干燥快，应勤蘸短刷，初干后不可反复涂刷，涂刷方向、长短要一致，接槎必须设在分格处。一般涂刷两遍成活，应注意均匀一致，最低施工温度为 0℃，贮放时间不宜超过三个月，施工后 24h 内尽量避免雨淋。

喷涂一般是一遍成活，厚度以盖底最薄者为佳，每千克可喷 1.1～1.2m²。空气压缩机的压力保持在 1MPa，喷嘴孔径根据填充料粗细来定，喷嘴必须垂直于墙面，并距墙面 500mm 左右，太近易流坠，太远易漏喷。涂层接槎必须留在分格缝处。喷涂前将外门窗和不涂部位用塑料布或木板遮挡严密，以免污染。

3. JH80-2 无机高分子外墙涂料

该涂料是以胶态氧化硅为主要胶粘剂，掺入成膜助剂、填充剂、着色剂、表面活性剂等混合搅拌均匀，经研磨而成的单组分水溶性涂料。具有耐酸碱、耐沸水、耐冻融、不产生静电和耐污染等性能。它也以水为分散介质，宜于刷涂，也可采用手压或电动喷浆泵和喷枪喷涂，以提高工效。其施工工艺与 JH80—1 无机高分子外墙涂料相同。但最低施工温度为8℃。

4. 彩砂涂料

彩砂涂料是丙烯酸酯类建筑涂料的一种，这类涂料有优异的耐候性、耐水性、耐碱性和保色性等，它将逐步取代一些低劣的涂料产品，如106涂料等。

彩砂涂料是粗置料涂料的一种，研制彩砂涂料是为了解决涂料褪色、变色问题，并从耐久性和装饰效果方面提供一种中、高档建筑涂料。彩砂涂料是用着色骨料代替一般涂料中的颜料、填料，从根本上解决了褪色问题。同时，着色骨料由于是高温烧结、人工制造，可做到色彩鲜艳、质感丰富。彩砂涂料所用的合成树脂乳液使涂料的耐水性、成膜温度、与基层的粘结力、耐候性等都有了改进，从而提高了涂料的耐久性。

(1) 基层处理　基层表面要求平整、洁净，基本干燥，有一定强度。需刮腻子找平时，可用配合比为水泥：107胶＝100：20（加适量水）的107胶水泥腻子，不能使用强度低的材料作腻子，以免涂膜成片脱落。为减少基层的吸水性，便于刮腻子操作，可先在基层上刷一道107胶：水＝1：3的水溶液。新抹的水泥砂浆层至少间隔3d，最好7d后再喷涂彩砂涂料，否则会引起涂层表面泛白和"花脸"。

(2) 弹线分格　大面积墙面上喷涂彩砂涂料均应弹线做分格缝，以便于涂料施工接槎。分格缝的做法是，按墨线粘贴20mm宽的分格条，在喷罩面胶前取出，然后把缝内的胶和石粒刮净。

(3) 配料　彩砂涂料的配合比为BB-01乳液（或BB-02乳液）：骨料：增稠剂（2%水溶液）：成膜助剂：防霉剂和水＝100：400～500：20：4～6：适量。无论是单组分包装或是双组分包装的彩砂涂料，都按配合比充分搅拌均匀，不能随意加水冲稀，以免影响涂层质量，涂料有沉淀时应随时搅拌均匀。涂料一般用量为2kg/m²。

(4) 喷涂　喷斗要把握平稳，出料口与墙面垂直，距离约400～500mm，空气压缩机压力保持在0.6～0.8MPa，喷嘴直径以5mm为宜，喷涂时喷斗要缓慢移动，使涂层充分盖底。如发现涂层局部尚未盖底，应在涂层干燥前喷涂找补。一般在喷石后用胶辊滚压两遍，把悬浮石料压入涂料中，做到饰面密实平整，观感好。然后隔2h左右再喷罩面胶两遍，以使石粒粘结牢固，不致掉落。风雨天不宜施工，以免涂料被风吹跑或被雨水冲淋掉。

5. 丙烯酸有光凹凸乳胶漆

丙烯酸有光凹凸乳胶漆是以有机高分子材料苯乙烯、丙烯酸脂乳液为主要胶粘剂，加上不同的颜料、填料和集料而制成的薄质型和厚质型两部分涂料。厚质型涂料是丙烯酸凹凸乳胶底漆；薄质型涂料是各色丙烯酸有光乳胶漆。该乳液型涂料具有良好的耐水性、耐碱性和装饰效果。

丙烯酸凹凸乳胶漆通过喷涂，再经过辊压就可得到各种式样的凹凸花纹，增强立体感。涂饰的方法有两种：一种是在底层上喷一遍凹凸乳胶底漆，经过辊压后再在凹凸乳胶底漆上喷1～2遍各色丙烯酸有光乳胶漆；另一种方法是在底层上喷一遍各色丙烯酸有光乳胶漆，等干后再在其上喷涂丙烯酸凹凸乳胶底漆，然后经过辊压显出凹凸图案，等干后再罩一层苯丙乳液。经过如此几道工序后，建筑物外墙面显示出各种各样的花纹图案和美丽的色彩，装饰质感极佳。

该涂料可喷涂在水泥砂浆和混合砂浆抹面上，也可喷涂在混凝土板或水泥石棉板基层上，其基层处理方法和要求同无机高分子涂料施工。在喷涂施工中，涂料粘度、空气压缩机压力、喷射距离、喷枪运行中的角度和速度要求如下：

（1）喷涂凹凸乳胶底漆　喷枪口径采用6～8mm，空气压缩机压力为0.4～0.8MPa，根据气温调整好粘度和压力后，由一人手持喷枪与墙面成90°角喷涂，喷枪运行路线可根据施工需要上下或左右成S形进行，花纹大小、凹凸程度以及涂层厚薄，可由气压大小和喷枪口径调节。喷涂底漆后，相隔4～5min，再由一人用蘸水的铁抹子轻抹、辊压涂层有面，并始终保持着上下方向运行。这样，喷涂后的图案不仅花纹分布均匀，无空鼓、起皮、脱落和流坠现象，且具有很强的立体感。

（2）喷涂各色丙烯酸有光乳胶漆面层　喷底漆后相隔8h，用喷枪喷涂丙烯酸有光乳胶漆罩面。喷涂压力控制在0.3～0.5MPa，喷枪应与墙面垂直，距离约为400～500mm。喷出的涂料要成浓雾状，涂层不宜过厚，要求均匀一致，无起泡、脱皮、漏喷及流坠现象。一般以喷两遍为宜，待第一遍的漆膜干后，再喷第二遍。

施工温度要求基层面在5℃以上，风、雨天气都不宜施工。

（二）新型内墙涂料

1. 乳胶漆

乳胶漆属乳液型涂料，是以合成树脂乳液为主要成膜物质，加入颜料、填料以及保护胶体、增塑剂、耐湿剂、防冻剂、消泡剂、防霉剂等辅助材料，经过研磨或分散处理而制成的涂料。其种类很多，通常以合成树脂乳液来命名，如醋酸乙烯乳胶漆、丙烯酸脂乳胶漆、苯-丙乳胶漆、乙-丙乳胶漆、聚氨脂乳胶漆等。乳胶漆作为墙涂料可以洗刷，易于保持清洁，因而很适宜作内墙面装饰。

乳胶漆具有以下特点：

（1）安全无毒　乳胶漆以水为分散介质，随水分的蒸发而干燥成膜，施工时无有机溶剂逸出，不污染空气，不危害人体，且不浪费溶剂。

（2）涂膜透气性好　乳胶漆形成的涂膜是多孔而透气的，可避免因涂膜内外湿度差而引起鼓泡或结露。

（3）操作方便　乳胶漆可采用刷涂、滚涂、喷涂等施工方法，施工后的容器和工具可以用水洗刷，而且涂膜干燥较快，施工时两遍之间的间歇只需几小时，这有利于连续作业和加快施工进度。

（4）涂膜耐碱性好　该漆具有良好的耐碱性，可在初步干燥、返白的墙面上涂刷，基层内的少量水分则可通过涂膜向外散发，而不致顶坏涂膜。

乳胶漆适宜于混凝土、水泥砂浆、石棉水泥板、纸面石膏板等基层。要求基层有足够的强度，无粉化、起砂或掉皮现象。新墙面可用乳胶加老粉作腻子嵌平，磨光后涂刷。旧墙面应先除去风化物、旧涂层，用水清洗干净后方能涂刷。

喷涂时空气压缩机的压力应控制在0.5～0.8MPa。手握喷斗要稳，出料口与墙面垂直，喷嘴距墙面500mm左右。先喷涂门、窗口，然后横向来回旋喷墙面，防止漏喷和流坠。顶棚和墙面一般喷两遍成活，两遍间隔约2h。若顶棚与墙面喷涂不同颜色的涂料时，应先喷涂顶棚，后喷涂墙面。喷涂前用纸或塑料布将不喷涂的部位，如门窗扇及其它装饰体遮盖住，以免污染。

刷涂时，可用排笔，先刷门、窗口，然后竖向、横向涂刷两遍，其间隔时间为2h。要求接头严密，颜色均匀一致。

2. 喷塑涂料

喷塑涂料是以丙烯酸酯乳液和无机高分子材料为主要成膜物质的有骨料的建筑涂料（又称"浮雕涂料"或"华丽喷砖"）。它是用喷枪将其喷涂在基层上，适用于内、外墙装饰。

喷塑涂层结构分为底油、骨架、面油三部分。底油是涂布乙烯-丙烯酸酯共聚乳液，既能抗碱、耐水，又能增加骨架与基层的粘结力；骨架是喷塑涂料特有的一层成型层，是主要构成部分，用特制的喷枪、喷嘴将涂料喷涂在底油上，再经过滚压形成主体花纹图案；面油是喷塑涂层的表面层，面油内加入各种耐晒彩色颜料，使喷塑涂层带有柔和的色彩。

喷塑涂料可用于水泥砂浆、混凝土、水泥石棉板、胶合板等面层上。喷塑按喷嘴大小分为小花、中花、大花。施工时应预先做出样板，经有关单位鉴定后方可进行。其施工工艺如下：

（1）基层处理与养护 喷塑施工前，基层要先养护，夏季气温27℃左右时，现抹水泥砂浆须养护4～7d，现浇混凝土需7d；冬季气温10℃以上时，现抹水泥砂浆需7～10d，现浇混凝土需14d方可开始喷塑。如用胶合板做基层，胶合板和基体一定要刷一道均匀胶水，胶合板是用钉子固定时，其钉帽应打扁并进入板面0.5～1mm，钉眼用腻子抹平，板与板之间接缝要用腻子补平。喷塑前应将工作面周围门窗框、扇以及不作喷塑的墙面用旧报纸或塑料布加以遮盖防护，避免污染，在雨天和风力较大时不宜施工。

（2）粘分格条 外墙面大面积喷塑一定要有分格条，分格条应宽窄薄厚一致，粘贴在中层砂浆面上应横平竖直、交接严密，分格条粘贴前一天应先泡水浸透，完工后应适时取出，取出时要注意别碰坏喷塑材料。

（3）喷刷底油 用油刷或喷枪将底油涂布于基层。

（4）喷点料（骨架层） 用单斗喷枪，空压机压力为0.5～0.6MPa，风速5m/s，喷嘴距墙面500～600mm，与饰面成60°～90°，由一人持喷枪，一人负责搅拌骨料成糊状，一人专门添料，在每一分格块内要连续喷，表面颜色要一致，花纹大小要均匀，不显接槎，喷出的材料不得有气鼓、起皮、漏喷、脱落、裂缝及流坠等现象。

（5）压花 如要压花，隔15min后，可用蘸松节油的塑料辊在喷点上用力均匀轻松辊压，压花厚度为5～6mm为宜。

（6）喷面油 面油色彩按设计要求一次性配足，以保证整个饰面的色泽均匀，不宜过厚，不可漏喷，一般以喷2道为宜，第一道用水性面油，第二道用油性面油，但需待第一道涂膜干后再喷涂第二道，在常温下，前后两道施涂的时间不应小于4h。

油性面油有毒、易燃，施工现场应有良好的通风条件，工人应带防护用品并注意防火。

（7）分格缝上色 基层原有分格条喷涂后即可揭起，分格缝可根据设计要求的颜色重新描涂。

3. JHN84-1耐擦洗内墙涂料

这种涂料是一种粘结度较高又耐擦洗的内墙无机涂料，它以改性硅酸钠为主要成膜物质，成膜物是无机高分子聚合物，掺入少量成膜助剂和体质颜料等。它以水为分散介质，操作方便，耐擦洗、耐老化、耐高温、耐酸碱，价格便宜，适用于住宅及公共建筑内墙面装饰。此涂料可喷涂、刷涂和滚涂。涂刷3d后硬化，7d后可耐水擦洗，施工温度为5℃以上，储存温度为5～40℃，施工时要防曝晒和雨淋。

4. 其它内墙涂料改进型107耐擦洗内墙涂料及SJ—803内墙涂料等，属聚乙烯醇类水溶性内墙涂料，是介于大白色浆与油漆和乳胶漆之间的品种，其特点是不掉粉。无毒、无味、施工方便，原材料资源丰富，是目前使用较多的一种内墙涂料。

<h1 style="text-align:center">第七节　刷　浆　工　程</h1>

刷浆工程是将石灰浆、大白粉浆、可赛银浆、聚合物水泥浆等刷涂或喷涂在抹灰层或物体的表面，以起到保护和美化装饰的效果。

一、常用刷浆材料及配制

1. 大白粉浆

大白粉是由滑石、矾石或青石等精研成粉加水过淋而成的碳酸钙粉末。大白粉加水再加胶合料即调制成大白粉浆，掺入颜料则成各种色浆。火碱面胶大白粉浆配合比为，大白粉：面粉：火碱：清水＝100：2.5：1：（150～180）；龙须菜胶大白粉浆配合比为，大白粉：龙须菜：皮胶（动物胶）：清水＝100：（3～4）：（1～2）：（150～180）；亦可用聚醋酸乙烯乳胶（白乳胶）和羧甲基纤维素作胶合料，附着力更强，其配合比为，大白粉：白乳胶：六偏磷酸钠：羧甲基纤维素＝100：12：0.5：0.1。大白粉浆应随配随用，适用于标准较高的室内墙面及顶棚刷浆。

2. 石灰浆

石灰浆是用石灰或石灰膏加水搅拌过滤而成，在其中加入石灰用量5％的食盐或明矾可防止脱粉，在其中加入耐碱性颜料即配成色浆。石灰浆属低档饰面材料，适用于室内普通墙面及顶棚刷浆工程

3. 可赛银浆

可赛银粉由碳酸钙、滑石粉与颜料研磨后加入干胶而成。颜色有粉红、中青、杏黄、米黄、浅蓝、深绿、蛋青、天蓝、深黄等。配制时先掺可赛银重量70％的温水，拌成奶浆，待胶溶化，再加入30％～40％的水拌成稀浆，过筛后再注入水调成适用浓度使用。可赛银浆膜的附着力、耐水性、耐磨性均比大白浆强。适用于室内墙面及顶棚刷浆。

4. 干墙粉

干墙粉是一种含有胶料的高级刷墙粉，常用的为三花牌干墙粉，具有各种颜色，色粉浆色彩鲜明，粘性好，不脱皮褪色。配制时，按1：1加温水拌成奶浆，待胶溶化后再加适量水调成适当浓度，过筛1～2次即可使用。适用于室内墙面及顶棚粉刷。

5. 白水泥石灰浆

白水泥石灰浆是在石灰中掺入白水泥、食盐和光油，加水调制而成，配制按水泥：石灰：食盐：光油＝100：250：25：25。适用于室外墙面粉刷。

6. 聚合物水泥浆

在水泥中掺入有机聚合物（如107胶、白乳胶、二元乳胶）和水调制而成。可提高水泥浆的弹性、塑性和粘结性，一般刷后再罩一遍有机硅防水剂，以增强浆面防水、防污染和防风化的效果，用于外墙刷浆。

二、刷浆施工

刷浆之前，基层表面必须干净、平整、所有污垢、油渍、砂浆流痕以及其它杂物等均应清除干净。表面缝隙、孔眼应用腻子填平并用砂纸磨平磨光。刷浆时的基层表面，应当

干燥，局部湿度过大部位，应采取措施进行烘干。浆液的稠度，刷涂时宜小些，采用喷涂时，宜大些。

小面积刷浆工具采用扁刷、圆刷或排笔刷涂。大面积刷浆工具采用手压或电动喷浆机进行喷涂。刷浆次序先顶棚，后由上而下刷（喷）四面墙壁，每间房屋要一次做完，刷色浆应一次配足，以保证颜色一致。室外刷浆，如分段进行时，应以分格缝、墙的阳角处或水落管处等为分界线。同一墙面应用相同的材料和配合比，涂料必须搅拌均匀，要做到颜色均匀、分色整齐、不漏刷、不透底，最后一遍的刷浆或喷浆完毕后，应加以保护，不得损伤。

第十章 地 面 工 程

第一节 地面工程概述

地面工程是人们工作和生活中接触最频繁的一个分部工程。反映地面工程档次和质量水平的，有地面的承载能力、耐磨性、耐腐蚀性、抗渗漏能力、隔声性能、弹性、光洁程度、平整度等指标以及色泽、图案等艺术效果。一些特殊功能的地面，如防爆地面等，还应具有各自的特殊要求。

一、建筑地面的构造

建筑地面包括建筑物底层地面和楼层地面，并包含室外散水、明沟、踏步、台阶、坡道等。

建筑地面由下列各构造层组成：

（1）面层：直接承受各种物理和化学作用的表面层；

（2）结合层：面层与下一构造层相联结的中间层，也可作为面层的弹性基层；

（3）找平层：在垫层上、楼板上或填充层（轻质、松散材料）上起整平、找坡或加强作用的构造层；

（4）隔离层：防止建筑地面上各种液体（含油渗）或地下水、潮气渗透地面等作用的构造层，仅防止地下潮气透过地面时可称作防潮层；

（5）填充层：在建筑地面上起隔声、保温、找坡或敷设暗管线等作用的构造层；

（6）垫层：承受并传递地面荷载于基土或基体上的构造层；

（7）基土：地面垫层下的土层（含地基加强或软土地基表面加固处理）。

每一工程的地面应由几个构造层组成，由设计和地面的施工工艺所决定。

建筑地面各构造层各自具有各自的作用，各构造层都很重要，必须按照设计和规范要求认真施工。例如，基土如处理不好，地面的承载力会削弱，从而造成地面沉降和开裂；膨胀土处理不好，会因基土的膨胀把地面拱裂。其他各构造层如处理不当，都会造成地面空鼓、裂缝、起皮、起砂、渗漏等质量通病。

二、建筑地面的材料

1. 面层材料

整体地面面层所用材料，主要是以水泥、沥青为胶结料配制的砂浆和混凝土，如细石混凝土面层、水泥砂浆面层、水磨石面层、防油渗面层、水泥钢（铁）屑面层、不发火（防爆的）面层、沥青砂浆和沥青混凝土面层等。

无机板块类地面面层材料发展十分迅速。目前常用的有各种陶瓷地砖、陶瓷锦砖、缸砖、水泥花砖、预制混凝土板块、预制水磨石板块、砖、大理石、花岗石、料石等。

木质地面面层有木板面层、拼花木板面层、硬质纤维板面层、竹质面层等。

有机地面面层材料主要有塑料地板面层、橡胶地板面层以及橡塑共混地板面层等。

各种地板面层材料各具特色，选择什么样的面层材料，主要是根据建筑物的档次、使用功能、地面的承载力以及轻济、适用、美观等原则，由设计人员和用户来决定。

2. 垫层材料

由于垫层的主要作用是承受并传递地面荷载于基土，因此用于垫层的材料，主要是依据材料的力学和有关的物理指标而定。

目前使用的垫层材料有三七灰土、砂、砂石、碎石、碎砖、三合土、炉渣、混凝土等。

3. 找平层材料

目前使用的找平层材料，主要是水泥砂浆、混凝土和沥青砂浆、沥青混凝土等。

4. 结合层材料

无机板块面层所用的结合层有水泥砂浆、聚合物水泥砂浆、聚合物水泥浆、砂及胶粘剂等。有机类板块及卷材面层的结合层主要用各种胶粘剂，如聚醋酸乙烯类胶粘剂、氯丁橡胶型、聚胺脂类、合成橡胶溶液型、沥青类和 926 多功能建筑胶等。粘贴木质地面面层的结合层主要用沥青胶结料和胶粘剂。

第二节　构造层的施工

一、基土的施工

基土是地面荷载的最终承受者，所以，基土必须是均匀密实的。如基土不匀，地面会产生不均匀沉降；基土不密实，承载力会降低，也会造成地面沉降开裂，严重的会造成地面破坏而不得不返工重做。

在淤泥、淤泥质土及杂填土、冲填土等软土层上施工时，应按设计要求对基土进行更换和加固。

在冻胀性土上铺设地面时，应按设计要求做防冻胀处理后方可施工。并不得在冻土上进行填土施工。否则会因基土冻胀或冻融造成地面开裂。

填土或土层结构被扰动的基土，应予分层压（夯）实。淤泥、腐植土、冻土、耕植土和有机物含量大于 8％的土，均不得用作填土；膨胀土作为填土时，应进行技术处理。

填土的施工应采用机械或人工方法分层压（夯）实，土块的粒径不应大于 50mm。每层虚铺厚度：机械压实时，不宜大于 300mm；用蛙式打夯机夯实时，不应大于 250mm；人工夯实时，不应大于 20mm。每层压（夯）实的压实系数应符合设计要求，但不应小于 0.9。填土前宜取土样用击实试验确定最优含水量与相应的最大干密度。

填土宜控制在最优含水量的情况下施工；过干的土在压实前应加以湿润，过湿的土应予晾干。填土施工前应通过试验确定其最优含水量和施工含水量的控制范围。

对墙、柱基础的填土时，应重叠夯填密实。在填土与墙柱相连处，亦可采取设缝进行技术处理。

当基土下为非湿陷性土层时，其填土为砂土时可随浇水随压（夯）实。每层虚铺厚度不应大于 200mm。

采用碎石、卵石等作基层表层加强时，应均匀铺成一层。粒径宜为 40mm，并应压（夯）入湿润的土层中。

在冻胀性土上铺设地面时，应按设计要求做防冻处理后方可施工。并不得在冻土上进行填土施工。

二、垫层的施工

由于垫层是承受并传递地面荷载于基土上的构造层，其应具有一定的强度、密实度和体积的稳定性，否则会因为强度不足而削弱地面的承载力或因体积的稳定性差（如收缩或膨胀等）造成地面裂缝。

1. 灰土垫层

灰土垫层只适用于铺设在不受地下水浸湿的基土上。灰土垫层应采用熟化石灰与粘土（或粉质土、粉土）的拌合料铺设，其厚度不应小于100mm。灰土拌合料的体积比宜为3：7（熟化石灰：粘土），或按设计要求配料。

2. 砂垫层和砂石垫层

砂垫层厚度不得小于60mm；砂石垫层厚度不宜小于100mm。砂和砂石中不得含有草根等有机杂质；冬期施工时不得含有冰冻块；石子的最大粒径不得大于垫层厚度的2/3。

砂宜选用质地坚硬的中砂或中粗砂。砂垫层铺平后，应洒水湿润，并宜采用机具振实。振实后的密实度应符合设计要求。

3. 碎石垫层和碎砖垫层

碎石垫层厚度不应小于60mm；碎砖垫层厚度不宜小于100mm。碎石应选用强度均匀和未风化的石料，其最大粒径不得大于垫层厚度的2/3。碎砖不得采用风化、酥松、夹有瓦片和有机杂质的砖料，其粒径不应大于60mm。

碎石垫层应摊铺均匀，表面空隙应以粒径为5~25mm的细石子填补。压实前应洒水使碎石表面保持湿润；采用机械碾压或人工夯实时，均不应少于三遍，并压（夯）至不松动为止。

4. 三合土垫层

三合土垫层应采用石灰、砂（亦可掺入少量粘土）与碎砖的拌合料铺设，其厚度不应少于100mm。砂亦可用炉渣代替。铺设方法采取先拌合三合土后铺设或先铺设碎砖后灌浆。三合土垫层在硬化期间应避免受水浸湿。

5. 炉渣垫层

炉渣垫层含炉渣或水泥炉渣，或水泥石灰炉渣，其厚度不应小于80mm。配合比应符合设计要求。

炉渣内不应含有有机杂质和未燃尽的煤块；粒径不应大于40mm，且粒径在5mm及以下的体积，不得超过总体积的40%。

炉渣或水泥炉渣垫层采用的炉渣，使用前应浇水闷透；水泥石灰炉渣垫层采用的炉渣，应先用石灰浆或用熟化石灰浇水拌合闷透。闷透时间均不得小于5d。

在垫层铺设前，基土应清扫干净并洒水湿润；铺设后应压实拍平。垫层厚度大于120mm时，应分层铺设；每层压实后的厚度不应大于虚铺厚度的3/4。

当炉渣垫层内埋设管道时，管道周围宜用细石混凝土予以稳固。

炉渣垫层施工完毕应养护，并应待其凝固后方可进行下道工序的施工。

6. 水泥混凝土垫层

水泥混凝土垫层厚度不得小于60mm；其强度等级不应小于C10。

水泥混凝土垫层应分区段进行浇筑。分区段应结合变形缝位置、不同材料的建筑地面连接处和设备基础的位置进行划分。浇筑前，垫层的下一层表面应予湿润。

浇筑水泥混凝土垫层前应按设计要求和施工埋设锚栓或木砖等要求预留孔洞。

三、找平层的施工

由于找平层是在垫层、楼板上或填充层上起整平、找坡或加强作用的构造层，因此，找平层应具有一定的强度。在厕浴间等潮湿的房间，找平层上要作防水层，找平层的质量要求更高一些，表面应平整，并不得有空鼓、裂缝和起砂现象。

找平层应采用水泥砂浆、水泥混凝土和沥青砂浆、沥青混凝土铺设。其采用的碎石或卵石的粒径不应大于找平层厚度的 2/3。水泥砂浆体积比不宜小于 1：3；水泥混凝土强度等级不应小于 C15。

在铺设找平层前，应将下一层表面清理干净。当找平层下有松散填充料时，应予铺平振实。

在预制钢筋混凝土板上铺设找平层前，板缝填嵌施工要特别注意。目前，板缝处上下裂缝是质量通病，其原因就是板缝未处理好。板缝填嵌施工时，应符合下列规定。

(1) 预制钢筋混凝土相邻板的板缝底宽不应小于 20mm；

(2) 填嵌时，板缝应清理干净，保持湿润；

(3) 填缝采用细石混凝土，其强度等级不应小于 C20；浇筑时混凝土的坍落度应控制在 10mm，振捣应密实，其填嵌高度应小于板面 10～20mm，表面不宜压光；当板缝间分两次填嵌时，可先灌水泥砂浆，其体积比为 1：2～1：2.5，后浇筑细石混凝土；当板缝宽度大于 40mm 时，板缝内应按设计要求配置钢筋。施工时应支底模，并应嵌入缝内 5～10mm；板缝填嵌后应养护，混凝土强度等级达到 C15 时方可继续施工。预制钢筋混凝土板板端的面层裂缝也是目前的质量通病。为防止裂缝，铺设找平层时，其板端应按设计要求采取防裂的构造措施，一般用加构造筋的办法来解决。

有防水要求的楼面工程，找平层铺设时，对立管、套管、地漏、楼板节点之间的密封处理和找平层满足防水层施工的技术条件方面，应严格按防水工程施工要求进行。

四、填充层的施工

由于填充层在建筑地面上起隔声、保温、找坡或敷暗管线等作用，因此，填充层的材料，其材料密度和导热系数、强度等级或配合比均应符合设计要求。

当采用松散材料做填充层时，应分层铺平拍实；当采用板、块状材料做填充层时，应分层错缝铺贴，每层应选用同一厚度的板、块料；其铺设厚度均应符合设计要求。当采用沥青胶结料粘贴板、块状填充材料时，应边刷、边贴、边压实，防止板、块材料翘曲。

第三节 地面面层施工

地面工程的成品保护最困难。地面损伤是地面工程的质量通病之一。为了尽量避免对地面的损伤和污染，各类地面面层的铺设宜在室内装饰工程基本完成后进行。当铺设活动地板、木板、拼花木板和塑料地板面层时，应待室内抹灰工程、水暖试压等可能造成建筑地面潮湿的施工工序完成后进行。并应在铺设上述面层之前，使房间干燥，避免在气候潮湿的情况下施工。

为了保证结合层与面层之间粘结牢固，不产生空鼓、裂缝等质量通病，面层施工时对环境温度应有一定要求。采用水泥、沥青类胶结材料时，环境温度应不小于 5℃；采用有机胶粘剂时，环境温度不应小于 10℃。

当铺设水泥类面层、找平层和结合层，其下一层为水泥类材料时，其表面不得有积水现象，如有杂物、砂浆块等均需清理干净，如有油污，可用 5%～10% 浓度的火碱溶液清洗，使其表面粗糙、洁净和湿润。当在预制钢筋混凝土板上铺设时，应在已压光的板面上划（凿）毛或涂刷界面处理剂。采取这些措施，是使其层层结合良好，防止空鼓裂缝。

当铺设水泥类面层和在水泥类结合层上铺设板块面层时，其下一层的水泥类材料（包括预制钢筋混凝土板板缝浇灌的混凝土）的抗压强度不得小于 12Mpa。且在铺设前应刷一遍水泥浆，其水灰比宜为 0.4～0.5，并随刷随铺。

铺设面层前，室内门框和楼地面预埋件等项目均应施工完毕并检查合格。安装好穿过楼板的立管，并将管洞堵严。

为了控制地面的标高，在地面施工前，室内墙面应先弹出 +50cm 的水平控制线。

一、混凝土地面

混凝土面层是目前通常使用的地面面层，适用于普通工业与民用建筑地面。

混凝土面层的强度等级不应小于 C20，混凝土垫层兼面层的强度等级不应小于 C15。混凝土面层采用的粗骨料，其最大颗粒粒径不应大于面层厚度的 2/3。对于楼面面层，一般都采用细石混凝土，其骨料粒径为 5～15mm。所用细骨料宜采用粗砂或中砂。水泥一般宜采用 325 号矿渣硅酸盐水泥或普通硅酸盐水泥。冬期施工宜用 425 号水泥。混凝土的坍落度不宜大于 3cm。坍落度太大，表面泌水多，不仅使抹面时间延长，而且造成表面起砂、降低面层的光洁程度和耐磨性。

为使面层和基层结合良好，浇灌混凝土面层的前一天，应洒水湿润楼板表面。混凝土浇灌前应先在已湿润的基层表面刷一遍水泥浆，其水灰比宜为 0.4～0.5，并做到随刷随铺混凝土。

抹面的方法有两种，一种是原浆抹面，另一种是撒水泥砂子干面灰。撒水泥砂子干面灰的方法如操作不当易起皮。原浆抹面的质量比较好，应大力推广，但要求混凝土中含水泥砂浆的比例要高一些。

为了防止地面龟裂、保证地面有足够的强度和耐磨性，地面交活 24h 后，要及时洒水养护，每天洒水不少于两次，至少连续养护 7d 后方能上人。

混凝土面层需分格时，其面层一部分分格缝应与水泥混凝土的缩缝相应对齐。室内混凝土面层与走道邻接的门扇处应设分格缝。大开间楼层的水泥混凝土面层在结构易变形的位置也应设置分格缝。

混凝土地面要留置试块。试块的组数，按每一层建筑地面工程不应少于一组。当每层建筑地面工程面积超过 1000m² 时，每增加 1000m² 各增做一组试块，不足 1000m² 按 1000m² 计算。当改变配合比时，亦应相应的制作试块组数。

混凝土面层不应留置施工缝。当施工间歇超过允许时间规定，在继续浇筑混凝土时，应对已凝结的混凝土接槎处进行处理；刷一层水泥浆，其水灰比宜为 0.4～0.5，再浇筑混凝土，并应捣实压平，不显接头槎。

地面起砂、空鼓开裂、地面不平或漏压及倒泛水，是混凝土地面的质量通病。施工中应严格控制原材料的质量，不得使用过期的水泥，不应使用细砂及含泥量超标的砂石。

二、水泥砂浆地面

水泥砂浆面层是目前使用很普遍的地面面层，适用于一般的民用建筑。

水泥砂浆面层厚度不应小于 20mm，太薄容易开裂。水泥砂浆的体积比宜为 1：2（水泥：砂）。其稠度不应大于 35mm，强度等级不应小于 M15。

水泥砂浆面层采用的水泥宜为硅酸盐水泥、普通硅酸盐水泥，其标号不应小于 425 号，并严禁混用不同品种、不同标号的水泥。采用的砂应为中粗砂，其含泥量不应大于 3%。如果水泥标号低、砂子太细、砂子含泥量超标，都会造成地面收缩大而形成龟裂、裂缝、起砂等质量通病。

基层清理干净后，宜先抹踢脚板。有墙面抹灰层时，踢脚板的底层砂浆和面层砂浆分两次抹成，无墙面抹灰层的只抹面层砂浆。抹踢脚板底层砂浆前，墙面基层要清理干净，严禁墙面基层上有石灰砂浆和油、浆，以防止踢脚板空鼓裂缝。

水泥砂浆面层施工时应按规范要求制作试块。

地面压光交活后 24h，铺锯末撒水养护，保持湿润。养护时间不少于 15d。养护期间不允许压重物和碾砸。

地面起砂、空鼓裂缝、龟裂是水泥砂浆地面的质量通病。尤其是门的过口处、预制楼板板缝处、电线管铺设处易裂缝。要从原材料控制、严格操作工艺、采取一些构造措施，防止裂缝的产生。

三、现制水磨石地面

现制水磨石地面属价格适中、美观适用，光洁度、耐久性、耐磨性都较好的中档类地面，在中、高档建筑的部分地面中广泛采用。但由于湿作业过程长，尤其磨光工序产生大量石浆，给施工带来许多不便。

水磨石面层应采用水泥与石粒的拌合料铺设。面层厚度除有特殊要求的以外，宜为 12～18mm，并应按石粒粒径确定，一般为 12mm 厚。拌合料的体积比宜采用 1：1.5～1：2.5（水泥：石粒）。

水磨石面层的石粒，应采用坚硬可磨的白云石、大理石等岩石加工而成。石粒应洁净无杂物，其粒径除特殊要求外，宜为 4～14mm。一般使用的有大八厘（粒径约 8mm）、中八厘（约 6mm）、小八厘（约 4mm）、米粒石等。

白色或浅色的水磨石面层，应采用白水泥；深色的水磨石面层，宜采用硅酸盐水泥、普通硅酸盐水泥或矿渣硅酸盐水泥，其标号不应小于 425 号。同颜色的面层应使用同一批水泥。

水泥中掺入的颜料应采用耐光、耐碱的矿物颜料，不得使用酸性颜料。一般掺入的颜料有氧化铁红、铬绿、铬黄、氧化铁黄、炭黑等。其掺入量宜为水泥重量的 3%～6%，或由试验确定。同一彩色面层应使用同厂、同批的颜料。

分格条一般为 1～2mm 的铜条或 3mm 的玻璃条，亦可采用彩色塑料条，条宽应小于面层厚度 2mm。通常水磨石厚 12mm，条宽 10mm。分格条的镶嵌如图 10-1 所示。

镶分格条应按设计的图案在找平层上分格弹线。无图案要求的普通水磨石面层，分格间距为 1m 左右。分格条设置的位置应兼顾可能产生裂缝的部位。一部分分格条应与水泥混凝土的缩缝相应对齐。面层与垫层对齐的分格缝宜设置双分格条。水磨石面层与走道邻接

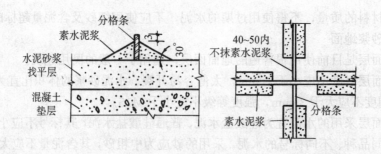

图 10-1 镶嵌分格条示意

的门扇处应设分格条。大开间楼层的水磨石面层在结构易变形的位置亦应设置分格条。铜条和塑料条应事先打眼（每米 4 个），穿 22 号铅丝，锚固于下口八字角素水泥浆内。镶条时先将平口板尺按分格线位置靠直，将分格条就位紧贴板尺，用铁抹子在分格条底口抹素水泥浆成八字角，八字角抹灰高度宜为条宽的 2/3，但不应小于 5mm，底角抹灰宽度为 10mm，拆去板尺再抹另一侧八字角，两边抹完八字角后，用毛刷蘸水轻刷一遍。镶分格条应作到接头严密、镶嵌牢固，上口平直，拉 5m 通线检查，其偏差不得超过 1mm，此条是铺设面层的标志。镶条后 12h 开始浇水养护，最少 2d，在此期间应严加保护，防止碰坏。

石渣灰配制。石渣灰配合比的准确是保证水磨石面层无色差、露石均匀的关键，所以要求计量准确，拌合均匀。美术水磨石所掺的颜料，以水泥重量的百分比计算，预先根据工程量计算出水泥、颜料的用量，一次调配过筛成为色灰，装袋备用。

铺石渣灰。铺灰前润湿基层（但不得有明水），刷一层水灰比为 0.4～0.5 的素水泥浆结合层，随刷随铺，按格铺抹石渣灰，先铺抹分格条边，后铺抹中间，用铁抹子由分格中间向边角推进，压实抹平，石渣灰应高出分格条 1～2mm。水磨石面层石渣灰装入、摊平、抹压后，随即用滚碾纵横碾压，并在低洼处撒拌合好的石渣灰找平，压至出浆为止。2h 后用铁抹子将压出的浆抹平。如在同一面层上采用几种颜色图案时，应先深色后浅色，先大面后镶边的原则铺石渣灰，待前一种色浆凝固后再铺另一种色浆，几种颜色的色浆灰不能同时铺抹。踢脚板抹石渣灰面层时，先将底子灰润湿，在阴阳角及上口，用靠尺按水平线找好规矩，贴好靠尺板，刷素水泥浆结合层，随即将石渣灰上墙抹平压实，刷水两遍，将水泥浆轻轻刷去，达到石子面上无浮浆，切勿刷得过深，防止石渣脱落。石渣灰铺抹后第二天应浇水养护，常温下应养护 5～7d。

水磨石磨光。水磨石面层应采用磨石机至少分三遍磨光。开磨前应先试磨，以面层石粒不松动方可开磨。磨头遍采用 54 号、60 号、70 号规格的油石粗磨，使机头在地面上走横八字形，边磨边加水、加砂，随磨随用水冲洗检查，粗磨至石子和分格条露出，表面平整，并用 2m 靠尺检查平整度。然后用水冲洗净稍晾干，擦一遍同色水泥浆补平面层表面的细小孔隙和凹痕，脱落的石粒应补齐，次日浇水养护 2～3d。磨第二遍采用 90 号、100 号、120 号油石，磨完擦水泥浆、养护均同头遍。磨第三遍采用 180 号、220 号、240 号油石细磨出光，机磨方法同上。

出光酸洗。将磨石面用水冲洗干净，均匀撒上草酸粉洒水，用 240 号～300 号细油石研磨擦洗至表面光滑洁净，再用清水洗净，撒锯末扫干。

打蜡。酸洗后的水磨石地面经晾干擦净，用干净的布或麻丝沾稀糊状成蜡均匀地涂在磨石面上，用磨石机压磨，擦打第一遍蜡。用同样的方法擦打第二遍。

磨好的面层应图案清晰美观、光滑、洁净、平整、无砂眼。而表面色差、露石不匀、污染、空鼓、裂缝是水磨石面层通常出现的质量问题，则要在材料的选用和施工操作中加以防治。

四、大理石、花岗石、预制水磨石、碎拼大理石地面

大理石、花岗石属高档地面材料，一般为光面，部分采用烧毛花岗石用作局部镶贴。大理石、花岗石地面用于高档公用建筑厅堂、电梯间及主要楼梯间的地面铺设。由于大理石抗风化能力弱，因而大理石板材不得用于室外地面面层。

预制水磨石地面属中档地面材料，常用于医院、学校、普通办公楼等公用建筑。预制水磨石地面具有现制水磨石地面的许多优点，光洁度、耐久性、耐磨性都较好。虽不如现制水磨石那样美观、图案丰富，但由于湿作业少、施工方便、能缩短工期，所以被广泛采用。

大理石、花岗石板材有各种规格尺寸，厚度多为 20mm 左右。预制水磨石板块常用的规格有 305mm×305mm、400mm×400mm，厚度为 25mm 左右。

花岗石、大理石板材表面要求光洁明亮、色泽鲜明、无刀痕、旋纹。水磨石板块要求石子均匀，颜色一致，无旋纹、气孔。各种板块要求边角方正，无扭曲、缺角掉边，几何尺寸允许偏差不能超标。

铺设大理石、花岗石、预制水磨石板块的结合层采用 1:3 干硬性水泥砂浆（也是找平层，厚度为 20~30mm）和水灰比为 0.4~0.5 的素水泥浆。所用水泥为 425 号硅酸盐水泥、普通硅酸盐水泥或矿渣硅酸盐水泥。所用砂子为粗砂或中砂，含泥量应≤3%。

当所需的结合层（找平层）较厚时，也可采用水泥砂（水泥：砂的体积比为 1:4~1:6）作结合层。当采用水泥砂结合层时，应洒水干拌均匀，铺设方法与干硬性水泥砂浆大致相同，结合层与板材分段同时铺砌，铺砌时宜采用水泥浆或干铺水泥洒水作粘结。

下面简述采用干硬性水泥砂浆铺砌大理石、花岗石板块的施工工艺。

大理石、花岗石楼地面构造如图 10-2 所示。

翻样。根据设计给定的图案，结构平面几何形状的实际尺寸，柱位，楼梯位置，门洞口、墙和柱的装修尺寸等综合统筹兼顾进行翻样，提出加工定货单。准确的翻样，是地面各部分几何形状尺寸及与墙、柱、楼梯等交圈对口、配合协调的关键。一个好的翻样，可使现场切割大理石、花岗石的现象减少到最低限度，是保证总体装饰效果的重要技术措施。

定线。根据+50cm 水平线在墙面上弹出地面标高线。已进行翻样用定形加工的板材时，按翻样把板材的经纬线翻到墙上。如采用标准板材时，排板时统筹兼顾以下几点：一是尽可能对称；二是房间与通道的板缝尽可能相通顺；三是尽可能少锯板；四是房间与通道如用不同颜色的板材时，分色线应留置于门扇处。有图案的厅堂应根据图案设计，厅堂平面几何形状尺寸、板材规格、镶边宽窄、门洞口、墙、柱面装饰等统筹兼顾进行计算排板，并绘制大样图、排板后将经纬线定线尺寸翻到墙面上。

试铺。在正式铺设前，对每一个房间、厅堂的板材进行试铺。试铺时充分考虑其图案、颜色、纹理等。一个好的试铺，可使地面颜色、纹理协调美观、相邻两块板的色差不能太明显，有的大理石可拼合成天然图案，能显示出独具匠心的效果。试铺后按两个方向编号排列，并按编号码放整齐。

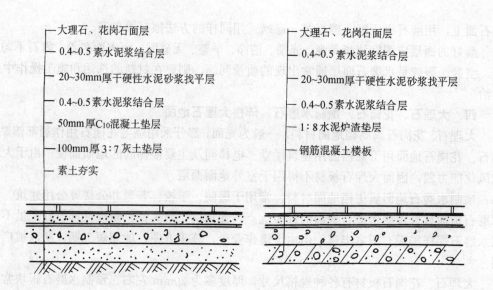

图 10-2　大理石、花岗石楼地面构造示意图

左侧层次：
大理石、花岗石面层
0.4~0.5 素水泥浆结合层
20~30mm厚干硬性水泥砂浆找平层
0.4~0.5 素水泥浆结合层
50mm厚C₁₀混凝土垫层
100mm厚3:7灰土垫层
素土夯实

右侧层次：
大理石、花岗石面层
0.4~0.5 素水泥浆结合层
20~30mm厚干硬性水泥砂浆找平层
0.4~0.5 素水泥浆结合层
1:8水泥炉渣垫层
钢筋混凝土楼板

在房间内的经纬两个方向，铺两条干砂带，其宽度大于板块，厚度大于3cm。根据试拼板材的编号及施工大样图，结合房间的实际尺寸，把板材排好，检查板块之间的缝隙，核对板块与墙面、柱面、洞口等部位的相对位置。核对工作完成后，将基层再次清理干净（包括干砂带）、洒水润湿基层。

板材铺砌前，应浸水润湿并码好，铺砌时应无明水。

拌制砂浆。结合层（也是找平层），用1:3干硬性水泥砂浆，这是保证地面平整度的一项有效措施。拌好的干硬性水泥砂浆以手捏能成团，落地即散为宜，随铺砌随拌，不要拌得过多。

铺砂浆结合层。为保证砂浆与基层结合良好，基层表面清理干净后应提前一天洒水润湿，但铺砂浆时不得有明水。铺干硬性砂浆结合层时，先刷素水泥浆一道，随刷随铺，素水泥浆不得有风干现象。

铺砌基准板。按定线取中拉十字线，于十字线交叉处最中间一块作为基准板，如十字线为中缝，可在十字线交叉点对角铺设两块基准板。基准板为水平标高及经线、纬线的基准，铺设时应用90°角度和水平尺细致校正。当厅堂面积过大时，应用水平仪校核水平标高。

铺砌板材。确定基准板后，即可根据已拉好的十字基准线向两侧和后退方向顺序逐排逐块铺砌。对于较小的房间，也可由里向外沿控制线逐排逐块依次铺砌，逐步退至门口。铺砌时，虚铺干硬性水泥砂浆结合层（找平层），铺设厚度20~30mm，宜高出板材底面标高3~4mm，先用刮扛刮平，再用铁抹子拍实抹平，然后试铺板材，对好纵横缝，用橡皮锤或木锤敲震木垫板（不得用橡皮锤或木锤直接敲击板材），震实砂浆至铺设高度。将试铺合适的板材掀起移至一旁，检查砂浆表面，如有空虚处应用砂浆找平，如与板材底相吻合，满浇一层水灰比为0.4~0.5的素水泥浆作粘结，再铺上板材。铺时要四边同时落下，用橡皮锤轻轻敲震板材使之粘贴紧密，并随时用水平尺和直板尺找平。每铺砌一条，都要拉通线对缝子的平直度进行控制。铺砌好的板材应接缝平整、线路顺直、镶嵌正确、板之间、板与结合层及在墙角、镶边和靠墙处均应紧密，不得有空隙。板缝应符合设计要求，当设计

330

无规定时，大理石、花岗石的板缝不应大于 1m，预制水磨石板不应大于 2mm。

灌浆擦缝。板材铺砌 1～2 昼夜后进行灌浆擦缝。调与板面浅色接近的稀水泥色浆，用浆壶徐徐灌入板缝，（一次难灌实，可几次灌），并用长把刮板把流出的水泥浆喂入缝隙内。灌浆 1～2h 后，用棉丝团蘸原稀水泥浆擦缝，与板面擦平，同时将板面上水泥浆擦净。然后面层覆盖保护。一些易着色的板材和烧毛表面，易被污染，灌浆擦缝时宜用不干胶带局部保护。

镶贴踢脚板。在墙面抹灰时，留出踢脚板的高度和镶贴所需的厚度，在镶贴踢脚板的墙处不得留有白灰砂浆等易于造成踢脚板空鼓的杂物。踢脚板出墙厚度宜为 8～10mm。镶贴前先将踢脚板用水浸湿阴干，在阳角相交处的踢脚板，镶贴前预先割成 45°。踢脚板的立缝宜与地面板缝对齐。镶贴踢脚板可采用粘贴法，也可采用灌浆法。

粘贴法。根据墙面抹灰厚度吊线确定踢脚板出墙厚度。用 1：3 水泥砂浆打底找平并在表面划纹，待找平层砂浆干硬后，拉踢脚板上口的水平线，在润湿阴干的踢脚板背面满刮抹一层 2～3mm 厚的水泥浆（内掺水重 10％的 107 胶）进行粘贴，用橡皮锤或木锤敲实，次日用与板面同色的水泥色浆擦缝。

灌浆法。将墙根扫净润湿。由阳角开始向两边排板。拉上口线控制上口水平和出墙厚度，下口用靠尺板托平，然后用石膏在上下口处作临时固定，石膏凝固后用稠度 8～12cm 的 1：2 水泥砂浆灌注，并随时将踢脚板上口多余的砂浆清理干净。灌注 24h 后洒水养护 3d，经检查无空鼓后剔掉临时固定石膏，清理干净后用与板面颜色相同的水泥色浆擦缝。

打蜡。宜各工序完工不再有其它施工作业后才能打蜡，达到光滑洁净。打蜡方法与现制水磨石相同。

预制水磨石板块的铺砌工艺及踢脚板的作法与大理石、花岗石地面基本相同，可参照其作法施工。预制水磨石板块排板定线时，除遵守大理石、花岗石地面的原则外，可适度利用板缝的宽窄作调节，以便尽可能不锯板或少锯板。

预制水磨石地面铺砌后，若平整度等能满足质量标准的要求，最好不磨。如果达不到要求，确需磨平时，应用 180 号至 240 号油石细磨。打蜡工艺同现制水磨石地面。

碎拼大理石面层的施工。碎拼天然大理石面层应采用颜色协调、薄厚一致、不带尖角的碎块大理石板材在水泥砂浆结合层上铺设。

按设计要求的颜色、规格挑选碎块大理石，有裂缝有尖角的应剔除。在墙上弹出地面水平标高线，必要时在基层上弹线确定碎拼大理石的平面布置，然后进行试拼。试拼后，将碎大理石块移至一边，将基层清理干净，洒水润湿，刷素水泥浆结合层，随刷随铺干硬性砂浆结合层（找平层），铺砌碎块大理石。铺砌方法与铺砌大理石地面的方法相同。铺砌 1～2 昼夜后灌缝。如设计要求灌水泥砂浆，厚度与碎拼大理石上表面平，并将其表面抹平压光。如果灌水泥石渣浆，应高出大理石上表面 2mm，洒水养护不少于 7d。然后按现制水磨石施工工艺的操作要求磨光和打蜡。作得好的碎拼大理石地面，能达到色泽协调、图案丰富的装饰效果。

大理石、花岗石、预制水磨石板块如缺棱掉角，表面污染或擦伤，会严重影响其装饰效果。因此，在运输、存放、铺砌过程中，要特别注意对板材的保护。板块常有一定的色差，铺砌时，应用比色法挑选分类，妥善处理色差问题。铺砌好的大理石、花岗石、预制水磨石地面，表面应色泽调和、洁净、平整、坚实，拼缝均匀顺直。

五、陶瓷地砖、缸砖、水泥花砖地面

陶瓷地砖是近几年发展很快的中档地面面层材料，花色品种多，施工方便，广泛用于各类公用建筑和住宅工程。缸砖主要用于厨房、阳台、外廊、上人平屋面等地。水泥花砖多用于上人平、屋面、外廊等处。

铺设陶瓷地砖、缸砖、水泥花砖地面，用 1∶3 干硬性水泥砂浆作找平层，用稠度为 25～35mm 的 1∶2 水泥砂浆作结合层。所用水泥为 425 号硅酸盐水泥、普通硅酸盐水泥或矿渣硅酸盐水泥。所用砂子为粗砂或中砂，含泥量应≤3％。采用水泥砂浆作结合层时厚度为 10～15mm。也可采用能防水、防菌的胶粘剂铺设，其厚度为 2～3mm。有防腐蚀要求的地面面层采用的耐酸瓷砖、浸渍沥青砖、缸砖的质量要求和铺设方法，应符合现行的国家标准《建筑防腐蚀工程施工及验收规范》（GB50212—91）的规定。

铺设陶瓷地砖、缸砖、水泥花砖地面的施工工艺如下：

铺找平层。基层清理干净后提前浇水润湿。铺找平层时应先刷水灰比为 0.4～0.5 的素水泥浆一道，随刷随铺砂浆。

排砖弹线。根据＋50cm 水平线在墙面上弹出地面标高线。根据地面的平面几何形状尺寸及砖的大小进行计算排砖。排砖时统筹兼顾以下几点：一是尽可能对称，二是房间与通道的砖缝尽可能相通顺，三是尽可能不割或少割砖，可适度利用砖缝宽窄、镶边来调节，四是房间与通道如用不同颜色的砖时，分色线应留置于门扇处。排砖后直接在找平层上弹纵、横控制线（小砖可每隔四块弹一控制线），并严格控制好方正。

选砖。由于砖的大小及颜色有差异，铺砖前一定要选砖分类。将尺寸大小及颜色相近的砖铺在同一房间内。这是保证砖缝均匀顺直、砖色一致的重要环节。

铺砖。纵向先铺几行砖，找好位置和标高，并以此为筋，拉线铺砖。铺砖时应从里向外退向门口的方向逐排铺设，每块砖应跟线。铺砖的操作是，在找平层上刷水泥浆（随刷随铺）、将预先浸水晾干的砖的背面朝上，抹 1∶2 水泥砂浆粘结层，厚度不小于 10mm，将抹好砂浆的砖铺砌到找平层上，砖上楞应跟线找正找直，垫木板用橡皮锤敲震拍实。

用胶粘剂粘贴地面砖时，要求找平层的含水率<9％。

拨缝修整。拉线拨缝修整，将缝找直，并用靠尺板检查平整度，将缝内多余的砂浆扫出，将砖拍实。如有坏砖应立即更换。

勾缝。铺好的地面砖，应养护 48h 才能勾缝。勾缝用 1∶1 水泥砂浆，要求勾缝密实、灰缝平整光洁、深浅一致，一般灰缝低于砖面 3～4mm。如设计要求不留缝，则需灌缝擦缝，可用灌干水泥面并喷水的方法灌缝，用干锯末扫净，但要防止污染砖面。

砖的颜色不一致，砖缝宽窄不一、不顺直、高低不平、空鼓是通常出现的质量问题，应从严格选砖和认真操作入手加以防止。

六、陶瓷锦砖地面

陶瓷锦砖地面常用于工业与民用建筑的洁净车间、走廊、餐厅、厕所、浴室、游泳池等地，具有耐磨、防滑、色泽多样、耐久、耐用等优点。

铺设陶瓷锦砖地面，用 1∶3 干硬性水泥砂浆作找平层，用掺水泥重量 20％的 107 胶的水泥浆作结合层，水泥宜采用 425 号硅酸盐水泥、普通硅酸盐水泥或矿渣硅酸盐水泥。所用砂子为粗砂或中砂，含泥量应≤3％。采用水泥浆作结合层时，其厚度为 2～3mm。也可采用能防水、防菌的胶粘剂铺设，其厚度为 2～3mm。

铺设陶瓷锦砖地面的主要工艺是：

清理基层、抹找平层。清理基层后，即铺1：3干硬性水泥砂浆找平层，其施工方法与陶瓷地砖、缸砖地面的作法完全相同。

弹线（或拉线）。对铺设的房间准确量测净空尺寸，找好方正，在找平层上弹出经、纬垂直控制线。找平层分软底和硬底，在当时抹好的找平层上铺设陶瓷锦砖称软底，已完全硬化的找平层称硬底。找方正时在硬底上可弹控制线，在软底上可拉控制线。按施工大样图计算出所要铺贴的张数，不足整张的应镶贴到边角不显眼的地方。

铺结合层。在硬底上铺设陶瓷锦时，先洒水润湿找平层后刮一道2～3mm厚的水泥浆（宜掺水泥重量20％的107胶），随刮随铺。也可在已干的找平层上刮2～3mm的胶粘剂铺贴。在软底上铺设时应浇水泥浆，用刷子刷匀，随浇随刷随铺。

铺砖。从里向外沿控制线铺贴陶瓷锦砖。铺贴时先翻起一边的纸，露出砖以便对正控制线，对准后立即将陶瓷锦砖贴上（纸面朝上），紧跟着用手将纸面铺平，用拍板拍实，使水泥浆进入砖缝内直至纸面上反出砖缝时为止，并随时用靠尺板检查平整度。整间地面铺好后在面上垫木板，人站在垫板上修理四周的边角，并将陶瓷锦砖地面与其它地面、门口接槎处修好，保证接槎平直。

刷水揭纸。铺完后紧接在纸面上均匀地刷水。常温下过15～30min，纸湿透即可揭纸，并及时将纸毛清理干净。

拨缝。揭纸后及时检查缝子是否均匀，缝子不顺不直时，用小靠尺比着用开刀轻轻拨顺、调直，并将调整后的砖面垫上木板用锤子敲垫板拍实，同时检查有无脱落，并及时将缺少的陶瓷锦砖粘贴补齐。拨缝必须在水泥初凝前完成。地漏、管根等处周围的砖要预先试铺进行切割以使其镶嵌吻合。

陶瓷锦砖面层宜整间一次连续铺贴完成。如房间大，一次不能铺完，须将接槎切齐，将余灰清理干净。

擦缝。铺贴48h后用棉丝蘸与砖色相同的水泥色浆擦缝。从里向外沿缝揉擦，擦严擦实，并及时将砖面余灰擦净，防止面层污染。

养护。擦缝后24小时铺干锯末养护。常温下4～5d内不准上人。

铺贴好的陶瓷锦砖地面应表面平整、洁净，图案清晰、色泽一致、接缝均匀、周边顺直，陶瓷锦砖无空鼓、无裂纹、无缺楞掉角。

七、塑料地面

塑料地板面层具有色彩多样，拼花美观新颖，脚感舒适、耐磨、阻燃性好、表面光洁、吸水性小、尺寸稳定、粘贴方便、更新容易等优点，近年来已广泛应用于民用住宅、宾馆、候车室、精密车间、耐腐蚀、防尘装配车间、化验室及其它公用建筑的楼地面面层。

塑料地板面层一般有板块和卷材两种，采用聚氯乙烯树脂、聚氯乙烯——聚乙烯共聚物、聚乙烯树脂、聚丙烯树脂和石棉塑料等材料制成。现制整体式面层有环氧树脂涂布面层、不饱和聚脂涂布面层和聚醋酸乙烯塑料面层等。

施工时室内相对湿度不应大于80％，环境温度不应小于10℃，以保证胶粘剂能粘结良好。

塑料地板面层采用的板块应平整、光洁、无裂纹、色泽均匀，厚薄一致，边缘平直，板内不应有杂物和气泡。在运输塑料板块及卷材时，应防止日晒雨淋和撞击；在贮存时，应堆放在干燥、洁净的仓库中，并距热源 3m 以外，其环境温度不宜大于 32℃。

胶粘剂的选用应根据基层所铺材料和面层材料使用要求，通过试验确定。胶粘剂可采用乙烯类（聚醋酸乙烯乳液）、氯丁橡胶型、聚胺脂、环氧树脂、合成橡胶溶液型、沥青类和 926 多功能建筑胶等。胶粘剂应存放在阴凉通风、干燥的室内。超过产期三个月的产品，应取样检验，合格后方可使用，超过保质期的产品不得使用。

在水泥类基层的表面采用胶粘剂铺贴塑料地板面层的工艺是：

基层处理。水泥类基层的表面应平整、坚硬、干燥，无油脂及其它杂质，其含水率不应大于 9%。当表面不平整，有麻面起砂、裂缝现象时，应采用聚乙烯醇缩甲醛（107 胶）水泥腻子修补处理。水泥、107 胶与水的重量比宜为 1∶0.175∶0.4。处理时每次刮的厚度不应大于 0.8mm，干燥后用 0 号铁砂布打磨，再刮第二道腻子，直至表面平整后，再用水稀释的乳液涂刷一遍。基层的表面平整度，用 2m 靠尺检查时，其允许空隙不应大于 2mm。

弹线。在塑料板块铺贴前和基层表面清理后应按设计要求进行弹线、分格和定位，其定位方法如图 10-3 所示。并在距墙面 200～300mm 处作镶边。

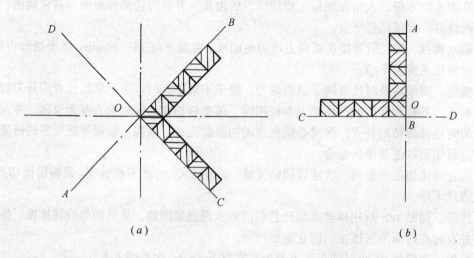

(a) (b)

图 10-3　定位方法

(a) 对角定位法；(b) 直角定位法

塑料板块处理。在铺贴前，软质聚氯乙烯板应作预热处理，宜放入 75℃ 的热水浸泡 10～20min，待板面全部松软伸平后取出晾干待用，但不得用炉火或电热炉预热；半硬质聚氯乙烯板宜采用丙酮、汽油混合溶液（1∶8）进行脱脂除蜡。

铺贴。在铺贴塑料板块前，按定位图应先试铺编号。铺贴时应在清扫干净的基层表面涂刷一层薄而匀的底子胶。待其干燥后按弹线位置沿轴线由中央向四面铺贴。

底子胶的配制。当采用非水溶性胶粘剂时，宜按同类胶粘剂（非水溶性）加入其重量为 10% 的汽油（65 号）和 10% 的醋酸乙酯（或乙酸乙酯）并搅拌均匀；当采用水溶性胶粘剂时，宜按同类胶加水，并搅拌均匀。

在基层表面涂刷胶粘剂时应按胶的品种采用相应方法。当采用乳液性胶粘剂时，应在塑料板背面和基层表面同时均匀涂刷胶粘剂；当采用溶剂型胶粘剂时，应在基层上均匀涂胶。在涂刷基层时，应超出方格线 10mm，涂刷厚度均应小于或等于 1mm。在铺贴塑料板块时，应待胶层干至不粘手（约 10～20min）进行，或按胶粘剂产品的要求操作；并应一次就位准确，用橡胶滚筒和橡胶压力滚筒赶走气泡、压实，使之粘贴密实。

在铺贴软质塑料板时，当板块缝需要焊接时，宜在铺贴 48h 以后方可施焊；亦可采用先焊后铺。焊条成分与性能应与被焊的板材性能相同。用热空气焊，空气压力应控制在 0.08～0.1MPa，温度控制在 180～250℃。焊接前先将相邻的塑料板边缘切成 V 形槽。焊条宜选用等边三角形或圆形截面。

铺贴踢脚板的方法与铺贴地面的方法相同。

塑料卷材可参照以上方法铺贴。

表面清理。铺贴完毕，应及时清理塑粘板表面，用棉纱蘸松节油或 200 号溶剂油擦去从拼缝中挤出的多余胶水，表面油污可用稀肥皂水或汽油擦去。如塑料板尺寸误差过大，板与板间拼缝过宽时，可用胶粘剂适当加填料与颜色调配成色彩近似的胶泥，用刮刀嵌批填补。

擦光上蜡。铺贴好的塑料地面及踢脚用墩布擦干净、晾干，然后用豆包布包裹已配好的上光软蜡，满涂 1～2 遍，稍干后用净布擦拭，直至表面光滑、光亮。蜡的重量比是软蜡：汽油＝100：20～30，可酌情掺 1％～3％与地板同色的颜料。

铺设完成的塑料板地面，应表面平整、光洁、色泽一致、接槎严密、四边顺直、无皱纹、不翘边和鼓泡；与管道接合处严密、牢固、平整；焊缝平整、光洁、无焦化变色、斑点、焊瘤和起鳞等缺陷。

八、木质地面施工

木质地面具有弹性好，耐磨性能佳及不老化等优点，故多用作室内高级装饰地面。特别是硬木地面，纹理美观，经过油漆罩面和抛光打蜡处理，更显高雅名贵。

通常使用的有普通木地板，长条、拼花硬木地板、硬质纤维板地板等类型。

木地板按其铺设方式主要有两大类：一类是在水泥类基层上以沥青胶结料（或胶粘剂）粘贴；另一类是有木搁栅的。有木搁栅的又有两种、底层采取架空铺设，在楼板上多用实铺法铺设

以设计中常采用的一种双层硬木地面有木搁栅的为例，其自上而下的构造如下：

（1）油漆；

（2）50mm×20mm 硬木企口长条或席纹拼花，人字拼花地板；

（3）22mm 厚松木毛地板（背面刷氟化钠防腐剂）45°斜铺，上铺油毡纸一层；

（4）50mm×70mm 木龙骨 400mm 中距，50mm×50mm 横撑中距 800mm（龙骨、横撑满涂防腐剂）；

（5）100mm×50mm 压沿木（满涂防腐剂）用 8 号镀锌铁丝两道绑牢于地垄墙上；

（6）20mm 厚 1：3 水泥砂浆找平层（地垄墙顶面）；

（7）120mm 厚地垄墙 M5 砂浆砌筑，800mm 中距，高度超过 600mm 时须改为 240mm 厚，长度超过 4m 时两侧应出 120mm×120mm 砖垛，中距 4m；

（8）150mm 厚 3：7 灰土（上皮标高不低于室外地坪）；

（9）素土夯实。

外墙应留通风口，并安装铁蓖子。

在钢筋混凝土楼板上实铺法铺设时，设计中常采用的一种双层硬木地面的构造如下：

（1）油漆；

（2）50mm×20mm 长条硬木企口或席纹拼花，人字拼花地板；

（3）22mm 厚松木毛地板（背面刷氟化纳防腐剂）45°斜铺，上铺油毡纸一层；

（4）70mm×50mm 木龙骨中距400mm（架空20 高，用木垫块垫平中距400mm）10 号镀锌铁丝两根与铁鼻子绑牢，50mm×50mm 横撑中距800mm（均满涂防腐剂）中填40mm 厚干焦渣隔声层；

（5）板缝内先放通长 $\phi6mm$ 钢筋，绑扎 $\phi6mm\Omega$ 形铁鼻子（400mm 中距）灌注C20 细石混凝土；

（6）钢筋混凝土楼板。

铺设木地板的方式及构造较多；一般都由设计确定，以上所列举的仅是常采用的一种构造形式。

长条、拼花硬木地板采用木搁栅的铺设工艺如下：

在有回填土的房间（如底层）铺设木地板，应按设计要求在基层上砌地垄墙（或墩），地垄墙顶面用1：3 防水砂浆找平，并在地垄墙上按设计要求预埋镀锌铁丝。在钢筋混凝土楼板上铺设木地板时，可直接在楼板上按设计要求预埋镀锌铁丝。

弹线。按设计要求的间距弹线、标出木搁栅的位置、并在四周墙壁上弹出地面水平标高控制线。

安装木搁栅。按设计要求的木搁栅的截面尺寸，间距固定安装木搁栅。木搁栅两端应垫实钉牢，搁栅之间应加钉剪刀撑或横撑。当采用地垄墙、墩时，尚应与搁栅固定牢固。木搁栅与墙之间宜留出30mm 的缝隙。木搁栅的表面应平直，用2m 直尺检查时，其允许空隙为3mm。木搁栅应作防腐处理。

填充隔声材料。在对木搁栅安装质量检查无误的情况下，可按设计要求填充隔声材料。

钉毛地板。双层木板面层下层的毛地板可采用钝棱板，其宽度不宜大于120mm，太宽易卷曲变形。在铺设前应清除毛地板下空间内的刨花等杂物。在铺设毛地板时，应与搁栅成30°或45°并应斜向钉牢，使髓心向上；其板间缝隙不应大于3mm。毛地板与墙之间应留10～20mm 缝隙。每块毛地板应在每根搁栅上各钉两个钉子固定，钉子的长度应为板厚的2.5 倍。

铺设地板面层。

在铺设单层木板面层时，应采用有企口的木板，其宽度不应大于120mm，厚度应符合设计要求。每块长条木板应钉牢在每根搁栅上，钉长应为板厚的2～2.5 倍，并从侧面板凹角处斜向钉入，钉帽要砸扁，钉头不应露出。企口板应钉牢，挤紧。板的挤紧方法一般可在木搁栅上钉扒钉一只，在扒钉与板之间夹一对硬木楔，用打紧硬木楔的方法使条板挤紧（如图10-4 所示）。钉到最后一块企口板时，因无法斜向着钉，可用明钉钉牢，钉帽要砸扁，冲入板内。企口板的接头要在搁栅中间，并应间隔错开。板与板之间应紧密，但仅允许个别地方有缝隙；其宽度不应大于1mm；当采用硬木长条形板时，不应大于0.5mm。木板面层与墙之间应留10～20mm 的缝隙、并用木踢脚板封盖。

大面积木板面层的通风构造层其高度以及室内通风沟，室外通风窗等均应符合设计要求。

当在毛地板上铺钉长条硬木地板或拼花木板时，宜先铺设一层沥青纸（或油毡），以隔

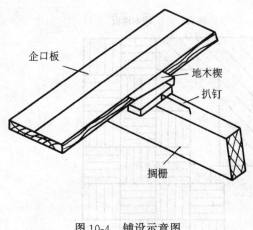

企口板

地木楔

扒钉

搁栅

图 10-4　铺设示意图

声和防潮。在毛地板上铺钉长条硬木地板的方法与铺设单层木板面层的方法基本相同。

拼花木板面层的铺设。

拼花木板面层应采用水曲柳、核桃木、柞木等质地优良、不易腐朽开裂的木材，并做成企口、截口或平头缝的拼花木板铺设。铺设方法宜采用拼花木板铺订在双层木板面层下的毛地板上（应做成企口缝）或以沥青胶结料（或胶粘剂）粘贴在水泥类基层上（应做成截口或平头缝）。为使地板图案匀称；一般铺设前应按设计的图案弹线。并宜从中央向四周铺设。拼花木板构造及接缝见图 10-5。

在毛地板上铺钉时，当拼花木板的长度不大于 300mm 时，由侧面企口凹槽斜向钉两个钉；长度大于 300mm 时，每 300mm 应增加一个钉子，顶端均应钉一个钉。

拼花木板预制成板块，应采用防水和防菌的胶。接缝处应对齐，胶合应紧密，缝隙不应大于 0.2mm，外形尺寸应准确，表面应平整。

采用沥青胶结料铺贴拼花木板面层时，其下一层应平整、洁净、干燥、并应先涂刷一遍同类底子油，后用沥青胶结料随涂随铺，其厚度为 2mm。在铺贴时，木板块背面还应涂刷一层薄而均匀的沥青胶结料。

采用胶粘剂铺贴拼花木板面层时，板的厚度不应小于 10mm，胶粘剂可采用脲醛树脂与水泥拌合成的胶粘剂，其配合比见表 10-1。

脲醛树脂水泥胶粘剂配合比（重量比）　　　　表 10-1

材料名称	脲醛树脂 （5011）	水泥 （425 号）	20%浓度氯化胺溶液 （氯化胺：水＝1：4）	水 （洁净水）
配合比	100	160～170	7—9	14～16

在铺贴时，沥青胶结料或胶粘剂应防止溢出表面，溢出时应随即刮去。

拼花木板面层的板块间缝隙不应大于 0.3mm。且面层表面的刨平磨光要十分注意，刨去的厚度不宜大于 1.5mm，并应无刨痕。

木踢脚板安装。木踢脚应提前刨光，在靠墙的一面开成槽，并每隔 1m 钻直径 6m 的通风孔；在墙上每隔 75cm 砌入防腐木砖，在防腐木砖外面钉防腐木块，再把踢脚板用明钉钉牢在防腐木块上，钉帽砸扁冲入木板内。踢脚板板面要垂直，上口水平，在木踢脚板与地板交角处，钉三角木条，以盖住缝隙，木踢脚板阴阳角交角处应切割成 45°角后再行拼装，踢脚板的接头应固定在防腐木块上，见图 10-6。

地板刨光。地板刨光宜采用地板刨光机（或六面刨），转速在 5000r/min 以上，长条地板应顺木纹刨，拼花地板应与地板木纹成 45°斜刨。刨时不宜走的太快，刨口不要过大，要多走几遍，地板刨光机不用时应先将机器提起再关闭，防止啃伤地面，机器刨不到的地方

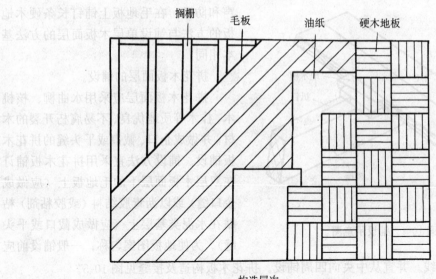

构造层次

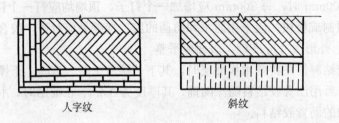

人字纹   斜纹

拼花木地板铺钉

企口接缝   截口接缝   平口接缝

图 10-5　拼花木板构造及接缝示意

要用手刨，采用细刨净面。地板刨平后，应使用地板磨光机磨光，所用砂布应先粗后细，砂布应绷紧绷平，磨光方向及角度与刨光方向相同。

油漆、打蜡。按油漆、打蜡工艺操作。

硬木长条和拼花木地板，市场上已有精工制作并已油漆成活的成品面层。由于在工厂加工制作并油漆，有的质量很好。在安装此类木地板时，要求毛地板或基层的平整度更高、铺设时更应精心操作、要特别注意成品的保护。

硬度纤维板面层在水泥类基层上粘贴的施工方法与拼花木地板的方法大致相同。

九、活动地面

活动地板面层适用于防尘和导静电要求的专业用房地面，是以特制的平压刨花板为基材，表面饰以装饰板和底层用镀锌钢板经粘结胶合组成的活动板块，配以横梁、橡胶垫条和可供调节高度的金属支架组装的架空地板，在水泥类基层上铺设，如图 10-7 所示。面层

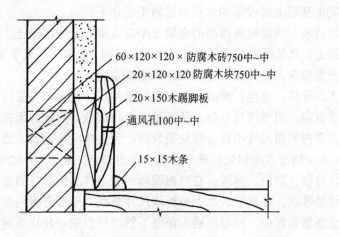

60×120×120×防腐木砖750中~中
20×120×120防腐木块750中~中
20×150木踢脚板
通风孔100中~中
15×15木条

图 10-6　木踢脚板安装

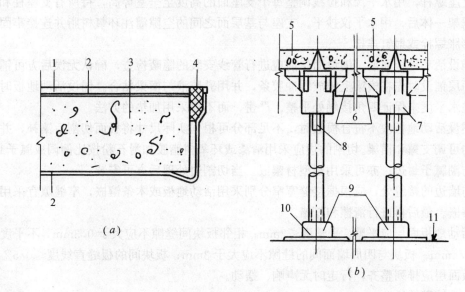

图 10-7　活 动 地 板
(a) 抗静电活动地板块构造；(b) 活动地板安装
1—柔元高压三聚氰胺贴面板；2—镀锌铁板；3—刨花板基材；4—橡胶密封条；
5—活动地板块；6—横梁；7—柱帽；8—螺柱；9—活动支架；10—底座；11—楼地面标高

下可敷设管道和导线。

　　活动地板面层承载力不应小于 7.5Mpa，其体积电阻宜为 $10^5 \sim 10^9 \Omega$。

　　活动地板面层包括标准地板、异形地板和地板附件（即支架和横梁组件）。采用的活动板块应平整、坚实，并具有耐磨、防潮、阻燃、耐污染、耐老化和导静电等特点。

　　活动地板面层的承载力低，成品保护难度大，要求的洁净度较高，所以，在铺设活动地板面层时，应待室内各项工程完工和超过地板承载力的设备进入房间预定位置以及相邻房间内部也全部完工后，方可进行。不得交叉施工，亦不得在室内加工活动板块和地板附件。

在现浇混凝土基层上铺设活动地板面层的工艺如下：

基层处理与清理。活动地板面层的金属支架应支承在现浇混凝土上抹水泥砂浆地面或水磨石地面基层上，其基层表面应平整、光洁、不起灰，含水率不大于 8%。安装前应认真清擦干净，并根据要求，在其表面上涂刷绝缘脂或清漆。

找中、套方、分格、定位、弹线。根据房间平面尺寸和设备布置情况，按活动地板模数选择板块铺设方向。当平面尺寸符合活动地板板块模数，而室内无控制柜设备时，宜由里向外铺设；当室内平面尺寸不符合板块模数时，宜由外向里铺设；当室内有控制柜设备且需要预留洞口时，铺设方向和先后顺序应综合考虑选定。铺设方向和先后顺序确定后，进行找中、套方、分格、定位、弹线。在室内四周的墙上弹出地面标高控制线。按选定的铺设方向和顺序设基准点。在基层表面上按板块尺寸弹线并形成方格网并反到墙上的标高控制线上。标明设备预留部位。此时应插入面层下管线的安装，并注意避开支座。

安装固定可调支架和横梁。按标出地板块的位置，在方格网交点处安放支座和横梁，并转动支座螺杆，用水平尺和拉线调整每个支座面的高度至全室等高，待所有支座柱和横梁构成框架一体后，用水平仪抄平。支座与基层面之间的空隙灌注环氧树脂并连接牢固，亦可用膨胀螺栓或射钉连接。

铺设活动地板面层。铺设面层前应进行管线安装的隐蔽检查，确认无误后方可铺设面层。面层铺设时先在横梁上铺放缓冲胶条，并用乳胶液与横梁粘合。铺设活动地板时，应用调整水平度来保证四角接触处平整、严密，而不得采用加垫的方法。

铺设活动地板块不符合模数时，不足部分可根据实际尺寸将板面切割后镶补，并配装相应的可调支撑和横梁。切割的边应采用清漆或环氧树脂胶加滑石粉按比例调成腻子封边，或用防潮腻子封边；亦可采用铝型材镶嵌。当切割边处理后方可安装。

与墙边的接缝处，应根据接缝宽窄分别采用活动地板或木条镶嵌，窄缝隙宜采用泡沫塑料镶嵌。最后再进行清擦和打蜡。

活动地板面层应平整、平整度≤2mm；相邻板块间缝隙不应大于 0.3mm，不平度不应大于 0.4mm；板块与四周墙面间的缝隙不应大于 3mm；板块间的板缝直线度≤0.5‰；活动地板面层应排列整齐，行走时无声响、摆动。

十、地毯铺设

地毯属于高档地面面层，广泛地用在宾馆、饭店、高档写字楼、高档的会议中心等地，由于生活水平的提高，地毯在住宅中也较多被采用。

目前市场大致有以下四大类地毯：羊毛地毯、纯羊毛无纺地毯、化纤地毯、合成纤维栽绒地毯。

铺设地毯所用的配套材料有衬垫、胶粘剂、倒刺钉板条、铝合金倒刺条、铝压条等。

胶粘剂要求无毒、不霉、快干，0.5h 之内使用张紧器时不脱缝，对地面有足够的粘结强度，可剥离，施工方便，一般采用天然乳胶添加增稠剂、防霉剂等制成。

倒刺钉板条：在 1200mm×24mm×6mm 的三合板条钉两排斜钉，间距为 35～40mm，还有五个高强钢钉均匀分布在全长上。

铝合金倒刺条：用于地毯端头露明处，起固定和收头作用，多用在外门口或与其他材料的地面相接处。

铝压条：采用厚度为 2mm 左右的铝合金材料制成，用于门框下的地面处，压住地毯的边缘，使其免于被踢起或损坏。

在地毯铺设之前，室内装饰必须完毕。建筑物的底层铺设地毯必须加做防潮层（如一毡两油防潮层；水乳型橡胶沥青一布二涂防潮层；油毡防潮层，底层均刷冷底子油一道等），并在防潮层上面做 50mm 厚 1：2：3 细石混凝土，撒 1：1 水泥砂压实赶光，要求表面平整、光滑、洁净，应具有一定的强度，含水率不大于 8%。

铺设地毯的基层，一般是水泥类基层，也可是木地板或其他材质的基层。要求基层表面平整、光滑、洁净。

应事先把需铺设地毯的房间、走道等四周的踢脚板做好。踢脚板下口均应离开地面 8mm 左右，以便将地毯边掩入踢脚板下。

大面积施工前应先放出施工大样，并做样板，按样板施工。

铺设地毯有活动式铺设和固定式铺设。

活动式铺设是指不用胶粘剂粘贴在基层上，四周沿墙修齐即可。一般仅适用于装饰性工艺地毯的铺设。

固定式铺设的工艺是：

基层清理干净后，按设计对各不同部位和房间的具体要求进行弹线、套方、分格、定位。一般情况下要注意对称的原则。

地毯裁剪应在比较宽阔的地方集中统一进行。精确测量房间的形状尺寸，每段地毯的长度要比房间长出 2cm 左右，宽度要以裁去地毯边缘线后的尺寸计算。弹线裁去边缘线部分，然后以手推裁刀从毯背裁切，裁好后卷成卷编号，对号放入房间。大面积房厅应在施工地点剪裁拼缝。

钉倒刺板挂毯条：沿房间或走道四周踢脚板边缘，用高强水泥钉将倒刺板钉在基层上，（钉朝向墙的方向），其间距约 40cm 左右。倒刺板应离开踢脚板面 8~10mm，以便于钉牢。

铺设衬垫。将衬垫采用点粘法刷 107 胶或聚腊酸乙烯乳胶，粘在地面基层上，要离开倒刺板 10mm 左右。

铺设地毯，缝合地毯。将裁好的地毯虚铺在垫层上，然后将地毯卷起，在拼接处缝合。缝合完毕，用塑料胶纸贴于缝合处，保护接缝处不被划破或勾起，然后的将地毯平铺，用弯针在接缝处做绒毛密实的缝合。

拉伸和固定地毯。先将地毯的一条长边固定在倒刺板上，毛边掩到踢脚板下，用地毯撑子拉伸地毯。拉伸时用手压住地毯撑，用膝撞击地毯撑，从一边一步一步推向另一边。如一遍未能拉平，应重复拉伸，直到拉平为止。然后将地毯固定在另一条倒刺板上，掩好毛边。长出的地毯，用裁割刀截割掉。一个方向拉伸完毕，再进行另一个方向的拉伸，直到四个边都固定在倒刺板上。

用胶粘剂粘结固定地毯。此法一般不放衬垫，多用于化纤地毯的铺设。先将地毯拼缝处衬一条 10cm 宽的麻布带，用胶粘剂粘贴，然后将胶粘剂涂刷在基层上，适时粘结、固定地毯、此法分为满粘和局部粘贴两种方法。宾馆的客房和住宅的居室可采用局部粘结，公共场所宜采用满粘。

铺粘地毯时，先在房间一边涂刷胶粘剂后，铺放已预先裁好的地毯，然后用地板撑子，向两边撑拉，再沿墙边刷两条胶粘剂，将地毯压平掩边。

细部处理及清理。要注意门口压条的处理。注意门框、走道与门厅，地面与管根，暖气罩、槽盒，走道与卫生间门槛，楼梯踏步与过道平台，内门与外门，不同颜色地毯交接处和踢脚板等部位地毯的套割、固定和掩边。地毯铺设完毕，固定收口条后，应用吸尘器将毯面上脱落的绒毛等杂物彻底清理干净。

铺设完工的地毯，应固定牢固、无卷边、翻起现象，表面平整、无打皱、鼓包、接缝平整、密实、在视线范围内不显拼缝，地毯与其他地面的收口或交接处应顺直，地毯的绒毛应理顺，表面洁净，无油污、杂物等。